AICTE'S

LIST OF PRESCRIBED TEXTBOOKS in *INDIAN LANGUAGES* AS PER MODEL CURRICULUM & OUTCOME BASED EDUCATION ALIGNED WITH NATIONAL EDUCATION POLICY 2020

DIPLOMA COURSE BOOKS

ENGLISH EDITION

S.No.	ISBN	Book Name	Book Code	No. of Pages
1	978-93-91505-42-4	Mathematics-I	DIP119EN	180
2	978-93-91505-43-1	Applied Physics-I (with Lab Manual)	DIP120EN	200
3	978-93-91505-44-8	Applied Chemistry (with Lab Manual)	DIP121EN	256
4	978-93-91505-49-3	Communication Skills in English (with Lab Manual)	DIP122EN	212
5	978-93-91505-50-9	Engineering Graphics	DIP123EN	272
6	978-93-91505-51-6	Engineering Workshop Practice	DIP124EN	176
7	978-93-91505-52-3	Mathematics-II	DIP125EN	160
8	978-93-91505-57-8	Applied Physics-II (with Lab Manual)	DIP126EN	228
9	978-93-91505-58-5	Introduction to IT Systems (with Lab Manual)	DIP127EN	220
10	978-93-91505-59-2	Fundamentals of Electrical and Electronics Engineering (with Lab Manual)	DIP128EN	212
11	978-93-91505-60-8	Engineering Mechanics (with Lab Manual)	DIP129EN	188
12	978-93-91505-65-3	Environmental Science	DIP130EN	120

Dear Readers,

To prevent the piracy, this book is secured with HIGH SECURITY HOLOGRAM on the front title cover. In case you don't find the hologram on the front cover title, please write us to at contact@khannabooks.com or whatsapp us at +91-99109 09320 and avail special gift voucher for yourself.

Specimen of Hologram on front Cover title:

Moreover, there is a SPECIAL DISCOUNT COUPON for you with EVERY HOLOGRAM.

How to avail this SPECIAL DISCOUNT:

Step 1: Scratch the hologram

Step 2: Under the scratch area, your "coupon code" is available

Step 3: Logon to www.khannabooks.com

Step 4: Use your "coupon code" in the shopping cart and get your copy at a special discount

Step 5: Enjoy your reading!

ISBN: 978-93-5538-143-9
Book Code: DIP203BE

Applied Physics-II *by*
Hussain Jeevakhan
[Bengali Edition]

First Edition: 2021

Published by:

Khanna Book Publishing Co. (P) Ltd.
Visit us at: **www.khannabooks.com**
Write us at: **contact@khannabooks.com**
CIN: U22110DL1998PTC095547

To view complete list of books,
Please scan the QR Code:

KPH

Printed in India.

प्रो. अनिल डी. सहस्रबुद्धे
अध्यक्ष
Prof. Anil D. Sahasrabudhe
Chairman

सत्यमेव जयते

अखिल भारतीय तकनीकी शिक्षा परिषद्
(भारत सरकार का एक सांविधिक निकाय)
(शिक्षा मंत्रालय, भारत सरकार)
नेल्सन मंडेला मार्ग, वसंत कुंज, नई दिल्ली–110070
दूरभाष : 011-26131498
ई-मेल : chairman@aicte-india.org

ALL INDIA COUNCIL FOR TECHNICAL EDUCATION
(A STATUTORY BODY OF THE GOVT. OF INDIA)
(Ministry of Education, Govt. of India)
Nelson Mandela Marg, Vasant Kunj, New Delhi-110070
Phone : 011-26131498
E-mail : chairman@aicte-india.org

পূর্বকথা

ইঞ্জিনিয়ারিং শতাব্দী ধরে মানবজাতি ও সমাজের অগ্রগতি ও সম্প্রসারণে অত্যন্ত গুরুত্বপূর্ণ ভূমিকা পালন করেছে। ভারতীয় উপমহাদেশে উদ্ভূত ইঞ্জিনিয়ারিং ধারণাগুলি বিশ্বে একটি চিন্তাশীল প্রভাব ফেলেছে।

অল ইন্ডিয়া কাউন্সিল ফর টেকনিক্যাল এডুকেশন (AICTE) 1987 সালে প্রতিষ্ঠার পর থেকে টেকনিক্যাল শিক্ষার্থীদেরকে সম্ভাব্য সকল উপায়ে সহায়তা করার জন্য সর্বদা অগ্রগণ্য ছিল। AICTE এর লক্ষ্য ছিল মানসম্মত কারিগরি শিক্ষার প্রচার করা এবং এর মাধ্যমে শিল্পকে আরও উচ্চতায় নিয়ে যাওয়া এবং শেষ পর্যন্ত আমাদের প্রিয় মাতৃভূমি ভারতকে একটি আধুনিক উন্নত রাষ্ট্রে পরিণত করা। এখানে উল্লেখ করা অকার্যকর হবে না যে ইঞ্জিনিয়াররা আধুনিক সমাজের মেরুদণ্ড - যত ভাল ইঞ্জিনিয়ার তত ভাল শিল্প এবং যত ভাল শিল্প তত উন্নত দেশ।

NEP 2020 আঞ্চলিক ভাষায় সকলের কাছে শিক্ষার কথা ভাবছে যার ফলে প্রতিটি শিক্ষার্থী যথেষ্ট দক্ষ এবং যোগ্য হয়ে ওঠে এবং জাতীয় প্রগতি এবং উন্নয়নে অবদান রাখার অবস্থানে থাকতে পারে।

AICTE গত কয়েক বছর ধরে নিরলসভাবে কাজ করে আসছিল এমন একটি ক্ষেত্র হল তার সমস্ত ইঞ্জিনিয়ারিং শিক্ষার্থীদের বিভিন্ন আঞ্চলিক ভাষায় প্রস্তুত আন্তর্জাতিক স্তরের উচ্চমানসম্পন্ন মাঝারি মূল্যের বই সরবরাহ করা। এই বইগুলি কেবল সহজ ভাষা, বাস্তব জীবনের উদাহরণ, সমৃদ্ধ বিষয়বস্তুর কথা মাথায় রেখে তৈরি করা হয়নি বরং এই দৈনন্দিন পরিবর্তিত বিশ্বে শিল্পের প্রয়োজনের কথাও মাথায় রাখা হয়েছে। এই বইগুলি ইঞ্জিনিয়ারিং অ্যান্ড টেকনোলজির AICTE মডেল পাঠ্যক্রম 2018 অনুসারে তৈরি।

সারা ভারত থেকে বিশিষ্ট অধ্যাপক মহান জ্ঞান এবং অভিজ্ঞতার সাথে একাডেমিক সংঘের সুবিধার জন্য এই বইগুলি লিখেছেন। AICTE আত্মবিশ্বাসী যে এই বইগুলি এর সমৃদ্ধ বিষয়বস্তু সহ কারিগরি শিক্ষার্থীদের বৃহত্তর এবং মানসম্পন্ন বিষয়গুলি আয়ত্ত করতে সহায়তা করবে।

AICTE এই ইঞ্জিনিয়ারিং বিষয়গুলিকে আরও সুস্পষ্ট করার জন্য মূল লেখক, সমন্বয়কারী এবং অনুবাদকদের কঠোর পরিশ্রমের প্রশংসা জ্ঞাপন করছে।

(Anil D. Sahasrabudhe)

কৃতজ্ঞতাস্বীকার

লেখক ডিপ্লোমা ছাত্রদের প্রযুক্তিগত বই প্রকাশ করার জন্য এবং তাদের সূক্ষ্ম পরিকল্পনা এবং বাস্তবায়নের জন্য AICTE-এর কাছে কৃতজ্ঞ।

আমরা আন্তরিকভাবে বইটির পর্যালোচনাকারী শ্রীমতি কবিতা আগরওয়ালের মূল্যবান অবদানকে স্বীকার করছি, এটিকে শিক্ষার্থীদের জন্য বন্ধুত্বপূর্ণ করে তোলা এবং একটি শৈল্পিক পদ্ধতিতে আরও ভাল আকার দেওয়ার জন্য।

এছাড়াও আমরা অত্যন্ত সম্মানের সাথে বলছি যে এই বইটি AICTE মডেল পাঠ্যক্রমের সাথে এবং জাতীয় শিক্ষা নীতি (NEP)-2020-এর নির্দেশিকাগুলির সাথে সামঞ্জস্যপূর্ণ। আঞ্চলিক ভাষায় শিক্ষার প্রসারের দিকে, এই বইটি নির্ধারিত ভারতীয় আঞ্চলিক ভাষায় অনুবাদ করা হচ্ছে।

বাংলা ভাষায় অনুবাদে অবদানের জন্য আমরা ডক্টর এ বি ভট্টাচার্যকে ধন্যবাদ জানাতে চাই।

আমরা শ্রী বুদ্ধ চন্দ্রশেখর, CCO NEAT AICTE-কে আমাদের আন্তরিক শুভেচ্ছা জানাতে চাই, যার AI ভিত্তিক অনুবাদক টুল অনুবাদের উদ্দেশ্যে ব্যবহার করা হয়েছিল।

পরিশেষে, আমরা প্রকাশনা সংস্থা মেসার্স খান্না বুক পাবলিশিং কোম্পানি প্রাইভেট লিমিটেড, নিউ দিল্লি কে আমাদের আন্তরিক ধন্যবাদ জানাতে চাই, যার পুরো টিম প্রকাশনার সমস্ত দিকগুলিতে সহযোগিতা করার জন্য সর্বদা প্রস্তুত ছিল।

হোসেন জীবনখান

মুখবন্ধ

"ফলিত পদার্থবিজ্ঞান II" শিরোনামের বইটি UG এবং PG স্তরে পদার্থবিজ্ঞানে আমার পাঠদান কোর্সের অভিজ্ঞতার ফলাফল। প্রযুক্তির সকল ক্ষেত্রেই ফলিত পদার্থবিদ্যার গুরুত্ব প্রমাণিত হয়েছে এবং সকলেই অনুভব করেছেন যে ফলিত পদার্থবিদ্যা ভবিষ্যতের প্রযুক্তির বিকাশে গুরুত্বপূর্ণ। ফলস্বরূপ, তাদের প্রাথমিক শৃঙ্খলা নির্বিশেষে, প্রতিটি ডিপ্লোমা ছাত্রকে প্রযুক্তির সম্ভাবনা এবং প্রয়োগ সম্পর্কে বোঝার জন্য মৌলিক জ্ঞান এবং দক্ষতা অর্জন করতে হবে।

ডিপ্লোমা ইঞ্জিনিয়ারদের কাছ থেকে প্রত্যাশিত ফলিত পদার্থবিদ্যার সাথে সম্পর্কিত শিক্ষার্থীদের ফলাফলের বিকাশ এবং শিক্ষার্থীদের একটি সফল শেখার অভিজ্ঞতা প্রদানের জন্য এই বইটি লেখার দিকে মনোনিবেশ করা হয়েছে। বইটিতে গৃহীত ইউনিট ফলাফল এবং কোর্সের ফলাফল বিকাশের পদ্ধতি হল জাতীয় শিক্ষা নীতি (NEP) 2020 এর সাথে সামঞ্জস্য রেখে পদার্থবিজ্ঞানের ধারণা এবং নীতিকে দৈনন্দিন জীবনের অভিজ্ঞতা এবং পর্যবেক্ষণের সাথে সংযুক্ত করা। ধারণা এবং নীতির সাথে সামঞ্জস্যপূর্ণ, কিছু কার্যক্রম এবং মাইক্রোপ্রজেক্ট সুপারিশ করা হয়েছে, শিক্ষার্থীদের মধ্যে আগ্রহ এবং শেখার চ্যালেঞ্জ তৈরি করতে এবং যা তাদের স্পষ্টীকরণকে উপকৃত করবে। শেখানোর জন্য উপলব্ধ আইসিটি টুল ব্যবহার করার জন্য, সিমুলেশনের অনলাইন সংস্থানগুলির জন্য QR কোড এবং ইউআরএল এবং ভিডিওগুলি প্রায় সমস্ত বিষয় কভার করে প্রতিটি ইউনিটে দেওয়া হয়েছে, যাতে এটি শিক্ষার্থীদের মধ্যে স্ব-শিক্ষার উপাদান বিকাশ করবে।

প্রতিটি ইউনিটের শেষে সেই ইউনিটের সাথে সম্পর্কিত ব্যবহারিকের জন্য পরীক্ষাগারের নির্দেশনা প্রদান করা হয়েছে, যা শিক্ষার্থীদের গাইড করবে এবং কাঙ্ক্ষিত ফলাফল অর্জনের জন্য প্রয়োজনীয় সম্পদ দিয়ে সঠিক উপায়ে প্র্যাকটিক্যাল সম্পাদন করবে। পরীক্ষাগার নির্দেশাবলী এমনভাবে ডিজাইন করা হয়েছে যে এটি প্রশিক্ষক এবং ছাত্র উভয়ের জন্যই সহায়ক হবে।

শিক্ষার্থীরা এই বইটি পড়ার মাধ্যমে এবং তাদের কর্মজীবনে বাস্তব-বিশ্বের সমস্যা মোকাবেলা করার জন্য ল্যাবরেটরি এবং সংযুক্ত ক্রিয়াকলাপে হাতে-কলমে শেখার অভিজ্ঞতার মাধ্যমে তারা যে জ্ঞান এবং দক্ষতা অর্জন করেছে তা প্রয়োগ করতে পারবে।

লেখক

ফলাফল ভিত্তিক শিক্ষা

ফলাফল ভিত্তিক শিক্ষা (OBE) তিনটি স্তম্ভের উপর ভিত্তি করে গঠিত: ফলাফল-ভিত্তিক পাঠ্যক্রম (OBC), ফলাফল-ভিত্তিক শিক্ষণ (OBLT) এবং ফলাফল-ভিত্তিক মূল্যায়ন (OBA)। শেখার ফলাফল হতে পারে প্রোগ্রাম লেভেল (PO), কোর্স লেভেল (COs), ইউনিট লেভেল (UOs) এবং সেশন লেভেলের ফলাফল (শ্রেণীকক্ষে শেখার ক্ষেত্রে অর্জিত, ব্যবহারিক এবং অন্যান্য মৌলিক ও উন্নত শিক্ষামূলক পদ্ধতি ব্যবহার করে)। PO এবং CO এবং UO এর মধ্যে ম্যাপিং বইটিতে দেওয়া হয়েছে যাতে শিক্ষার্থী যে কোনো ভিন্ন স্তরে শিক্ষার সাথে সরাসরি প্রোগ্রাম স্তরের ফলাফলের সাথে সংযোগ স্থাপন করতে পারে। মূল্যায়ন শিক্ষণ প্রক্রিয়া শেখার একটি অবিচ্ছেদ্য অঙ্গ। তাই শেখার ফলাফল মূল্যায়ন করতে, বইটিতে দেওয়া সমাধান এবং অমীমাংসিত সমস্যার অসুবিধা স্তর একক শিক্ষার ফলাফলের জ্ঞানীয় স্তরের সাথে মেলে। কোর্স স্তরের ফলাফল ইউনিট ফলাফল এবং ব্যবহারিক ফলাফল (PROs) এর মাধ্যমে অর্জন করা যেতে পারে। ফলাফল ভিত্তিক শিক্ষার সাহায্যে চলমান প্রোগ্রামের শেষে, একজন শিক্ষার্থী নিম্নলিখিত ফলাফলগুলিতে পৌঁছাতে সক্ষম হবে।

PO-1. বেসিক এবং ডিসিপ্লিন সুনির্দিষ্ট জ্ঞান: ইঞ্জিনিয়ারিং সমস্যা সমাধানে বেসিক গণিত, বিজ্ঞান ও ইঞ্জিনিয়ারিং ফান্ডামেন্টালস এবং ইঞ্জিনিয়ারিং স্পেশালাইজেশনের জ্ঞান প্রয়োগ কর।

PO-2. সমস্যা বিশ্লেষণ: কোডিফায়েড স্ট্যান্ডার্ড পদ্ধতি ব্যবহার করে সু-সংজ্ঞায়িত প্রকৌশল সমস্যা চিহ্নিত কর এবং বিশ্লেষণ কর।

PO-3. সমাধানের ডিজাইন/উন্নয়ন: সুনির্দিষ্ট প্রযুক্তিগত সমস্যার জন্য ডিজাইন সমাধান এবং নির্দিষ্ট চাহিদা পূরণের জন্য সিস্টেমের উপাদান বা প্রক্রিয়াগুলির নকশায় সহায়তা করে।

PO-4. ইঞ্জিনিয়ারিং টুলস, এক্সপেরিমেন্টেশন এবং টেস্টিং: স্ট্যান্ডার্ড টেস্ট এবং মেজারমেন্ট করার জন্য আধুনিক ইঞ্জিনিয়ারিং টুলস এবং উপযুক্ত টেকনিক প্রয়োগ কর।

PO-5. সমাজ, স্থায়িত্ব এবং পরিবেশের জন্য ইঞ্জিনিয়ারিং অনুশীলন: সমাজ, স্থায়িত্ব এবং পরিবেশের জন্য প্রকৌশল অনুশীলন: সমাজ, স্থায়িত্ব, পরিবেশ এবং নৈতিক অনুশীলনের প্রেক্ষাপটে উপযুক্ত প্রযুক্তি প্রয়োগ কর।

PO-6. প্রকল্প ব্যবস্থাপনা: প্রকৌশল ব্যবস্থাপনা নীতিগুলি পৃথকভাবে ব্যবহার কর, একটি দল সদস্য বা নেতা হিসাবে প্রকল্পগুলি পরিচালনা করতে এবং ভালভাবে সংজ্ঞায়িত প্রকৌশল কার্যক্রম সম্পর্কে যোগাযোগ করতে।

PO-7. জীবনব্যাপী শিক্ষা: ব্যক্তিগত চাহিদা বিশ্লেষণ এবং প্রযুক্তিগত পরিবর্তনের পরিপ্রেক্ষিতে আপডেট করার কাজে নিযুক্ত হওয়ার ক্ষমতা।

কোর্সের ফলাফল

কোর্স শেষ হওয়ার পর শিক্ষার্থীরা করতে পারবে:

CO-1: বিভিন্ন ধ্বনিবিদ্যা এবং অন্যান্য ইঞ্জিনিয়ারিংয়ের জন্য তরঙ্গ এবং শব্দ তরঙ্গের ধারণা প্রয়োগ; তরঙ্গ গতিবিদ্যা জড়িত অ্যাপ্লিকেশন

CO-2: রশ্মি অপটিক্সের উপর ভিত্তি করে অপটিক্যাল সরঞ্জাম/ যন্ত্র ব্যবহার

CO-3: বৈদ্যুতিক সার্কিটগুলিতে প্রাসঙ্গিক ক্যাপাসিটারগুলি নির্বাচন

CO-4: প্রকৌশল সমস্যায় বর্তমান বিদ্যুতের আইন প্রয়োগ

CO-5: চৌম্বকীয় বৈশিষ্ট্য বিশ্লেষণ করে প্রাসঙ্গিক উপাদান নির্বাচন

CO-6: অর্ধপরিবাহী পদার্থবিদ্যা, লেজার এবং ন্যানো প্রযুক্তির মৌলিক ধারণাগুলি প্রয়োগ

প্রকৌশল সমস্যা

কোর্সের ফলাফল	প্রোগ্রামের ফলাফল সহ প্রত্যাশিত ম্যাপিং (1- দুর্বল সম্পর্ক; 2- মাঝারি পারস্পরিক সম্পর্ক; 3- দৃঢ় সম্পর্ক)						
	PO-1	PO-2	PO-3	PO-4	PO-5	PO-6	PO-7
CO-1	3	1	1	2	1	-	1
CO-2	3	1	1	2	-	-	1
CO-3	3	2	1	2	-	-	1
CO-4	3	2	1	2	1	-	1
CO-5	3	1	1	2	-	-	1
CO-6	3	1	1	1	1	-	-

সংক্ষিপ্ত বিবরণ এবং প্রতীক

সংক্ষিপ্তসার তালিকা

সাধারণ পদ			
সংক্ষিপ্তসার	**পূর্ণরূপ**	**সংক্ষিপ্তসার**	**পূর্ণরূপ**
AC	Alternating Current	NDT	Non-Destructive testing
AFM	Atomic Force Microscope	OHP	Over Head Projector
CO	Course Outcome	OCT	Optical Coherence Tomography
CD	Compact Disc	PE	Potential Energy
DC	Direct Current	PO	Programme Outcome
DVD	Digital Video Disc	RF	Radio Frequency
DTH	Direct To Home	RI	Refractive Index
FSD	Full Scale Deflection	RP	Resolving Power
He-Ne	Helium-Neon	SHM	Simple Harmonic Motion
KE	Kinetic Energy	SONAR	Sound Navigation and Ranging
KCL	Kirchhoff's Current Law	SET	Single Electron Transistor
KVL	Kirchhoff's Voltage Law	SI	International System of Units
LASER	Light Amplification by Stimulated Emission of Radiation	SEM	Scanning Electron Microscope
LC	Least Count	STM	Scanning Tunneling Microscope
LCD	Liquid Crystal Display	TIR	Total Internal Reflection
LED	Light Emitting Diode	TV	Television
NA	Numerical Aperture	UO	Unit Outcome

ব্যবহৃত ইউনিট			
সংক্ষিপ্তসার	**পূর্ণরূপ**	**সংক্ষিপ্তসার**	**পূর্ণরূপ**
Å	angstrom	eV	Electron volt
C	Coloumb	kWh	Kilowatt hour
F	Farad	mm	Millimeter
Hz	Hertz	ms	Millisecond

W	Watt	mW	Milliwatt
cm	Centimeter	nm	Nanometer
dB	Decibel	μF	Microfarad
esu	Electrostatic Unit	Ω	Ohm

প্রতীকগুলির তালিকা

প্রতীক	বর্ণনা	প্রতীক	বর্ণনা
Al_2O_3	Aluminum Oxide	i_c	Critical Angle
B	Magnetic Field	k	Wave number
C	Capacitance	v	Velocity
D	Least Distance of Distinct Vision	f	Frequency
E_g	Band Gap Energy	f_b	Beat Frequency
H	Magnetic Intensity	f_e	Eyepiece focal length
H_c	Coercive Magnetic field	f_o	Objective focal length
I	Intensity of Magnetization	v_d	Drift Velocity
I_R	Retentivity Magnetization	r	Relative Permittivity
I_s	Saturation Current	λ	Wavelength
R	Resistance	τ	Torque
RT_{60}	Reverberation Time	ω	Angular velocity
T	Time period		
T_B	Beat Period		
Y	Young's modulus		
c	Velocity of Light		
h	Planck's Constant		

চিত্রের তালিকা

ইউনিট 4

ইউনিট 5

ইউনিট 7

শিক্ষকদের জন্য নির্দেশিকা

ফলাফল ভিত্তিক শিক্ষা (Outcome Based Education - OBE) বাস্তবায়নের জন্য শিক্ষার্থীদের জ্ঞানের স্তর এবং দক্ষতা বৃদ্ধি করতে হবে। OBE এর যথাযথ বাস্তবায়নের জন্য শিক্ষকদের একটি বড় দায়িত্ব নিতে হবে। OBE সিস্টেমের শিক্ষকদের জন্য কিছু দায়িত্ব (সীমাবদ্ধ নয়) নিম্নরূপ হতে পারে:

- যুক্তিসঙ্গত সীমাবদ্ধতার মধ্যেই সমস্ত শিক্ষার্থীদের সর্বোত্তম ফললাভের জন্য, তাদের সময়কে কৌশলে ব্যবহার করা উচিত।
- তাদের বৈষম্যমূলক অন্য কোন সম্ভাব্য অযোগ্যতা বিবেচনা না করে শুধুমাত্র নির্দিষ্ট সংজ্ঞায়িত মানদণ্ডের ভিত্তিতেই শিক্ষার্থীদের মূল্যায়ন করা উচিত।
- প্রতিষ্ঠান ছাড়ার আগে শিক্ষার্থীদের শেখার ক্ষমতা একটি নির্দিষ্ট মাত্রায় বাড়ানোর চেষ্টা করা উচিত।
- পড়াশোনা শেষ করার পর সব শিক্ষার্থী যেন গুণগত জ্ঞান এবং যোগ্যতার সাথে নিজেকে তৈরি করতে পারে তা নিশ্চিত করার চেষ্টা করা উচিত।
- তাদের সর্বদা শিক্ষার্থীদের চূড়ান্ত কর্মক্ষমতা বিকাশের জন্য উত্সাহিত করা উচিত।
- নতুন পদ্ধতির একত্রীকরণের জন্য তাদের গ্রুপের কাজ এবং দলগত কাজকে সহজতর করা এবং উৎসাহিত করা উচিত।
- তাদের মূল্যায়নের প্রতিটি অংশে ব্লুমের শ্রেণীবিন্যাস অনুসরণ করা উচিত।

ব্লুমের শ্রেণীবিন্যাস

স্তর	শিক্ষকের পরীক্ষা করা উচিত	শিক্ষার্থীকে সক্ষম হওয়া উচিত	মূল্যায়নের সম্ভাব্য পদ্ধতি
সৃজন (Creating)	শিক্ষার্থীদের সৃজন করার ক্ষমতা	ডিজাইন বা সৃজন করা	মিনিপ্রজেক্ট
মূল্যায়ন (Evaluating)	শিক্ষার্থীদের বিচার করার ক্ষমতা	তর্ক করুন বা রক্ষা করা	অ্যাসাইনমেন্ট
বিশ্লেষণ (Analyzing)	শিক্ষার্থীদের পার্থক্য করার ক্ষমতা	পার্থক্য করুন বা পার্থক্য করা	প্রকল্প/ল্যাবপদ্ধতি
প্রয়োগ (Applying)	শিক্ষার্থীদের তথ্য ব্যবহার করার ক্ষমতা	পরিচালনা বা প্রদর্শন	প্রযুক্তিগত উপস্থাপনা/ প্রদর্শন
বোধ (Understanding)	শিক্ষার্থীদের ধারণা ব্যাখ্যা করার ক্ষমতা	ব্যাখ্যা বা শ্রেণীবদ্ধ করুন	উপস্থাপনা/ সেমিনার
স্মরণ (Remembering)	শিক্ষার্থীদের মনে রাখার ক্ষমতা	সংজ্ঞায়িত করুন বা প্রত্যাহার করুন	কুইজ

শিক্ষার্থীদের জন্য নির্দেশিকা

OBE বাস্তবায়নের জন্য শিক্ষার্থীদের সমান দায়িত্ব নিতে হবে। OBE সিস্টেমে শিক্ষার্থীদের জন্য কিছু দায়িত্ব (সীমাবদ্ধ নয়) নিম্নরূপ:

- প্রতিটি কোর্সে ইউনিট শুরুর আগে শিক্ষার্থীদের প্রতিটি UO সম্পর্কে ভালভাবে অবগত হওয়া উচিত।
- কোর্স শুরুর আগে শিক্ষার্থীদের প্রতিটি CO সম্পর্কে ভালভাবে সচেতন হওয়া উচিত।
- প্রোগ্রাম শুরুর আগে শিক্ষার্থীদের প্রতিটি PO সম্পর্কে ভালভাবে সচেতন হওয়া উচিত।
- শিক্ষার্থীদের উচিত সঠিক প্রতিফলন এবং কর্মের সাথে সমালোচনা মূলক এবং যুক্তিসঙ্গত ভাবে চিন্তা করা।
- শিক্ষার্থীদের শেখার ব্যবহারিক এবং বাস্তবজীবনের পরিণতির সাথে সংযুক্ত এবং একীভূত হওয়া উচিত।
- OBE এর প্রতিটি স্তরে শিক্ষার্থীদের তাদের দক্ষতা সম্পর্কে ভালভাবে সচেতন হওয়া উচিত।

সূচীপত্র

1 তরঙ্গ গতি এবং এর প্রয়োগ

ইউনিট বিশেষ

এই ইউনিটটিতে নিম্নলিখিত প্রধান দিকগুলিতে মনোনিবেশ করা হয়েছে:

- তরঙ্গ গতি
- তির্যক এবং অনুদৈর্ঘ্য তরঙ্গ
- শব্দ এবং আলোক তরঙ্গ এবং তাদের বৈশিষ্ট্য
- তরঙ্গ সমীকরণ
- তরঙ্গের উপরিপাত এবং স্বরকম্প গঠন
- সরল দোলগতি এবং প্রগতিশীল তরঙ্গ
- মুক্ত, পরবশ এবং অনুরণিত কম্পন।
- ভবনের ধ্বনিবিদ্যা: অনুরণন এবং অনুরণন সময়
- শব্দের শোষণের গুণাঙ্ক এবং সাবাইন সূত্র
- অতিস্বনক তরঙ্গ এবং এর প্রয়োগ

দৈনন্দিন জীবনে তরঙ্গের প্রয়োগগুলিতে আগ্রহ তৈরির জন্য আলোচনা এবং বিষয়গুলি বোঝার জন্য ক্রিয়াকলাপের পরামর্শ দেওয়া হয়েছে। অ্যাপ্লিকেশন ভিত্তিক সমাধান করা সমস্যা, বহুনির্বাচনী প্রশ্ন এবং নিম্নমানের উচ্চমানের জ্ঞানীয় স্তরের প্রশ্নগুলি ইউনিটে দেওয়া হয়েছে যাতে কেউ তাদের মাধ্যমে অনুশীলনের জন্য যেতে পারে, যা শেখার শক্তিশালীকরণে সাহায্য করবে। ভিডিও লিঙ্কগুলির QR কোডগুলি বিভিন্ন বিষয়গুলির জন্য প্রদান করা হয়েছে যা প্রাসঙ্গিক সহায়ক জ্ঞানের জন্য স্ক্যান করা যায়।

ধারণা এবং নীতিগুলির অনুকরণের জন্য কিউআর কোডগুলিও ইউনিটে সরবরাহ করা হয়েছে, যাতে শিক্ষার্থীরা উপলব্ধ সিমুলেশন মডেল অনুকরণ করার জন্য হাতে-কলমে অনুশীলন করতে পারে। শিক্ষার্থীরা বিষয় অনুধাবনের জন্য সিমুলেশন মডেলের বিভিন্ন প্যারামিটার পরিবর্তন করতে পারে। “আরও জ্ঞাতব্য” বিভাগটি সুবিধাজনকভাবে ডিজাইন করা হয়েছে, যেগুলি অতিরিক্ত তথ্য সরবরাহ করে বইটির ব্যবহারকারীদের জন্য উপকারী হবে। ভবিষ্যতে শেখার এবং শিক্ষার্থীদের অনুপ্রাণিত করার জন্য প্রয়োগ এবং বাস্তব জীবনের বিভিন্ন দিক, কেস স্টাডি এবং অনুসন্ধি এবং কৌতূহল বিষয়গুলিও ইউনিটে অন্তর্ভুক্ত করা হয়েছে।

যৌক্তিকতা

তরঙ্গ একটি খুব সাধারণ শব্দ যা আমরা সাধারণত আমাদের দৈনন্দিন জীবনে ব্যবহার করি। তরঙ্গ বিস্তারের মাধ্যমে আমরা আমাদের চারপাশ থেকে কিছু শক্তি গ্রহণ করি। যখন একটি তরঙ্গ মাধ্যম বা শূন্যতার মধ্য দিয়ে যায় তখন আমরা বলি যে শক্তি

এক বিন্দু থেকে অন্য বিন্দুতে স্থানান্তরিত হয়েছে। সাউন্ড ওয়েভ, লাইট ওয়েভ, মোবাইল সিগন্যাল, টিভি সিগন্যাল ইত্যাদি তরঙ্গের উদাহরণ যার সহায়তায় আমরা সাধারণত যোগাযোগ রক্ষা করি। বিজ্ঞান এবং ইঞ্জিনিয়ারিং এর প্রতিটি শাখায় তরঙ্গ গতির জ্ঞান প্রয়োজন। এই ইউনিট তরঙ্গ গতির মৌলিক বিষয় ও তার গাণিতিক ব্যাখ্যা করবে; তরঙ্গ গতি বর্ণনা করার জন্য প্রয়োজনীয় অভিব্যক্তি এবং বিভিন্ন শর্তাবলী, যা তরঙ্গের ইঞ্জিনিয়ারিং অ্যাপ্লিকেশনগুলি বুঝতে এবং সংশ্লিষ্ট প্রকৌশল শৃঙ্খলায় তরঙ্গ গতির নীতিগুলি প্রয়োগ করতে সহায়তা করবে।

পূর্ব-প্রয়োজনীয়তা

- গণিত-ত্রিকোণমিতিক ফাংশন, বীজগণিত, লগারিদম
- পদার্থবিদ্যা-শক্তি, স্থিতিস্থাপকতার ধারণা
- অন্য– কম্পিউটারের প্রাথমিক প্রযুক্তি এবং মোবাইল অ্যাপ্লিকেশন ব্যবহার

ইউনিট আউটকাম

এই ইউনিটের ফলাফলের তালিকা নিম্নরূপ:

U1-O1: অনুদৈর্ঘ্য এবং তির্যক তরঙ্গের মধ্যে পার্থক্য করন

U1-O2: গাণিতিক অভিব্যক্তি দিয়ে স্বরকম্প গঠনের উপরিপাতের ব্যাখ্যা

U1-O3: প্রদত্ত সরল দোলগতি বিশ্লেষণের জন্য প্রয়োজনীয় পরামিতি

U1-O4: মুক্ত, পরবশ এবং অনুরণিত কম্পনের মধ্যে পার্থক্য করন

U1-O5: প্রদত্ত স্থানের জন্য অনুরণন সময়কে প্রভাবিত করার কারণগুলি ব্যাখ্যা

U1-O6: অতিস্বনক তরঙ্গের মেডিকেল এবং ইঞ্জিনিয়ারিং অ্যাপ্লিকেশন

ইউনিট 1 আউটকাম	প্রত্যাশিত কোর্স আউটকোমের সাথে ম্যাপিং (1-দুর্বল সম্পর্ক; 2-মাঝারি সম্পর্ক; 3-দৃঢ় সম্পর্ক)					
	CO-1	CO-2	CO-3	CO-4	CO-5	CO-6
U1-O1	3	-	-	1	-	1
U1-O2	3	-	-	1	-	1
U1-O3	3	-	-	-	-	-
U1-O4	3	-	-	1	-	1
U1-O5	3	-	-	1	-	1
U1-O6	3	-	-	-	-	-

1.1 তরঙ্গ গতি

মজার ঘটনা

- ভ্যাকুয়ামে শব্দের বেগ: এটা কি বাতাসে শব্দের বেগের সমান?
- বায়ুমণ্ডলের বিভিন্ন স্তরে শব্দ তরঙ্গের বেগ।
- রেডিও এবং টিভি কাঙ্ক্ষিত সংকেত ধরতে পারে: কিভাবে টিভি/রেডিও চ্যানেলগুলি রিমোট কন্ট্রোলের মাধ্যমে জাদুকরী হয়?

যখন জলের পৃষ্ঠে একটি পাথর ফেলে দেওয়া হয় তখন জলের পৃষ্ঠে পাথর এবং তরঙ্গ পড়ার শব্দ হয়। শব্দটি বাতাসের মধ্য দিয়ে ভ্রমণ করে এবং আমরা সেই শব্দটি আমাদের কানের মাধ্যমে শুনতে পাই এবং একই সাথে বৃত্তাকার তরঙ্গগুলি জলের পৃষ্ঠে উৎপত্তিস্থল থেকে চারপাশের অঞ্চলে ছড়িয়ে পড়ে (চিত্র 1.1)। এবং আমরা বলি যে একটি তরঙ্গ জলের মাধ্যমে বিস্তার করেছে। একইভাবে, পাথরের গতিশক্তি ছাড়াও শব্দ শক্তিতে রূপান্তরিত হয় এবং এটি বাতাসের মাধ্যমে কানে পৌঁছায় এবং একটি শব্দ তরঙ্গ বাতাসের মাধ্যমে ছড়িয়ে পড়ে। যখন মাধ্যমের এক বিন্দু থেকে অন্য স্থানে শক্তি স্থানান্তরিত হয়, তখন মাধ্যমের গড় অবস্থান কণার পরিবর্তন না করে তরঙ্গের পুন:প্রবর্তন ঘটে।তরঙ্গ গতি বর্ণনা করে কিভাবে একটি তরঙ্গ মাধ্যমের কণার সামগ্রিক অবস্থান পরিবর্তন না করে মাধ্যমের ভিতর ছড়িয়ে পড়ে।

চিত্র 1.1: পাথর থেকে শক্তি স্থানান্তরের কারণে জলে তরঙ্গ

কার্যকলাপ

- যেকোন স্ট্রিংয়ের এক প্রান্ত ঠিক আটকে দিয়ে অন্য প্রান্তটি হাত দিয়ে ধর। তার দৈর্ঘ্য বরাবর স্ট্রিং টান রাখো । স্ট্রিং এর দৈর্ঘ্যে লম্ব দিক থেকে আন্দোলিত করে পর্যবেক্ষণ কর।
- বিভিন্ন বেধের স্ট্রিং দিয়ে ক্রিয়াকলাপটি পুনরাবৃত্তি কর।
- একটি দীর্ঘ ইস্পাত স্ট্রিং (প্রায় 1 মিটার প্রসারিত দৈর্ঘ্য) দিয়ে ক্রিয়াকলাপটি পুনরাবৃত্তি কর এবং স্ট্রিংয়ের দৈর্ঘ্যের সমান্তরালে বল প্রয়োগ কর।

চিত্র 1.2: স্ট্রিং এ পালস

যেমন চিত্র 1.2 এ দেখানো হয়েছে, ভিতরে প্রবর্তিত উত্তেজনা নির্দিষ্ট গতিতে স্ট্রিং বরাবর ভ্রমণ করবে। এই ক্ষেত্রে হাত থেকে শক্তি স্ট্রিংয়ে স্থানান্তরিত হয় (এই ক্ষেত্রে মাঝারি) এবং একটি বাম্প স্ট্রিং বরাবর ভ্রমণ করে। একইভাবে, যখন কোনো মাধ্যমের মধ্যে কোনো উত্তেজনা বা শক্তি দেওয়া হয় তখন তা মাধ্যম বরাবর ভ্রমণ করে এবং আমরা বলি যে একটি তরঙ্গ মাধ্যম দিয়ে গেছে। প্রকৃত পরিস্থিতিতে ছবিটি কিছুটা ভিন্ন এবং চিত্র 1.3 এ সহজ আকারে তা প্রদর্শিত হয়েছে। এই চিত্রে একটি মাত্রিক মাধ্যমকে বাদ দেওয়া হয়েছে এবং বৃত্তগুলি মাধ্যমের কণাকে প্রতিনিধিত্ব করে। শক্তি যখন এই মাধ্যমটিতে স্থানান্তরিত হয় তখন শক্তি এক কণা থেকে অন্য কণায় ছড়িয়ে পড়ে, যেমন স্ট্রিংয়ের ক্ষেত্রে। প্রতিটি কণা তার গড় অবস্থান বরাবর কম্পন করে এবং শক্তি মাধ্যমের মাধ্যমে স্থানান্তরিত হয়। চিত্র 1.3 সময়ের সাথে সাথে বিভিন্ন কণার অবস্থান প্রদর্শন করে এবং চিত্র 1.3c একই অবস্থানে পৃথক কণার কম্পন প্রদর্শন করে কিন্তু সময়ের ভিন্ন সময়ে। অতএব, আমরা উপসংহারে পৌঁছাই যে যখন তরঙ্গ একটি মাধ্যমের মধ্য দিয়ে ভ্রমণ করে তখন মাধ্যমের কণা এক কণা থেকে অন্য কণায় শক্তি স্থানান্তর করতে তাদের গড় অবস্থান থেকে কম্পন সৃষ্টি করে। প্রদত্ত উদাহরণে তরঙ্গ বিস্তারের দিকটি একটি মাত্রিক মাধ্যমের দিক বরাবর।

Introduction to waves

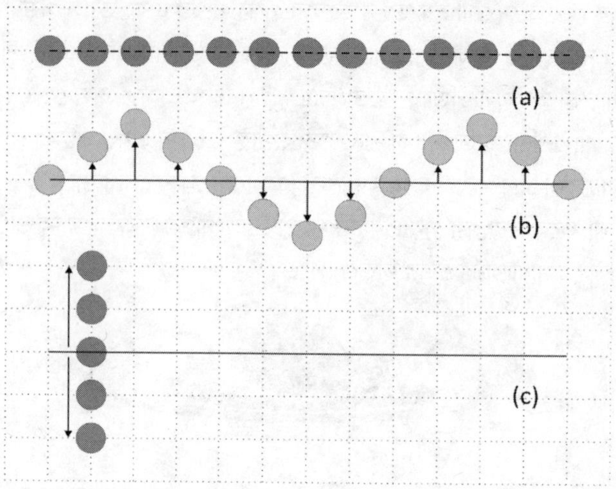

চিত্র **1.3:** সময়ের সাথে সাথে বিভিন্ন কণার অবস্থান

1.2 তির্যক এবং অনুদৈর্ঘ্য তরঙ্গ

পূর্ববর্তী বিভাগে সংক্ষেপে বলা হয়েছে যে, যখন কোনো তরঙ্গ যে কোনো মাধ্যমের মধ্য দিয়ে যায়, মাঝারি অংশের কণাগুলি তাদের গড় অবস্থান বরাবর কম্পন করে। যদি কম্পনের দিকটি তরঙ্গের ভ্রমণের জন্য লম্ব হয় তাহলে তরঙ্গকে তির্যক তরঙ্গ বলা হয় এবং যদি কম্পনের দিক তরঙ্গের প্রচারের দিক নির্দেশের সাথে থাকে তবে তরঙ্গগুলিকে অনুদৈর্ঘ্য তরঙ্গ বলে। স্ট্রিং সম্পর্কিত কার্যকলাপের ক্ষেত্রে যেখানে আন্দোলন স্ট্রিং এর দৈর্ঘ্যে লম্ব হয় এটি তির্যক তরঙ্গের মত এবং স্ট্রিং কার্যকলাপে স্ট্রিংয়ের দৈর্ঘ্য বরাবর এটি অনুদৈর্ঘ্য তরঙ্গের মতো।

চিত্র 1.4 তির্যক এবং অনুদৈর্ঘ্য তরঙ্গে বিভিন্ন উপাদান কণার আপেক্ষিক অবস্থান প্রদর্শন করে। প্রতিটি ক্ষেত্রে কণা কম্পনের সময় নির্দিষ্ট সর্বোচ্চ অবস্থানে পৌঁছায় এবং তাদের গড় অবস্থানে ফিরে আসে এবং আবার বিপরীত দিকে সর্বোচ্চ অবস্থানে স্থানচ্যুত হয়। সর্বাধিক অবস্থান এবং সর্বনিম্ন অবস্থান যথাক্রমে তির্যক তরঙ্গ শীর্ষ এবং তির্যক তরঙ্গ পাদ নামে পরিচিত।তির্যক তরঙ্গে সংশ্লিষ্ট কণার মধ্যে দূরত্ব পরিবর্তন হয় না কারণ কণার গড় অবস্থান বরাবর লম্ব কম্পন থাকে। একটি অনুদৈর্ঘ্য তরঙ্গের মধ্যে, একটি আড়াআড়ি তরঙ্গের শীর্ষ এবং পাদ যথাক্রমে সংকোচনের সাথে সামঞ্জস্যপূর্ণ এবং বিরল প্রতিক্রিয়া।

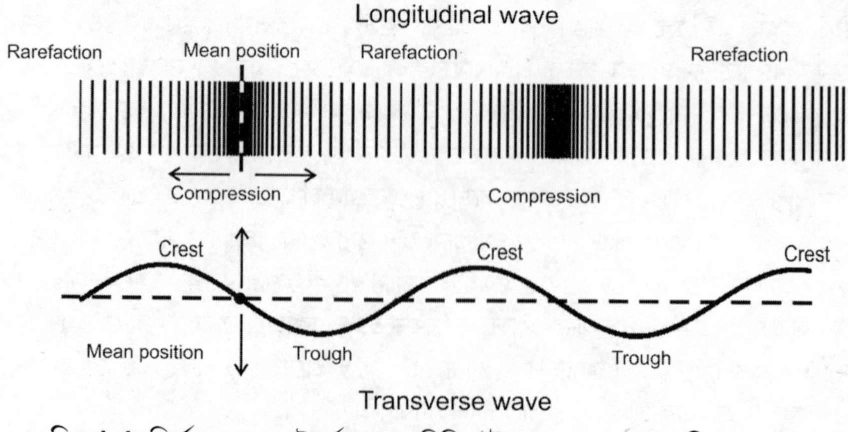

চিত্র **1.4:** তির্যক এবং অনুদৈর্ঘ্য তরঙ্গে বিভিন্ন উপাদান কণার আপেক্ষিক অবস্থান

অনুদৈর্ঘ্য তরঙ্গের মতো কণা তরঙ্গ বিস্তারের দিকের সাথে স্পন্দিত হয়, যখন সংশ্লিষ্ট কণার মধ্যে দূরত্ব পরিবর্তিত হয়। যখন তরঙ্গটি যে মাধ্যমে তরঙ্গ ভ্রমণ করছে তার কাছাকাছি আসে তখন বা কণার মধ্যে দূরত্ব প্রকৃত দূরত্বের চেয়ে কম হলে, অর্থাৎ যখন তাদের ঘনত্ব সর্বাধিক হয় তখন একটি সংকোচন হয়। যখন তনুভবন ঘটে তখন এই কণাগুলি আরও পৃথক হয়। এই অবস্থায় কণার মধ্যে দূরত্ব প্রকৃত দূরত্বের চেয়ে বেশি হয় বা যখন তাদের ঘনত্ব কম থাকে।

1.3 তরঙ্গ বেগ

চিত্র 1.2 এ, স্ট্রিংয়ে প্রদত্ত আন্দোলন স্ট্রিং বরাবর নির্দিষ্ট গতিতে চলে যা স্ট্রিংয়ের স্থিতিস্থাপক বৈশিষ্ট্য এবং ঘনত্বের উপর নির্ভর করে। যদি আন্দোলন ক্রমাগত 'এদিক -ওদিক' দেওয়া হয় তখন তরঙ্গ একটি বেগ নিয়ে চলে যাকে তরঙ্গ বেগ বলে। তরঙ্গের বেগের মাত্রা স্থিতিস্থাপক বৈশিষ্ট্য এবং ঘনত্বের উপর নির্ভর করে। এটি 'v' দ্বারা লেখা হয় এবং নিচের সূত্র দ্বারা দেওয়া হয়

$$v = x/t \ (m/s) \quad ...(1.1)$$

যেখানে দূরত্ব 'x' মিটার এবং সময় 't' সেকেন্ড এককে প্রকাশিত

1.3.1 কম্পাঙ্ক

চিত্র 1.5 সময়ের সাথে সম্পর্কিত যেকোনো বিন্দু 'x' এ মাধ্যমের কণার দোলন এবং অগ্রগতি প্রদর্শন করে। এটি তার গড় অবস্থান থেকে সর্বাধিক স্থানচ্যুতিতে চলে যায় এক দিকে; গড় অবস্থানে ফিরে আসে এবং বিপরীত দিকে সর্বাধিক স্থানচ্যুতিতে যায় এবং আবার গড় অবস্থানে ফিরে আসে এবং এই প্রক্রিয়াটি অব্যাহত থাকে। পয়েন্ট 'A' এবং 'C'র মধ্যবর্তী সময় হল একটি দোলন সম্পন্ন করার সময় এবং এটি সময়কাল T দিয়ে লেখা হয়।

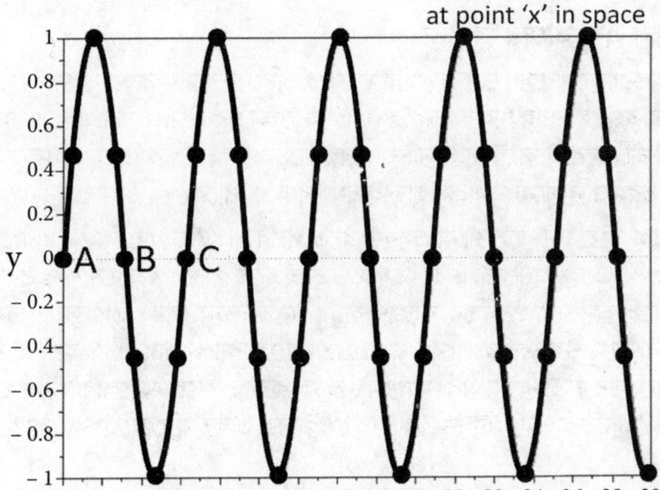

চিত্র 1.5: সময়ের সাথে সম্পর্কিত যেকোনো বিন্দু 'x' এ মাধ্যমের কণার দোলন এবং অগ্রগতি

পর্যায়কালের অনন্যক হলো কম্পাঙ্ক; এটি এক সেকেন্ডে সংখ্যার দোলন হিসাবেও সংজ্ঞায়িত করা হয়। এর ইউনিট হল হার্টজ (Hz)

$$f = 1/T \quad ...(1.2)$$

উদাহরণ: যদি একটি দোলনের সময়কাল 0.5 সেকেন্ড হয়, তাহলে কম্পাঙ্ক 2 Hz অর্থাৎ দুটি দোলন এক সেকেন্ডে সম্পন্ন হবে।

1.3.2 তরঙ্গ দৈর্ঘ্য

চিত্র 1.6 মধ্য অবস্থানের যেকোনো মুহূর্ত 't' তে, তাদের গড় অবস্থানের ক্ষেত্রে স্থানচ্যুতি প্রদর্শন করে। প্রতিটি কণা গড় অবস্থান থেকে ভিন্ন স্থানচ্যুতিতে থাকে। বিন্দু A 'এবং C' এর মধ্যে দূরত্ব, যা গড় অবস্থানে এবং স্থানচ্যুতি এর দিক সমান।তরঙ্গ দৈর্ঘ্য এবং ফ্রিকোয়েন্সি নিম্নরূপ সম্পর্কিত:

$$v = f\lambda \qquad ...(1.3)$$

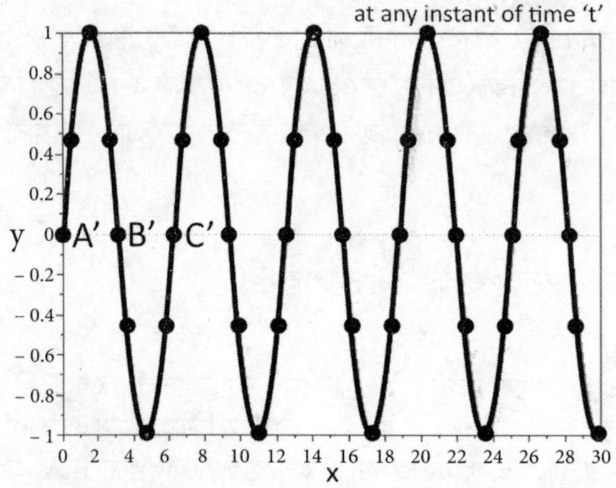

চিত্র 1.6: যেকোনো মুহূর্ত 't' তে, গড় অবস্থানের স্থানচ্যুতি

1.4 শব্দ এবং আলোক তরঙ্গ এবং তাদের বৈশিষ্ট্য

শব্দ এবং আলোক তরঙ্গ হল তরঙ্গের খুব সাধারণ রূপ যার সাথে প্রতিদিনের কার্যকলাপে সাধারণ ক্রিয়া পরিলক্ষিত হয়। পূর্ববর্তী বিভাগে যেমন আলোচনা করা হয়েছে তরঙ্গগুলির অনুপ্রস্থ এবং অনুদৈর্ঘ্য প্রকৃতি রয়েছে। এই শ্রেণীবিভাগ ছাড়াও আরও একটি পার্থক্য রয়েছে যে তরঙ্গগুলি যান্ত্রিক বা ইলেক্ট্রোম্যাগনেটিক তরঙ্গ হতে পারে। যান্ত্রিক তরঙ্গগুলির ভ্রমণের জন্য মাধ্যম প্রয়োজন, যেখানে বৈদ্যুতিন চৌম্বকীয় তরঙ্গগুলি শূন্যেও মাধ্যম ছাড়াই ভ্রমণ করতে পারে।

শব্দ তরঙ্গ ভ্রমনের জন্য মাধ্যম প্রয়োজন বলে শূন্যে ভ্রমণ করতে পারে না। এটি বায়ু, কঠিন এবং তরলে ভ্রমণ করতে পারে। বিভিন্ন মাধ্যমের বেগ ভিন্ন। শব্দ তরঙ্গ অনুদৈর্ঘ্য এবং তির্যক উভয়ই হতে পারে। বাতাসে শব্দ তরঙ্গ অনুদৈর্ঘ্য হয়। শব্দ তরঙ্গ বাতাসে চলাচলের সাথে সাথে অনুদৈর্ঘ্য প্রকৃতির কারণে বায়ুর ঘনত্ব বন্টন হবে। তাই সংকোচন এবং প্রসারণের কারণে বায়ুচাপের পার্থক্য থাকবে। বাতাসে শব্দ তরঙ্গের বেগ বাতাসের ঘনত্বের সাথে পরিবর্তিত হয়। বাতাসে $20\,^0$C তাপমাত্রায় শব্দ তরঙ্গের বেগ 340 m/s।হালকা তরঙ্গ ভ্যাকুয়াম এবং মাধ্যমে চলাচল করতে পারে। আলোক তরঙ্গ প্রকৃতিতে অনুপ্রস্থ। আলোক তরঙ্গ চলাচলের সাথে সাথে বৈদ্যুতিক এবং চৌম্বক ক্ষেত্রের ভেক্টরের তারতম্য রয়েছে। আলোক তরঙ্গের বেগ বায়ু বা শূন্যে 3×10^8 m/s।

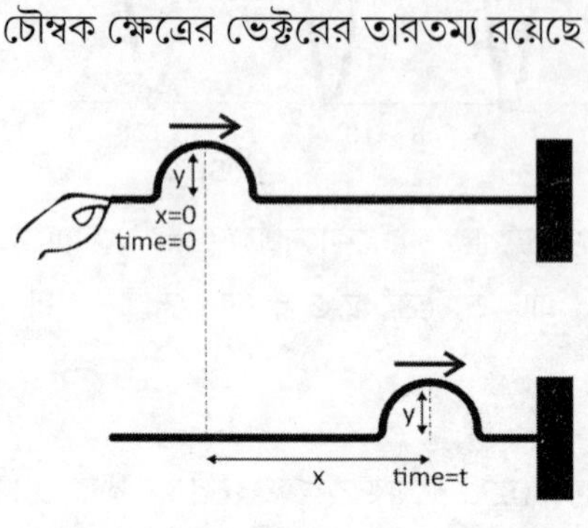

চিত্র 1.7: স্থানচ্যুতি ধনাত্মক x দিকে বেগ 'v' এর সাথে চলে

উপরের চিত্র 1.7 এর মতো, স্থানচ্যুতিটি ধনাত্মক x দিকে চলে, এটি বেগ 'v' এর সাথে চলে। x = 0 এ স্থানচ্যুতি বেগের সাথে সময় 't' এর পরে x এ পৌঁছে।

স্থানচ্যুতি 'y', x = 0 এ

$$y = f(t) \quad ...(1.4)$$

t সময়ে x দূরত্বে স্থানচ্যুতি একই হবে, x=0 এ এবং t সময়ে =- x / v; 'x' বিন্দুতে স্থানচ্যুতি হবে

$$y = f(t - x/v) \quad ...(1.5)$$

যদি আমরা x=0 এ একটি ক্রমাগত ব্যাঘাত প্রবর্তন করি, তাহলে এই ক্রমাগত ব্যাঘাতটি 'x' বরাবর বেগ 'v' এর সাথে প্রচার করবে। একটি দোদুল্যমান স্থানচ্যুতির জন্য 'y', যা নিচের সমীকরণ অনুসরণ করে সংজ্ঞায়িত করা হয়,

$$y = a\sin(\omega t) = a\sin\{(2\pi/T)t\} \quad ...(1.6)$$

যেখানে, a হল আন্দোলিত সরণের প্রশস্ততা, T হল পর্যায়ক্রমিক সময় বা সময়কাল,

$$\omega = 2\pi/T$$

$$\omega = 2\pi f \quad ...(1.7)$$

এবংতাই, দূরত্ব x-এ,

$$y = a\sin\{\omega(t-x/v)\} \quad ...(1.8)$$

বা, $y = a\sin\{2\pi f(t-x/v)\}$ ...(1.9)

বা, $y = a\sin(\omega t-kx)$ ...(1.10)

Waves on string

সমীকরণ (1.9) এবং সমীকরণ (1.10) সাধারণ তরঙ্গ সমীকরণ হিসাবে পরিচিত যা মাধ্যম তরঙ্গ গতির প্রতিনিধিত্ব করে, যেখানে $k = 2\pi/\lambda$ হল তরঙ্গ সংখ্যা, $\omega = 2\pi f$ হল কৌণিক কম্পাঙ্ক। সমীকরণ (1.9) এবং (1.10) এ প্রদর্শিত তরঙ্গ সমীকরণ ইতিবাচক 'x' দিকে ভ্রমণ করে এবং 'y' দিক থেকে স্থানচ্যুতিকে প্রতিনিধিত্ব করে। এই স্থানচ্যুতিকে স্থানচ্যুতি ভেক্টর হিসাবেও উপস্থাপন করা যেতে পারে:

$$y \to \vec{y} \quad ...(1.11)$$

তরঙ্গের প্রসারের সাথে সাথে x এবং t উভয়ই পরিবর্তিত হয়, যদি 't' বাড়ে 'x'ও এমনভাবে বৃদ্ধি পায় যে সমীকরণ 1.10-এ sin ফাংশনের যুক্তি স্থির থাকে।

তাই, সময়ের সাথে অবকলন করে পাই,

$$\omega t - kx = \text{ধ্রুবক}$$

$$\omega - k(dx/dt) = 0 \quad ...(1.12)$$

$$\omega = k\,(dx/dt) \quad ...(1.13)$$

$$\omega/k = (dx/dt) \quad ...(1.14)$$

$$v = \omega/k = f\lambda \quad ...(1.15)$$

সমীকরণ (1.15) কম্পাঙ্ক এবং তরঙ্গদৈর্ঘ্যের পরিপ্রেক্ষিতে তরঙ্গের বেগ দেয়।

বিস্তার

সমীকরণ (1.9) এবং (1.10)-এ, 'a', গড় অবস্থানের উভয় দিকে সর্বাধিক স্থানচ্যুতিকে প্রতিনিধিত্ব করে এবং এটি 'x' দিকে ভ্রমণকারী তরঙ্গের বিস্তার হিসাবে পরিচিত। তরঙ্গের তীব্রতা তরঙ্গের বিস্তারের বর্গের সমানুপাতিক।

1.5 দশা

এখন পর্যন্ত, আমরা গড় অবস্থান থেকে স্থানচ্যুতি হিসাবে বিঘ্নতাকে উল্লেখ করেছি; এই স্থানচ্যুতির প্রশস্ততা এবং দিক উভয়ই রয়েছে। এই গতিশীল অবস্থা (যেমন এটি সময়ের সাথে পরিবর্তিত হয়) কণার পর্যায় হিসাবে পরিচিত। যে কোন বিন্দুতে কণার পর্যায় প্রতিটি মুহূর্তে পরিবর্তিত হয়। যে কোন মুহূর্তে বিভিন্ন বিন্দুর বিভিন্ন পর্যায় থাকে। পর্যায়টি একটি গতিশীল অবস্থা যা স্থানচ্যুতির অবস্থান এবং দিকের উপর নির্ভর করে। তরঙ্গ বেগকে দশা বেগও বলা যেতে পারে।

1.5.1 দশা পার্থক্য

চিত্র.1.8-এ, বিন্দু A, B এবং C গড় অবস্থানে, কিন্তু বিন্দু A এবং C একই পর্যায়ে রয়েছে। এই দুটি বিন্দুর জন্য স্থানচ্যুতির অবস্থান এবং দিক একই। B বিন্দু একই অবস্থানে, কিন্তু স্থানচ্যুতির দিক বিপরীত। তাই A বিন্দুর সাথে এটির কিছু পর্যায়ের পার্থক্য থাকবে। B বিন্দু তার অবস্থান পরিবর্তন করবে এবং A এর মতো একই পর্যায়ে পৌঁছাতে T/2 সময় লাগবে, তাই B বিন্দুর দশাতে পৌঁছতে সময় লাগবে যেটি প্রাথমিকভাবে বিন্দু A এবং B এর মধ্যে দশা পার্থক্য হিসাবে পরিচিত। দুটি বিন্দুর মধ্যে দশা পার্থক্য হল একই গতিশীল অবস্থা অর্জনের সময়ের পার্থক্য।

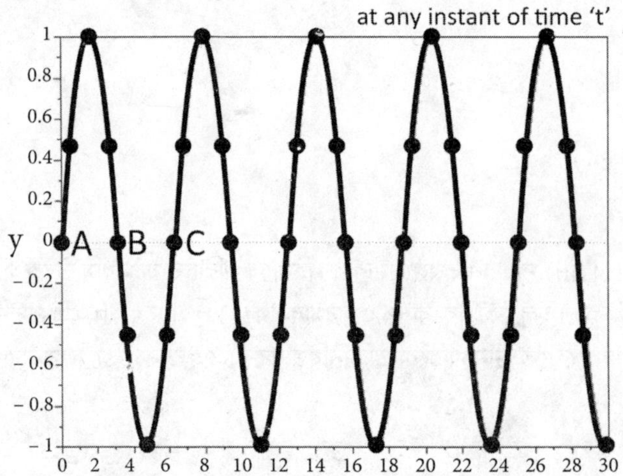

চিত্র **1.8:** বিন্দু A, B এবং C গড় অবস্থানে, বিন্দু A এবং C একই পর্যায়ে এবং এই দুটি বিন্দুর জন্য স্থানচ্যুতির অবস্থান এবং দিক একই; B বিন্দু একই অবস্থানে, কিন্তু স্থানচ্যুতির দিক বিপরীত

যেহেতু তরঙ্গ গতি ত্রিকোণমিতিক ফাংশনের সাথে সাদৃশ্যপূর্ণ, তাই কোণের ক্ষেত্রে দশা পার্থক্য প্রকাশ করা সহজ। পর্যায়কাল 'T' এ, তরঙ্গ একটি দোলন সম্পন্ন করে। একইভাবে, ত্রিকোণমিতিক ফাংশনে একটি চক্র সম্পূর্ণ করতে 2π কোণ লাগে। তাই 'T' কে 2π এবং T/2 কে π এবং এভাবে প্রকাশ করা যেতে পারে। যদি দুটি তরঙ্গে T/4 এর দশা পার্থক্য থাকে তাহলে আমরা বলতে পারি যে তাদের $\pi / 2$ এর দশা পার্থক্য আছে।

1.6 তরঙ্গের উপরিপাতের নীতি

পূর্ববর্তী বিভাগে, এটি বর্ণনা করা হয়েছিল যে যদি একটি তরঙ্গ মাধ্যম দিয়ে যায় তবে কণাটি দোলনীয় গতি সঞ্চালন করে। যদি দুটি তরঙ্গ কোনো বিন্দুতে মিলিত হয়, তবে কণার ফলস্বরূপ গতি সেই বিন্দুতে দুটি তরঙ্গের স্থানচ্যুতির ভেক্টর যোগের ফলস্বরূপ এবং এটি তরঙ্গের উপরিপাতের নীতি হিসাবে পরিচিত।

লব্ধ সরণ

$$\vec{y} = \vec{y}_1 + \vec{y}_2 \qquad ...(1.16)$$

প্রথম তরঙ্গ এবং দ্বিতীয় তরঙ্গ একই কম্পাঙ্কে আছে এবং এই হিসাবে উপস্থাপন করা যায়,

$$y_1 = a_1 sin(wt) \quad ...(1.17)$$

$$y_2 = a_2 sin(wt + \phi) \quad ...(1.18)$$

যেখানে ϕ হল দুটি তরঙ্গের মধ্যে দশা পার্থক্য; ফলে স্থানচ্যুতি হবে

$$y = y_1 + y_2 = a_1 sin\ (\omega t) + a_2 sin\ (\omega t + \phi) \quad ...(1.19)$$

$$\Rightarrow \quad y = a_1 sin\ (\omega t) + a_2 sin\ (\omega t) cos(\phi) + a_2 cos(\omega t) sin(\phi) \quad ...(1.20)$$

$$\Rightarrow \quad y = sin\ (\omega t)[a_1 + a_2 cos(\phi)] + a_2 cos\ (\omega t) sin(\phi)\ a_1 + a_2 cos(\phi) = a' cos(\alpha)$$

$$a_2 sin(\phi) = a' sin(\alpha) \quad ...(1.21)$$

$$\Rightarrow \quad y = sin\ (\omega t)\ a\ cos(\alpha) + cos(\omega t) a\ sin(\alpha) \quad ...(1.22)$$

বা, $$y = a' sin\ (\omega t + \alpha) \quad ...(1.23)$$

এটি যেকোন বিন্দুতে তরঙ্গের উপরিপাতের কারণে ফলস্বরূপ প্রশস্ততা। ফলস্বরূপ তরঙ্গের প্রশস্ততা a’ এবং কম্পাঙ্ক মিলিত তরঙ্গের সমান।

1.7 স্বরকম্প গঠন

কার্যকলাপ

প্রায় সমান কম্পাঙ্কের দুটি সুরশলাকা লও (ধরো 380 Hz এবং 384 Hz)। প্রথমে আলাদাভাবে শব্দ কর এবং তারপরে একসাথে শব্দ কর। কোন পার্থক্য আছে কি ?

পূর্ববর্তী বিভাগে, এটি বিবেচনা করা হয়েছিল যে একই কম্পাঙ্কের দুটি তরঙ্গ একটি বিন্দুতে উপরিপাতিত হয়। যদি দুটি উপরিপাতিত তরঙ্গের কম্পাঙ্ক ফলস্বরূপ তরঙ্গের তুলনায় সামান্য ভিন্ন বা প্রায় সমান হয় তবে তাকে স্বরকম্প তরঙ্গ বলা হয় এবং এই ঘটনাটিকে স্বরকম্প গঠন বলা হয়।

গাণিতিক ভাষায়

$$\vec{y} = \vec{y}_1 + \vec{y}_2 = a_1 sin\ (\omega_1 t) + a_2 sin\ (\omega_2 t + \phi) \quad ...(1.24)$$

ধরি, $\phi = 0$ এবং $a = a_1 = a_2$, তখন

$$y = y_1 + y_2 = asin\ (\omega_1 t) + asin\ (\omega_2 t) \quad ...(1.25)$$

বা, $$y = 2asin\ (\omega_1 + \omega_2)\ t/2 \times cos\ (\omega_1 - \omega_2)\ t/2 \quad ...(1.26)$$

এখন, $(\omega_1 + \omega_2)\ t/2 \approx \omega$

আবার, সমীকরণ (1.26)-কে লেখা যেতে পারে,

$$y = Asin\ (\omega_1)\ t$$

$$A = 2acos\ \{(\omega_1 - \omega_2)\ t/2\} \quad ...(1.27)$$

সমীকরণ (1.27) কম্পাঙ্ক ω_1 এবং প্রশস্ততা A সহ স্বরকম্প তরঙ্গ উপস্থাপন করে।

চিত্র 1.9 সমীকরণ (1.27) দ্বারা প্রদত্ত স্বরকম্প তরঙ্গকে প্রতিনিধিত্ব করে, কারণ এটি চিত্র থেকে স্পষ্ট যে ফলাফলের প্রশস্ততা 'A' এর পর্যায়ক্রমে সর্বোচ্চ এবং সর্বনিম্ন মান রয়েছে, নির্দিষ্ট সময়ের ব্যবধানের পরে এবং পরপর দুটি সর্বোচ্চ প্রশস্ততার মধ্যবর্তী সময়কালকে বলা হয় স্বরকম্প সময়কাল; স্বরকম্প সময়কাল নিম্নলিখিত হিসাবে গণনা করা যেতে পারে:

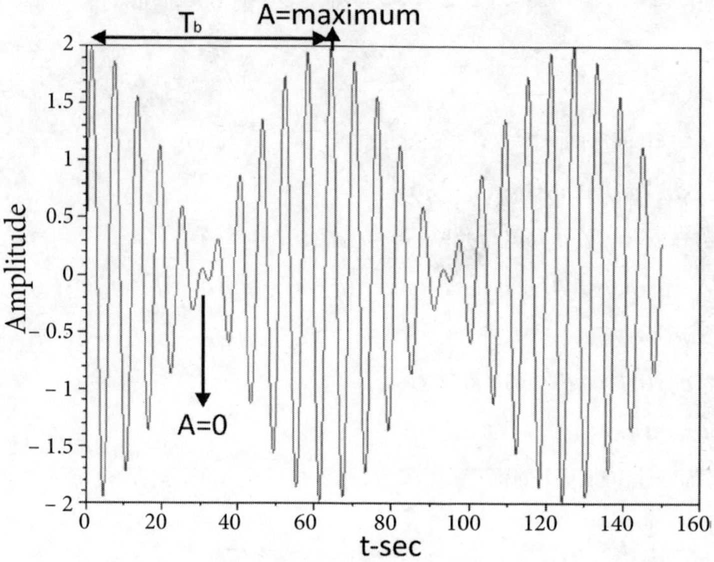

চিত্র **1.9:** স্বরকম্প তরঙ্গ

যেহেতু $\cos(n\pi) = \pm 1$

$n = 0, 1, 2, 3, \ldots$ জন্য

সর্বোচ্চ হলে,

$$(w_1 - w_2)t/2 = 2\pi[f_1 - f_2]t/2 = n\pi$$

$n = 0$ $t = 0$ জন্য (সর্বোচ্চ যখন $t = 0$)

$n = 1$ $t = 1 / f_1 - f_2$, (প্রথম সর্বোচ্চ যখন $t = T_b$)

$n = 2$, $t = 2 / f_1 - f_2$, (দ্বিতীয় সর্বোচ্চ যখন $t = 2T_b$)

তাই আমরা স্বরকম্প কম্পাঙ্ক (fb) সংজ্ঞায়িত করি যেমন,

$$f_b = [f_1 - f_2] \qquad \ldots(1.28)$$

ফলস্বরূপ তরঙ্গের দুটি সর্বাধিক প্রশস্ততার মধ্যবর্তী সময়কে বিট পর্যায়কাল (T_b) বলা হয় এবং একে নিম্নলিখিত সমীকরণ দ্বারা প্রকাশ করা হয়

$$T_b = 1/f_b \qquad \ldots(1.29)$$

সমাধান করা সমস্যা

1. নিম্নলিখিত চিত্র থেকে বের করো: তরঙ্গের কম্পাঙ্ক, বিন্দু A এবং B মধ্যে দশা পার্থক্য, বিন্দু C এবং D এর মধ্যে দশা পার্থক্য

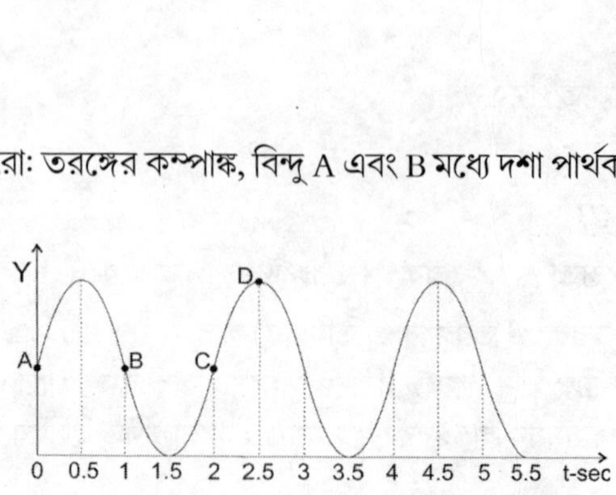

সমাধান:

চিত্র থেকে, একটি চক্র সম্পূর্ণ করার সময় হল 2 সেকেন্ড সময়কাল T = 2 সেকেন্ড

ফ্রিকোয়েন্সি f = 1 / T = 1 / 2 = 0.5 s – 1 0.5 Hz

বিন্দু A এবং B এর মধ্যে পর্বের পার্থক্য 1 সেকেন্ড কারণ এটি T বা π এর অর্ধেক

বিন্দু C এবং D এর মধ্যে পর্বের পার্থক্য হল ½ সেকেন্ড কারণ এটি T বা $\pi/2$ এর এক চতুর্থাংশ

2. যদি একটি তরঙ্গের সময়কাল 20 মিলি সেকেন্ড থাকে তবে তরঙ্গের কম্পাঙ্ক বের করো।

সমাধান:

সময়কাল (T) = 20 ms = 20×10^{-3} s

= (20 / 1000) s

ফ্রিকোয়েন্সি = 1 / T

= 1 / (20 / 1000) = 1000 / 20=50 s^{-1} = 50 Hz

3. বেগ 340 m/s সঙ্গে বাতাসে চলমান 20 Hz সংকেতের শব্দ তরঙ্গের তরঙ্গ দৈর্ঘ্য নির্ণয় করো । এই তরঙ্গদৈর্ঘ্যের শব্দ তরঙ্গ কি জলে একই হবে?

সমাধান:

বেগ $v = f\lambda$; v = 340 m / s, f = 20 Hz = 20 s^{-1}

$\lambda = v / f$

$\lambda = 340 / 20 = 17$ m

বাতাসে শব্দ তরঙ্গের তরঙ্গদৈর্ঘ্য = 17 মি; 20 Hz সংকেতের শব্দ তরঙ্গের তরঙ্গ দৈর্ঘ্য 17 মিটার হবে না কারণ জলে শব্দ তরঙ্গের বেগ ভিন্ন।

4. যদি একটি তরঙ্গকে $y = a \sin2\pi (t / 0.1 - x / 0.02)$ সমীকরণ দ্বারা উপস্থাপন করা হয়, যেখানে t সেকেন্ডে এবং x মিটারে, তাহলে বের করো:

তরঙ্গের কম্পাঙ্ক, তরঙ্গের তরঙ্গ দৈর্ঘ্য এবং যে দিকে তরঙ্গ চলছে।

সমাধান:

y = এ $\sin2\pi (t / T - x / \lambda)$ হিসাবে তরঙ্গ সমীকরণের সাথে তুলনা করলে, আমরা পাই, T = 0.1 s,

তাই, f = 1 / T = 1 / 0.1 = 10 Hz

λ = 0.02 মিটার = 2 cm

x এর চিহ্নটি নেতিবাচক, তরঙ্গটি ইতিবাচক x দিকে যাচ্ছে।

5. 'p' বিন্দুতে ফলাফলের প্রশস্ততা বের করো, যদি একই কম্পাঙ্ক এবং একই প্রশস্ততার দুটি তরঙ্গ সেই বিন্দুতে (i) 0 এবং (ii) π-এর প্রাথমিক পর্যায়ের পার্থক্যের সাথে সুপারইম্পোজ করা হয়।

সমাধান:

ফলাফল প্রশস্ততা

$a_1 + a_2\cos(\phi) = a'\cos(\alpha)$

$a_2\sin(\phi) = a'\sin(\alpha)$

উপরের সমীকরণগুলি বর্গ এবং যোগ করলে আমরা পাই,

$$[a'\cos(\alpha)]^2 + [a'\sin(\alpha)]^2 = [a_1 + a_2\cos(\phi)]^2 + [a_2\sin(\phi)]^2$$

As $\cos^2\alpha + \sin^2\alpha = 1, a_1 = a_2$

$$a'^2 = [a_1 + a_1\cos(\phi)]^2 + [a_1\sin(\phi)]^2$$

$$a'^2 = a_1^{\,2} + 2a_1^{\,2}\cos(\phi) + a_1^{\,2}\cos^2(\phi) + a_1^{\,2}\sin^2(\phi) = 2a_1^{\,2} + 2a_1^{\,2}\cos(\phi)$$

(i) for $\phi = 0$

$$a'^2 = 4a_1^{\,2} \Rightarrow a' = 2a_1$$

(ii) for $\phi=\pi$

$$a'^2 = 2a_1^{\,2} - 2a_1^{\,2} \ [\text{as } \cos(\pi) = -1] \qquad \Rightarrow a' = 0$$

1.8 সরল দোলগতি

তরঙ্গ মাধ্যমে প্রচারিত হওয়ায় পূর্ববর্তী বিভাগে বর্ণিত যেকোনো বিন্দুতে কণার গতি গড় বিন্দু থেকে পর্যায়ক্রমিক গতি ধরা হয়েছে। পর্যায়ক্রমিক গতি কণার দোলন বা কম্পন নামেও পরিচিত। একটি কণা তার গড় অবস্থান থেকে স্থানচ্যুত হলে, এই স্থানচ্যুতির কারণে নিকটবর্তী কণার উপর স্থিতিস্থাপক বল থাকে। তাই নিকটবর্তী কণাও তার গড় অবস্থান থেকে সরে যায় এবং একই প্রক্রিয়ায় অগ্রসর হয়।

সরল দোলোগতি (SHM) হল দোলক গতির একটি সরল এবং বিশেষ ক্ষেত্র। SHM-এ কণাটি তার গড় অবস্থান থেকে সরলরেখায় দোলা দেয়। পুনরুদ্ধারকারী বল রৈখিক এবং কেন্দ্রের দিকে নির্দেশিত এবং এটি কণাটিকে গড় অবস্থানে ফিরিয়ে আনার চেষ্টা করে। বল পুনরুদ্ধার সরাসরি স্থানচ্যুতির সমানুপাতিক এবং স্থানচ্যুতির দিক থেকে বিপরীত।

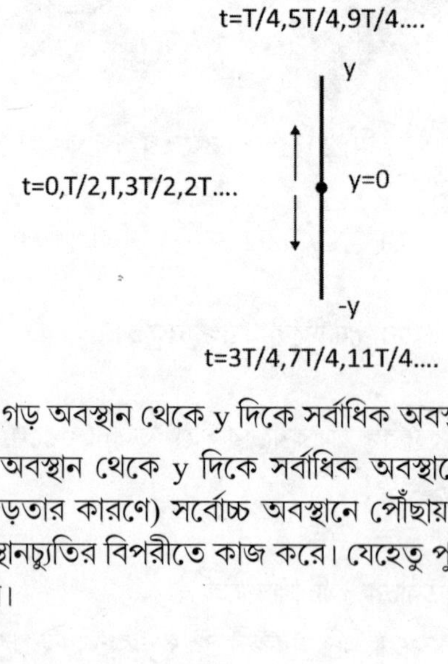

চিত্র **1.10:** গড় অবস্থান থেকে y দিকে সর্বাধিক অবস্থানে স্থানচ্যুত

উপরের চিত্র 1.10-এ কণাটি তার গড় অবস্থান থেকে y দিকে সর্বাধিক অবস্থানে স্থানচ্যুত হয় এবং গড় অবস্থানে ফিরে আসে এবং বিপরীত দিকে চলে যায় (জড়তার কারণে) সর্বোচ্চ অবস্থানে পৌঁছায় এবং আবার গড় অবস্থানে ফিরে আসে। পুনরুদ্ধারকারী বল কেন্দ্রের দিকে এবং স্থানচ্যুতির বিপরীতে কাজ করে। যেহেতু পুনরুদ্ধার বল স্থানচ্যুতির সমানুপাতিক তাই স্থানচ্যুতি সর্বাধিক হলে এটি সর্বাধিক হবে।

আমরা এটিকে সমীকরণে লিখতে পারি,

$$F \alpha - y \qquad ...(1.30)$$

$$F = -ky \qquad ...(1.31)$$

যেখানে k হল সমানুপাতিক ধ্রুবক এবং নিউটনের গতির দ্বিতীয় সূত্র থেকে,

$$F = ma \qquad ...(1.32)$$

$$a = F / m \qquad ...(1.33)$$

$$a = -(k / m)y \qquad ...(1.34)$$

1.9 স্থানচ্যুতি, বেগ, ত্বরণ, সময়কাল এবং কম্পাঙ্কের জন্য অভিব্যক্তি

পূর্ববর্তী অংশের মতো যদি একটি কণা দোলনীয় গতি সঞ্চালন করে তবে এর স্থানচ্যুতি এভাবে লেখা যেতে পারে,

$$y = A\sin(wt) \qquad ...(1.35)$$

স্থানচ্যুতি: স্থানচ্যুতিকে গড় অবস্থান থেকে দূরত্বের স্থানান্তর হিসাবে সংজ্ঞায়িত করা হয় এবং যেহেতু এটি একটি ভেক্টর পরিমাণ, স্থানচ্যুতির দিকটি অর্ধেক দোলনের গড় অবস্থানের সাপেক্ষে পরিমাপ করা হয় এটি ধনাত্মক এবং অন্য অর্ধেক দোলনায় এটি ঋণাত্মক।

সর্বাধিক স্থানচ্যুতিকে SHM এর প্রশস্ততা বলা হয়। (1.35) সমীকরণে এটি ‘A’ দ্বারা চিহ্নিত করা হয়েছে।

বেগ: স্থানচ্যুতির পরিবর্তনের হার হল বেগ এবং সময়ের সাথে সমীকরণ (1.35) -কে অবকলন করে পাই,

$$v = dy/dt = A\omega\cos(wt) \qquad ...(1.36)$$

SHM কণার বেগ ‘v’ দ্বারা উপস্থাপিত হয় এবং সমীকরণ (1.36) দ্বারা প্রদত্ত হয়। কণার গতিবেগ বৃদ্ধি পায় যখন এটি গড় অবস্থানের দিকে যায়, গড় অবস্থানে সর্বাধিক হয়, যেখানে বল পুনরুদ্ধার এবং ত্বরণ শূন্য হয়। কণাটি নড়াচড়া করার সাথে সাথে বিপরীত দিকে বল পুনরুদ্ধারের কারণে গড় অবস্থান থেকে দূরে সরে যাওয়ার সাথে সাথে বেগ হ্রাস পাবে এবং সর্বোচ্চ স্থানচ্যুতিতে এটি শূন্য হয়ে যায়।

ত্বরণ: বেগের পরিবর্তনের হার হল ত্বরণ এবং সময়ের সাথে সমীকরণ (1.36)-কে অবকলন করে পাই,

$$a = dv/dt = -A\omega^2\sin(\omega t) \qquad ...(1.37)$$

$$a = -\omega^2 y \qquad ...(1.38)$$

সমীকরণ (1.34) এবং (1.38) থেকে,

$$\omega^2 = k/m \qquad ...(1.39)$$

এটি সেই সমীকরণ যা SHM সম্পর্কিত পরামিতিগুলির সংখ্যা ব্যাখ্যা করতে সহায়তা করে। কণার ত্বরণও প্রতি মুহূর্তে বল হিসাবে আনুপাতিকভাবে পরিবর্তিত হয়। গড় অবস্থানে ত্বরণ শূন্য। এটি চরম অবস্থানে সর্বাধিক।

কম্পাঙ্ক: দোলনের কম্পাঙ্ক (1.39) সমীকরণে প্রদত্ত কৌণিক কম্পাঙ্ক থেকে গণনা করা হবে।

আমরা জানি, $\omega^2 = k/m$

$$\omega = \sqrt{(k/m)}$$

$$\omega = 2\pi f \qquad \Rightarrow f = \omega/2\pi$$

$$f = (½\pi)(\sqrt{(k/m)}) \qquad ...(1.40)$$

সময়কাল: অসিলেটরের সময়কাল কম্পাঙ্কের পারস্পরিক। এটি একটি দোলন সম্পূর্ণ করতে সময় হিসাবেও সংজ্ঞায়িত করা হয়। তাই আমরা লিখতে পারি,

$$T = 2\pi(\sqrt{(m/k)}) \qquad ...(1.41)$$

SHM-এর সময়কাল উপরের সমীকরণ দ্বারা দেওয়া হয় এবং SHM সম্পাদনকারী সিস্টেমের সময়কাল গণনা করতে সহায়ক, উপরের সমীকরণ থেকে দোলনের সময়কাল ছোট স্থানচ্যুতির জন্য SHM-এ প্রশস্ততা থেকে স্বাধীন।

নিম্নলিখিত কিছু মৌলিক যান্ত্রিক সিস্টেমের উদাহরণ যা SHM সম্পাদন করে এবং ছোট এবং বড় মাত্রার দোদুল্যমান সিস্টেমের পদার্থবিদ্যাকে স্পষ্ট করে। SHM সম্পাদনকারী এই ধরনের সিস্টেমকে সাধারণ হারমোনিক অসিলেটরও বলা হয়। এই সিস্টেমগুলির বিশ্লেষণ শিক্ষার্থীকে তরঙ্গ গতির গতিবিদ্যা ব্যাখ্যা করতে সাহায্য করে:

a. সরল পেন্ডুলাম

b. স্প্রিং অসিলেটর

c. ক্যান্টিলিভার

1.10 প্রগতিশীল তরঙ্গ

সমীকরণ (1.7) তরঙ্গ সমীকরণ এবং সমীকরণ (1.35) মাধ্যমের কণার SHM প্রতিনিধিত্ব করে। মাধ্যমের কণাটি SHM এর মধ্য দিয়ে যায় এবং তরঙ্গটি মাধ্যমটিতে ক্রমাগত ভ্রমণ করে তাকে প্রগতিশীল তরঙ্গ বলা হয়। সমীকরণ (1.7) এভাবে পুনরায় লেখা যেতে পারে,

$$y = a \sin \{\omega(t - x/v)\} \qquad ...(1.42)$$

$$y = a \sin \{(2\pi/T)(t - x/v)\} \qquad ...(1.43)$$

$$y = a \sin \{(2\pi/vT)(vt - x)\}$$

$$y = a \sin \{(2\pi/\lambda)(vt - x)\} \qquad ...(1.44)$$

সমীকরণ (1.44) প্রগতিশীল তরঙ্গ প্রতিনিধিত্ব করে। প্রগতিশীল তরঙ্গের বৈশিষ্ট্য নিম্নরূপ:

মাধ্যমের সমস্ত কণা SHM সঞ্চালন করে, যখন প্রগতিশীল তরঙ্গ মাধ্যম দিয়ে যায়।

সমস্ত কণা একই প্রশস্ততা এবং একই কম্পাঙ্কের সাথে কম্পন উৎপন্ন করে। মাধ্যমে শক্তি সঞ্চারিত হয়।

শক্তি স্থানান্তর

একটি কণা থেকে শক্তি অন্য কণাতে স্থানান্তরিত হয়, যখন তরঙ্গ মাধ্যম দিয়ে যায়। এই অবস্থায় SHM কণাটির গতিশক্তি (KE) এবং স্থির শক্তি (PE) থাকে এবং KE এবং PE এর যোগফল অর্থাৎ মোট শক্তি অন্য কণাতে স্থানান্তরিত হয়। এটি ঘটে স্থির শক্তির গড় অবস্থান থেকে স্থানচ্যুতির কারণে। গতিশক্তি কণার বেগের কারণে হয়। যেমন, সমীকরণ (1.31) থেকে, পুনরুদ্ধারকারী বল হিসাবে লেখা হয়,

$$F = -k\,y \qquad ...(1.45)$$

যদি dy এর মাধ্যমে কণাকে স্থানচ্যুত করার জন্য পুনরুদ্ধারকারী শক্তির বিরুদ্ধে dW কাজ করা হয়, তাহলে,

$$dW = Fdy \qquad ...(1.46)$$

$$dW = -\,kydy$$

0 থেকে y পর্যন্ত কণা স্থানচ্যুত করার মোট কাজ হল,

$$W = \tfrac{1}{2}ky^2 \qquad ...(1.47)$$

যেখানে নেতিবাচক চিহ্নটি সরানো হয়েছে কারণ এটি কেবলমাত্র দিকনির্দেশের সাদৃশ্য। তাই

সমীকরণ (1.35) এবং সমীকরণ (1.39) থেকে

$$PE = \tfrac{1}{2}ky^2 \qquad ...(1.48)$$

$$PE = \tfrac{1}{2}m\omega^2 A^2 \sin^2(\omega t) \qquad ...(1.49)$$

সমীকরণ (1.49) তাৎক্ষণিক 't' এ কণার P E দেয়। এটি শূন্য হবে t = 0, T/2, T, 3T/2….এবং সর্বোচ্চ

t = T/4, 3T/4, 5T/4….

KE কণার বেগের কারণে হয়। SHM কণার K E নিম্নলিখিত সমীকরণ দ্বারা দেওয়া যেতে পারে,

$$K.E. = \tfrac{1}{2}mv^2 = \tfrac{1}{2}m A^2 \omega^2 \cos^2(\omega t) \qquad ...(1.50)$$

কণার গতিশক্তি শূন্য হবে t = T/4, 3T/4, 5T/4…. এবং সর্বোচ্চ t = 0, T/2, T, 3T/2... যে কোনো তাৎক্ষণিক কণার মোট শক্তি সমীকরণ (1.49) এবং সমীকরণ (1.50) যোগ করে দেওয়া হয়,

$$\text{মোট শক্তি} = K.E + P.E = \tfrac{1}{2}mA^2\omega^2 \qquad ...(1.51)$$

সমীকরণ (1.51) দ্বারা প্রদত্ত শক্তি একটি কণা থেকে অন্য কণাতে স্থানান্তরিত হয় কারণ তরঙ্গগুলি মাধ্যমে ভ্রমণ করে। কণার মোট শক্তি সময়ের প্রতিটি মুহূর্তে একই থাকবে।

1.11 ক্যান্টিলিভারের কম্পন

ক্যান্টিলিভার হল এমন একটি ব্যবস্থা, যেখানে স্টিলের মতো ইলাস্টিক উপাদান দিয়ে তৈরি রশ্মির এক প্রান্ত শক্ত সাপোর্ট দিয়ে স্থির করা হয় এবং অন্য প্রান্তটি মুক্ত রাখা হয়। ক্যান্টিলিভারের দৈর্ঘ্য তার প্রস্থের তুলনায় অনেক বড়। বিচ্যুতির দরুন বল প্রয়োগের জন্য নির্দিষ্ট ভর বিশিষ্ট একটি পৃথক বস্তুকে মুক্ত প্রান্তে ঝুলানো হয়। যদি মুক্ত প্রান্তটিকে সামান্য বিচ্যুতি দেওয়া হয় এবং ছেড়ে দেওয়া হয়, তবে এটি নির্দিষ্ট প্রান্ত বরাবর কম্পন শুরু করে; এই কম্পনটি ক্যান্টিলিভার কম্পন নামে পরিচিত। কম্পনের সময়কাল উপাদানের স্থিতিস্থাপক বৈশিষ্ট্য এবং মাত্রার উপর নির্ভর করে।

চিত্র 1.11-এ দৈর্ঘ্য L, প্রস্থ w এবং পুরুত্ব t সহ একটি ক্যান্টিলিভার দেখানো হয়েছে। SHM এর সময়কাল এভাবে লেখা যেতে পারে,

$$T = 2\pi\left(\sqrt{m/k}\right) \qquad ...(1.52)$$

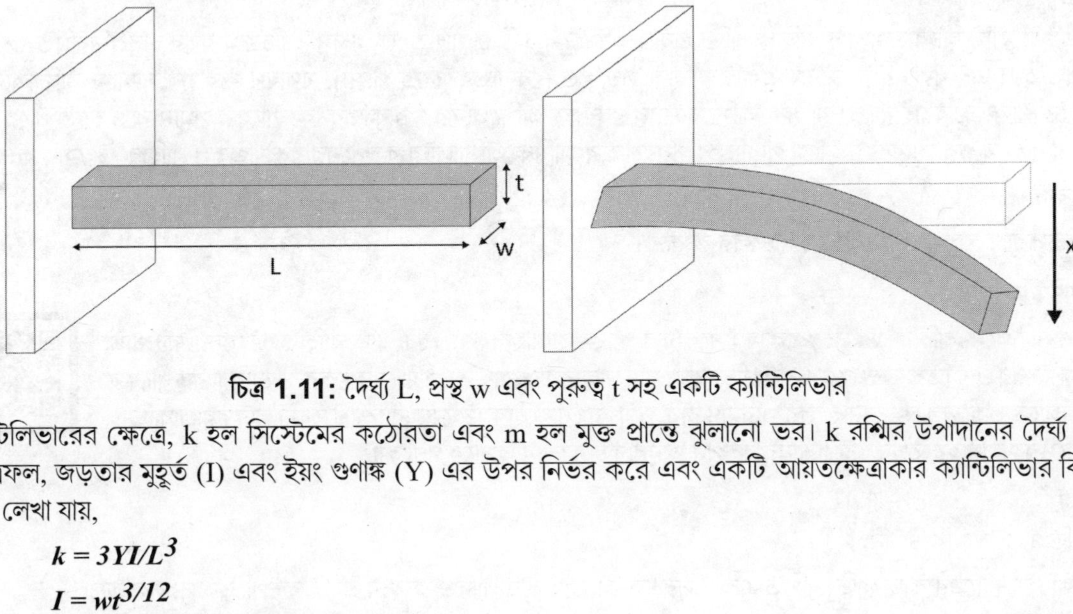

চিত্র 1.11: দৈর্ঘ্য L, প্রস্থ w এবং পুরুত্ব t সহ একটি ক্যান্টিলিভার

ক্যান্টিলিভারের ক্ষেত্রে, k হল সিস্টেমের কঠোরতা এবং m হল মুক্ত প্রান্তে ঝুলানো ভর। k রশ্মির উপাদানের দৈর্ঘ্য (L), ক্ষেত্রফল, জড়তার মুহূর্ত (I) এবং ইয়ং গুণাঙ্ক (Y) এর উপর নির্ভর করে এবং একটি আয়তক্ষেত্রাকার ক্যান্টিলিভার বিমের জন্য লেখা যায়,

$$k = 3YI/L^3$$

$$I = wt^3/12$$

$$k = 3Y\,wt^3/12L^3 = Ywt^3/4L^3$$

তাই ক্যান্টিলিভার দোলনের সময়কাল T হলো,

$$T = 2\pi\left(\sqrt{m4L^3/Ywt^3}\right) \qquad ...(1.53)$$

উপরের সমীকরণ (1.53) থেকে। ক্যান্টিলিভার দোলনের সময়কাল তার মাত্রা এবং ক্যান্টিলিভারের উপাদানের স্থিতিস্থাপকতার উপর নির্ভর করে।

1.12 উদাহরণ সহ মুক্ত, পরবশ কম্পন এবং অনুরণিত কম্পন

সাধারণ হারমোনিক অসিলেটর এবং অন্যান্য অনুরূপ ক্ষেত্রে প্রদত্ত তিন ধরণের কম্পন তৈরি করা যেতে পারে: মুক্ত, **পরবশ কম্পন** এবং অনুরণিত কম্পন.

মুক্ত কম্পন

যখন একটি সাধারণ পেন্ডুলাম বা ক্যান্টিলিভারকে একটি প্রাথমিক প্রশস্ততা বা বিচ্যুতি দেওয়া হয় এবং বাহ্যিক বল অপসারণ করা হয় তখন সিস্টেমটি একটি কম্পাঙ্কের সাথে দোদুল্যমান হয় যা এর প্রাকৃতিক কম্পাঙ্ক হিসাবে পরিচিত এবং এই ধরনের কম্পনগুলি মুক্ত কম্পন হিসাবে পরিচিত। কম্পন কম্পাঙ্ক বা প্রাকৃতিক কম্পাঙ্ক সম্পূর্ণরূপে সিস্টেমের পরামিতিগুলির উপর নির্ভর করে।

উদাহরণ:

a. একটি সুরশলাকাকে আঘাত করে এটিতে শব্দ সৃষ্টি করলে,

b. একটি সাধারণ পেন্ডুলাম স্থানচ্যুতি করে এটিকে দোদুল্যমান হতে দিলে ।

পরবশ কম্পন

যখন একটি দোলক সিস্টেম তার প্রাকৃতিক কম্পাঙ্কে কম্পিত হয়, তখন বিচ্যুতির সময় প্রদত্ত সিস্টেমের সামগ্রিক শক্তি বাহ্যিক অবমন্দনের কারণে হ্রাস পায়, যথা, সাধারণ পেন্ডুলামের ক্ষেত্রে বায়ু ঘর্ষণের কারণে। অবমন্দনের দরুন কম্পনের প্রশস্ততা ক্রমাগত হ্রাস পায় এবং অবশেষে কম্পন বন্ধ হয়ে যায় এবং সিস্টেমটি আবার স্থির অবস্থায় আসে।

যদি একটি অসিলেটর ক্রমাগত বাহ্যিক শক্তি প্রযুক্ত হয় তবে এটি ক্রমাগত অবমন্দন অতিক্রম করে এবং নিয়মিত কম্পনে কম্পিত হয়। এই ধরনের সিস্টেমে একটি বাহ্যিক সংকেত (বৈদ্যুতিক হতে পারে), যথাযথ ব্যবস্থার মাধ্যমে অসিলেটরকে ক্রমাগত শক্তি সরবরাহ করে। বাহ্যিক অসিলেটরের কম্পাঙ্ক অসিলেটরের প্রাকৃতিক কম্পাঙ্কের সমান নাও হতে পারে। এই ধরনের কম্পন পরবশ কম্পন নামে পরিচিত। পরবশ হারমোনিক অসিলেটর কম্পনের কম্পাঙ্ক হল বাহ্যিক উৎসের কম্পাঙ্ক।

উদাহরণ:

ঝুলন্ত সেতুতে কম্পন, যানবাহন চলাচলের কারণে।

অনুরণিত কম্পন

পরবশ কম্পনে বাহ্যিক উৎস থেকে অসিলেটরে শক্তি স্থানান্তর কম হয় যদি বাহ্যিক উৎসের কম্পাঙ্ক অসিলেটরের প্রাকৃতিক কম্পাঙ্কের সাথে ভিন্ন হয়। যদি বাহ্যিক উৎসের কম্পাঙ্ক দোলকের স্বাভাবিক কম্পাঙ্কের দিকে আসে তাহলে শক্তি স্থানান্তরের পরিমাণ বৃদ্ধি পায়। যখন বাহ্যিক উৎসের কম্পাঙ্ক অসিলেটরের প্রাকৃতিক কম্পাঙ্কের সমান হয় তখন এই ধরনের কম্পন অনুরণিত কম্পন হিসাবে গণ্য হয়।

Case study on resonance

উদাহরণ:

a. রেডিও স্টেশনের টিউনিং।

b. একটি কম্পাঙ্কের কাছাকাছি স্থাপিত একটি সুরশলাকা মধ্যে উত্পাদিত কম্পন একই কম্পাঙ্কের সুরশলাকা ।

c. মাইক্রোওয়েভ ওভেনে রান্না করা।

সমাধান করা সমস্যা

1. একটি SHM অসিলেটরের জন্য, বল ধ্রুবক (k) বের করো, সংযুক্ত ভর হল 0.২ kg ভর এবং এটি 3 s সময়কালের সাথে দোদুল্যমান হয়।

সমাধান: সময়কাল (T) = $T = 2\pi (\sqrt{(m / k)}$ $T = 3$ sec, $m = 0.2$ Kg

$$T^2 = 4 \times \pi^2 (m / k)$$

$$9 = 4 \times 3.14 \times 3.14 \times (0.2 / k)$$

$$k = 4 \times 3.14 \times 3.14 \times 0.2 / 9$$

$$k = 0.876 \text{ N / m}$$

1.13 ভবনের ধ্বনিবিদ্যা

কার্যকলাপ

- খালি শ্রেণীকক্ষে, ডেস্কে ঝাড়বাতি রাখ এবং হাততালি দাও যাতে এটি জোরে শব্দ করে, শব্দটি পর্যবেক্ষণ কর।
- ক্লাসরুম বা অডিটোরিয়াম বা মাল্টিপ্লেক্স সিনেমা হল সহ ল্যাবরেটরির দেয়াল এবং ছাদের মধ্যে পরিলক্ষিত পার্থক্য তালিকাভুক্ত কর।

1.13.1 প্রতিধ্বনি এবং অনুরণন

পাহাড়ি পর্যটন এলাকায় ইকো পয়েন্ট খুবই সাধারণ, পাহাড় থেকে শব্দের প্রতিধ্বনি ঘটে । একটি সময়ের ব্যবধানে শ্রোতার কাছে পৌঁছানো উৎস থেকে উৎপন্ন সরাসরি শব্দ এবং প্রতিফলনকে ইকো বলে। প্রত্যক্ষ এবং প্রতিফলিত শব্দের মধ্যে সময়ের ব্যবধান উৎস এবং শ্রোতা থেকে প্রতিফলিত পৃষ্ঠের দূরত্বের সরাসরি সমানুপাতিক। একটি কূপ বা নলকূপের নীচে উত্পাদিত প্রতিধ্বনির আরেকটি উদাহরণ। ইকোতে সময়ের ব্যবধান বড় যাতে কান সরাসরি শব্দ এবং এর প্রতিফলনকে আলাদা করতে পারে। যেকোনো শব্দের সংবেদন মানুষের কানে প্রায় 0.1 সেকেন্ডের জন্য থাকে। 0.1 সেকেন্ডের ব্যবধানে দুটি শব্দ কান দ্বারা স্পষ্টভাবে পৃথক হতে পারে।

একটি ঘরে পরিস্থিতি কিছুটা ভিন্ন, কারণ প্রাচীর উৎস এবং শ্রোতার কাছাকাছি থাকায় শব্দের প্রতিফলন খুব কম সময় নেয় এবং খুব কম সময়ে শ্রোতার কাছে পৌঁছায়। প্রত্যক্ষ ধ্বনি এবং এর একাধিক প্রতিফলন ক্রমবর্ধমান তীব্রতা সহ শ্রোতার কাছে খুব কম সময়ের ব্যবধানে পৌঁছায় যাতে শ্রোতার কাছে ক্রমাগত হ্রাস পাওয়া তীব্রতার একটি শব্দ আসে। এই ঘটনাটি রিভারবারেশন বা অনুরণন নামে পরিচিত।

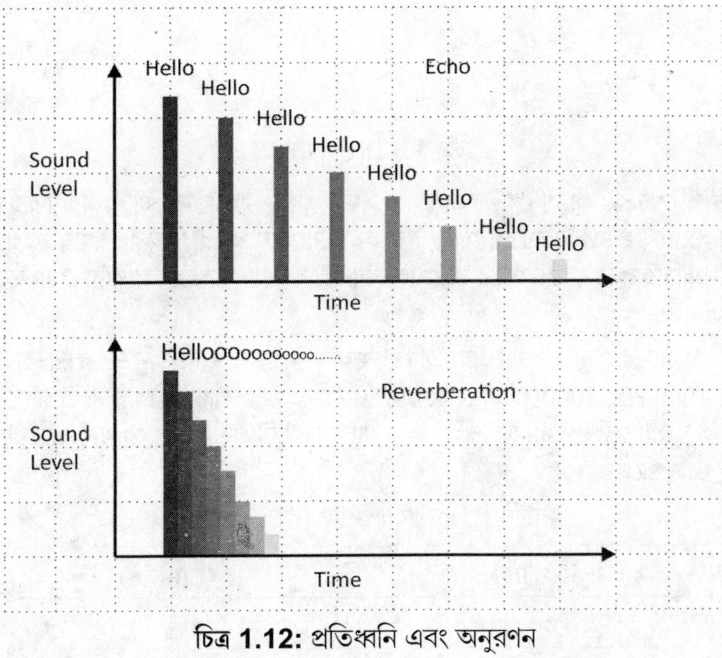

চিত্র **1.12:** প্রতিধ্বনি এবং অনুরণন

1.13.2 অনুরণন কাল

অনুরণন বন্ধ ঘরে বা স্থানের মধ্যে শব্দের একাধিক প্রতিফলনের কারণে ঘটে এবং সময় অতিবাহিত হওয়ার সাথে সাথে শব্দ ক্ষয় হয়। শ্রেনী কক্ষে বা স্থানের মধ্যে যে সময়ের জন্য শব্দ টিকে থাকে তা ক্ষুদ্র এবং পরিমাপ করা যায় এবং তাকে অনুরণন কাল বলা হয়। এটি 60 dB দ্বারা শব্দ ক্ষয় হতে সময় লাগে বলে সংজ্ঞায়িত করা হয়। যদি একটি ঘরে শব্দটি 100 dB থেকে

40 dB পর্যন্ত ক্ষয় হতে 5 সেকেন্ড সময় নেয়, তাহলে প্রতিধ্বনিত হওয়ার সময় হবে 5 সেকেন্ড। এটি T60 সময় নামেও পরিচিত। যখন শব্দ 100 dB থেকে 40 dB পর্যন্ত ক্ষয় হয়, তখন উৎসের শব্দের তীব্রতার সাথে প্রতিফলিত শব্দের অনুপাত 10^{10} থেকে 10^4 তে কমে যায়।

1.14 শব্দ শোষণের সহগ

প্রতিফলন হ্রাস পায়, যখন প্রতিফলনগুলি সিলিং, পর্দা, চেয়ার এবং প্রাচীরের মতো পৃষ্ঠ তৈরি করে শব্দ শোষণ করে এবং তাই প্রতিফলনের সময় হ্রাস পায়। শব্দের শোষণ হল শব্দের শক্তি হ্রাসের পরিমাপ যখন এটি শব্দ শোষণকারী উপাদানকে আঘাত করে এবং এটি শব্দ শোষণকারী সহগ (α) এর পরিপ্রেক্ষিতে পরিমাপ করা হয় যা গাণিতিকভাবে সংজ্ঞায়িত করা যেতে পারে:

$$\alpha = (E_a/E_i) \quad ...(1.54)$$

যেখানে, Ei = ঘটনা পৃষ্ঠে শব্দ শক্তি এবং

E_a = পৃষ্ঠ দ্বারা শোষিত শব্দ শক্তি

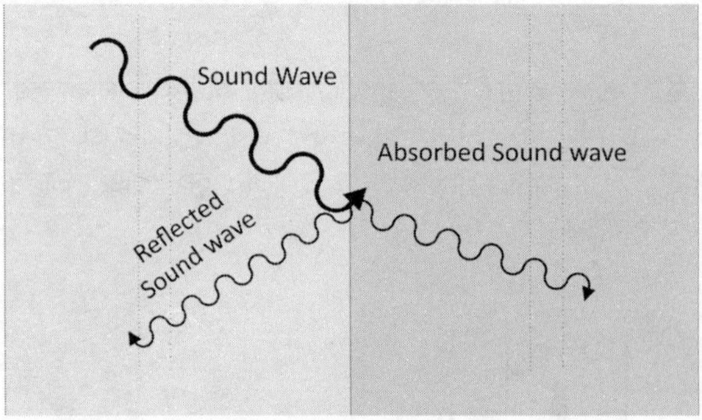

চিত্র 1.13: শব্দ শোষণ

খোলা জানালা একটি নিখুঁত শোষক, কারণ খোলা জানালায় সমস্ত শব্দ তরঙ্গ ঘটনা এটির মধ্য দিয়ে যাবে। সমস্ত উপাদানের শোষণ সহগ খোলা জানালার রেফারেন্স দিয়ে পরিমাপ করা হয়। যেকোন বস্তুর পৃষ্ঠের শোষণ সহগ α কে এর ক্ষেত্রফলের পারস্পরিক হিসাবেও সংজ্ঞায়িত করা যেতে পারে যা খোলা জানালার একক ক্ষেত্রফল দ্বারা শোষিত একই শব্দ শক্তি শোষণ করে। aএর একক হল sabine।

শব্দ শোষণ সহগ বিভিন্ন উপাদানের জন্য আলাদা এবং এটি শব্দের কম্পাঙ্কের উপরও নির্ভর করে। ছয়টি কম্পাঙ্ক রয়েছে: 125 Hz, 250 Hz, 500Hz, 1000 Hz, 2000Hz এবং 4000Hz, যদি এই কম্পাঙ্কগুলির জন্য উপাদানের শব্দ শোষণ গুণাঙ্কের গড় 0.2 এর চেয়ে বড় হয়, তাহলে উপাদানটি ভাল শব্দ শোষণকারী উপাদান হিসাবে ধরা হবে। সারণি 1.1 কিছু সাধারণ পদার্থের শোষণ সহগকে দেখিয়েছে।

সারণি 1.1: শোষণ গুণাঙ্ক (f = 500 Hz)

উপাদান	α (sabine)
কাঠের মেঝে	0.1
চকচকে টালি	0.01
কংক্রিট (সিল করা বা আঁকা)	0.02
কুশনযুক্ত আসন	0.76

দ্রষ্টব্য: যদি চকচকে টালির ‹α› হয় 0.01, তাহলে 100 বর্গমিটার চকচকে টালি একই শব্দ শক্তি শোষণ করবে যা 1 বর্গমিটার খোলা জানালার দ্বারা শোষিত হয়।

1.14.1 অনুরণন কাল নিয়ন্ত্রণ করার পদ্ধতি

শব্দটি স্পষ্টভাবে শোনার জন্য অনুরণন একটি বাধা এবং কখনও কখনও এই কারণে অডিটোরিয়ামে কনসার্টের মতো শব্দের কার্যকারিতা বাড়াতে হয়। এটা আমরা আমাদের প্রয়োজনের ভিত্তিতে পছন্দ করি। নিম্নোক্ত পদ্ধতিগুলি সাধারণত অনুরণিত হওয়ার সময় কমাতে ব্যবহৃত হয়।

- নরম গৃহসজ্জার সামগ্রী
- শাব্দ প্যানেল ইনস্টলেশন
- সিলিং এবং দেয়ালে শব্দ শোষণকারী উপাদানের ব্যবহার
- শব্দ ডিভাইসের সঠিক ইনস্টলেশন।
- প্রয়োজনীয়তা অনুযায়ী রুমের সামগ্রিক স্থাপত্য
- রুমে দর্শক
- দেয়ালে সজ্জা যেমন পেইন্টিং ইত্যাদি।

অ্যাপ্লিকেশন: সিনেমা হল, অডিটোরিয়াম, হোম থিয়েটার, মাল্টিপ্লেক্স, মিটিং রুমে নির্দিষ্ট স্থানের ধ্বনিবিদ্যার প্রয়োজনীয়তা অনুযায়ী অনুরণন কাল নিয়ন্ত্রণের পদ্ধতি ব্যবহার করা হয়।

সাবাইন সূত্র

সাবাইন সূত্রটি ঘর বা স্থানের অনুরণন কাল গণনা করতে ব্যবহৃত হয়

যেখানে, $RT_{60} = 0.165V/S\alpha$ ... (1.55)

RT60 হল একটি শব্দের 60 dB ক্ষয় হতে সেকেন্ডে যে সময় লাগে, V হল ঘরের আয়তন, m^3 এ

S হল সীমানা পৃষ্ঠের ক্ষেত্রফল, m^2 এ

α হল একটি প্রদত্ত কম্পাঙ্কে উপাদানের গড় শোষণ সহগ

1.15 অতিস্বনক তরঙ্গ

পরীক্ষাগারে বা অন্যান্য প্রয়োগে আমরা যে পরিমাপ যন্ত্র ব্যবহার করি ইনপুটগুলির জন্য থেকে তার একটি নির্দিষ্ট "পরিসীমা" থাকে (ভৌত পরিমাণ) যাতে আমরা সেই যন্ত্রটিকে শুধুমাত্র সেই নির্দিষ্ট পরিসরের জন্য ব্যবহার করতে পারি।

উদাহরণ: আমরা ক্লিনিকাল উদ্দেশ্যে যে থার্মোমিটার ব্যবহার করি তার কিছু তাপমাত্রা পরিসীমা থাকে, আমরা থার্মোমিটারটি শুধুমাত্র নির্দিষ্ট তাপমাত্রা পরিমাপের জন্য ব্যবহার করতে পারি।

আমাদের চোখ এবং কান হল প্রাকৃতিক যন্ত্র, যা আমরা যথাক্রমে আলো এবং শব্দ তরঙ্গ অনুধাবন করার জন্য ব্যবহার করি। শব্দ কম্পাঙ্কের পরিসর যার জন্য মানুষের কান সংবেদনশীল তা হল 20 Hz থেকে 20,000 Hz। 20 Hz এর নিচের শব্দ তরঙ্গের কম্পাঙ্ককে Infrasonic বলা হয় এবং 20,000 Hz এর উপরে কম্পাঙ্কে থাকা শব্দ তরঙ্গ হল অতিস্বনক তরঙ্গ। শ্রবণযোগ্য শব্দ 20 Hz থেকে 20,000 Hz এর মধ্যে। এই সীমার নীচে এবং উপরে শব্দতরঙ্গ মানুষের কানে শ্রবণযোগ্য নয়।

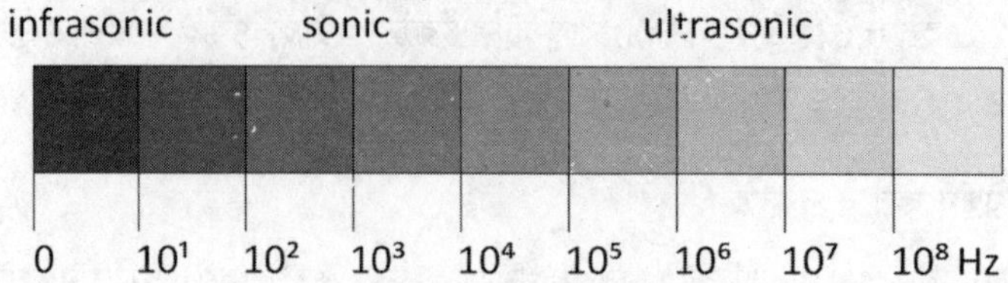

চিত্র **1.14:** শব্দ কম্পাঙ্কের পরিসর

1.15.1 অতিস্বনক তরঙ্গের প্রকৌশল এবং চিকিৎসা প্রয়োগ

অতিস্বনক তরঙ্গের মেডিকেল এবং ইঞ্জিনিয়ারিং অ্যাপ্লিকেশনের সংখ্যা অনেক। যেহেতু অতিস্বনকের উচ্চ কম্পাঙ্ক এবং সোনিক তরঙ্গের তুলনায় সংক্ষিপ্ত তরঙ্গদৈর্ঘ্য রয়েছে, তাই এটি সোনিক তরঙ্গের তুলনায় কম ক্ষয় সহ বৃহত্তর দূরত্ব সরাতে পারে। অতিস্বনক তরঙ্গ-এর ব্যবহারিক প্রয়োগের সংখ্যা অনেক, বাদুড়, ডলফিন এবং অন্যান্য প্রাণী আল্ট্রাসাউন্ড শুনতে পারে এবং তাদের পথে আসা বাধা সনাক্ত করার জন্য ব্যবহার করে। অতিস্বনক তরঙ্গের কিছু প্রয়োগ নিম্নরূপ:

(a) আল্ট্রাসাউন্ড স্ক্যানিং

এই প্রয়োগটি সাধারণত মেডিকেল টেস্টে সোনোগ্রাফি নামে পরিচিত। এটি প্রধানত অঙ্গ নির্ণয় এবং ভ্রূণের (অজাত শিশু) স্ক্যানের জন্য ব্যবহৃত হয়। এটি মূলত অঙ্গ বা ভ্রূণের কঠিন সীমানা থেকে অতিস্বনক তরঙ্গের প্রতিফলন এবং প্রতিফলিত অতিস্বনক তরঙ্গের চিত্রগুলির পুনর্গঠনের উপর ভিত্তি করে ধারণা দেয়। ডায়াগনস্টিক সোনোগ্রাফি মেশিনটি 2 থেকে 18 MHz কম্পাঙ্ক রেঞ্জে কাজ করে।

(b) অ - ধ্বংসাত্মক পরীক্ষা

ধাতুর ফাটলগুলি ধাতুর সামগ্রিক যান্ত্রিক শক্তি এবং এই ধাতুগুলি যেমন প্লেনের ইঞ্জিন দ্বারা গঠিত মেশিনের কাজকে প্রভাবিত করে। আল্ট্রাসাউন্ড স্ক্যানারটি ধাতব পৃষ্ঠের চারপাশে সরানো হয় এবং ধাতুর ভিতরে ফাটল সনাক্ত করে। আল্ট্রাসাউন্ড তরঙ্গ ফাটল থেকে প্রতিফলিত হয়, ফাটল এ পরিবর্তনের কারণে। ফাটল সনাক্ত করার এই পদ্ধতিটি নন-ডেস্ট্রাকটিভ টেস্টিং (NDT) নামেও পরিচিত।

(c) সাউন্ড নেভিগেশন এবং রেঞ্জিং (SONAR)

SONAR একটি প্রয়োগ যা কাছাকাছি জাহাজ, সাবমেরিন এবং অন্যান্য বাধা সনাক্ত করতে ব্যবহৃত হয়।শব্দ একটি যান্ত্রিক তরঙ্গ এবং শব্দ বায়ুর তুলনায় জলে দ্রুত ভ্রমণ করে। একটি অতিস্বনক সংকেত সাবমেরিন দ্বারা পাঠানো হয় যখন এটি সমুদ্র পৃষ্ঠের নীচে থাকে একই সংকেতের প্রতিধ্বনি পায়। ফ্লাইটের সময় হল সংকেত পাঠানো এবং প্রতিধ্বনি গ্রহণের মধ্যবর্তী সময়।

ফ্লাইটের সময় = 2 × নিকটতম সাবমেরিনের দূরত্ব / (শব্দের বেগ)

ফ্লাইটের সময় কাছাকাছি জাহাজ বা সাবমেরিনের দূরত্বের দ্বিগুণ দেয়, যখন এটি জলে অতিস্বনক শব্দের বেগের সাথে গুণিত হয়। সমুদ্রের গভীরতা খুঁজে বের করতেও এই পদ্ধতি ব্যবহার করা হয়।

(d) অবস্থান সেন্সর

SONAR-এর মত একই নীতির উপর ভিত্তি করে এই ধরনের সেন্সর এখন বাজারে সহজলভ্য। এটি অতিস্বনক তরঙ্গের একটি প্রেরক এবং একটি রিসিভার অ্যান্টেনা নিয়ে গঠিত। অতিস্বনক তরঙ্গের ফ্লাইটের সময় পরিমাপ করে দূরত্ব পরিমাপ করা হয়। শব্দ তরঙ্গের বেগ তাপমাত্রার সাথে পরিবর্তিত হয় তাই দূরত্বের জন্য গণনা করার সময় যত্ন নিতে হবে।

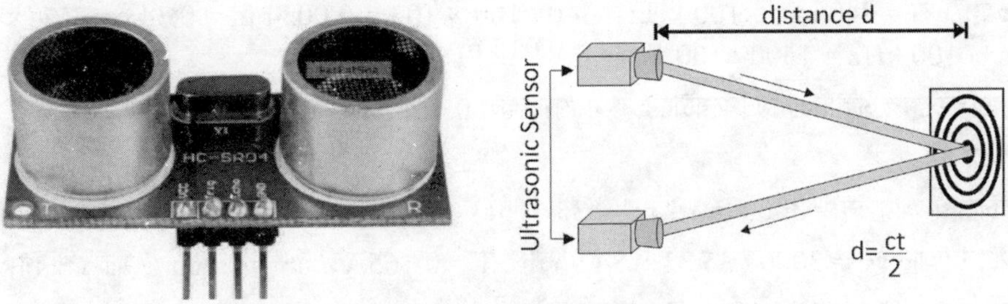

চিত্র **1.15:** অতিস্বনক সেন্সর ও তার নীতি

আল্ট্রাসোনিকেশন

আল্ট্রাসোনিকেশন রাসায়নিক বিক্রিয়া প্রক্রিয়াকরণ এবং শিল্প ও পরীক্ষাগারে রাসায়নিক সরঞ্জাম পরিষ্কার করতে সাহায্য করে। আল্ট্রাসোনিকেশন তরল পদার্থে পর্যায়ক্রমে নিম্ন-চাপ এবং উচ্চ-চাপের তরঙ্গ তৈরি করে, যার ফলে ছোট ভ্যাকুয়াম বুদবুদগুলির গঠন এবং দ্রুত পতন ঘটে। এটি রাসায়নিক বিক্রিয়া চেম্বারের ভিতরে বায়ু বুদবুদ অপসারণ করতে সাহায্য করে এবং প্রতিক্রিয়া দ্রুত সম্পাদন করে।

সমাধান করা সমস্যা

1. বাতাসে একটি প্রতিধ্বনি স্পষ্টভাবে শোনার জন্য প্রয়োজনীয় ন্যূনতম দূরত্ব গণনা কর (শব্দের বেগ 340 m/s)।

সমাধান:

প্রতিধ্বনির জন্য ন্যূনতম সময়ের ব্যবধান = 0.1 s, শব্দের বেগ = 340 m/s

দূরত্ব = বেগ × সময় = 340 × 0.1 = 34 মিটার

সর্বনিম্ন দূরত্ব = 34/2 = 17 মি (যেমন শব্দ বাধার দিকে যায় এবং ফিরে আসে)

2. একটি অতিস্বনক অবস্থান সেন্সর 40 kHz পাঠায় এবং 40 ms পরে বাধা থেকে প্রতিফলিত সংকেত সনাক্ত করে। সেন্সর থেকে বাধা দূরত্ব নির্ণয় করো। (শব্দের বেগ 340 m/s)

সমাধান:

অতিস্বনক সংকেতের কম্পাঙ্ক: 40 kHz

সংকেত পাঠাতে এবং গ্রহণ করতে সময় লাগে: 40 ms = 40×10^{-3} s তরঙ্গের বেগ: 340 m/s

দূরত্ব = (সময় × বেগ) / 2

= $(40 \times 10^{-3} \times 340) / 2$

= 6.8 মি = 680 cm

সেন্সর থেকে বাধার দূরত্ব 680 cm

3. 100 kHz কম্পাঙ্কের একটি অতিস্বনক তরঙ্গ একটি জাহাজ থেকে জল এবং বাতাসের মাধ্যমে পাঠানো হয় যাতে দূরবর্তী জাহাজের দূরত্ব (তার দিকেআসা) মাপা যায়। বায়ু এবং জলে অতিস্বনক তরঙ্গের কম্পাঙ্ক এবং তরঙ্গদৈর্ঘ্য বের করো (বায়ু এবং জলে তরঙ্গের বেগ যথাক্রমে 340 m/s এবং 1500 m/s)।

সমাধান:

কম্পাঙ্কের মৌলিক পরিমাণ হিসাবে বায়ু এবং জলে অতিস্বনক তরঙ্গের কম্পাঙ্ক হল 100 kHz।

তরঙ্গদৈর্ঘ্য (λ) = বেগ (v) / কম্পাঙ্ক (ν)

বাতাসে তরঙ্গদৈর্ঘ্য = 340 ms^{-1} / 100 kHz = 340 / 100 × 103 = 0.0034 m = 0.34 cm জলে তরঙ্গদৈর্ঘ্য = 1500 ms^{-1} / 100 kHz = 1500 / 100 × 10^3 = 0.015 m = 1.5 cm

4. 3000 ft^3 ভলিউমের একটি হোম থিয়েটারে, অনুরণন কাল 0.6 s। হলের মোট শোষণ গণনা কর

সমাধান:

হোম থিয়েটারের আয়তন = 3000 ft 3 1 m^3 = 35.31 ft3

তাই ঘনমিটারে আয়তন = 3000 / 35.31 = 84.96 m^3, T = 0.165 V / aS = 0.165 / মোট শোষণ

মোট শোষণ = 0.165 × 84.96 / 0.6= 23.36 sabine m^2

ইউনিট সারসংক্ষেপ

- তরঙ্গের গতি প্রকৃতিতে অনুপ্রস্থ এবং অনুদৈর্ঘ্য
- শব্দ তরঙ্গগুলি যান্ত্রিক তরঙ্গ এবং ভ্রমণের জন্য মাধ্যম প্রয়োজন
- প্রতিটি SHM দোলন, কিন্তু প্রতিটি দোলন SHM নয়
- অনুরণিত কম্পনের ক্ষেত্রে শক্তি স্থানান্তর সর্বাধিক
- সোনিক তরঙ্গের ফ্রিকোয়েন্সি পরিসীমা 20 Hz থেকে 20 KHz
- 20 Hz এর নীচে এবং 20 KHz এর উপরে শব্দ তরঙ্গকে যথাক্রমে ইনফ্রাসোনিক এবং আল্ট্রাসনিক তরঙ্গ বলা হয়
- ফ্লাইটের সময় = (বেগ × দূরত্ব) / 2, সোনার এবং অন্যান্য অ্যাপ্লিকেশনে পরিমাপের জন্য
- অতিস্বনক শব্দ তরঙ্গের অনেকগুলি শিল্প এবং চিকিৎসা অ্যাপ্লিকেশন রয়েছে

অনুশীলন

বহু নির্বাচনী প্রশ্ন

1.1 তরঙ্গদৈর্ঘ্যের একক

a. হার্টজ (Hz) b. সেকেন্ড (s)

c. মিটার (m) d. মিটার/সেকেন্ড (m/s)

1.2 বায়ুর তাপমাত্রার পরিবর্তন দ্বারা প্রভাবিত শব্দ তরঙ্গের বৈশিষ্ট্য

a. প্রশস্ততা b. কম্পাঙ্ক

c. তরঙ্গদৈর্ঘ্য d. তীব্রতা

1.3 ভুল বিবৃতি নির্বাচন কর

a. শব্দ তরঙ্গ হিসাবে ভ্রমণ করে b. শব্দ শক্তির একটি রূপ

c. শব্দ বাতাসের চেয়ে জলে দ্রুত ভ্রমণ করে d. বাতাসের চেয়ে ভ্যাকুয়ামে শব্দ দ্রুত ভ্রমণ করে

1.4 The Time period of SHM oscillator is

a. 2π (√(k / m) b. 2π (√(m / k)

c. 2π (m / k) d. 2π (k / m)

1.5 সাবাইন সূত্রে: RT60 = 0.165 V / Sα, V এবং S গণনা করা হয়

a. m
b. cm
c. ft
d. inch

1.6 উপাদানের শোষণ সহগ

a. বেধ-এর উপর নির্ভর করে
b. বেধ-এর উপর নির্ভর করে না
c. কম্পাঙ্কের সঙ্গে পরিবর্তন হয়
d. কম্পাঙ্কের উপর নির্ভর করে না

1.7 শব্দের কম্পাঙ্ক 20 KHz-এর বেশি এবং 1 GHz-এর কম বলে পরিচিত

a. হাইপারসনিক
b. সোনিক
c. ইনফ্রাসোনিক
d. অতিস্বনক

1.8 সঠিক বিবৃতিটি নির্বাচন কর

a. অতিস্বনক শব্দ তরঙ্গ প্রতিটি মাধ্যমে একই বেগে ভ্রমণ করে।
b. অতিস্বনক শব্দ তরঙ্গ বাতাসের তুলনায় জলে দ্রুত ভ্রমণ করে।
c. অতিস্বনক শব্দ তরঙ্গ জলের তুলনায় বাতাসে দ্রুত ভ্রমণ করে।
d. অতিস্বনক শব্দ তরঙ্গ ভ্রমণের জন্য মাধ্যম প্রয়োজন হয় না।

1.9 একটি সাবমেরিন একটি আল্ট্রাসাউন্ড পাঠায় যা অন্য সাবমেরিন থেকে ফিরে আসে এবং 4.12 সেকেন্ড পরে সনাক্ত করা হয়। সমুদ্রের জলের মধ্য দিয়ে আল্ট্রাসাউন্ডের গতি 1400 ms^{-1} হলে জাহাজের মধ্যে দূরত্ব হবে

a. 2884 m
b. 5768 m
c. 2800 m
d. 1400 m

একাধিক পছন্দের প্রশ্নের উত্তর
1.1 (c), 1.2 (c), 1.3 (d), 1.4 (b), 1.5 (a), 1.6 (c), 1.7 (d), 1.8 (b), 1.9 (a)

সংক্ষিপ্ত এবং দীর্ঘ উত্তর প্রশ্ন

ক্যাটাগরি-I

1. দৈনন্দিন জীবনে তরঙ্গের চারটি উদাহরণ দাও।
2. লেবেলযুক্ত চিত্র সহ অনুপ্রস্থ তরঙ্গ ব্যাখ্যা কর।
3. লেবেলযুক্ত চিত্র সহ অনুদৈর্ঘ্য তরঙ্গ ব্যাখ্যা কর।
4. যে কোন চারটি বিন্দুতে অনুদৈর্ঘ্য ও অনুপ্রস্থ তরঙ্গের মধ্যে পার্থক্য কর।
5. নিম্নলিখিত পদগুলি সংজ্ঞায়িত কর: তরঙ্গ বেগ, ফ্রিকোয়েন্সি এবং তরঙ্গদৈর্ঘ্য।
6. যেকোনো চারটি বিন্দুতে শব্দ ও অনুদৈর্ঘ্য তরঙ্গের মধ্যে পার্থক্য কর।
7. শব্দ তরঙ্গ সবসময় অনুদৈর্ঘ্য হয়। কারণ দেখাও.
8. তরঙ্গ সমীকরণ আহরণ করুন এবং তরঙ্গ সমীকরণের বিভিন্ন পদ বর্ণনা কর।

9. তরঙ্গের সুপারপজিশন ব্যাখ্যা কর। একই কম্পাঙ্কের তরঙ্গের সুপারপজিশনের কারণে ফলস্বরূপ স্থানচ্যুতির সমীকরণটি বের কর।
10. (π / 2) প্রাথমিক পর্যায়ে পার্থক্য সহ সমান প্রশস্ততা এবং কম্পাঙ্কের দুটি তরঙ্গের সুপারপজিশনের কারণে ফলাফলের প্রশস্ততা বের কর।
11. চিত্র সহ বীট তরঙ্গ বর্ণনা কর। বীট তরঙ্গের জন্য গাণিতিক অভিব্যক্তি বের কর।
12. বীট পিরিয়ড বের কর, যদি 380 Hz এবং 384 Hz এর টিউনিং ফর্ক একই সাথে বাজে।
13. সরল সুরেলা গতি (SHM) ব্যাখ্যা কর। প্রতিটি দোলন কি SHM?
14. SHM সম্পাদনকারী অসিলেটরের ফ্রিকোয়েন্সির জন্য অভিব্যক্তিটি বের কর।
15. উদাহরণ সহ মুক্ত, বল এবং অনুরণিত কম্পনের মধ্যে পার্থক্য কর।
16. চিত্রের সাহায্যে প্রতিধ্বনি এবং অনুরণিত কম্পনের মধ্যে পার্থক্য কর।
17. চিত্রের সাহায্যে শব্দ তরঙ্গ শোষণ ব্যাখ্যা কর। শোষণ সহগ এবং শোষণ সহগকে প্রভাবিত করে এমন কারণ ব্যাখ্যা কর।
18. একটি উপাদান ভালো শব্দ শোষণকারী উপাদান হওয়ার মানদণ্ড ব্যাখ্যা কর।
19. সমীকরণে প্রতিটি পদের বর্ণনা সহ ঘরের রেভারবারেশন সময় গণনার জন্য সাবাইন সূত্রটি লিখ।
20. ইনফ্রাসোনিক, সোনিক এবং অতিস্বনক শব্দ তরঙ্গের পরিসীমা ব্যাখ্যা কর।
21. আল্ট্রাসাউন্ড স্ক্যানিংয়ে সোনিক ওয়েভের জায়গায় অতিস্বনক শব্দ তরঙ্গ ব্যবহারের কারণ ব্যাখ্যা কর।
22. SONAR ব্যবহার করে দুটি সাবমেরিনের মধ্যে দূরত্ব বের করার পদ্ধতি বর্ণনা কর।

ক্যাটাগরি-II

1. দুটি কাছাকাছি সাউন্ডিং বডি, $y_1 = 4 \sin(400\ \pi t)$ এবং $y_2 = 6 \sin(500\ \pi t)$ দ্বারা প্রদত্ত প্রগতিশীল তরঙ্গ উৎপন্ন করে, তখন

   (i) স্বরকম্প তরঙ্গ কি উৎপন্ন হবে?

   (ii)মানুষের কান কি স্বরকম্প শুনতে সক্ষম হবে?
2. একটি তরঙ্গের একটি চিত্র আঁক, দশা পার্থক্য 3T/4 সহ তিনটি বিন্দু চিহ্নিত কর। π এর পরিপ্রেক্ষিতে দশা 3T/4 লিখ।
3. নিম্নলিখিত ডেটা সহ 1200 m^3 এর একটি খালি হলের অনুরণন সময় গণনা কর। শ্রোতা হলে পূর্ণ হলে প্রতিধ্বনি সময় বাড়ে বা কমে?

তল	ক্ষেত্রফল (m^2)	α (Sabine)
প্লাস্টার করা দেয়াল	480	0.03
কাঠের মেঝে	150	0.06
প্লাস্টার করা সিলিং	150	0.08

4. SHM একটি কণার জন্য স্থির শক্তি এবং গতিশক্তির বক্ররেখা আঁক। স্থির শক্তি এবং গতিশক্তি বক্ররেখা ব্যাখ্যা কর।

ব্যবহারিক

দুটি পরীক্ষাগার পরীক্ষা (গুলি) রয়েছে যা এই ইউনিটের সাথে সম্পর্কিত:

1. ক্যান্টিলিভারের সময়কাল নির্ধারণ এবং যাচাই করা
2. অতিস্বনক ইন্টারফেরোমিটার ব্যবহার করে বিভিন্ন তরলে অতিস্বনক এর বেগ নির্ধারণ করা

ব্যবহারিক: ক্যান্টিলিভার

ব্যবহারিক বিবৃতি

একটি ক্যান্টিলিভারের সময়কাল নির্ধারণ এবং যাচাই করা

ব্যবহারিক তাৎপর্য

ক্যান্টিলিভার হল বীম, যার দৈর্ঘ্য তার প্রস্থের তুলনায় অনেক বড়। এটি ভবন এবং সেতুগুলির সাধারণ কাঠামোতে লাগে। মুক্ত প্রান্তে ভর দিয়ে বীমের বাঁক রশ্মির উপাদানের স্থিতিস্থাপকতা এবং বীমের জড়তা ভ্রামক এর উপর নির্ভর করে। ক্যান্টিলিভার প্রাকৃতিক কম্পাঙ্ক সহ কম্পন করে, যদি স্থানচ্যুতি মুক্ত প্রান্তে প্রবর্তিত হয়। এই পরীক্ষাটি ক্যান্টিলিভারের কম্পাঙ্ক এবং ক্যান্টিলিভারের উপাদানের স্থিতিস্থাপকতা খুঁজে পেতে সহায়তা করে।

প্রাসঙ্গিক তত্ত্ব

পূর্বে দেওয়া হয়েছে

ব্যবহারিক ফলাফল (PRO)

ব্যবহারিক ফলাফল এই কোর্সের পাঠ্যক্রম থেকে উদ্ভূত হয়

PR O1: প্রদত্ত ক্যান্টিলিভারের সময়কাল নির্ধারণ

PR O2: ইয়ং গুণাঙ্ক নির্ধারণ

ব্যবহারিক সেটআপ (ড্রয়িং/স্কেচ/সার্কিট ডায়াগ্রাম/ওয়ার্ক সিচুয়েশন)

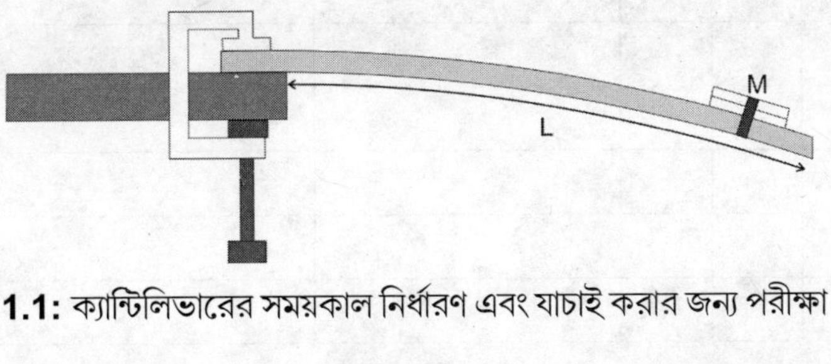

চিত্র **P 1.1:** ক্যান্টিলিভারের সময়কাল নির্ধারণ এবং যাচাই করার জন্য পরীক্ষা ব্যবস্থা

প্রয়োজনীয় সম্পদ

ক্রম সংখ্যা	অত্যাবশ্যক স্পেসিফিকেশন সহ প্রস্তাবিত সংস্থানগুলির জন্য প্রয়োজনীয় মেশিন/সরঞ্জাম/যন্ত্র	পরিমাণ	প্রকৃত সম্পদ ব্যবহৃত মেশিন/সরঞ্জাম/যন্ত্র বিস্তৃত বৈশিষ্ট্য সহ (ছাত্র দ্বারা পূরণ করা হবে)		মন্তব্য (যদি থাকে)
			তৈরি করা হয়েছে	বিস্তারিত	
	ক্ল্যাম্প, স্টপওয়াচ, ক্যান্টিলিভার বিম	01			
	স্লটেড ভর	5 টি			

সতর্কতা

1. একটি ক্যান্টিলিভারে ধীরে ধীরে ভর লোড কর।
2. ক্যান্টিলিভারকে সাবধানে স্থানচ্যুত কর যাতে দোলনগুলি এক দিকে থাকে।
3. ছোট প্রশস্ততা সহ ক্যান্টিলিভার স্থানচ্যুত কর।
4. গণনার জন্য প্যানের ভর যোগ কর যদি থাকে।

প্রস্তাবিত পদ্ধতি

1. ক্যান্টিলিভার সেট করার জন্য এক প্রান্ত স্থির কর এবং মুক্ত প্রান্তে ভর যোগ কর।
2. মুক্ত প্রান্তে ভর (m_1 = 50) গ্রাম যোগ কর।
3. মুক্ত প্রান্ত সামান্য স্থানচ্যুত কর ।
4. স্টপ ওয়াচ শুরু কর এবং সময় পরিমাপ করার জন্য 20 দোলনের জন্য সময় পরিমাপ কর।
5. একই ভর দিয়ে প্রক্রিয়াটি দুইবার পুনরাবৃত্তি কর।
6. 50 গ্রাম ভর যোগ কর এবং সময়কাল পরিমাপ কর।
7. আরও গণনার জন্য সময়ের বর্গ vs. ভরের মধ্যে গ্রাফ প্লট কর।

পর্যবেক্ষণ এবং গণনা

ক্যান্টিলিভারের দৈর্ঘ্য (L) = ... m ক্যান্টিলিভারের প্রস্থ (w) = ... m

ক্যান্টিলিভারের পুরুত্ব (t) = ... m

ক্রম সংখ্যা	মুক্ত প্রান্তে ভর	20 টি দোলনের সময় (sec)			পর্যায়কাল (T = t_{mean} /20)	T_2
		t_1	t_2	$t_{mean} = (t_1 + t_2)/2$		
1						
2						
3						
4						
5						

T^2 vs. **ভরের মধ্যে গ্রাফ প্লট কর**

গ্রাফের নতি:

আয়তক্ষেত্রাকার ক্যান্টিলিভারের জন্য,

$$k = 4\pi^2 / slope$$
$$Y = k\,4L^3 / w\,t$$

ফলাফল এবং/অথবা ব্যাখ্যা

(ছাত্র দ্বারা পূরণ করা হবে)

1. ....

2. ....

উপসংহার এবং/অথবা বৈধতা

(ছাত্র দ্বারা পূরণ করা হবে)

1. ....

2. ....

ব্যবহারিক সম্পর্কিত প্রশ্ন

(উত্তরের জন্য পৃথক শীট ব্যবহার কর)

দ্রষ্টব্য: রেফারেন্সের জন্য নীচে কয়েকটি নমুনা প্রশ্ন দেওয়া হয়েছে। পূর্ব-নির্ধারিত কোর্সের ফলাফলের অর্জন নিশ্চিত করার জন্য শিক্ষকদের এই ধরনের আরও প্রশ্ন ডিজাইন করতে হবে।

1. উপাদান সহ ক্যান্টিলিভার অসিলেটরের সময়ের পরিবর্তনের পূর্বাভাস দাও।
2. প্রদত্ত ব্যবহারিক সেটআপের জন্য সর্বাধিক প্রশস্ততা দেখো, যাতে দোলনগুলি SHM থাকবে।
3. ক্যান্টিলিভারের দৈর্ঘ্য অর্ধেক হলে সময়ের পরিবর্তনের পূর্বাভাস দাও।
4. সময়কাল নির্ধারণের জন্য 20 টি দোলনের জন্য নেওয়া সময় পরিমাপের কারণ বল ।
5. বর্তমান পরীক্ষায় ত্রুটির উত্স কি?

প্রস্তাবিত শেখার সংস্থান

https://vlab.amrita.edu/?sub=3&brch=175&sim=1078&cnt=1

প্রস্তাবিত মূল্যায়ন স্কিম

(শিক্ষক দ্বারা পূরণ করা হবে)

প্রদত্ত কর্মক্ষমতা সূচকগুলি প্রক্রিয়া এবং প্রোডাক্ট সম্পর্কিত মূল্যায়নের জন্য এটি নির্দেশিকা হিসাবে কাজ করা উচিত

কর্মসম্পাদক		গুরুত্ব	মার্কস প্রদান করা হয়েছে
প্রক্রিয়া সম্পর্কিত: ... মার্কস* (.......%)			
1	পরীক্ষা সেট আপ করা		
2	পরিমাপ নেওয়া		
3	গ্রাফ প্লটিং এবং গণনা		
4	ব্যক্তিগত এবং দলগত কাজ		
প্রোডাক্ট সম্পর্কিত: ..... মার্কস* (.......%)			
5	ফলাফল এবং উপসংহার		
6	সময়মত রিপোর্ট জমা দেওয়া		
	মোট	100%	

প্রোডাক্ট এবং প্রক্রিয়া মূল্যায়নের জন্য মার্কস এবং শতাংশের গুরুত্ব শিক্ষক দ্বারা নির্ধারিত হবে।

ছাত্রের নাম: .... মার্কস প্রদান করা হয়েছে			তারিখ সহ শিক্ষক এর স্বাক্ষর
প্রক্রিয়া সম্পর্কিত:	প্রোডাক্ট সম্পর্কিত	মোট	

ব্যবহারিক: অতিস্বনক ইন্টারফেরোমিটার

ব্যবহারিক বিবৃতি

অতিস্বনক ইন্টারফেরোমিটার ব্যবহার করে বিভিন্ন তরলে অতিস্বনক এর বেগ নির্ধারণ করা।

ব্যবহারিক তাৎপর্য

অতিস্বনক তরঙ্গে প্রচুর মেডিকেল এবং ইঞ্জিনিয়ারিং প্রয়োগ রয়েছে। যেহেতু অতিস্বনক উচ্চতর কম্পাঙ্ক এবং ছোট তরঙ্গদৈর্ঘ্য সোনিক তরঙ্গের তুলনায়, তাই এটি সোনিক তরঙ্গের তুলনায় বড় দূরত্ব সরাতে পারে। বিভিন্ন মাধ্যমে তরঙ্গের বেগ ভিন্ন হয়। এই পরীক্ষাটি শিক্ষার্থীদের বিভিন্ন তরলে অতিস্বনক তরঙ্গের বেগ পরিমাপ করতে সাহায্য করবে।

প্রাসঙ্গিক তত্ত্ব

একটি তরলে অতিস্বনক তরঙ্গের বেগ (v) হলে,

$$v = u\lambda \qquad \dots (1)$$

যেখানে, υ হল কম্পাঙ্ক এবং

λ হল অতিস্বনক তরঙ্গ -এর তরল তরঙ্গ দৈর্ঘ্য

ব্যবহারিক ফলাফল (PRO)

ব্যবহারিক ফলাফল এই কোর্সের পাঠ্যক্রম থেকে উদ্ভূত হয়:

PRO1: প্রদত্ত তরলে অতিস্বনক তরঙ্গের বেগ নির্ধারণ করতে অতিস্বনক ইন্টারফেরোমিটার-এর ব্যবহার

ব্যবহারিক সেটআপ (ড্রয়িং/স্কেচ/সার্কিট ডায়াগ্রাম/ওয়ার্ক সিচুয়েশন)

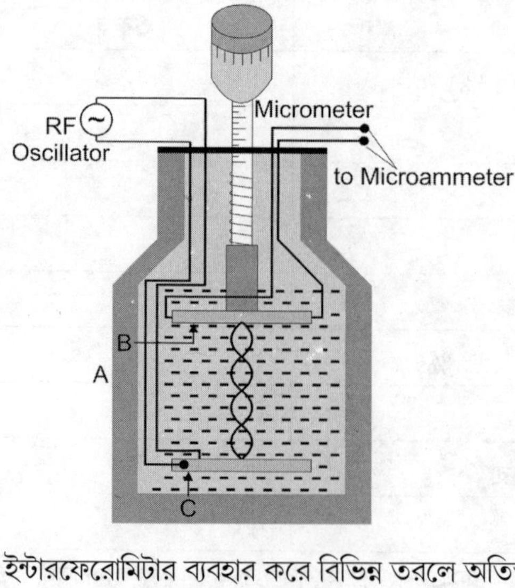

চিত্র P1.2: অতিস্বনক ইন্টারফেরোমিটার ব্যবহার করে বিভিন্ন তরলে অতিস্বনক এর বেগ নির্ধারণ

অতিস্বনক ইন্টারফেরোমিটার সেট আপ, আরএফ জেনারেটর, জাহাজ, মাইক্রোমিটার এবং প্রবাহ মিটার নিয়ে গঠিত। তরল (পাতিত জল হতে পারে) যাতে অতিস্বনক তরঙ্গের বেগ নির্ধারণ করা হয় একটি পাত্রে (এ) ভরা হয়। দুটি কোয়ার্টজ স্ফটিক, (B) এবং (C) তরলে স্থাপন করা হয়, C একটি পাত্রের নীচে (A) এবং (B) উপরে (C) স্থাপন করা হয় যাতে B এবং C তরলের ভিতরে সমান্তরাল হয়। স্ফটিক (B) চলমান। কোয়ার্টজ ক্রিস্টাল (C) কে বাহ্যিক RF অসিলেটর থেকে এর প্রাকৃতিক কম্পাঙ্কের RF দোলন দেওয়া হয়। পিজোইলেক্ট্রিক প্রভাবের কারণে ক্রিস্টাল (C) দ্বারা উত্পন্ন অতিস্বনক তরঙ্গ পাত্রে তরলে চলে যায়। এই অতিস্বনক তরঙ্গটি ক্রিস্টাল B থেকে প্রতিফলিত হয়। মাইক্রোমিটার স্ক্রু বিন্যাসের মাধ্যমে ক্রিস্টাল B-এর অবস্থান পরিবর্তন করা হয়, যেমন C থেকে আপতিত তরঙ্গের সুপার-পজিশন এবং B থেকে প্রতিফলিত তরঙ্গের কারণে তরল কলামের ভিতরে স্থির তরঙ্গ তৈরি হয়। স্থির তরঙ্গ তৈরি হলে সর্বোচ্চ শক্তি B এ স্থানান্তরিত হয়। আবার, পাইজোইলেক্ট্রিক প্রভাবের কারণে, ক্রিস্টাল B এর প্রান্ত বরাবর সর্বাধিক ভোল্টেজ তৈরি হয় যা কম্পনের জন্য লম্ব এবং বহিরাগত সার্কিটে সর্বাধিক অ্যানোড কারেন্ট প্রবাহিত হয়, যা বাহ্যিক অ্যামিটার দ্বারা পরিমাপ করা যায়। যখন B অবস্থান আবার পরিবর্তিত হয়, তখন অন্য কোনো অবস্থানে, অ্যানোড কারেন্টের আবার সর্বোচ্চ মান থাকে। সর্বাধিক অ্যানোড কারেন্টের পরপর দুটি অবস্থানের মধ্যে দূরত্ব (d) তরঙ্গদৈর্ঘ্যের অর্ধেক।

$$d = \lambda/2$$

$$v = 2d\upsilon \qquad \text{...(2)}$$

υ Hz-এ এবং d হল mএ, v পাওয়া যায় m/s-এ।

প্রয়োজনীয় সম্পদ

ক্রম সংখ্যা	অত্যাবশ্যক স্পেসিফিকেশন সহ প্রস্তাবিত সংস্থানগুলির জন্য প্রয়োজনীয় মেশিন/সরঞ্জাম/যন্ত্র	পরিমাণ	প্রকৃত সম্পদ ব্যবহৃত মেশিন/সরঞ্জাম/যন্ত্র বিস্তৃত বৈশিষ্ট্য সহ (ছাত্র দ্বারা পূরণ করা হবে)		মন্তব্য (যদি থাকে)
			তৈরি করা হয়েছে	বিস্তারিত	
1	অতিস্বনক ইন্টারফেরোমিটার সেট আপে রয়েছে আরএফ অসিলেটর, কোয়ার্টস ক্রিস্টাল, অ্যামিটার, মাইক্রোমিটার স্ক্রু গেজ।				
2	তরল (পাতিত জল)				

সতর্কতা

1. তরলে অতিস্বনক তরঙ্গের তরঙ্গদৈর্ঘ্যের চেয়ে দৈর্ঘ্য এবং পাত্রটি অনেক বড় হওয়া উচিত।
2. পরীক্ষার সময় তরলের তাপমাত্রা স্থির থাকতে হবে।
3. ব্যাক-ল্যাশ ত্রুটি এড়াতে মাইক্রোমিটার স্ক্রুটি সর্বদা এক দিকে ঘোরাও।

প্রস্তাবিত পদ্ধতি

1. চিত্র P1.2-এ দেখানো যন্ত্র সেট আপ কর।
2. তরলের ভিতরে C থেকে সুবিধাজনক উচ্চতায় প্রতিফলিত স্ফটিক B এর অবস্থানটি রাখ।

3. মাইক্রোমিটারের রিডিং নোট কর।
4. আরএফ পাওয়ার অসিলেটর চালু কর এবং ক্রিস্টাল C (যন্ত্রের স্পেসিফিকেশন অনুযায়ী প্রদত্ত) এর স্বাভাবিক ফ্রিকোয়েন্সির সাথে এর ফ্রিকোয়েন্সি সামঞ্জস্য কর।
5. ধীরে ধীরে B এর উচ্চতা হ্রাস কর।
6. এসি মাইক্রোঅ্যামিটারের রিডিং পর্যবেক্ষণ কর।
7. মাইক্রোমিটার রিডিং নোট কর যখন মাইক্রোমিটার সর্বাধিক মান দেখায় (x_1)।
8. ধাপ 5 -7 পাঁচবার পুনরাবৃত্তি কর এবং x_2, x_3 হিসাবে সর্বাধিক বর্তমানের অবস্থান নোট কর।
9. $x_1 - x_2$, $x_2 - x_3$, ….. এর মধ্যে পার্থক্য তরঙ্গদৈর্ঘ্যের অর্ধেক।
10. সূত্র থেকে অতিস্বনক তরঙ্গের বেগ গণনা কর।

পর্যবেক্ষণ এবং গণনা

rf অসিলেটর এর ফ্রিকোয়েন্সি = ... Hz সর্বনিম্ন মাইক্রোমিটারের গণনা = ... mm

ক্রম সংখ্যা	মাইক্রোমিটার রিডিং x (cm)			d (cm)
	বৃত্তাকার স্কেল পাঠ	প্রধান স্কেল পাঠ	মোট পাঠ	
1			x_1	$x_1 - x_2 =$
2			x_2	$x_3 - x_2 =$
3			x_3	$x_4 - x_3 =$
4			x_4	...

গড় d = ...

$v = \upsilon \times 2d$

ফলাফল এবং/অথবা ব্যাখ্যা

(ছাত্র দ্বারা পূরণ করা হবে)

1. ....

2. ....

উপসংহার এবং/অথবা বৈধতা

(ছাত্র দ্বারা পূরণ করা হবে)

1. ....

2. ....

ব্যবহারিক সম্পর্কিত প্রশ্ন

(উত্তরের জন্য পৃথক শীট ব্যবহার কর)

দ্রষ্টব্য: রেফারেন্সের জন্য নীচে কয়েকটি নমুনা প্রশ্ন দেওয়া হয়েছে। পূর্ব-নির্ধারিত কোর্সের ফলাফলের অর্জন নিশ্চিত করার জন্য শিক্ষকদের এই ধরনের আরও প্রশ্ন ডিজাইন করতে হবে।

1. অতিস্বনক তরঙ্গের তরঙ্গদৈর্ঘ্যের চেয়ে জাহাজের দৈর্ঘ্য বেশি নেওয়ার কারণ দাও।
2. অন্য কোন তরল ব্যবহার করেও কি এই পরীক্ষা করা যায়?
3. বর্তমান পরীক্ষায় ত্রুটির উত্স কি?
4. ত্রুটি কমানোর পদ্ধতির পরামর্শ দাও।

প্রস্তাবিত শেখার সংস্থান

https://vlab.amrita.edu/?sub=HYPERLINK "https://vlab.amrita.

প্রস্তাবিত মূল্যায়ন স্কিম

(শিক্ষক দ্বারা পূরণ করা হবে)

প্রদত্ত কর্মক্ষমতা সূচকগুলি প্রক্রিয়া এবং প্রোডাক্ট সম্পর্কিত মূল্যায়নের জন্য এটি নির্দেশিকা হিসাবে কাজ করা উচিত।

কর্মসম্পাদক		গুরুত্ব	মার্কস প্রদান করা হয়েছে
প্রক্রিয়া সম্পর্কিত: ... মার্কস* (.......%)			
1	পরীক্ষা সেট আপ		
2	অনুরণন এ টিউনিং		
3	মাইক্রোমিটার দিয়ে অবস্থান পরিমাপ		
4	যন্ত্র পরিচালনা		
প্রোডাক্ট সম্পর্কিত: ..... মার্কস* (.......%)			
5	ফলাফল এবং উপসংহার		
6	সময়মত রিপোর্ট জমা দেওয়া		
7	ব্যবহারিক সম্পর্কিত প্রশ্নের উত্তর		
	মোট	100%	

* প্রোডাক্ট এবং প্রক্রিয়া মূল্যায়নের জন্য মার্কস এবং শতাংশের গুরুত্ব শিক্ষক দ্বারা নির্ধারিত হবে।

ছাত্রের নাম: .... মার্কস প্রদান করা হয়েছে			**তারিখ সহ শিক্ষক এর স্বাক্ষর**
প্রক্রিয়া সম্পর্কিত:	প্রোডাক্ট সম্পর্কিত	মোট	

আরো জ্ঞাতব্য

এই ইউনিটের সাথে প্রাসঙ্গিক নিম্নলিখিত বিষয়গুলি শিক্ষার্থীদের বিদ্যমান জ্ঞানকে শক্তিশালী করার জন্য পরামর্শ দেওয়া হয়েছে যা ফলিত পদার্থবিদ্যা কোর্সে আগ্রহ তৈরি করবে:

1 বাদ্যযন্ত্র স্কেল ফ্রিকোয়েন্সি

2. শব্দের গতি এবং ল্যাপ্লেস সংশোধন

3. স্থায়ী তরঙ্গ গঠন

প্রয়োগ

1. বিভিন্ন তরঙ্গদৈর্ঘ্যের শব্দ তরঙ্গের বাস্তব জীবনে অনেকগুলি অ্যাপ্লিকেশন রয়েছে যেমন শব্দ তরঙ্গের ফ্রিকোয়েন্সি রেঞ্জ (20Hz থেকে 20KHz), যা শ্রবণযোগ্য শ্রবণশক্তি দেয়।
2. উচ্চ কম্পাঙ্কের শব্দ তরঙ্গ মেডিকেল অ্যাপ্লিকেশনগুলিতে ব্যবহৃত হয়।
3. ইলেক্ট্রোম্যাগনেটিক তরঙ্গে রেডিও, মোবাইল ফোন, স্যাটেলাইট যোগাযোগ সহ বিস্তৃত অ্যাপ্লিকেশন রয়েছে।

Cantilever

Case study on resonance

আইসিটি ব্যবহার

ছাত্র ক্যান্টিলিভারের সিমুলেশনের জন্য নিম্নলিখিত ইউআরএল দেখতে পারে।

অনুরণন সময় প্রদর্শন করতে ভয়েস রেকর্ডার অ্যাপ্লিকেশন ব্যবহার কর

কেস-স্টাডি (পরিবেশগত)

নিম্নলিখিত লিঙ্কে দেওয়া টাকোমা-সংকীর্ণ-ব্রিজের কেস স্টাডি বিশ্লেষণ কর

"https://theconstructor.org/case-study/tacoma-narrows-bridge-case-study/352365/

নিচের লিঙ্কে প্রদত্ত অনুরণন সময় গণনার জন্য কেস স্টাডি বিশ্লেষণ কর

https://www.acousticlab.com/en/reverberation-time-and-sabines-formula/

উদ্ভাবনী ব্যবহারিক/প্রকল্প/ক্রিয়াকলাপ ডিজাইন কর

1. স্প্রিং এবং স্ট্রিং এর উপর অনুপ্রস্থ এবং অনুদৈর্ঘ্য তরঙ্গ প্রদর্শনের জন্য মডেল প্রস্তুত কর এবং যান্ত্রিক তরঙ্গের বেগ পরিমাপ কর।
2. মোবাইল অ্যাপ্লিকেশন ব্যবহার করে ইনস্টিটিউটের বিভিন্ন স্থানের জন্য অনুরণন সময় পরিমাপ কর।
3. টিউনিং ফর্ক দিয়ে বীট গঠন প্রদর্শন করতে ভয়েস রেকর্ডার অ্যাপ ব্যবহার কর।

অনুসন্ধিৎসুতা এবং কৌতূহল বিষয়

1. শোনার ক্ষমতা কি বয়সের সাথে পরিবর্তিত হয়?
2. ওয়াক্সিং এবং শব্দের হ্রাস।
3. প্রতিটি পর্যায়ক্রমিক গতি কি SHM?
4. সেতুতে সৈন্যদের ছন্দময় মার্চিং।
5. বিখ্যাত কনসার্ট হলের প্রতিধ্বনিত সময়ের তালিকা কর।

6. আলোক তরঙ্গের তরঙ্গ দৈর্ঘ্যের পরিসীমা খুঁজুন যার জন্য মানুষের চোখ ইন্দ্রিয়গ্রাহ্য।
7. অতিস্বনক তরঙ্গের দুটি অ্যাপ্লিকেশন খুঁজুন, যা বিভাগে তালিকাভুক্ত করা হয়নি
8. আমরা অতিস্বনক শব্দ উৎপন্ন করতে এবং সনাক্ত করতে পারি এমন পদ্ধতিগুলি বের করো

রেফারেন্স এবং প্রস্তাবিত রিডিং

1. H C Verma, "Concepts of physics"1st ed., vol. 1, Bharti Bhawan,1992
2. Richard Feynman et al "The Feynman lectures on Physics", 6th ed. vol1, Addison-Wesley, 1963
3. R K Gaur and S L Gupta "Engineering Physics ", 8th ed., Dhanpat Rai , 2011 .
4. Resnick Halliday and Krane , "Physics" 5th ed. vol1 ,Wiley , 2014
5. http://rtlabs.nitk.ac.in/?q=article/free-vibration-cantilever-beam
6. https://www.sciencedirect.com/topics/engineering/sound-absorption-coefficient
7. Aladin Carovac et al "Application of Ultrasound in Medicine", Acta Inform Med. 2011 Sep; 19(3): 168–171.doi: 10.5455/aim.2011.19.168-171
8. https://cdn.sparkfun.com/datasheets/Sensors/Proximity/HCSRHYPERLINK "https://cdn.sparkfun.com/datasheets/Sensors/Proximity/HCSR04.pdf'04HYPERLINK "https://cdn.sparkfun.com/datasheets/Sensors/Proximity/HCSR04.pdf".pdf
9. https://www.acoustic-supplies.com/absorption-coefficient-chart/

2 আলোকবিদ্যা

ইউনিট বিশেষ

এই ইউনিটটি নিম্নলিখিত প্রধান দিকগুলিতে কেন্দ্রীভূত:

- প্রতিফলন এবং প্রতিসরণের অপটিক্যাল ঘটনা
- দর্পন এবং লেন্স দ্বারা চিত্র গঠন
- লেন্স সূত্র
- লেন্সে ত্রুটি
- অপটিক্যাল ফাইবারে আলোক প্রচার
- অপটিক্যাল যন্ত্র: মাইক্রোস্কোপ এবং টেলিস্কোপ
- অপটিক্যাল প্রজেকশন সিস্টেম

দৈনন্দিন জীবনে আলোকবিজ্ঞানের প্রয়োগগুলি আগ্রহ তৈরির জন্য আলোচনা করা হয়েছে এবং বিষয়গুলি বোঝার জন্য কার্যকলাপের পরামর্শ দেওয়া হয়েছে। অ্যাপ্লিকেশন ভিত্তিক সমাধান করা সমস্যা, বহু-পছন্দের প্রশ্ন এবং ব্লুমের শ্রেণীকরণের নিম্ন ও উচ্চ ক্রম জ্ঞানীয় স্তরের প্রশ্নগুলি ইউনিটে দেওয়া হয়েছে যাতে কেউ অনুশীলনের জন্য সেগুলির মধ্য দিয়ে যেতে পারে, যা শেখার শক্তি বৃদ্ধিতে সহায়তা করবে। ভিডিও লিঙ্কের QR কোড বিভিন্ন বিষয়ের জন্য প্রদান করা হয়েছে যা প্রাসঙ্গিক সহায়ক জ্ঞানের জন্য স্ক্যান করা যেতে পারে।

ধারণা এবং নীতিগুলির অনুকরণের জন্য QR কোডগুলিও ইউনিটে সরবরাহ করা হয়েছে, যাতে শিক্ষার্থীরা উপলব্ধ সিমুলেশন মডেল অনুকরণ করার জন্য হাতে-কলমে অনুশীলন করতে পারে। বিষয় গভীরভাবে বোঝার জন্য শিক্ষার্থীরা সিমুলেশন মডেলের বিভিন্ন পরিমিতি পরিবর্তিত করতে পারে। মাইক্রো প্রজেক্ট অ্যাক্টিভিটি সুপারিশ করা হয়েছে যা কোর্সের ফলাফল অর্জনে সাহায্য করবে। "আরো জ্ঞাতব্য" বিভাগটি সুবিবেচনামূলকভাবে ডিজাইন করা হয়েছে যাতে এই অংশে দেওয়া সম্পূরক তথ্য বইটির ব্যবহারকারীদের জন্য উপকারী হয়। বিভিন্ন দিক, অনুসন্ধিৎসা এবং কৌতূহল বিষয়ক শিল্প অ্যাপ্লিকেশন এবং বাস্তব জীবনের অ্যাপ্লিকেশনগুলিও ভবিষ্যতে শিক্ষার জন্য শিক্ষার্থীকে অনুপ্রাণিত করার জন্য ইউনিটে অন্তর্ভুক্ত করা হয়েছে।

যৌক্তিকতা

অপটিক্যাল ইন্সট্রুমেন্ট আমাদের চারপাশের জিনিসগুলি দেখার ক্ষমতা দেয়, তা আমাদের চোখ, বা এটি আমাদের মোবাইল ফোনের ক্যামেরা হতে পারে। মানুষ সবসময় এমন জিনিস দেখতে আগ্রহী যেগুলি হয় খুব বড় বা তাদের মাত্রার খুব ছোট। একটি অপটিক্যাল যন্ত্র যেমন মাইক্রোস্কোপ এবং টেলিস্কোপ আমাদেরকে যথাক্রমে একটি ছোট জীব এবং দূরবর্তী গ্রহ পর্যবেক্ষণ করার ক্ষমতা দিয়েছে। বিভিন্ন ইঞ্জিনিয়ারিং অ্যাপ্লিকেশনের জন্য অপটিক্যাল ইন্সট্রুমেন্ট এবং অপটিক্যাল ডিভাইস

যেমন লেন্স এবং মিরর সম্পর্কে জ্ঞান প্রয়োজন। এই ইউনিটটি শিক্ষার্থীদের বিভিন্ন প্রকৌশল পরিস্থিতিতে রশ্মি অপটিক্স, লেন্স এবং অপটিক্যাল যন্ত্রের মৌলিক ধারণাগুলি প্রয়োগ করতে সাহায্য করবে।

পূর্ব-প্রয়োজনীয়তা

• গণিত- ত্রিকোণমিতি এবং বীজগণিত

• পদার্থবিদ্যা- লেন্স (উত্তল ও অবতল) এবং দর্পন (উত্তল ও অবতল)

• অন্যান্য- কম্পিউটারের মৌলিক প্রযুক্তি এবং মোবাইল অ্যাপ্লিকেশন ব্যবহার

ইউনিট আউটকাম

U2-O1: রশ্মি মডেল ব্যবহার করে আলোর প্রতিফলন ও প্রতিসরণের নিয়ম ব্যাখ্যা

U2-O2: অবতল এবং উত্তল পাতলা লেন্স এবং দর্পন র জন্য বিশদ চিত্র গঠন

U2-O3: লেন্সের শক্তি এবং লেন্সের ত্রুটি ব্যাখ্যা

U2-O4: TIR ধারণাটি প্রয়োগ করে অপটিক্যাল ফাইবারের কাজ ব্যাখ্যা

U2-O5: সরল এবং যৌগিক মাইক্রোস্কোপের মধ্যে পার্থক্য

U2-O6: মীমাংসা ক্ষমতা এবং অ্যাপ্লিকেশন সহ জ্যোতির্বিদ্যা টেলিস্কোপের কাজ বর্ণনা

ইউনিট-2 আউটকাম	কোর্সের ফলাফলের সাথে প্রত্যাশিত ম্যাপিং (1- দুর্বল পারস্পরিক সম্পর্ক; 2- মাঝারি পারস্পরিক সম্পর্ক; 3- শক্তিশালী সম্পর্ক)					
	CO-1	CO-2	CO-3	CO-4	CO-5	CO-6
U2-O1	-	3	-	1	-	1
U2-O2	-	3	-	1	-	1
U2-O3	-	3	-	-	-	-
U2-O4	-	3	-	1	-	1
U2-O5	-	3	-	1	-	1
U2-O6	-	3	-	-	-	1

2.1 মৌলিক আলোকীয় নীতি

পূর্ববর্তী অধ্যায়ের 1.1 ধারার চিত্র 1.2 অনুসারে, যখন একটি স্পন্দন স্ট্রিং এর উপর চলে তখন এটি বন্ধ প্রান্তে পৌঁছানোর সাথে সাথে পালসটি প্রতিফলিত হবে। জলের ঢেউয়ের ক্ষেত্রেও একই ঘটনা পরিলক্ষিত হবে, যখন তারা সীমানায় পৌঁছাবে। শব্দ তরঙ্গ হোক বা আলোক তরঙ্গ হোক যখন তারা যে মাধ্যমটিতে ভ্রমণ করছে তার সীমানায় পৌঁছায় সেখানে হয় প্রতিফলন বা প্রতিসরণ বা উভয় প্রক্রিয়াই ঘটতে পারে। একটি আলোকীয় ঘটনা লক্ষ্য করা যাবে, যখনই একটি তরঙ্গ একটি মাধ্যম থেকে অন্য মাধ্যমে চলে যায়।

বর্তমান অধ্যায়ে আলোর সাথে সম্পর্কিত ঘটনা ব্যাখ্যা করার জন্য রশ্মি মডেল ব্যবহার করে বর্ণনা করা হয়েছে। আলোকে রশ্মি হিসেবে বিবেচনা করে এই অধ্যায়ে আলোকীয় ঘটনাকেও বর্ণনা করা যেতে পারে।

উপরে ব্যাখ্যা করা হয়েছে, যখন মাধ্যমের পরিবর্তন হয় তখন কিছু ভৌত বৈশিষ্ট্যের পরিবর্তন হয়, তার মধ্যে একটি হল মাধ্যমের আলোক রশ্মির বেগ। যেকোনো দুটি মাধ্যমের জন্য, মাধ্যম I এবং II, উভয় মাধ্যমের আলোর গতি ভিন্ন। যে মাধ্যম I-এ আলোর গতি কম সেটাকে মাধ্যম II-এর তুলনায় ঘন মাধ্যম বলা হয় এবং যে মাধ্যম II-এ গতি বেশি সেটাকে মাধ্যম I-এর তুলনায় লঘু মাধ্যম বলা হয়। সাধারণত, যে মাধ্যমটিতে আলোর গতিবেগ কম সেগুলিকে ঘন মাধ্যম হিসাবে বিবেচনা করা হয় এবং যে মাধ্যমটিতে আলোর গতি বেশি সেগুলি লঘু মাধ্যম হিসাবে পরিচিত।

উদাহরণ: ক) বাতাসের তুলনায় আলোক রশ্মির জন্য জল ঘন মাধ্যম।

খ) জলের তুলনায় গ্লাস ঘন মাধ্যম।

দ্রষ্টব্য: দুটি মাধ্যমের সীমানায়, দুটি মাধ্যমের মধ্যবর্তী তালের সাথে লম্ব হয়ে যাওয়া রেখাটিকে অভিলম্ব বলা হয়।

2.1.1 প্রতিফলন

যখন একটি আলোক রশ্মি একটি মাধ্যম এবং অন্য মাধ্যমের সাথে বিভেদতলে চলে আসে, যেখানে এটি অভিলম্বের সাথে কিছু কোণ তৈরি করে, তখন এটি একই কোণে অভিলম্বের অন্য দিকে একই মাধ্যমে ফিরে আসে যার সাথে এটি ঘটেছে। এই ঘটনাটি আলোর প্রতিফলন হিসাবে পরিচিত। আপতিত রশ্মিকে অভিলম্বের সাথে 'i' কোণ (যাকে আপতন কোণ বলা হয়) তৈরি করা যাক এবং রশ্মি 'r' (প্রতিফলনের কোণ হিসাবে বলা হয়) কোণ দিয়ে প্রতিফলিত হয়। প্রতিফলনের কোণ সর্বদা আপতন কোণের সমান এবং এই নিয়মটি প্রতিফলনের সূত্র হিসাবে পরিচিত।

$$\angle i = \angle r \qquad ...(2.1)$$

এছাড়াও, আপতিত রশ্মি, প্রতিফলিত রশ্মি এবং অভিলম্ব একই সমতলে থাকে; যেমন চিত্র 2.1-এ দেওয়া আছে।

Laws of reflection

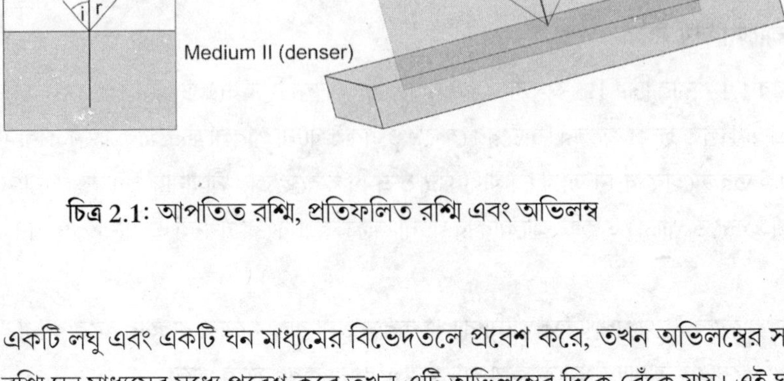

চিত্র 2.1: আপতিত রশ্মি, প্রতিফলিত রশ্মি এবং অভিলম্ব

2.1.2 প্রতিসরণ

যখন একটি আলোক রশ্মি একটি লঘু এবং একটি ঘন মাধ্যমের বিভেদতলে প্রবেশ করে, তখন অভিলম্বের সাথে কিছু কোণ তৈরি করে, যখন আলোক রশ্মি ঘন মাধ্যমের মধ্যে প্রবেশ করে তখন এটি অভিলম্বের দিকে বেঁকে যায়। এই ঘটনাটি আলোর

প্রতিসরণ হিসাবে পরিচিত এবং এর বিপরীতে ঘটবে যখন আলোক রশ্মি ঘন থেকে একটি লঘু মাধ্যমের দিকে চলে যায়। আলোক রশ্মি স্বাভাবিক থেকে দূরে সরে যায় যখন এটি ঘন থেকে লঘু মাধ্যমে প্রবেশ করে।

$$\sin(i) / \sin(r') = v_1 / v_2 \quad \text{....(2.2)}$$

যেখানে v_1 হল লঘু মাধ্যমের আলোর বেগ এবং v_2 হল ঘন মাধ্যমের বেগ। যখন একটি আলোক রশ্মি বাতাসে ভ্রমণ করে একটি পৃষ্ঠে পরে তখন এটি পৃষ্ঠ থেকে আংশিকভাবে প্রতিফলিত হয় এবং আংশিকভাবে প্রতিসৃত হয়। যে পৃষ্ঠের প্রতিফলন বেশি হয় সেগুলি হল চকচকে বা অস্বচ্ছ যেমন দর্পন , ধাতব পৃষ্ঠ ইত্যাদি এবং যে পৃষ্ঠগুলি বেশি প্রতিসরণ করে সেগুলি হল স্বচ্ছ যেমন কাচ, জলের পৃষ্ঠ ইত্যাদি। কোন পৃষ্ঠতল 100 % প্রতিফলিত বা 100% প্রতিসৃত নয়।

Simulation of bending of light

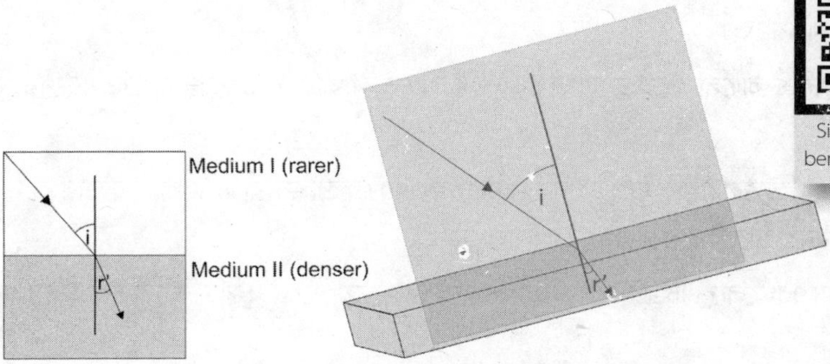

চিত্র 2.2: আলোর প্রতিসরণ

2.1.3 প্রতিসরাঙ্ক

যে কোনো মাধ্যমের প্রতিসরণকারী সূচককে সেই মাধ্যমের আলোর বেগের সাথে শূন্য বা বায়ুতে আলোর বেগের অনুপাত হিসাবে সংজ্ঞায়িত করা হয়। এটি 'μ' বা 'n' দ্বারা উপস্থাপিত হয়। এটি একটি মাত্রাহীন ভৌত পরিমাণ। বায়ুর সাপেক্ষে যেকোনো মাধ্যমের প্রতিসরণ সূচক '1' এর কম হতে পারে না।

(μ) = (বায়ু বা ভ্যাকুয়ামে আলোর বেগ) / (মাধ্যমে আলোর বেগ) এর প্রতিসরণ সূচক

উদাহরণ: কাচের প্রতিসরণ সূচক 1.5। প্রতিসরণ সূচকের মান যত বেশি, সেই মাধ্যমে আলোর বেগ তত কম।

প্রতিসরণ সূচকের সংজ্ঞা অনুসারে সমীকরণ (2.2) কে লেখা যেতে পারে,

$$\sin(i) / \sin(r') = {}_1\mu_2$$

যেখানে, ${}_1m_2$ হল 1 (শূন্য বা বায়ু) এর সাপেক্ষে মাধ্যম 2 এর প্রতিসরাঙ্ক । প্রতিসরাঙ্ক বায়ু বা শূন্য মাধ্যমে হল '1'।

2.2 দর্পন, লেন্স এবং পাতলা লেন্স দ্বারা প্রতিবিম্ব গঠন

কার্যকলাপ

- সাধারণ কাগজ নিয়ে, জানালার সামনে রাখ যেখান থেকে হালকা সূর্যের আলো আসছে। জানালা এবং কাগজের মধ্যে একটি উত্তল লেন্স রাখ। কাগজে উইন্ডোর একটি চিত্র তৈরি করার চেষ্টা কর এবং কাগজ এবং লেন্সের মধ্যে দূরত্ব পরিমাপ কর।

যদি কোনো বস্তু থেকে আসা আলোর রশ্মি (বিন্দু 'O' বল) একটি লেন্সের মধ্য দিয়ে যায় (প্রতিসরণের কারণে) অথবা দর্পন এর ওপর পড়ে এবং প্রতিফলনের পর এক বিন্দু I-তে একত্রিত হয় বা এক বিন্দু I থেকে বিচ্যুত হতে দেখা যায়, তাহলে 'I' কে 'O' বিন্দুর প্রতিবিম্ব বলা হয়।

সদবিম্ব এবং অসদবিম্ব

যখন আলোক রশ্মি প্রতিসরণ বা লেন্স বা দর্পন থেকে প্রতিফলনের পরে মিলিত হয় তখন সদবিম্ব তৈরি হয়। এটি উল্টানো এবং পর্দায় নেওয়া যেতে পারে।

অসদবিম্ব গঠিত হয় যখন আলোক রশ্মি যথাক্রমে লেন্স বা দর্পন থেকে প্রতিসরণ বা প্রতিফলনের পরে মিলিত হয়। এটি খাড়া এবং পর্দায় নেওয়া যায় না।

দর্পন, লেন্স এবং পাতলা লেন্স দ্বারা বিম্ব গঠন

লেন্স বা মিরর থেকে বিম্ব গঠন ব্যাখ্যা করতে নিম্নলিখিত বিষয় গুলি বলা যেতে পারে:

- প্রতিফলন বা প্রতিসরণের পর অক্ষের সমান্তরাল মধ্য দিয়ে যাওয়া আলোক রশ্মি যথাক্রমে দর্পন বা লেন্সের ফোকাসের মধ্য দিয়ে যায় এবং এর বিপরীতে।
- আলোক রশ্মি ক্ষণস্থায়ী যদিও আলোক কেন্দ্র যথাক্রমে দর্পন বা লেন্স থেকে প্রতিফলন বা প্রতিসরণের পরে বিচ্যুতি ছাড়াই চলে।

দ্রষ্টব্য: শিক্ষার্থীদের অবতল এবং উত্তল লেন্স এবং দর্পন , মেরু, বক্রতার কেন্দ্র, ফোকাল দৈর্ঘ্য, বক্রতার ব্যাসার্ধ, আলোক কেন্দ্র এবং প্রধান অক্ষের ধারণাটি পুনরুদ্ধার করার পরামর্শ দেওয়া হচ্ছে।

নিম্নলিখিত সারণীগুলি আয়না এবং লেন্সে চিত্র গঠনের সংক্ষিপ্ত বিবরণ দেয়, যখন বস্তুটিকে বিভিন্ন অবস্থানে আলোক কেন্দ্রে রাখা হয়।

সারণী 2.1

অবতল দর্পন দ্বারা বিম্ব গঠন

যখন বস্তুকে C এর বাইরে রাখা হয় বিম্ব হল
- F এবং C এর মধ্যে গঠিত
- বাস্তব
- উল্টানো
- কমান

Concave mirror ray diagram

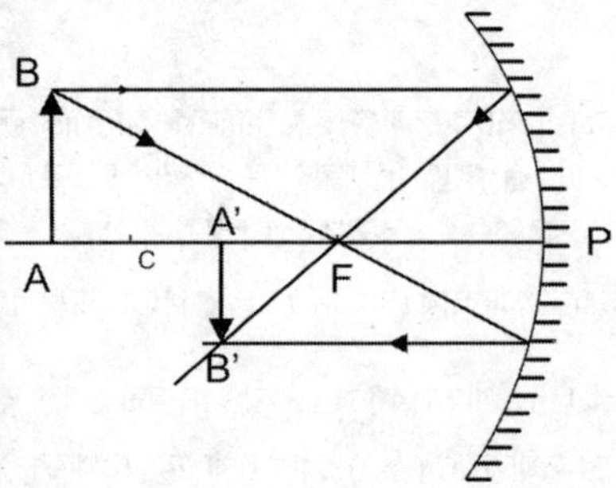

যখন বস্তুটি C-তে স্থাপন করা হয়
বিম্ব হল
- C এ গঠিত
- বাস্তব
- উল্টানো
- একই আকার

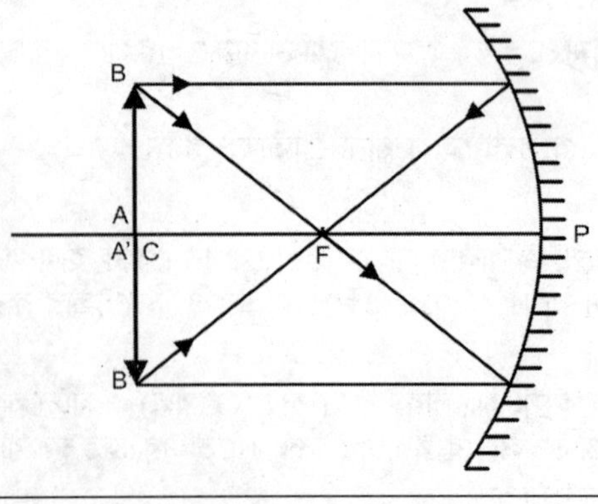

যখন বস্তুটি C এবং F এর মধ্যে স্থাপন করা হয় বিম্ব হল • C এর বাইরে গঠিত • বাস্তব • উল্টানো • বিবর্ধিত	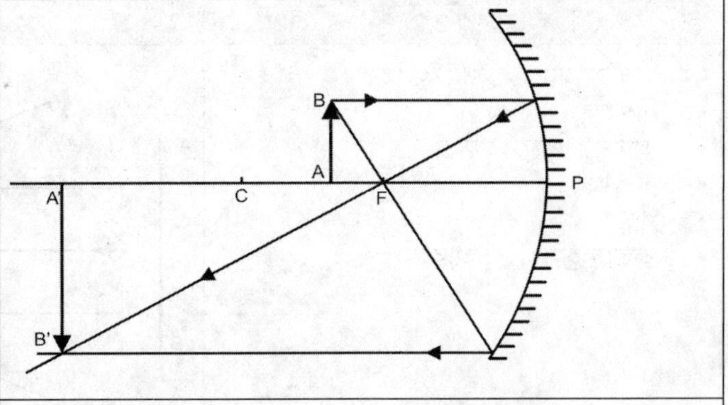
যখন বস্তুকে F এ স্থাপন করা হয় বিম্ব হল • অনন্তে গঠিত • বাস্তব • উল্টানো • বিবর্ধিত	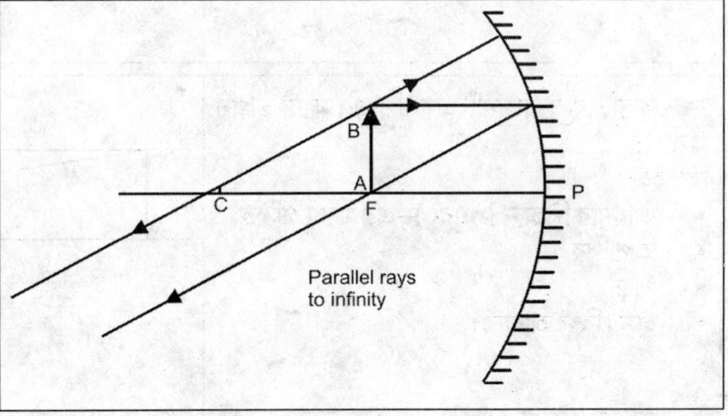
যখন বস্তু F এবং P এর মধ্যে স্থাপন করা হয় বিম্ব হল • আয়নার পিছনে গঠিত • অসদ • খাড়া • বিবর্ধিত	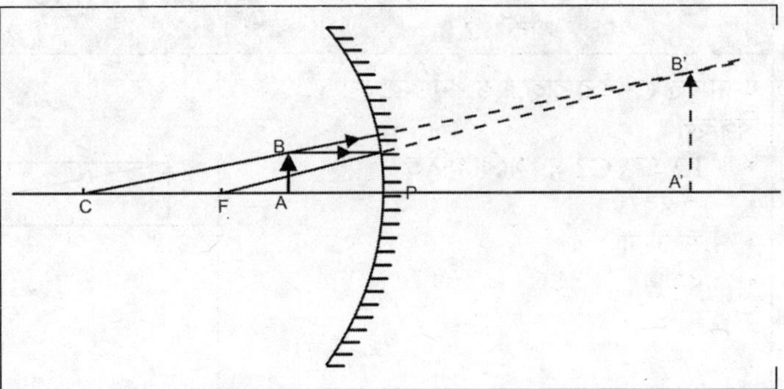
যখন বস্তুকে অনন্তে স্থাপন করা হয় • বিম্ব হল • F এ গঠিত • বাস্তব • উল্টানো • অত্যন্ত হ্রাস (বিন্দু আকার)	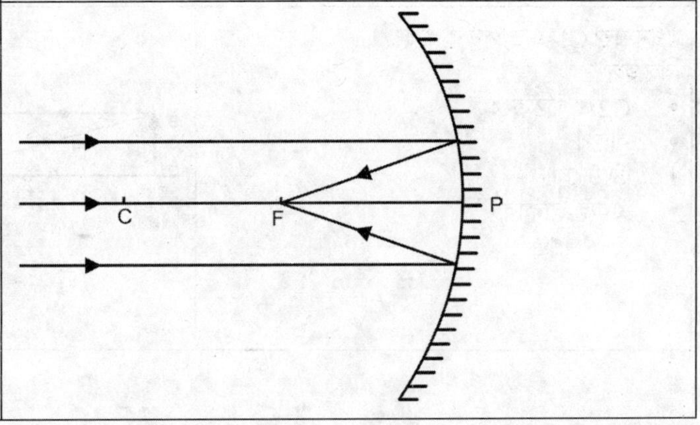

সারণী 2.2	উত্তল দর্পণ দ্বারা বিম্ব গঠন
যখন বস্তুকে অনন্তে স্থাপন করা হয় • বিম্ব হল • আয়নার পিছনে গঠিত • অপার্থিব • খাড়া • অত্যন্ত হ্রাস (বিন্দু আকার)	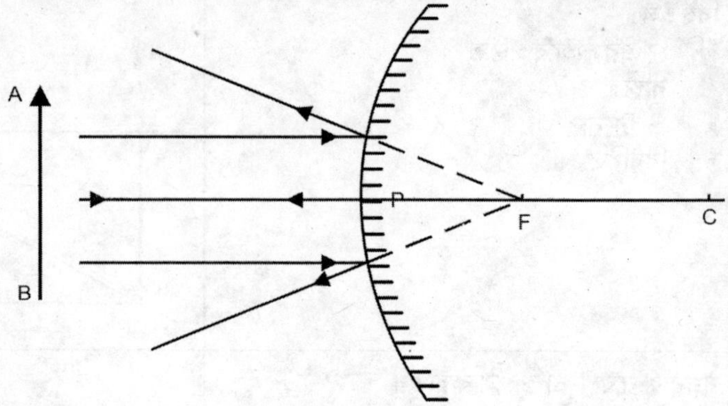
যখন বস্তুটিকে ইনফিনিটি এবং পি এর মধ্যে স্থাপন করা হয় বিম্ব হল • আয়নার পিছনে P এবং F-এর মধ্যে গঠিত • অপার্থিব • খাড়া • হ্রাস (বিন্দু আকার)	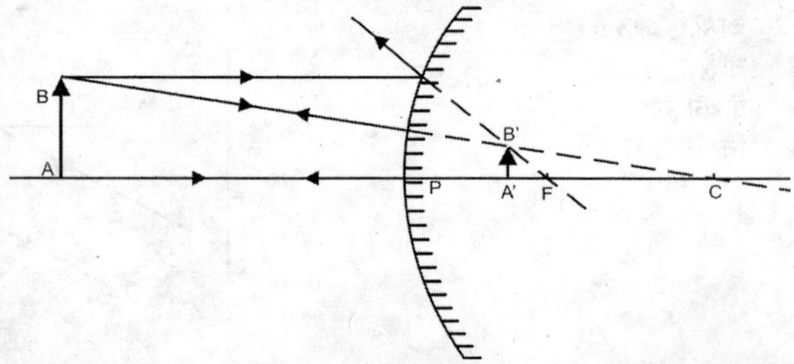

সারণী 2.3	উত্তল লেন্স দ্বারা বিম্ব গঠন
যখন বস্তু C1 এর বাইরে স্থাপন করা হয় বিম্ব হল • F2 এবং C2 এর মধ্যে গঠিত • বাস্তব • উল্টানো • কমান	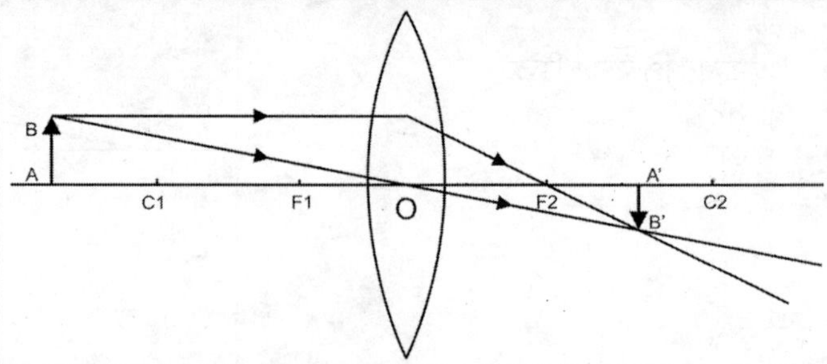
যখন বস্তু C1 এ স্থাপন করা হয় বিম্ব হল • C2 এ গঠিত • বাস্তব • উল্টানো • একই আকার	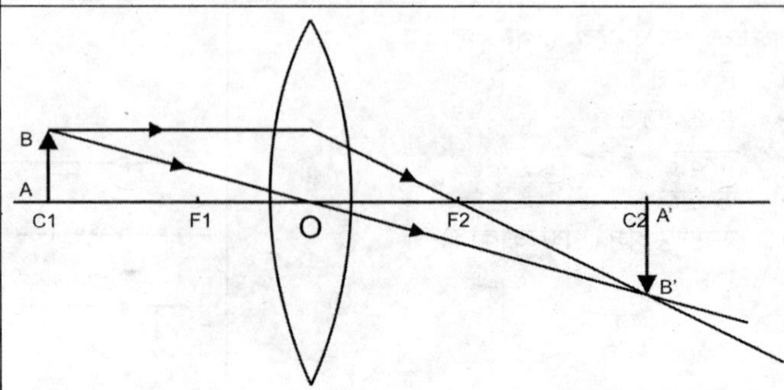

<table>
<tr>
<td>যখন বস্তু C1 এবং F1 এর মধ্যে স্থাপন করা হয়
বিম্ব হল
• C2 এর বাইরে গঠিত
• বাস্তব
• উল্টানো
• বিবর্ধিত</td>
<td>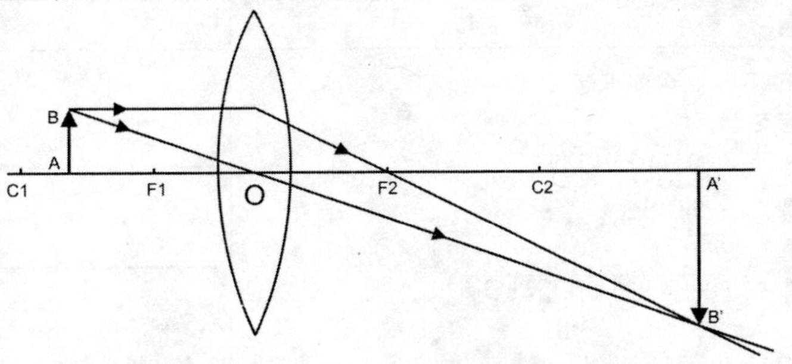
</td>
</tr>
<tr>
<td>যখন বস্তু F1 এ স্থাপন করা হয়
বিম্ব হল
• অনন্তে গঠিত
• বাস্তব
• উল্টানো
• বিবর্ধিত</td>
<td>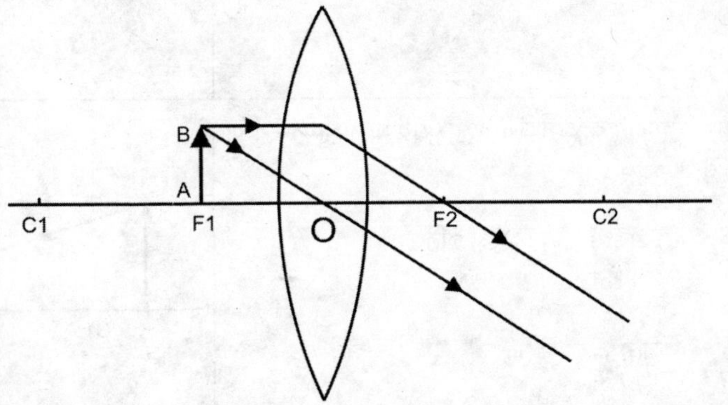
</td>
</tr>
<tr>
<td>যখন বস্তু F1 এবং O এর মধ্যে স্থাপন করা হয়
বিম্ব হল
• বস্তুর একই দিকে গঠিত
• অপার্থিব
• খাড়া
• বিবর্ধিত</td>
<td>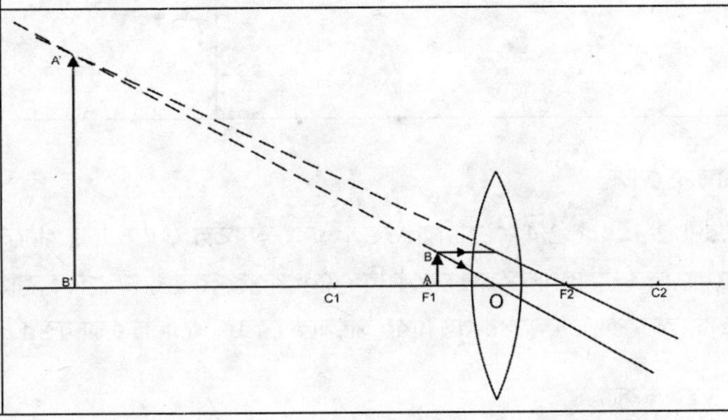
</td>
</tr>
<tr>
<td>যখন বস্তুকে অনন্তে স্থাপন করা হয়
বিম্ব হল
• F2 এ গঠিত
• বাস্তব
• উল্টানো
• অত্যন্ত হ্রাস</td>
<td>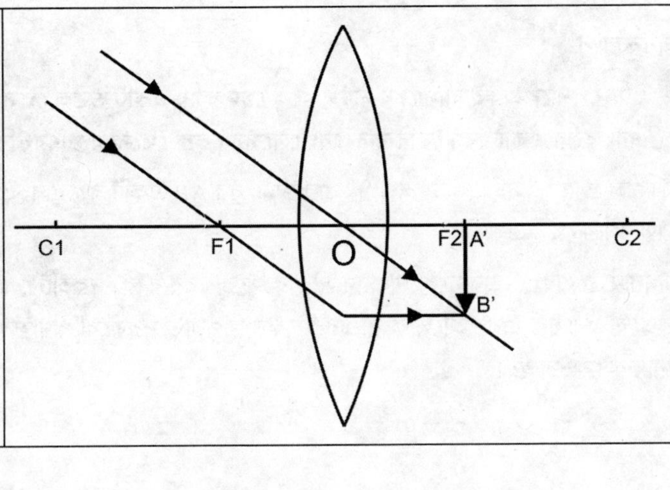
</td>
</tr>
</table>

সারণী 2.4	অবতল লেন্স দ্বারা বিম্ব গঠন
যখন বস্তুকে অনন্তে স্থাপন করা হয় বিম্ব হল • একই দিকে গঠিত • অপার্থিব • খাড়া • অত্যন্ত হ্রাস (বিন্দু আকার)	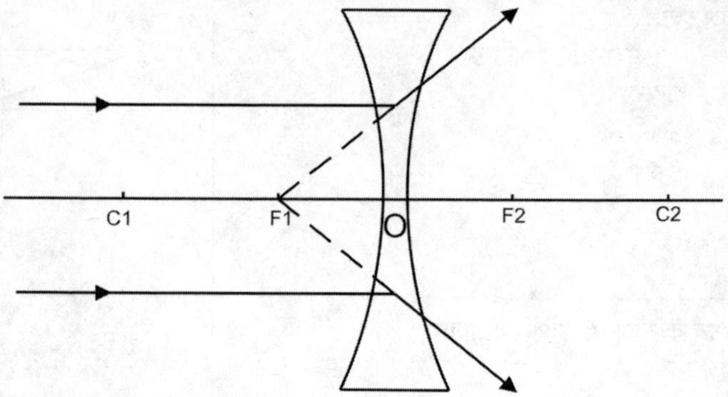
যখন বস্তুটিকে অসীম এবং O এর মধ্যে স্থাপন করা হয় বিম্ব হল • O এবং F1 এর মধ্যে গঠিত • অপার্থিব • খাড়া • কমান	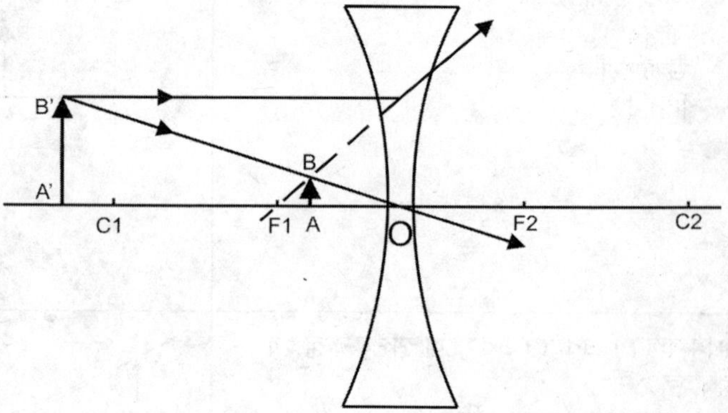

পাতলা লেন্স

সারণী 2.3 এবং 2.4-এ আমরা উত্তল এবং অবতল লেন্সে চিত্র গঠনের বিভিন্ন ক্ষেত্র দেখেছি। ব্যবহারিক উদ্দেশ্য এবং প্রয়োগের জন্য, আমরা লেন্স থেকে বিম্ব এবং বস্তুর দূরত্ব খুঁজে পেতে আগ্রহী। একটি পাতলা লেন্স হল একটি লেন্স যার পুরুত্ব ছোট, অন্য কথায় লেন্সের পৃষ্ঠ এবং আলোক কেন্দ্র থেকে চিত্র বা বস্তুর দূরত্ব প্রায় সমান।

2.3 লেন্স সূত্র

কার্যকলাপ

- **গ্রাফ পেপারে একই ব্যাসার্ধের দুটি বৃত্তকে ছেদ করে একটি উত্তল লেন্স আঁক। উত্তল লেন্সের একপাশে একটি বস্তু তৈরি কর এবং বস্তুর একটি বিম্ব তৈরি কর এবং লেন্সের কেন্দ্র থেকে বস্তু এবং বিম্বের দূরত্ব পরিমাপ কর।**

ফোকাল লেন্থ ‘f’ সহ একটি লেন্স ‘L’ এর জন্য, ধর AB একটি বস্তু এবং এর বিম্বটি A’B’। আলোক কেন্দ্র থেকে বস্তু এবং বিম্ব দূরত্ব যথাক্রমে u এবং v

আমরা f, u এবং v-এর মধ্যে সাধারণ সম্পর্ক খুঁজে বের করি। দূরত্বটি লেন্সের পৃষ্ঠ থেকে নেওয়া হয়। আলোক রশ্মির দিকের দূরত্বকে ধনাত্মক এবং আলোক রশ্মির দিকের বিপরীত দূরত্বকে ঋণাত্মক ধরা হয়। বর্তমান ক্ষেত্রে vকে ধনাত্মক এবং uকে ঋণাত্মক নেওয়া হয়।

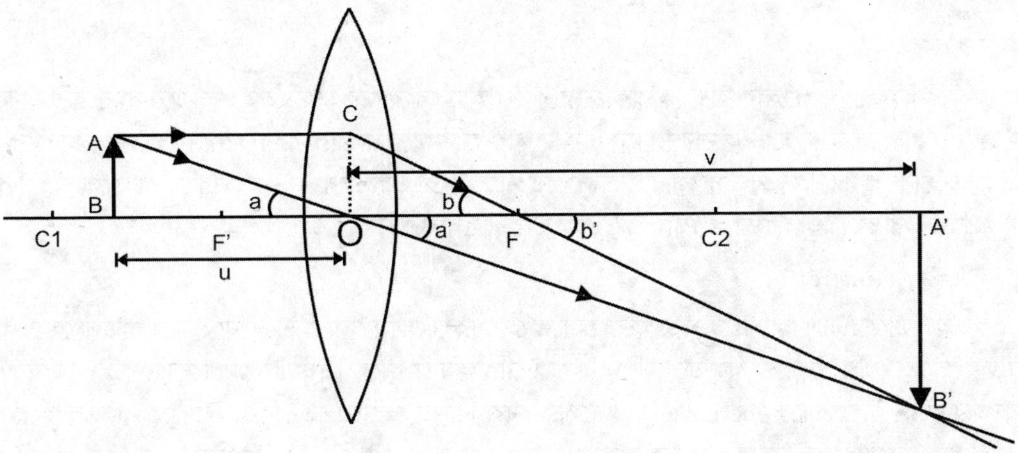

চিত্র 2.3: লেন্স সূত্র প্রতিষ্ঠা

Δ AOB এবং Δ A'OB' থেকে

$\angle a = \angle a'$ [উল্লম্বভাবে বিপরীত কোণ]

$\tan(a) = \tan(a')$

$AB/OA = A'B'/OA'$

$AB/A'B' = -u/v$ ...(2.3)

Δ COF এবং Δ A'FB' থেকে

$\angle b = \angle b'$ [উল্লম্বভাবে বিপরীত কোণ]

$OC/OF = A'B'/FA'$

$AB/A'B' = f/v - f$ ...(2.4)

$AB = OC$ [চিত্র থেকে]

(2.3) এবং (2.4) থেকে, $-u/v = f/v - f$

$-u(v - f) = vf$

$-uv + uf = vf$ ...(2.5)

সমীকরণ (2.5) এর উভয় পক্ষকে uvf দিয়ে ভাগ করে পাই,

$-1/f + 1/v = 1/u$ বা

$1/v - 1/u = 1/f$ ...(2.6)

সমীকরণ (2.6) লেন্স সূত্র হিসাবে পরিচিত, এটি অবতল লেন্সের জন্যও বৈধ হবে।

কার্যকলাপ

লেন্স সূত্র সহ সারণি 2.3 এ দেওয়া বিম্ব গঠনের দূরত্ব ক্রস চেক কর।

2.3.1 লেন্সের ক্ষমতা

যেকোনো লেন্সের ক্ষমতা হল আলোক রশ্মিকে বাঁকানোর শক্তি। আলোক রশ্মির একত্রিত হওয়া মানে সমস্ত রশ্মি এক বিন্দুতে মিলিত হওয়া এবং আলোক রশ্মির অপসারণ মানে এক বিন্দু থেকে আলোক রশ্মি বের হওয়া। লেন্সের ক্ষমতাকে লেন্সের অভিসারী বা অপসারণ ক্ষমতা হিসাবেও সংজ্ঞায়িত করা যেতে পারে। গাণিতিকভাবে, এটি লেন্সের ফোকাল দৈর্ঘ্যের পারস্পরিক হিসাবে সংজ্ঞায়িত করা হয়। যে লেন্সের ফোকাল দৈর্ঘ্য কম তার শক্তি বেশি ।

লেন্সের ক্ষমতা = $1/f(metre)$

ক্ষমতার একক হল ডায়োপ্টার। লেন্সের ক্ষমতা গণনা করতে লেন্সের ফোকাল দৈর্ঘ্য মিটারে নিতে হয়। পাতলা লেন্সের তুলনায় মোটা লেন্সের ক্ষমতা বেশি। লেন্সের ক্ষমতা, মেশিন বা মোটরের ক্ষমতা থেকে ভিন্ন যা আমরা সাধারণত আমাদের দৈনন্দিন জীবনে ব্যবহার করি। ডায়োপ্টারে লেন্সের ক্ষমতা আলোকবিদরা বিভিন্ন লেন্সের শ্রেণীবিভাগ করতে ব্যবহার করেন। উত্তল লেন্সের ইতিবাচক ক্ষমতার মান রয়েছে, যেখানে অবতল লেন্সের নেতিবাচক ক্ষমতার মান রয়েছে।

2.4 বিবর্ধন এবং ত্রুটি

বিম্বের আকারের সাথে বস্তুর আকারের অনুপাতকে প্রতিবিম্ব বিবর্ধন বলা হয়। বিবর্ধন লেন্সের একটি খুব সাধারণ এবং গুরুত্বপূর্ণ প্রয়োগ। চিত্র 2.3 থেকে পাই,

বিবর্ধন = বিম্বের আকার / বস্তুর আকার

সমীকরণ (2.4) থেকে,

লেন্স মেকার সূত্র থেকে

অতএব,

এখানে - চিহ্নটি বিপরীত চিত্র নির্দেশ করে এবং বিবর্ধনের মাত্রা v/u দ্বারা দেওয়া হয়।

কার্যকলাপ

- সারণি 2.3 এ দেওয়া বিভিন্ন ক্ষেত্রে বিবর্ধন বের করো

ত্রুটি

উত্তল লেন্সের পৃষ্ঠ থেকে ভিন্ন দূরত্বে রাখা উত্তল লেন্স থেকে বস্তুর চিত্র গঠন সারণি 2.3 এ দেওয়া হয়েছে এবং এটি সমীকরণ (2.8) দিয়েও ব্যাখ্যা করা যেতে পারে। প্রকৃত পরিস্থিতিতে বিম্ব গঠনে বিচ্যুতি রয়েছে, যা সারণী 2.3 এ ব্যাখ্যা করা হয়েছে, এটি লেন্সের ত্রুটি বা বিকৃতির কারণে। এটা দুই ধরনের হয়:

2.5 বর্ণবিকৃতি

চিত্র গঠনে, আমরা একক তরঙ্গ দৈর্ঘ্য বিশিষ্ট একটি আলো বিবেচনা করেছি। সাদা আলো বিভিন্ন রঙের তরঙ্গদৈর্ঘ্য নিয়ে গঠিত। যদি আমরা সাদা আলোকে উৎস হিসেবে নিই, তাহলে বিভিন্ন রঙের আলো বিভিন্ন পয়েন্টে ছবি তৈরি করে। আলোর রঙের কারণে এই ত্রুটিটি ক্রোম্যাটিক অ্যাবারেশন নামে পরিচিত।

একক I-এ, সমাধান করা উদাহরণগুলির মধ্যে একটিতে, এটি দেওয়া হয়েছিল যে শব্দ তরঙ্গের তরঙ্গদৈর্ঘ্য মাঝারি দিয়ে পরিবর্তিত হয়, একইভাবে সাদা রঙের আলোর উপাদানটির তরঙ্গদৈর্ঘ্য ভিন্ন হবে এবং তাই কাঁচে বিভিন্ন প্রতিসরাঙ্ক সূচক থাকবে। স্নেলের সূত্র অনুসারে, বিভিন্ন রঙের আলোর প্রতিসরণের বিভিন্ন কোণ থাকবে এবং বিভিন্ন বিন্দুতে ফোকাস থাকবে।

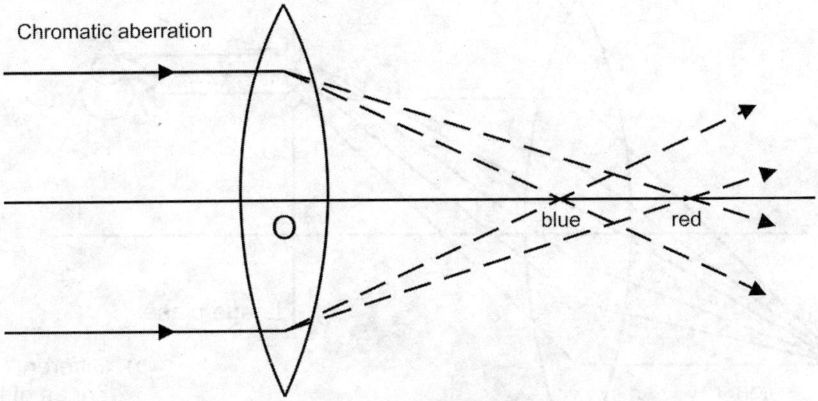

চিত্র 2.4: উত্তল লেন্সে আলোকের বর্ণ বিপথন

প্রভাব: গোলাকার লেন্সে সাদা আলো আপতিত হলে রঙিন চিত্রের একটি সিরিজ তৈরি হয়

2.6 গোলকাপেরণ

উত্তল বা অবতল লেন্সে, যখন বস্তুগুলিকে অসীমে স্থাপন করা হয়, তখন তাদের বিন্দু চিত্রগুলি ফোকাসে গঠিত হয়। আলোর সমস্ত সমান্তরাল রশ্মিগুলি ফোকাসের মধ্য দিয়ে যাওয়ার কথা, কিন্তু প্রকৃত ক্ষেত্রে প্রধান অক্ষের কাছাকাছি রেখাগুলি সামান্য বাঁকানো এবং প্রধান অক্ষ থেকে দূরে রেখাগুলি আরও বাঁকানো এবং তাই তারা একক বিন্দুতে ফোকাস করে না। এই ত্রুটি লেন্সের গোলাকার পৃষ্ঠের কারণে এবং গোলাকার বিকৃতি বা গোলকাপেরণ হিসাবে পরিচিত।

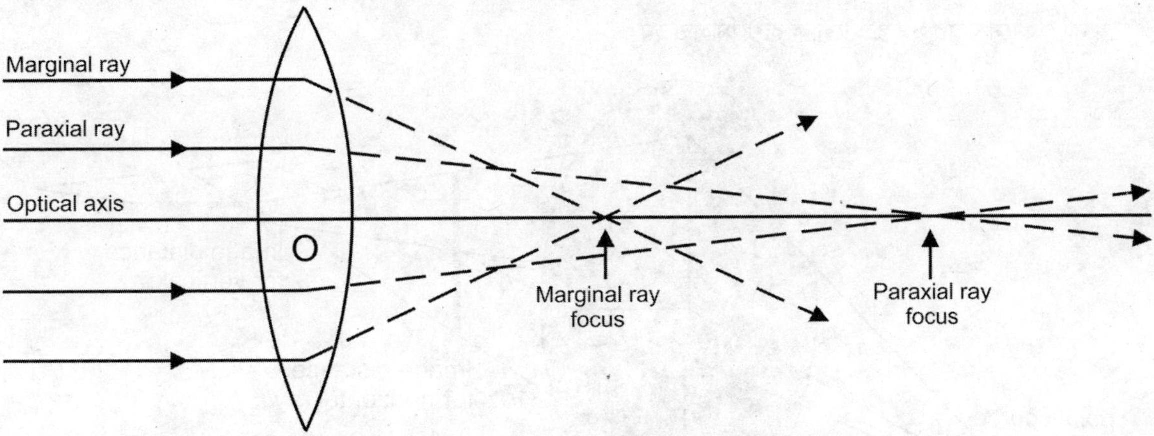

চিত্র 2.5: লেন্সের গোলাকার পৃষ্ঠের কারণে সৃষ্ট বিকৃতি

প্রভাব: ফোকাস চিত্রের বাইরে, বা ফোকাস তীক্ষ্ণ বিন্দু নয়।

2.7 কোমা

গোলাকার বিকৃতিতে বস্তু থেকে আসা আলোক রশ্মি প্রধান অক্ষের সমান্তরাল হয় যদি বিন্দু বস্তুটি প্রধান অক্ষ থেকে দূরে থাকে, তবে বিন্দু থেকে আসা আলোক রশ্মি প্রধান অক্ষের সমান্তরাল নয় এবং এই ধরনের রশ্মির উপর প্রয়োগ করা গোলাকার বিকৃতির ফলে কোমা নামে পরিচিত ত্রুটি দেখা দেয়। লেন্সের বিভিন্ন অঞ্চলের কারণে চিত্রটির অসম বিবর্ধন ঘটে। বিন্দুর বৃত্তাকার চিত্রটি প্রধান অক্ষের লম্বভাবে গঠিত হবে।

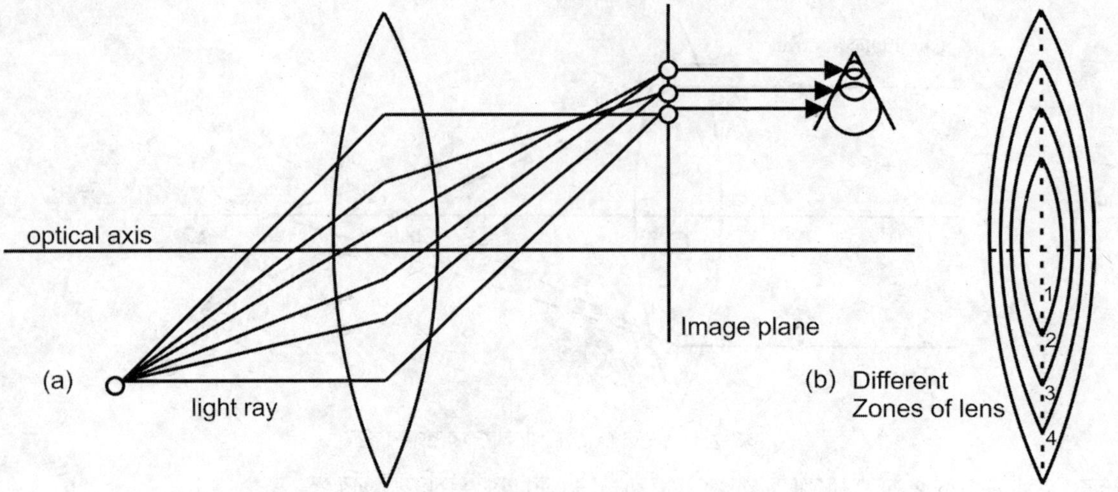

চিত্র 2.6: গোলাকার বিকৃতির ফলে কোমা নামে পরিচিত ত্রুটি

প্রভাব: ছবিটি কেন্দ্রে ধারালো কিন্তু প্রান্তের দিকে ঝাপসা।

2.8 অ্যাস্টিগমেটিজম

যদি একটি বিন্দু বস্তু থেকে আলো লেন্সের মধ্য দিয়ে যায় তবে একটি নিখুঁত লেন্সের জন্য এটি লেন্সের বিপরীত দিকে একটি ফোকাসযুক্ত উজ্জ্বল দাগ তৈরি করবে। বিভিন্ন প্লেনের জন্য লেন্সের ফোকাল দৈর্ঘ্য ভিন্ন হলে, এমন কোন তীক্ষ্ণ ফোকাস পয়েন্ট থাকবে না, যেখানে বস্তুর সমস্ত আলোক রশ্মি মিলিত হয়।

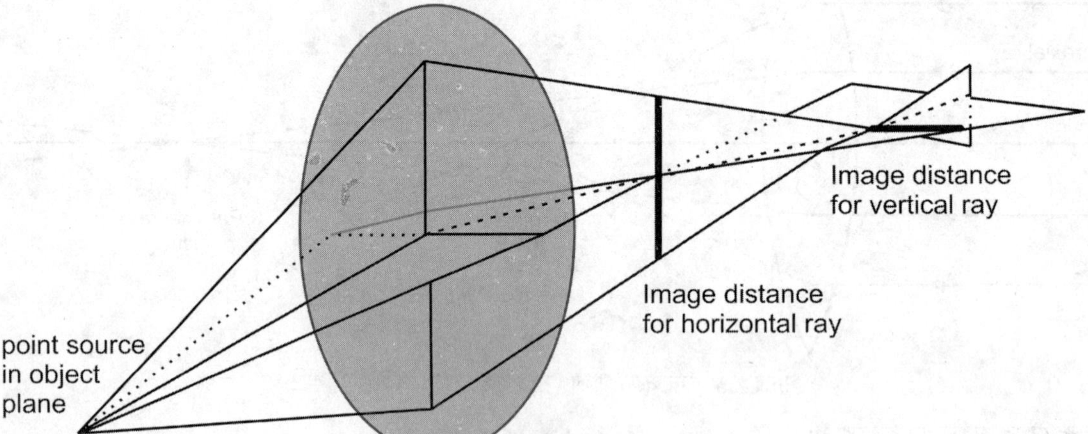

চিত্র 2.7: অ্যাস্টিগমেটিজম ত্রুটি

প্রভাব: অনুভূমিক এবং উল্লম্ব সমতল থেকে আসা আলো যথাক্রমে উল্লম্ব রেখা এবং অনুভূমিক রেখায় মিলিত হবে ফলস্বরূপ একটি অস্পষ্ট চিত্র তৈরি হবে। ছবির আকার প্রধান অক্ষ বরাবর পরিবর্তিত হয়।

2.9 অভ্যন্তরীণ পূর্ণ প্রতিফলন

স্নেলের প্রতিসরণের সূত্র অনুসারে, যখন একটি আলোক রশ্মি ঘন থেকে লঘু মাধ্যমের দিকে যায়, তখন এটি অভিলম্ব থেকে

দূরে বেঁকে যায়। যদি আমরা আপতন কোণ বাড়াই তাহলে প্রতিসরণ কোণও বৃদ্ধি পায় যেমন চিত্র 2.8 এ দেওয়া হয়েছে। কোনো একটি আপতন কোণে, প্রতিসরণ কোণ হয় 90^0। আপতনের এই কোণটিকে সংকট কোণ বলা হয়। যদি আমরা আপতন কোণকে সংকট কোণের উপরে বাড়াই, প্রতিসরণ কোণটি 90^0-এর বেশি হয় এবং আলোক রশ্মি একই মাধ্যমে প্রতিফলিত হয়। প্রতিফলনের এই ঘটনাটিকে মোট অভ্যন্তরীণ প্রতিফলন বলা হয়।

$$\sin(i) / \sin(r) = {}_2\mu_1$$

$i = i_c$, তখন $r = 90^0$

$$\sin(i_c) = {}_2\mu_1 \qquad ...(2.10)$$

$$= 1/{}_1\mu_2$$

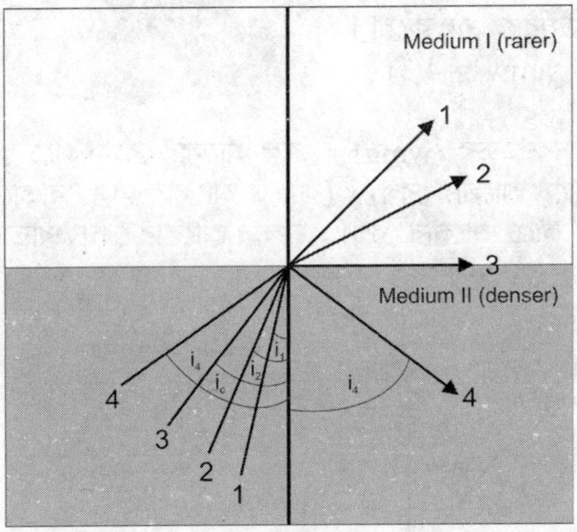

চিত্র 2.8: অভ্যন্তরীণ পূর্ণ প্রতিফলন

উদাহরণ: হীরার উজ্জ্বলতা, মরীচিকা

2.9.1 অপটিক্যাল ফাইবারে অভ্যন্তরীণ পূর্ণ প্রতিফলনের প্রয়োগ

এখন অপটিক্যাল ফাইবার বেশিরভাগ টেলিফোন যন্ত্র থেকে অন্য যন্ত্রে সংকেত পাঠানোর মাধ্যম হিসেবে ব্যবহৃত হয়। এটি ছাড়াও চিকিৎসা এবং প্রকৌশল অ্যাপ্লিকেশনগুলিতে অপটিক্যাল ফাইবারের অসংখ্য প্রয়োগ রয়েছে। অপটিক্যাল ফাইবার হল একটি পাতলা ফাইবার বা মাইক্রোমিটার পুরুত্বের একটি তার (মানুষের চুলের সমান) কাচ দিয়ে তৈরি। এটি অপটিক্যালি স্বচ্ছ এবং আলোক রশ্মিকে এর মাধ্যমে প্রচার করতে দেয়।অভ্যন্তরীণ পূর্ণ প্রতিফলনের ঘটনা অপটিক্যাল ফাইবার প্রয়োগ করে। চিত্র 2.9 অপটিক্যাল ফাইবারের পরিকল্পনা প্রদর্শন করছে । অপটিক্যাল ফাইবারের ভেতরের অংশটি হল কোর এবং এতে ফাইবারের বাইরের অংশ অর্থাৎ ক্ল্যাডিংয়ের চেয়ে বেশি প্রতিসরাঙ্ক রয়েছে। অপটিক্যাল ফাইবারের মাধ্যমে পাঠানোর আগে অডিও বা ভিডিও সিগন্যাল বা ডিজিটাল সিগন্যাল প্রথমে আলোক সংকেতে রূপান্তরিত করা হয়।

যখন একটি আলোক রশ্মি অপটিক্যাল ফাইবারে প্রবেশ করে, কোর অক্ষের সাথে i কোণ তৈরি করে, তখন এটি প্রতিসৃত হয় এবং কোণ r কোণ i থেকে ছোট হয়। প্রতিসৃত রশ্মি কোর ক্ল্যাডিং বিভেদতলে পৌঁছায় এবং কোণ I' সংকট কোণের চেয়ে বড় হলে আলোক রশ্মি সম্পূর্ণরূপে অভ্যন্তরীণভাবে প্রতিফলিত হবে। এই আলোক রশ্মিটির প্রতিটি কোর ক্ল্যাডিং-এ পরবর্তী অভ্যন্তরীণ পূর্ণ প্রতিফলন থাকবে, যতক্ষণ না এটি ফাইবারের শেষ প্রান্তে পৌঁছায়। অপটিক্যাল ফাইবার নিম্নলিখিত বিষয়গুলির উপর নির্ভর করে:

- অপটিক্যাল অক্ষ সহ আপতন কোণ (i)।
- কোর এবং ক্ল্যাডিংয়ের প্রতিসরণকারী সূচক।

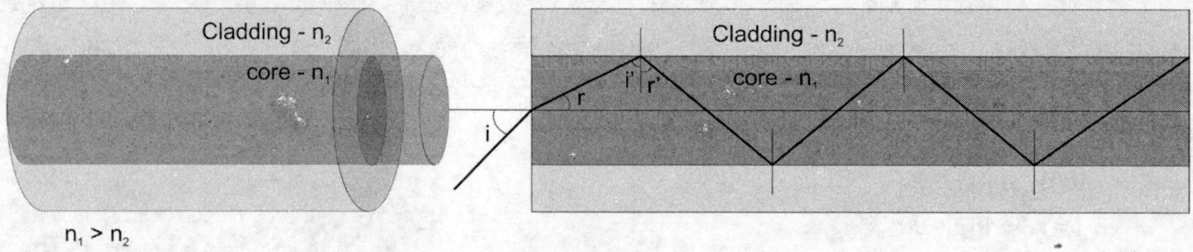

চিত্র 2.9: অপটিক্যাল ফাইবারের পরিকল্পনা

সমাধান করা সমস্যা

1. জল সাপেক্ষে কাচের প্রতিসরাঙ্ক বের করো ।
   (প্রদত্ত amg = 3/2 এবং amw = 4/3)

সমাধান:

জলের ক্ষেত্রে কাচের প্রতিসরণ সূচক (wmg) = জলে আলোর বেগ/(কাঁচে আলোর বেগ)
= (জলে আলোর বেগ / গ্লাসে আলোর বেগ) × (বায়ুতে আলোর বেগ / বাতাসে আলোর বেগ)
= (বাতাসে আলোর বেগ / কাঁচে আলোর বেগ) × (জলে আলোর বেগ / বাতাসে আলোর বেগ)
= amg /(1/ amw)
= 3/2 × 3/4
= 9/8

2. নিচের চিত্রে r_2 এর মান নির্ণয় করো।

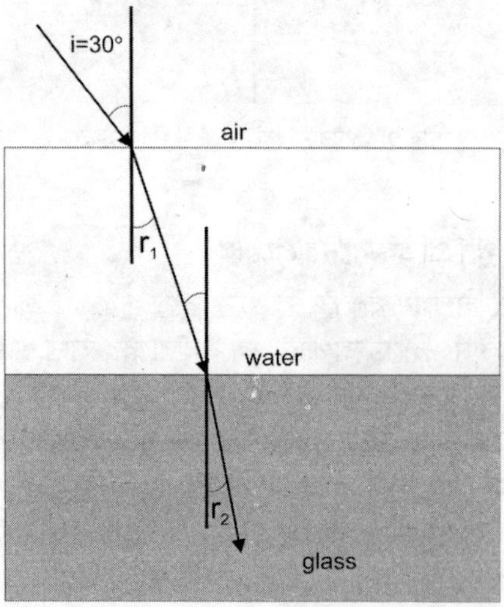

সমাধান:

বায়ু এবং জল বিভেদতলে র জন্য

$\sin(i)/\sin(r_1)$ = amw = 4/3 $\sin(r_1) = 3/4 \sin(i)$

এখন,

জল এবং গ্লাস বিভেদতল র জন্য

$\sin(r^1) / \sin(r^2)$ = wmg

$\sin(r^2) = 8/9 \times \sin(r^1) = 8/9 \times 3/4 \times \sin(30)$

$= 8/9 \times 3/4 \times 1/2 = 1/4$

$r_2 = \sin^{-1}(1/3)$

3. নিচের চিত্রে OP-এর মান বের করো, যদি বস্তুটিকে 2f এ রাখা হয়, যেখানে f হল লেন্সের ফোকাল দৈর্ঘ্য; বিবর্ধনও নির্ণয় করো।

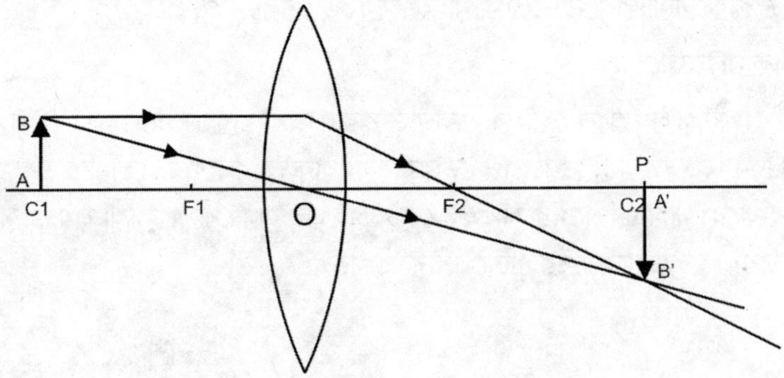

সমাধান:

লেন্স সূত্র থেকে

$1/v - 1/u = 1/f$

$v = OP,\ u = -2f$ সুতরাং

$1/v - 1/(-2f) = 1/f$

$1/v + 1/2f = 1/f$

$1/v = 1/f - 1/2f$

$1/v = 1/2f\ v = 2f$

'o' থেকে 2f দূরত্বে লেন্সের অন্য পাশে বিম্বটি তৈরি হবে

বিবর্ধন, $(m) = v/u$

$= 2f/2f$

$= 1$

বিম্বটি বস্তুর আকারের হবে।

4. গ্লাস এয়ার বিভেদতলে র জন্য অভ্যন্তরীণ পূর্ণ প্রতিফলন-এর সংকট কোণ বের করো। (কাঁচের RI হল 1.5)

সমাধান:

As $\sin(i_c) = {}_2\mu_1$

$\sin(i_c) = {}_g\mu_a = 1/{}_a\mu_g$

$= 1/1.5$

$i_c = \sin^{-1}(0.667)$

$i_c = 42^0$

2.10 আলোকীয় যন্ত্রপাতি

অপটিক্যাল ইন্সট্রুমেন্ট হল আলোকের নীতির উপর ভিত্তি করে যন্ত্র এবং ভৌত পরিমাণ পরিমাপ করতে বা বস্তু পর্যবেক্ষণ করতে যেখানে লেন্স বা দর্পনের মতো অপটিক্যাল ডিভাইস ব্যবহার করা হয়। বর্তমান বিষয়ে, রশ্মি অপটিক্সের উপর ভিত্তি

করে কিছু অপটিক্যাল ইন্সট্রুমেন্ট অ্যাপ্লিকেশন সহ বিস্তারিতভাবে ব্যাখ্যা করা হয়েছে। বস্তুগুলি পর্যবেক্ষণ করার জন্য প্রতিটি যন্ত্রের শক্তির উত্সের প্রয়োজন হয়; যে যন্ত্রগুলি শক্তি সরবরাহকারী হিসাবে আলোর উত্স ব্যবহার করে সেগুলি অপটিক্যাল যন্ত্র হিসাবে পরিচিত।

উদাহরণ: মানুষের চোখ, স্পেকট্রোমিটার, পেরিস্কোপ, মাইক্রোস্কোপ, টেলিস্কোপ, প্রজেক্টর

2.10.1 সরল এবং যৌগিক মাইক্রোস্কোপ

মাইক্রোস্কোপ হল একটি অপটিক্যাল যন্ত্র যা ছোট বস্তুকে বড় করার জন্য ব্যবহৃত হয়। এটি লেন্স বা লেন্সের সংমিশ্রণ দ্বারা গঠিত। অণুবীক্ষণ যন্ত্রের বিবর্ধক শক্তি মাইক্রোস্কোপ তৈরির জন্য ব্যবহৃত লেন্সের পরামিতি এবং ব্যবহৃত আলোর উৎসের তরঙ্গদৈর্ঘ্যের উপর নির্ভর করে। মাইক্রো শব্দের অর্থ হল ছোট তাই এর নাম থেকে বোঝা যায় যে মাইক্রোস্কোপ ছোট বস্তুকে পর্যবেক্ষণ করতে ব্যবহৃত হয়। মাইক্রোস্কোপের দুটি মৌলিক প্রকার:

(a) সরল মাইক্রোস্কোপ

(b) যৌগিক মাইক্রোস্কোপ

সরল মাইক্রোস্কোপ

সারণি 2.3 থেকে আমরা জানি, উত্তল লেন্সের ফোকাস এবং আলোক কেন্দ্রের মধ্যে রাখা একটি বস্তু তার অসদ এবং বর্ধিত বিম্ব তৈরি করে । উত্তল লেন্সের এই বৈশিষ্ট্যটি সাধারণ মাইক্রোস্কোপ ডিজাইনে ব্যবহৃত হয়। নিম্নে সরল মাইক্রোস্কোপের রশ্মি চিত্র দেখানো হয়েছে । এটি একটি উত্তল লেন্স নিয়ে গঠিত। (প্রকৃত বিবরণ মাইক্রোস্কোপ ভিডিও লিঙ্কে দেওয়া আছে)। বস্তুটিকে উত্তল লেন্সের কাছে চোখ রেখে পর্যবেক্ষণ করা হয় এবং বিম্বটি স্পষ্টভাবে দেখা যায় যখন এটি স্পষ্ট দৃষ্টির দূরত্বে তৈরি হয়, যা মানুষের চোখের জন্য 25 সেমি।

ধরা যাক, 'b' হল সেই কোণ যা চোখের ছবি দিয়ে তৈরি করা $v = D$ এবং 'a' হল কোণ যা চোখ (লেন্স ছাড়া) স্পষ্ট দৃষ্টির দূরত্বে রাখা বস্তু দিয়ে তৈরি। বিবর্ধনটি 'a'-এর সাথে 'b' কোণের অনুপাত হিসাবে গণনা করা হয়.

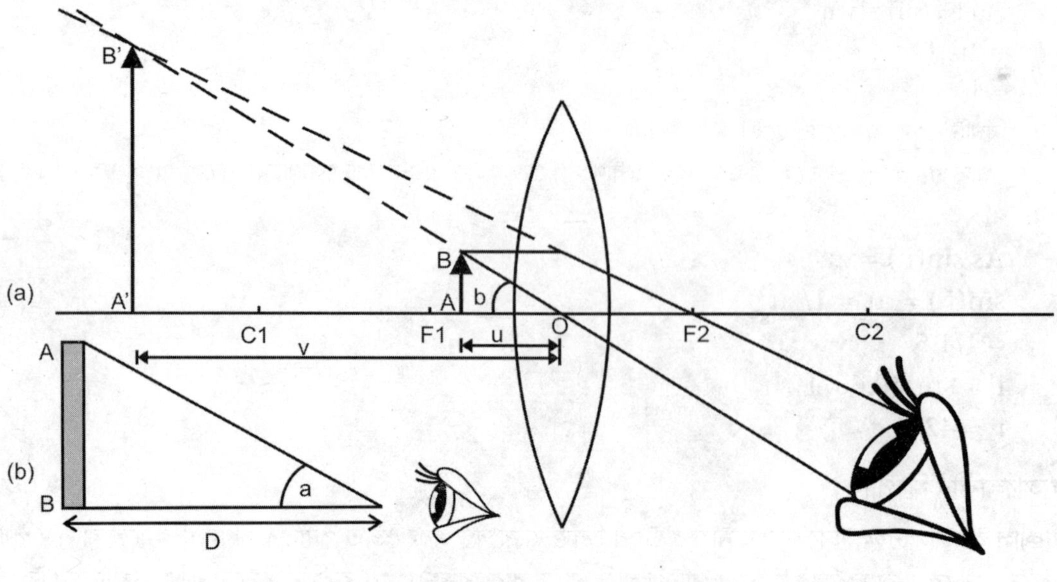

চিত্র 2.10: সরল মাইক্রোস্কোপের রশ্মি চিত্র

বিবর্ধক ক্ষমতা, $m = b / a$

Δ A'B'O তে, a, $tan(b) = A'B'/D$ এবং ΔABO তে, $tan(a)= AB / D$ যদি a এবং b খুব ছোট হয় তবে

$$tan(b) / tan(a) = b / a = A'B' / AB \quad ...(2.11)$$

ΔA'B'O এবং ΔABO সদৃশ ত্রিভুজ বলে

$$A'B' / AB = - v /- u = D / u \; m = D / u \quad ...(2.12)$$

লেন্স সমীকরণ থেকে

$$1 / v – 1 / u = 1 / f \; (1 / - D) - (1 / - u) = 1 / f$$

$$1 / u = 1 / D + 1 / f$$

উভয় পক্ষকে D দ্বারা গুণ করলে

$$D / u = 1 + D / f$$

অতএব

$$m = \{1 + D / f\} \quad ...(2.13)$$

এই সমীকরণটি সরল মাইক্রোস্কোপের বিবর্ধন দেয়। যদি আমরা লেন্সের ফোকাল দৈর্ঘ্য হ্রাস করি তবে মাইক্রোস্কোপের বিবর্ধন বৃদ্ধি পাবে ।

যৌগিক মাইক্রোস্কোপ

সাধারণ অণুবীক্ষণ যন্ত্রের বিবর্ধনের একটি সীমাবদ্ধতা রয়েছে, বৃহত্তর বিবর্ধনের জন্য দুটি লেন্স মাইক্রোস্কোপ বা যৌগিক অণুবীক্ষণ যন্ত্রের সংমিশ্রণ ব্যবহার করা হয়। চিত্রে যৌগিক অণুবীক্ষণ যন্ত্রের জন্য রশ্মি চিত্র দেখানো হয়েছে । যে লেন্সটি বস্তুর কাছাকাছি থাকে সেটি হল অবজেক্টিভ লেন্স এবং যে লেন্স থেকে বিম্ব দেখা যায় সেটি আইপিস। অবজেক্টিভ এবং আইপিসের ফোকাল লেন্থ যথাক্রমে fo এবং fe।

AB বস্তুটিকে বাস্তব এবং উল্টানো বিবর্ধিত বিম্বের চেয়ে সামান্য বেশি দূরত্বে রাখা হয়।A'B' বস্তুর অন্য দিকে গঠিত হয়। A'B' ফোকাল দৈর্ঘ্য এবং আইপিসের অপটিক্যাল কেন্দ্রের মধ্যে গঠিত হয়। A'B' এর বর্ধিত ভার্চুয়াল খাড়া ছবি A"B" আইপিসের মাধ্যমে দেখাযায়।

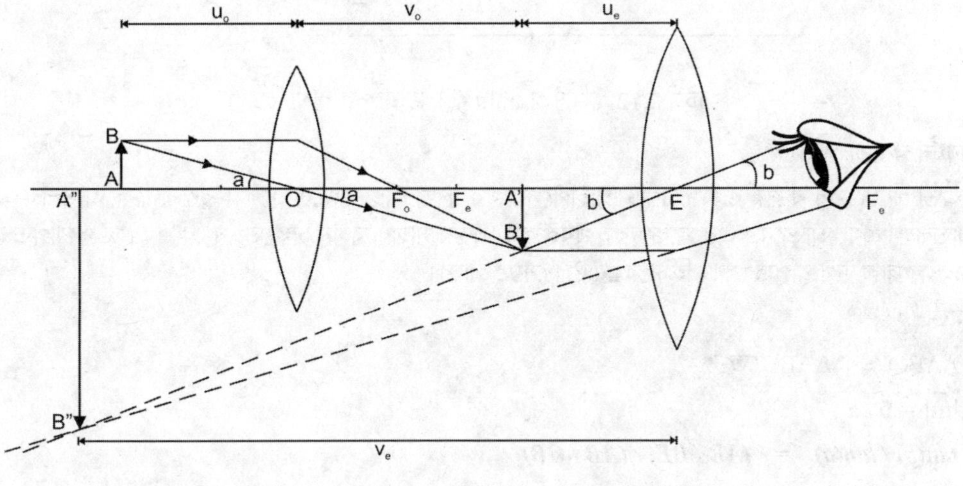

চিত্র 2.11: যৌগিক অণুবীক্ষণ যন্ত্রের জন্য রশ্মি চিত্র

যৌগিক অণুবীক্ষণ যন্ত্রের বিবর্ধন ক্ষমতা হল দুটি লেন্স দ্বারা বিবর্ধনের গুণফল।

যৌগিক অণুবীক্ষণ যন্ত্রের বিবর্ধন ক্ষমতা = $m_o \times me$

$$= (-vo / uo)[1+D/fe] \quad ...(2.14)$$

2.11 জ্যোতির্বিদ্যা দূরবীন

'টেলি'-এর অর্থ হল 'দূরবর্তী' বা 'দূর', তাই নামটি থেকে বোঝা যায় যে টেলিস্কোপটি দূরবর্তী বস্তু যেমন জ্যোতির্বিদ্যাগত বস্তু বা পার্থিব বস্তু পর্যবেক্ষণ করতে ব্যবহৃত হয়। চিত্র 2.12-এ জ্যোতির্বিদ্যার টেলিস্কোপের রশ্মি চিত্রে দেওয়া হয়েছে; সাধারণ জ্যোতির্বিদ্যার টেলিস্কোপ দুটি লেন্স নিয়ে গঠিত। উদ্দেশ্য হল দীর্ঘ ফোকাল দৈর্ঘ্যের একটি উত্তল লেন্স এবং বড় অ্যাপারচার ব্যাবহার করা । দূরবর্তী বস্তুর বাস্তব চিত্র অবজেক্টিভ লেন্সের ফোকাসে তৈরি হয়। আইপিস হল ছোট ফোকাল লেন্থের উত্তল লেন্স। টেলিস্কোপের অপটিক্যাল সিস্টেম মাইক্রোস্কোপের মতো। অবজেক্টিভ লেন্স বস্তুর বাস্তব এবং ছোট বিম্ব AB গঠন করে। আইপিস প্রতিবিম্ব AB কে বড় করে (যা আইপিসের জন্য বস্তু) এবং বিবর্ধিত অসদ প্রতিবিম্ব গঠন করে।

স্বাভাবিক সমন্বয়ে আইপিসের ফোকাসে AB চিত্রটি গঠিত হয় এবং এর বিবর্ধিত এবং বর্ধিত ভার্চুয়াল চিত্রটি অসীমতায় গঠিত হয়। যদি আইপিস দ্বারা গঠিত চূড়ান্ত চিত্রটি অসীমতায় থাকে। উদ্দেশ্য এবং আইপিসের মধ্যে দূরত্ব হল তাদের ফোকাল দৈর্ঘ্যের সমষ্টি, $f_o + f_e$।

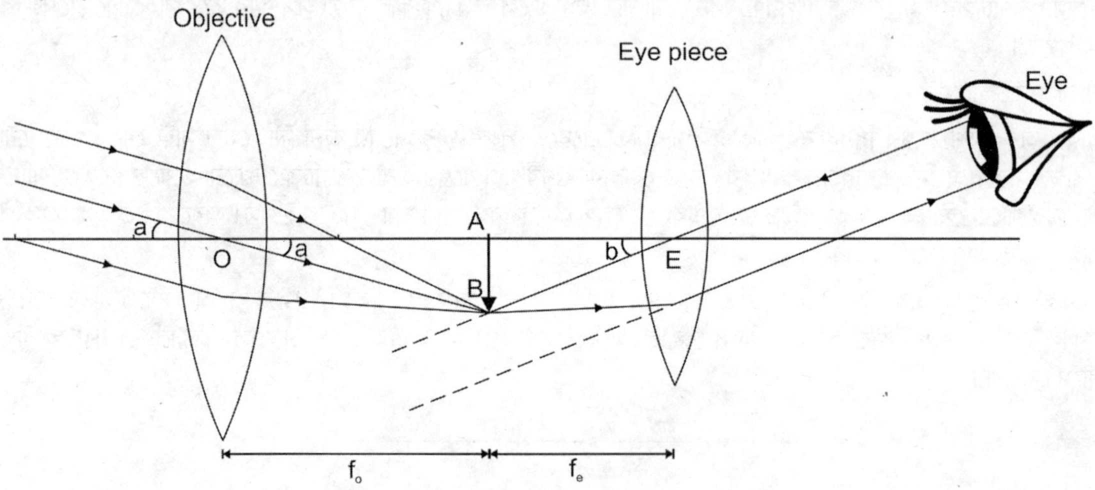

চিত্র 2.12: জ্যোতির্বিদ্যার টেলিস্কোপের রশ্মি চিত্র

2.11.1 বিবর্ধন ক্ষমতা

বিবর্ধক ক্ষমতা খুঁজে বের করার জন্য চোখটি আইপিসের খুব কাছাকাছি রাখতে হবে । বস্তু থেকে অভিলক্ষ্য-এর দূরত্বের তুলনায় অভিলক্ষ্য এবং অভিনেত্র-এর মধ্যে দূরত্ব খুবই কম। বস্তুর সাহায্যবিহীন চক্ষুতে যে কোণ 'a' উপস্থাপিত হয়, সেটিকে বস্তুর অভিলক্ষ্য দ্বারা উপস্থাপিত কোণ হিসাবে নেওয়া যেতে পারে।

বিবর্ধন ক্ষমতা,

ΔABO এবং ΔABE তে

$|\mathbf{m}| = \mathbf{b} / \mathbf{a}$

$$\tan(b) / \tan(a) = (AB / BE) / (AB / OB) \quad ...(2.15)$$

2.12 বিশ্লেষনি ক্ষমতা

$$\boldsymbol{b/a} = \boldsymbol{OB/BE} \quad \text{[যদি a এবং b খুব ছোট হয়]}$$

$$|\boldsymbol{m}| = f_o/f_e \qquad \textbf{... (2.16)}$$

যেকোন অপটিক্যাল যন্ত্রের রেজোলিউশন পাওয়ার, সেটা মাইক্রোস্কোপ, টেলিস্কোপ বা মানুষের চোখই হোক না কেন, যন্ত্রের ক্ষমতা হল যে কোন দুটি কাছাকাছি বস্তুর সমাধান করা এবং সেই কাছাকাছি বস্তুর আলাদা ছবি তৈরি করা। টেলিস্কোপের ক্ষেত্রে মীমাংসা ক্ষমতা হল দুটি দূরবর্তী বস্তু বা জ্যোতির্বিদ্যার বস্তুর পৃথকীকরণযোগ্য ছবি তৈরি করার ক্ষমতা। মাইক্রোস্কোপের ক্ষেত্রে কাছাকাছি দুটি ছোট বস্তুর সমাধান করা হয়। আমাদের চোখও একটি অপটিক্যাল যন্ত্র। পরীক্ষায় দেখা যায় যে চোখের উপর দুটি বস্তুর কোণ যদি 1' (1 মিনিট) এর কম হয় তবে বস্তুগুলি আলাদা হবে না। এই কোণটিকে বলা হয় 'চোখের সমাধানের সীমা'।

একইভাবে, প্রতিটি অপটিক্যাল যন্ত্রের দুটি বস্তুর পৃথক চিত্র তৈরি করার একটি সীমা (কোণের পরিপ্রেক্ষিতে) থাকে এবং তাকে সেই অপটিক্যাল যন্ত্রের রেজোলিউশনের সীমা বলা হয়।

টেলিস্কোপের **বিশ্লেষনি** ক্ষমতা = d/1.22l

যেখানে, d হল অবজেক্টিভ লেন্সের ব্যাস এবং λ ব্যবহৃত আলোর তরঙ্গ দৈর্ঘ্য। মাইক্রোস্কোপের সমাধান ক্ষমতা = 2nsin(θ)/l

যেখানে, n হল নমুনা এবং লেন্সের মধ্যে প্রতিসরণকারী সূচক

θ বস্তুর উপর অবজেক্টিভ লেন্স দ্বারা কোণের অর্ধেক,

λ আলোর ব্যবহৃত তরঙ্গ দৈর্ঘ্য ।

2.13 মাইক্রোস্কোপ এবং টেলিস্কোপের ব্যবহার

মাইক্রোস্কোপ

a) মাটির কণা বিশ্লেষণ

b) বিভিন্ন চর্মরোগ খুঁজে বের করুন।

c) মাইক্রোবায়োলজিতে শৈবাল, ছত্রাকের নমুনা অধ্যয়ন করতে।

d) গহনার সূক্ষ্ম অংশগুলিকে বড় করা

টেলিস্কোপ

a) গ্রহ, গ্যালাক্সি, গ্রহের প্রাকৃতিক উপগ্রহের মতো জ্যোতির্বিদ্যা সংক্রান্ত বস্তু দেখা

b) সূর্য ও চন্দ্রগ্রহণ পর্যবেক্ষণ

c) চাঁদের পৃষ্ঠ পর্যবেক্ষণ

2.14 অপটিক্যাল প্রজেকশন সিস্টেম

অপটিক্যাল প্রজেকশন সিস্টেম হল অপটিক্যাল ডিভাইস যা একটি বস্তুর বিবর্ধিত প্রজেক্টেড ইমেজ গঠন করতে ব্যবহৃত হয়। ওভারহেড প্রজেক্টর (OHP), স্লাইড প্রজেক্টর এবং LCD প্রজেক্টর হল অপটিক্যাল প্রজেক্টর সিস্টেমের উদাহরণ, সাধারণত ক্লাস রুম এবং সেমিনারে শেখার উপাদান, পাওয়ার পয়েন্ট প্রেজেন্টেশন ইত্যাদি প্রজেক্ট করার জন্য ব্যবহৃত হয়। চিত্র 2.13 অপটিক্যাল প্রজেকশন সিস্টেম প্রদর্শন করছে । এটি আলোর উত্স, কলিমেটর লেন্স, প্রজেক্টর লেন্স এবং স্ক্রিন নিয়ে গঠিত। বস্তুটিকে কলিমেটর এবং প্রজেক্টর লেন্সের মধ্যে রাখা হয়। বস্তুর একটি বাস্তব বিবর্ধিত চিত্র পর্দায় গঠিত হয়। OHP প্রজেক্টরের ক্ষেত্রে বস্তুর খাড়া প্রতিবিম্ব তৈরি করার ব্যবস্থা করতে হবে যদি দর্পন খাড়া ছবি তৈরি করতে ব্যবহার করা হয়।

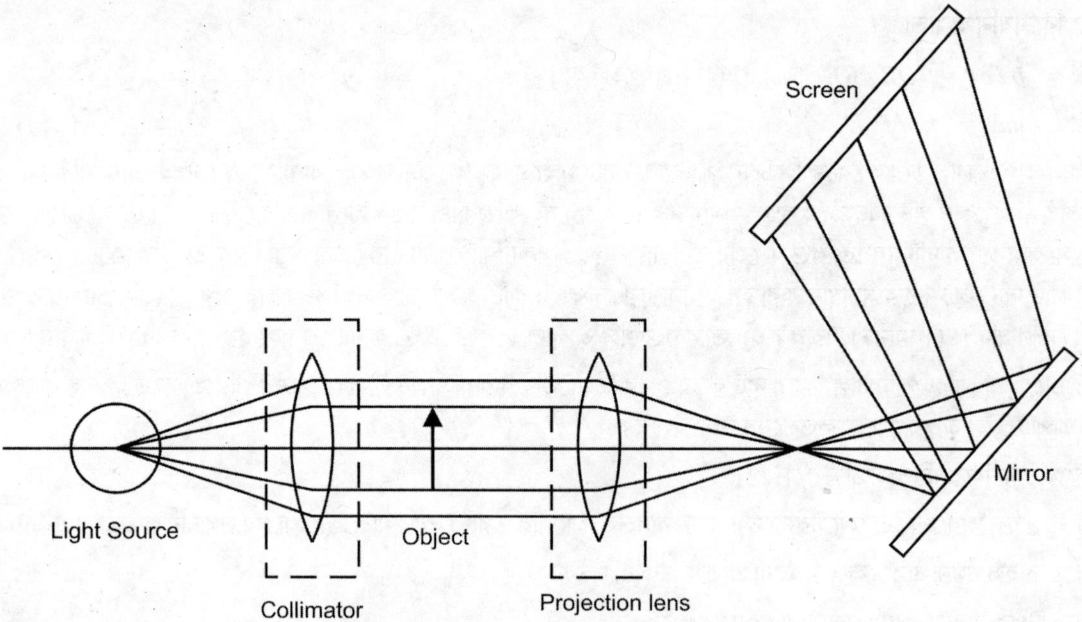

চিত্র 2.13: অপটিক্যাল প্রজেকশন সিস্টেম

সমাধান করা সমস্যা

1. একটি যৌগিক মাইক্রোস্কোপের অবজেক্টিভ এবং আইপিসের ফোকাল দৈর্ঘ্য যথাক্রমে 3 cm এবং 6 cm। আইপিস এবং অবজেক্টিভ-এর মধ্যে দূরত্ব 28 সেন্টিমিটার। অবজেক্টিভ লেন্স থেকে বস্তুর দূরত্ব গণনা কর এবং এর বিবর্ধন বের করো। যখন চোখ থেকে দেখা হয় তখন বিম্বটি আইপিস থেকে 25 সেন্টিমিটারে তৈরি হয়।

সমাধান:

দেওয়া আছে $f_o = 3$ cm, $f_e = 6$cm, $v_e = 25$ cm **এবং** $v_o + u_e = 28$ cm

(i) প্রথমত, আমরা লেন্স সমীকরণ দ্বারা 'u' খুঁজে পাই

$\Rightarrow 1/v_e - 1/u_e = 1/f_e$

$\Rightarrow 1/-25 - 1/u_e = 1/6$

$\Rightarrow -1/u_e = 1/6 + 1/25$

$\Rightarrow -1/u_e = 31/150$

$\Rightarrow u_e = -150/31$

[এখানে নেতিবাচক চিহ্ন নির্দেশ করে যে বিম্বটি অবজেক্টিভ এবং আইপিসের মধ্যে রয়েছে]

এখন আমরা v_o বের করবো

আমরা জানি, $v_o + u_e = 28$ cm

$\Rightarrow v_o = 28 - 150/31$

$\Rightarrow v_o = 718/31$ cm লেন্স সমীকরণ থেকে,

$1/v_o - 1/u_o = 1/f_o$

$\Rightarrow 31/718 - 1/u_o = 1/3$

$\Rightarrow 1/u_o = 31/718 - 1/3$

$\Rightarrow 1/u_o = -687/2154$

$\Rightarrow u_o = -2154/687 = -3.14$ cm

অবজেক্ট এবং অবজেক্টিভ লেন্সের মধ্যে দূরত্ব 3.14 cm

(ii) যৌগিক অণুবীক্ষণ যন্ত্রের বিবর্ধক ক্ষমতা দেওয়া হয়

$m = (-v_o/u_o)[1+D/f_e]$

$\Rightarrow m = -(718/31) \times (687/2154)[1 + 25/6]$

$\Rightarrow m = -(718/31) \times (687/2154)[31/6]$

$\Rightarrow m = -38.2$

এখানে নেতিবাচক চিহ্ন দেখায় যে চূড়ান্ত বিম্বটি উল্টানো।

টেলিস্কোপের অবজেক্টিভ এবং আইপিসের ফোকাল দৈর্ঘ্য যথাক্রমে 150 cm এবং 5 cm। যদি টেলিস্কোপটি স্বাভাবিক সামঞ্জস্যে থাকে তবে অবজেক্টিভ এবং আইপিসের মধ্যে দূরত্ব কত?

সমাধান:

দেওয়া আছে, $f_e = 5$cm এবং $f_o = 150$cm

যদি টেলিস্কোপটি স্বাভাবিক সামঞ্জস্যে থাকে, তাহলে আইপিসের ফোকাসে অবজেক্টিভ ইমেজ তৈরি হয়।

তাই অবজেক্টিভ এবং আইপিসের মধ্যে দূরত্ব = $f_e + f_o = 5 + 150 = 155$ cm

ইউনিট সারসংক্ষেপ

- আপতন কোণ প্রতিফলনের কোণের সমান।
- আলোক রশ্মি স্বাভাবিকের দিকে বেঁকে যায় যখন এটি লঘু থেকে ঘন মাধ্যমে যায় ।
- উত্তল লেন্সের সমন্বয় মাইক্রোস্কোপ এবং টেলিস্কোপ ডিজাইন করতে ব্যবহৃত হয়।
- অভ্যন্তরীণ পূর্ণ প্রতিফলন অপটিক্যাল ফাইবারে আলোক রশ্মির গতির জন্য দায়ী।
- ফোকাল দৈর্ঘ্যের বিপরীত হলো লেন্সের ক্ষমতা।

অনুশীলন

বহু নির্বাচনী প্রশ্ন

1. একটি অপটিক্যাল যন্ত্রের জন্য (একটি টেলিস্কোপের মতো) প্রদত্ত বিবর্ধক শক্তি হল:

   a. স্বাভাবিক সমন্বয়ের জন্য সর্বোচ্চ b. কাছাকাছি পয়েন্ট সামঞ্জস্যের জন্য সর্বাধিক

   c. উপরের উভয় ক্ষেত্রেই একই d. কোন সমন্বয় স্বাধীন

2. ফোকাল দৈর্ঘ্য 2/3 মিটার একটি উত্তল লেন্স বস্তুর আকারের দ্বিগুণ উল্টানো চিত্র তৈরি করে, লেন্স থেকে বস্তুর দূরত্ব হল:

   a. 0.5 meters b. 0.166 meters

   c. 0.33 meters d. 1 meter

3. একটি বস্তুকে 10 cm ফোকাল দৈর্ঘ্যের উত্তল লেন্স থেকে 20 cm দূরত্বে স্থাপন করা হয়, বিম্বটি লেন্সের অন্য পাশে একটি দূরত্বে তৈরি হয়:

   a. 20 cm b. 10 cm
   c. 40 cm d. 30 cm

4. অভ্যন্তরীণ পূর্ণ প্রতিফলন ঘটতে পারে যখন আলো একটি ঘন থেকে লঘু মাধ্যমের দিকে যায় এবং

   a. ঘটনার কোণ কোন মান থাকতে পারে b. আপতন কোণ সংকট কোণের সমান
   c. আপতন কোণ সংকট কোণ থেকে বড় d. আপতন কোণ সংকট কোণ থেকে কম

5. আলো বাতাস থেকে একটি তরলে প্রবেশ করে আপতন কোণ 60 ডিগ্রি। আলোক রশ্মির পথে 15 ডিগ্রি বিচ্যুতি রয়েছে। তরলের প্রতিসরণ সূচক হল:

   a. 1.5 b. 1.33
   c. 1.22 d. 1.63

একাধিক পছন্দের প্রশ্নের উত্তর
1 (a), 2 (c), 3 (a), 4 (c), 5 (c)

সংক্ষিপ্ত এবং দীর্ঘ উত্তর প্রকার প্রশ্ন

ক্যাটাগরি-I

1. দৈনন্দিন জীবনে প্রতিফলন এবং প্রতিসরণের চারটি উদাহরণ দাও।
2. চিত্রের সাহায্যে আলোর প্রতিফলনের ঘটনা ব্যাখ্যা কর।
3. ডায়াগ্রামের সাহায্যে স্নেলের আলোর প্রতিসরণের সূত্রটি দেখো।
4. যেকোনো চারটি বিন্দুতে প্রতিসরণ এবং আলোর প্রতিফলনের মধ্যে পার্থক্য নিরুপন কর।
5. নিম্নলিখিত পদগুলি সংজ্ঞায়িত কর: প্রতিসরণ সূচক, অভিলম্ব , আপতন কোণ, প্রতিসরণ কোণ, বিম্ব , বাস্তব চিত্র এবং ভার্চুয়াল চিত্র।
6. যেকোনো চারটি পয়েন্টে বাস্তব চিত্র এবং ভার্চুয়াল চিত্রের মধ্যে পার্থক্য নিরুপন কর।
7. দর্পন এবং লেন্সের জন্য প্রতিটি একটি উদাহরণ সহ চিত্র গঠনের নিয়ম লেখো।
8. পাতলা লেন্সে ইমেজ গঠনের জন্য লেন্স সূত্র বের কর। উত্তল লেন্স বা অবতল লেন্সে চিত্রের গঠন বর্ণনা করতে লেন্স সূত্র প্রয়োগ কর (প্রতিটি একটি উদাহরণ)।
9. ইউনিট সহ লেন্সের ক্ষমতা শব্দটি সংজ্ঞায়িত কর।
10. লেন্সের বিবর্ধন ব্যাখ্যা কর। লেন্স সূত্র ব্যবহার করে ইমেজ বড় করার সূত্রটি বের কর।
11. লেন্সের ত্রুটি চিত্র সহ ব্যাখ্যা কর।
12. প্রয়োজনীয় শর্ত এবং রশ্মি চিত্র সহ অভন্তরীন পূর্ণ প্রতিফলন বর্ণনা কর। অপটিক্যাল ফাইবারের কাজ ব্যাখ্যা কর।
13. দৈনন্দিন জীবনে অভন্তরীন পূর্ণ প্রতিফলন প্রয়োগের দুটি উদাহরণ দাও।
14. মাধ্যমের প্রতিসরণ সূচকের সাথে আপতন কোণের মধ্যে সম্পর্ক বের কর।
15. রশ্মি ডায়াগ্রাম সহ সরল মাইক্রোস্কোপের কাজ ব্যাখ্যা কর। সরল অণুবীক্ষণ যন্ত্রের বিবর্ধক শক্তির সম্পর্ক নির্ণয় কর।

16. রশ্মি চিত্র সহ যৌগিক অণুবীক্ষণ যন্ত্রের কাজ ব্যাখ্যা কর। যৌগিক অণুবীক্ষণ যন্ত্রের বিবর্ধক ক্ষমতা সম্পর্ক নির্ণয় কর।
17. যেকোনো চারটি বিন্দুতে সরল এবং যৌগিক মাইক্রোস্কোপের মধ্যে পার্থক্য নির্ণয় কর।
18. জ্যোতির্বিদ্যার টেলিস্কোপের কাজ ব্যাখ্যা কর। স্বাভাবিক সমন্বয়ের জন্য রশ্মি চিত্র আঁক।
19. জ্যোতির্বিদ্যা দূরবীনের বিবর্ধক শক্তির সম্পর্ক নির্ণয় কর।
20. টেলিস্কোপের সমাধান ক্ষমতার সংজ্ঞা দাও। টেলিস্কোপের সমাধান ক্ষমতা নির্ভর করে এমন কারণগুলি বর্ণনা কর।

ক্যাটাগরি-II

1. অবজেক্টিভ-এর ফোকাল দৈর্ঘ্য এবং একটি মাইক্রোস্কোপের আইপিস যথাক্রমে 1 cm এবং 2 cm। যদি এই লেন্সগুলির মধ্যে দূরত্ব 12 cm হয় এবং চূড়ান্ত বিম্বটি অসীমে গঠিত হয়, তাহলে গণনা কর:

    ক অবজেক্টিভ থেকে বস্তুর দূরত্ব

    খ. অবজেক্টিভ দ্বারা উত্পাদিত রৈখিক বিবর্ধন

    গ. মাইক্রোস্কোপের বিবর্ধন শক্তি

2. অবজেক্টিভ-এর ফোকাল দৈর্ঘ্য এবং একটি জ্যোতির্বিদ্যা টেলিস্কোপের আইপিস যথাক্রমে 60 cm এবং 5 cm ।বিবর্ধন ক্ষমতা এবং টেলিস্কোপের দৈর্ঘ্য গণনা কর যখন চূড়ান্ত বিম্বটি অসীমে তৈরি হয়।
3. একটি বস্তু একটি পর্দা থেকে একটি নির্দিষ্ট দূরত্বে স্থাপন করা হয়। যখন একটি উত্তল লেন্স বস্তু থেকে 15 cm দূরে বস্তু এবং পর্দার মধ্যে স্থাপন করা হয় তখন পর্দায় একটি চিত্র তৈরি হয় যার আকার বস্তুর আকারের 5 গুণ। লেন্সের ফোকাল দৈর্ঘ্য এবং বস্তু এবং পর্দার মধ্যে দূরত্ব গণনা কর।

ব্যবহারিক

চারটি পরীক্ষাগার পরীক্ষা(গুলি) রয়েছে যা এর সাথে সম্পর্কিত

- একটি সমতল দর্পন /বিভেদতল থেকে প্রতিফলনের নীতি যাচাই করা।
- একটি কাচের স্ল্যাব ব্যবহার করে প্রতিসরণ নীতি (স্নেলের আইন) যাচাই করা।
- একটি উত্তল লেন্সের ফোকাল দৈর্ঘ্য এবং বিবর্ধক ক্ষমতা নির্ধারণ করা।
- একটি অপটিক্যাল প্রজেকশন সিস্টেমের অধ্যয়ন (OHP/LCD)- প্রকল্প রিপোর্ট।

ব্যবহারিক: প্রতিফলনের নিয়ম

ব্যবহারিক বিবৃতি

1. সমতল দর্পন /বিভেদতল থেকে প্রতিফলনের নীতি যাচাই করা

ব্যবহারিক তাৎপর্য

আলোক রশ্মি দ্বারা প্রদর্শিত প্রতিফলন ঘটনাগুলির দৈনন্দিন জীবনে অসংখ্য উদাহরণ এবং প্রয়োগ রয়েছে, যেমন সমতল দর্পণ, উত্তল দর্পণ, পেরিস্কোপ, টেলিস্কোপ এবং মাইক্রোস্কোপে বিম্ব গঠন। এই পরীক্ষা শিক্ষার্থীদেরকে পরীক্ষামূলক দৃষ্টিকোণ থেকে প্রতিফলনের ঘটনা পর্যবেক্ষণ করতে এবং কোণগুলির ঘটনা এবং প্রতিফলন পরিমাপ করতে সহায়তা করবে।

প্রাসঙ্গিক তত্ত্ব

এই অধ্যায়ে পূর্বে দেখ

ব্যবহারিক ফলাফল (PRO)

ব্যবহারিক ফলাফলগুলি এই কোর্সের পাঠ্যক্রম থেকে প্রাপ্ত : PRO1: প্রতিফলন ঘটনার কোণ এবং প্রতিফলন পরিমাপ কর

ব্যবহারিক সেটআপ (ড্রয়িং/স্কেচ/সার্কিট ডায়াগ্রাম/ওয়ার্ক সিচুয়েশন)

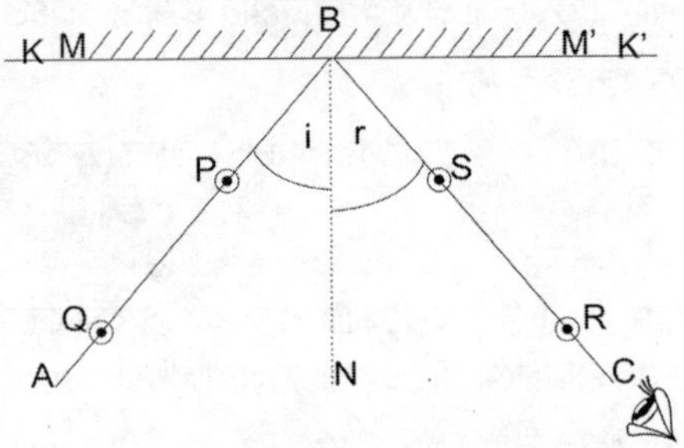

চিত্র P2.1: প্রতিফলনের নীতি যাচাই করা

রিসোর্স প্রয়োজন

ক্রম নং	প্রস্তাবিত সম্পদ প্রয়োজন মেশিন/সরঞ্জাম/যন্ত্র অত্যাবশ্যক স্পেসিফিকেশন	পরিমাণ	প্রকৃত সম্পদ ব্যবহৃত মেশিন/সরঞ্জাম/যন্ত্র বিস্তৃত বৈশিষ্ট্য সহ (ছাত্র দ্বারা পূরণ করা হবে)		মন্তব্য (যদি থাকে)
			স্থাপন করা	বিস্তারিত	
	নরম বোর্ড, কাগজের সাদা শীট, পিন, পুশ পিন, সমতল দর্পন, পেন্সিল, প্রটেক্টর এবং রুলার				

সতর্কতা

1. সমতল দর্পন পরীক্ষা জুড়ে উল্লম্ব রাখা উচিত.
2. বস্তু হিসাবে এবং চিত্র ট্রেসিং এর জন্য ব্যবহৃত পিনগুলি উল্লম্বভাবে স্থাপন করা উচিত।

প্রস্তাবিত পদ্ধতি

1. বোর্ডে A4/A3 আকারের সাদা কাগজ ঠিক কর।
2. কাগজে দুটি লম্ব রেখা আঁক (KK' এবং BN)।
3. আয়নাটিকে লাইনে উল্লম্বভাবে রাখ, KK' (এই লাইনের লম্ব BN)।
4. স্বাভাবিকের সাথে 30^0 (= i) কোণ তৈরি করে একটি রেখা (AB) আঁক।
5. AB লাইনে 2 সেমি দূরত্বে দুটি পিন, P এবং Q রাখ।
6. অন্য দুটি পিন R এবং S স্বাভাবিকের অন্য দিকে এমনভাবে রাখ যাতে R, S পিনগুলি এবং P এবং Q এর বিম্ব গুলি একই রেখায় থাকে এবং পিন এবং বিম্বগুলির মধ্যে কোনও প্যারালাক্স না থাকে।
7. R এবং S পিনগুলি সরাও এবং একটি সরল রেখা দিয়ে বিন্দুগুলি যোগ কর।
8. প্রতিফলন r এর কোণ পরিমাপ এবং রেকর্ড কর।
9. i = 35^0, 40^0, 45^0 এবং 50^0 কোণের জন্য পদ্ধতি 4, 5, 6 এবং 8 পুনরাবৃত্তি কর।

10. একটি টেবিলে ফলাফল রেকর্ড কর।

পর্যবেক্ষণ এবং গণনা

ক্রম নং	কোণ ABN	কোণ CBN
1		
2		
3		
4		
5		
6		

ফলাফল এবং/অথবা ব্যাখ্যা

(ছাত্র দ্বারা পূরণ করা হবে)

1. ....

2. ....

উপসংহার এবং/অথবা বৈধতা

(ছাত্র দ্বারা পূরণ করা হবে)

1. ....

2. ....

ব্যবহারিক সম্পর্কিত প্রশ্ন

দ্রষ্টব্য: নীচে রেফারেন্সের জন্য কয়েকটি নমুনা প্রশ্ন দেওয়া হয়েছে। পূর্ব-নির্ধারিত কোর্সের ফলাফলের অর্জন নিশ্চিত করার জন্য শিক্ষকদের এই ধরনের আরও প্রশ্ন ডিজাইন করতে হবে।

1. পরীক্ষায় ব্যবহৃত প্রটেক্টরের সর্বনিম্ন গণনা দাও
2. পিনের আকার এবং এর বিম্ব কি একই?
3. যদি আমরা পিনগুলি অভিলম্ব অবস্থায় রাখি, তাহলে বিম্বটি কোন অবস্থানে গঠিত হবে?
4. পরীক্ষায় ত্রুটির কারণ উল্লেখ করো।

প্রস্তাবিত শেখার সংস্থান

- https://phet.colorado.edu/en/simulation/bending-light

প্রস্তাবিত মূল্যায়ন স্কিম

(শিক্ষক দ্বারা পূরণ করা হবে)

প্রদত্ত কর্মক্ষমতা সূচকগুলি প্রক্রিয়া এবং প্রোডাক্ট সম্পর্কিত মূল্যায়নের জন্য একটি নির্দেশিকা হিসাবে দেওয়া হয়েছে।

কর্মক্ষমতা সূচক		পূর্ণ নম্বর	প্রাপ্ত নম্বর
প্রক্রিয়া সম্পর্কিত: ... চিহ্ন* (........%)			
1	পরীক্ষার জন্য সেট আপ		
2	সঠিকভাবে কোণ পরিমাপ		
3	দলবদ্ধভাবে সম্পাদিত কর্ম		
প্রোডাক্ট সম্পর্কিত: .... নম্বর* (.....%)			
4	ফলাফল এবং উপসংহার		
5	সময়মত রিপোর্ট জমা দেওয়া		
	মোট	100%	

* প্রোডাক্ট এবং প্রক্রিয়া মূল্যায়নের জন্য মার্কস এবং শতাংশের গুরুত্ব শিক্ষক দ্বারা নির্ধারিত হবে।

ছাত্রের নাম:.. প্রদত্ত মার্কস			তারিখ সহ শিক্ষকের স্বাক্ষর
প্রক্রিয়া সম্পর্কিত	প্রোডাক্ট সম্পর্কিত	মোট	

ব্যবহারিক: প্রতিসরণের সূত্র

ব্যবহারিক বিবৃতি

2. **একটি কাচের স্ল্যাব ব্যবহার করে প্রতিসরণ নীতি (স্নেলের নীতি) যাচাই করা**

ব্যবহারিক তাৎপর্য

আলোক রশ্মি দ্বারা প্রদর্শিত প্রতিসরণ ঘটনাটি যখন আলোকীয় স্বচ্ছ মাধ্যমের মধ্য দিয়ে যায় তখন দৈনন্দিন জীবনে অসংখ্য উদাহরণ এবং প্রয়োগ রয়েছে যেমন উত্তল লেন্স, অবতল লেন্স, প্রিজম এবং অপটিক্যাল যন্ত্রে বিম্ব গঠন। এই পরীক্ষা শিক্ষার্থীদেরকে পরীক্ষামূলক দৃষ্টিকোণ থেকে প্রতিসরণের ঘটনা পর্যবেক্ষণ করতে এবং কোণের ঘটনা এবং প্রতিসরণ পরিমাপ করতে সাহায্য করবে।

প্রাসঙ্গিক তত্ত্ব

পূর্বে দেওয়া হয়েছে

ব্যবহারিক ফলাফল (PRO)

ব্যবহারিক ফলাফল এই কোর্সের পাঠ্যক্রম থেকে উদ্ভূত:

PRO1: প্রতিসরণ ঘটনাতে আপতন এবং প্রতিসরণ কোণ পরিমাপ কর

ব্যবহারিক সেটআপ (ড্রয়িং/স্কেচ/সার্কিট ডায়াগ্রাম/ওয়ার্ক সিচুয়েশন)

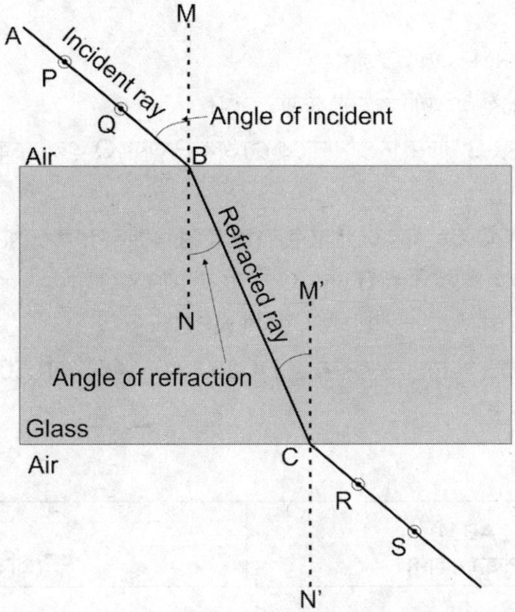

চিত্র P2.2: প্রতিসরণ নীতি (স্নেলের নীতি) যাচাই করা

রিসোর্স প্রয়োজন

ক্রম নং	প্রস্তাবিত সম্পদ প্রয়োজন মেশিন/সরঞ্জাম/যন্ত্র অত্যাবশ্যক স্পেসিফিকেশন	পরিমাণ	প্রকৃত সম্পদ ব্যবহৃত মেশিন/সরঞ্জাম/যন্ত্র বিস্তৃত বৈশিষ্ট্য সহ (ছাত্র দ্বারা পূরণ করা হবে)		মন্তব্য (যদি থাকে)
			স্থাপন করা	বিস্তারিত	
	নরম বোর্ড, কাগজের সাদা শীট, পিন, পুশ পিন, সমতল দর্পন, পেন্সিল, প্রটেক্টর এবং রুলার				

সতর্কতা

1. সমতল দর্পন পরীক্ষা জুড়ে উল্লম্ব রাখা উচিত.
2. বস্তু হিসাবে এবং চিত্র ট্রেসিং এর জন্য ব্যবহৃত পিনগুলি উল্লম্বভাবে স্থাপন করা উচিত।

প্রস্তাবিত পদ্ধতি

1. বোর্ডে A4/A3 আকারের সাদা কাগজ ঠিক কর।
2. কাগজের কেন্দ্রে আয়তক্ষেত্রাকার কাচের স্ল্যাব রাখ এবং এর প্রান্তগুলি ট্রেস কর।
3. কাচের স্ল্যাব সরাও ।
4. কাচের স্ল্যাবের (MN) প্রান্তের ট্রেসিং দ্বারা আঁকা আয়তক্ষেত্রের যে কোনো এক পাশে একটি লম্ব আঁক।
5. অভিলম্বের সাথে 30^0 (= i) কোণ তৈরি করে একটি রেখা (AB) আঁক।

6. আবার কাচের স্ল্যাব রাখ।

7. AB লাইনে 5 cm দূরত্বে দুটি পিন, P এবং Q রাখ।

8. কাচের স্ল্যাবের বিপরীত দিক থেকে এই দুটি পিনের চিত্রটি দেখ।

9. কাচের স্ল্যাবের অন্য দিকে R এবং S দুটি পিন রাখ যাতে সেগুলি P এবং Q এর চিত্রের সাথে সামঞ্জস্যপূর্ণ হয়।

10. কাচের স্ল্যাব সরাও ।

11. R এবং S পিনগুলি সরাও এবং C-তে আয়তক্ষেত্রকে স্পর্শ করে একটি সরল রেখা দিয়ে বিন্দুগুলি যোগ কর।

12. বিন্দুতে (M' N') একটি অভিলম্ব আঁক এবং B এবং C বিন্দুতে যোগ করো ।

13. প্রতিসরণ কোণ পরিমাপ এবং রেকর্ড কর ∠ r অর্থাৎ কোণ NBC।

14. কোণের জন্য পদ্ধতি 5 থেকে 13 পুনরাবৃত্তি করুন $\angle i = 35^0, 40^0, 45^0$ এবং 50^0

15. একটি টেবিলে ফলাফল রেকর্ড কর।

পর্যবেক্ষণ এবং গণনা

ক্রম নং	∠ ABM (আপতন কোণ)	∠ CBN (প্রতিসরণ কোণ)
1		
2		
3		
4		
5		
6		

ফলাফল এবং/অথবা ব্যাখ্যা

(ছাত্র দ্বারা পূরণ করা হবে)

1. ....

2. ....

উপসংহার এবং/অথবা বৈধতা

(ছাত্র দ্বারা পূরণ করা হবে)

1. ....

2. ....

ব্যবহারিক সম্পর্কিত প্রশ্ন

দ্রষ্টব্য: নীচে রেফারেন্সের জন্য কয়েকটি নমুনা প্রশ্ন দেওয়া হয়েছে। পূর্ব-নির্ধারিত কোর্সের ফলাফলের অর্জন নিশ্চিত করার জন্য শিক্ষকদের এই ধরনের আরও প্রশ্ন ডিজাইন করতে হবে।

1. পরীক্ষায় ব্যবহৃত প্রটেক্টরের সর্বনিম্ন গণনা দাও।

2. যদি আমরা কাচের স্ল্যাবকে জল দিয়ে প্রতিস্থাপন করি, তাহলে প্রতিসরণ কোণের পরিবর্তনের পূর্বাভাস দাও।

3. নির্গত রশ্মি কি আপতিত রশ্মির সমান্তরাল, যদি হ্যাঁ কারণ বল।

4. আমরা প্রটেক্টর ছাড়া এই পরীক্ষা করতে পারি কি?

প্রস্তাবিত মূল্যায়ন স্কিম

(শিক্ষক দ্বারা পূরণ করা হবে)

প্রদত্ত কর্মক্ষমতা সূচকগুলি প্রক্রিয়া এবং প্রোডাক্ট সম্পর্কিত মূল্যায়নের জন্য এটি নির্দেশিকা হিসাবে দেওয়া হয়েছে।

	কর্মক্ষমতা সূচক	**পূর্ণ নম্বর**	**প্রাপ্ত নম্বর**
প্রক্রিয়া সম্পর্কিত: ... চিহ্ন* (....%)			
1	পরীক্ষার জন্য সেট আপ		
2	সঠিকভাবে কোণ পরিমাপ		
3	দলবদ্ধভাবে সম্পাদিত কর্ম		
প্রোডাক্ট সম্পর্কিত: .... নম্বর* (....%)			
4	ফলাফল এবং উপসংহার		
5	সময়মত রিপোর্ট জমা দেওয়া		
	মোট	100%	

* প্রোডাক্ট এবং প্রক্রিয়া মূল্যায়নের জন্য মার্কস এবং শতাংশের গুরুত্ব শিক্ষক দ্বারা নির্ধারিত হবে।

ছাত্রের নাম:... **প্রদত্ত মার্কস**			**তারিখ সহ শিক্ষকের স্বাক্ষর**
প্রক্রিয়া সম্পর্কিত	প্রোডাক্ট সম্পর্কিত	মোট	

ব্যবহারিক বিবৃতি

3. উত্তল লেন্সের ফোকাল দৈর্ঘ্য এবং বিবর্ধক শক্তি নির্ধারণ করা

ব্যবহারিক তাৎপর্য

উত্তল লেন্সগুলি সাধারণত হাইপারমেট্রোপিয়া / দূরদর্শিতা সংশোধন করার জন্য এবং মাইক্রোস্কোপ এবং টেলিস্কোপে বিম্ব গঠনের জন্য চশমাগুলিতে ব্যবহৃত হয়। উত্তল লেন্সের শক্তি তার ফোকাল দৈর্ঘ্য-এর উপর নির্ভর করে। এই পরীক্ষাটি শিক্ষার্থীকে বিম্ব গঠনের জন্য উত্তল লেন্স ব্যবহার করতে এবং এর ফোকাল দৈর্ঘ্য খুঁজে পেতে সাহায্য করবে।

প্রাসঙ্গিক তত্ত্ব

এই ইউনিটে আগে দেওয়া হয়েছে

ব্যবহারিক ফলাফল (PRO)

ব্যবহারিক ফলাফল এই কোর্সের পাঠ্যক্রম থেকে উদ্ভূত হয়:

PRO1: প্রদত্ত উত্তল লেন্সের ফোকাল দৈর্ঘ্য এবং বিবর্ধক শক্তি নির্ধারণ করা

ব্যবহারিক সেটআপ (ড্রয়িং/ স্কেচ/সার্কিট ডায়াগ্রাম/ ওয়ার্ক সিচুয়েশন)

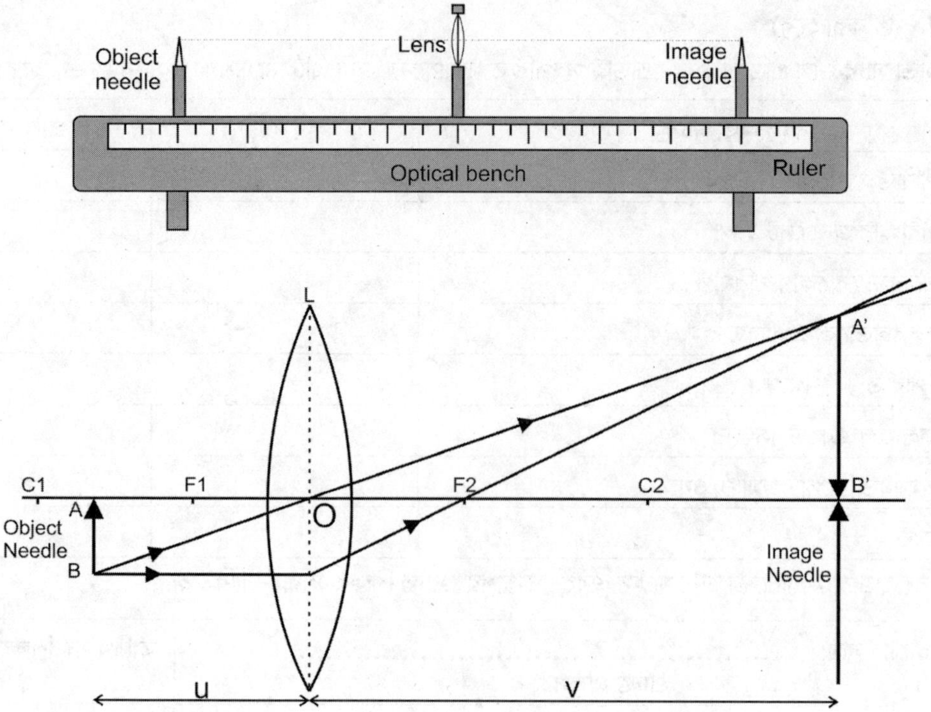

চিত্র P2.3: উত্তল লেন্সের ফোকাল দৈর্ঘ্য এবং বিবর্ধক শক্তি নির্ধারণ করা

রিসোর্স প্রয়োজন

ক্রম নং	প্রস্তাবিত সম্পদ প্রয়োজন মেশিন/সরঞ্জাম/যন্ত্র অত্যাবশ্যক স্পেসিফিকেশন	পরিমাণ	প্রকৃত সম্পদ ব্যবহৃত মেশিন/সরঞ্জাম/যন্ত্র বিস্তৃত বৈশিষ্ট্য সহ (ছাত্র দ্বারা পূরণ করা হবে)		মন্তব্য (যদি থাকে)
			স্থাপন করা	বিস্তারিত	
	অপটিক্যাল বেঞ্চ, আপরাইটস, একটি উত্তল লেন্স, লেন্স ধারক, অপটিক্যাল সুই এবং একটি মিটার স্কেল				

সতর্কতা

1. বস্তুর সুই, বিম্বের সুই এবং লেন্সের কেন্দ্রের টিপস একই উচ্চতায় থাকা উচিত।
2. পড়ার আগে প্যারালাক্স অপসারণ করা উচিত।
3. বস্তুর সূঁচের স্থাপন এমন হওয়া উচিত যাতে পরীক্ষাটি শুধুমাত্র বাস্তব চিত্রের জন্য সঞ্চালিত হয়।
4. পরিমাপে সূচক সংশোধন প্রয়োগ কর।

প্রস্তাবিত পদ্ধতি

1. সরল কাগজে দূরবর্তী বস্তুর চিত্র পর্যবেক্ষণ করে উত্তল লেন্সের ফোকাল দৈর্ঘ্য পরিমাপ কর।
2. অপটিক্যাল বেঞ্চের কেন্দ্রে সোজাভাবে স্থির রাখ।
3. লেন্সের ধারককে লেন্স দিয়ে ফিক্সড খাড়া কর।
4. লেন্সটি সামঞ্জস্য কর যাতে এটি অপটিক্যাল বেঞ্চের দৈর্ঘ্যের সাথে উল্লম্ব এবং লম্ব হয়।
5. একটি সরু অপটিক্যাল সুই (অবজেক্ট সুই) একটি চলমান খাড়া অবস্থায় মাউন্ট কর।
6. অপটিক্যাল বেঞ্চে লেন্সের অন্য পাশে একটি চলমান খাড়াভাবে মোটা অপটিক্যাল সুই (ইমেজ সুই) মাউন্ট কর।
7. লেন্সের অপটিক্যাল সেন্টারের সাথে সামঞ্জস্য রেখে ইমেজ সুইয়ের উচ্চতা সামঞ্জস্য কর।
8. লেন্স এবং বস্তুর সুই টিপের মধ্যে পরিচিত দূরত্বের একটি বুনন সুই রাখ।
9. খাড়ার গোড়ায় সূচক থেকে বস্তুর সুই এবং লেন্সের মধ্যে দূরত্ব পরিমাপ কর।
10. লেন্স এবং ইমেজ সুই ডগা মধ্যে বুনন সুই রাখ.।
11. ইনডেক্স থেকে ইমেজ সুই এবং লেন্সের মধ্যে দূরত্ব পরিমাপ কর।
12. ধাপ 8 থেকে 11 পর্যন্ত সূচক সংশোধন পরিমাপ কর (সূচক সংশোধন মানে প্রকৃত দূরত্ব পরিমাপ করা)।
13. লেন্সের ফোকাল দৈর্ঘ্যের প্রায় 1.5 গুণ দূরত্বে অবজেক্টের সুই সোজা কর ।
14. লেন্সের অপটিক্যাল সেন্টারের সাথে সামঞ্জস্য রেখে বস্তুর সুইয়ের উচ্চতা সেট কর।
15. খাড়ার ভিত্তিতে চিহ্নিত সূচক থেকে খাড়া বস্তুর সুচের অবস্থানটি নোট কর।
16. অন্য দিক থেকে বস্তুর সুঁচের উল্টানো চিত্রটি পর্যবেক্ষণ কর (চিত্রের সুঁচের ডগার সাথে সামঞ্জস্যপূর্ণ বস্তুর সুঁচের চিত্রের ডগা)
17. চোখ ডান বা বামে সরাও । যদি ইমেজ এবং ইমেজ সুই এর টিপস আলাদা হয় (প্যারালাক্সের কারণে), তাহলে প্যারালাক্স সরানো পর্যন্ত ইমেজ সুই এর দূরত্ব পরিবর্তন করো।
18. ইমেজ সুঁচের এই অবস্থানটি নোট কর (v বের করো) ।
19. বস্তুর সুঁচের অবস্থান 1 থেকে 2 cm পরিবর্তন করো।
20. ধাপ 11 থেকে 14 পুনরাবৃত্তি কর।
21. u এর অন্তত পাঁচটি ভিন্ন মানের জন্য v বের করো
22. দ্বিতীয় চতুর্ভুজ (আয়তাকার হাইপারবোলা) -u (x হিসাবে) এবং v (y হিসাবে) এর মধ্যে গ্রাফ প্লট করো ।
23. x বা y অক্ষ সহ 45^0 কোণ তৈরি করে একটি রেখা আঁক।
24. রেখাটি হাইপারবোলাকে ছেদ করে এমন পয়েন্টের স্থানাঙ্কগুলি নোট কর।
25. উত্তল লেন্সের ফোকাল দৈর্ঘ্য গণনা কর।
26. সূত্র ব্যবহার করে লেন্সের বিবর্ধক ক্ষমতা গণনা কর, m = 25 / f

পর্যবেক্ষণ এবং গণনা

বুননের সুচের দৈর্ঘ্য x =... cm

বস্তুর সুই এবং লেন্সের মধ্যে দূরত্ব, যখন বুননের সুই তাদের মধ্যে স্থাপন করা হয়, y = ... cm

ইমেজ সুই এবং লেন্সের মধ্যে দূরত্ব, যখন বুনন সুই তাদের মধ্যে স্থাপন করা হয়, z = ... cm

বস্তুর দূরত্ব u, জন্য সূচক সংশোধন, x −y = ... cm

বিম্বের দূরত্ব v, জন্য সূচক সংশোধন, x-z = ... cm

লেন্সের ইনডেক্স রিডিং খাড়া, F = ... cm

ক্রম নং	পাঠ		পর্যবেক্ষণ করা দূরত্ব (cm)		প্রকৃত দূরত্ব [সূচক সংশোধনের পরে] cm	
	বস্তুর সুই (O)	ইমেজ সুই (I)	u= F-O	v = I-F	u	v
1						
2						
3						
4						
5						
6						

ফলাফল এবং/অথবা ব্যাখ্যা

(ছাত্র দ্বারা পূরণ করা হবে)

1. ....

2. ....

উপসংহার এবং/অথবা বৈধতা

(ছাত্র দ্বারা পূরণ করা হবে)

1. ....

2. ....

ব্যবহারিক সম্পর্কিত প্রশ্ন

দ্রষ্টব্য: নীচে রেফারেন্সের জন্য কয়েকটি নমুনা প্রশ্ন দেওয়া হয়েছে। পূর্ব-নির্ধারিত কোর্সের ফলাফলের অর্জন নিশ্চিত করার জন্য শিক্ষকদের এই ধরনের আরও প্রশ্ন ডিজাইন করতে হবে।

1. বস্তুর সুই যখন অবস্থান থেকে উভয় দিকে সরে যায় তখন প্যারালাক্সের পরিবর্তন বর্ণনা কর।
2. সূচক ত্রুটির উৎস কি?
3. বর্তমান পরীক্ষায় আমরা কি 40 সেন্টিমিটারের উত্তল লেন্স নিতে পারি?

প্রস্তাবিত মূল্যায়ন স্কিম

(শিক্ষক দ্বারা পূরণ করা হবে)

প্রদত্ত কর্মক্ষমতা সূচকগুলি প্রক্রিয়া এবং প্রোডাক্ট সম্পর্কিত মূল্যায়নের জন্য একটি নির্দেশিকা হিসাবে দেওয়া হয়েছে।

কর্মক্ষমতা সূচক		পূর্ণ নম্বর	প্রাপ্ত নম্বর
প্রক্রিয়া সম্পর্কিত: ... চিহ্ন* (....... %)			
1	পরীক্ষার জন্য সেট আপ		

2	সূচক সংশোধন পরিমাপ		
3	প্যারালাক্স অপসারণ		
4	যন্ত্র পরিচালনা		
5	দলবদ্ধভাবে সম্পাদিত কর্ম		
প্রোডাক্ট সম্পর্কিত: ..... নম্বর* (.......%)			
6	ফলাফল এবং উপসংহার		
7	সময়মত জমা দেওয়া		
8	গ্রাফ প্লট		
9	গণনা		
	মোট	100%	

* প্রোডাক্ট এবং প্রক্রিয়া মূল্যায়নের জন্য মার্কস এবং শতাংশের গুরুত্ব শিক্ষক দ্বারা নির্ধারিত হবে।

ছাত্রের নাম:.. **প্রদত্ত মার্কস**			**তারিখ সহ শিক্ষকের স্বাক্ষর**
প্রক্রিয়া সম্পর্কিত	প্রোডাক্ট সম্পর্কিত	মোট	

ব্যবহারিক: অপটিক্যাল প্রজেকশন সিস্টেম (প্রকল্প প্রতিবেদনের জন্য প্রস্তাবিত টেমপ্লেট**)**

শিরোনাম

3. একটি অপটিক্যাল প্রজেকশন সিস্টেমের অধ্যয়ন **(OHP/LCD)**

যুক্তি

(এলসিডি প্রজেক্টরের গুরুত্ব এবং 100-150 শব্দে প্রজেক্ট করার কারণ)

পর্যালোচনা

(বিদ্যমান অবস্থা, প্রায় 200 থেকে 500 শব্দের মধ্যে নির্বাচিত কাজটি সম্পূর্ণ করার জন্য প্রয়োজনীয় জ্ঞান)

পদ্ধতি

(প্রক্রিয়া প্রায় 200 থেকে 500 শব্দে সংক্ষেপে অনুসরণ করা হবে)

ব্যবহার করা সম্পদ

ক্রম নং	**প্রকৃত সম্পদ ব্যবহৃত মেশিন/সরঞ্জাম/যন্ত্র বিস্তৃত বৈশিষ্ট্য সহ (ছাত্র দ্বারা পূরণ করা হবে)**		**পরিমাণ**	**মন্তব্য (যদি থাকে)**
	স্থাপন করা	**বিস্তারিত**		
1				

2				
3				
4				

ফলাফল (সংগৃহীত তথ্যের উপস্থাপনা, অনুসন্ধান ইত্যাদি)

এই প্রকল্প থেকে শেখা (প্রায় 200 থেকে 400 শব্দে)

প্রস্তাবিত মূল্যায়ন স্কিম

(শিক্ষক দ্বারা পূরণ করা হবে)

প্রদত্ত কর্মক্ষমতা সূচকগুলি প্রক্রিয়া এবং প্রোডাক্ট সম্পর্কিত মূল্যায়নের জন্য একটি নির্দেশিকা হিসাবে কাজ করা উচিত।

	কর্মক্ষমতা সূচক	**পূর্ণ নম্বর**	**প্রাপ্ত নম্বর**
প্রক্রিয়া সম্পর্কিত: ... চিহ্ন* (....... %)			
1	সাহিত্য জরিপ		
2	পদ্ধতি		
3	প্রকল্পের কাজের সময় মিথস্ক্রিয়া		
4	যন্ত্র পরিচালনা		
প্রোডাক্ট সম্পর্কিত: ..... মার্কস* (.......%)			
5	ফলাফল		
6	সময়মত প্রকল্প প্রতিবেদন জমা দেওয়া		
7	প্রকল্প উপস্থাপনা		
	মোট	100%	

* প্রোডাক্ট এবং প্রক্রিয়া মূল্যায়নের জন্য মার্কস এবং শতাংশের গুরুত্ব শিক্ষক দ্বারা নির্ধারিত হবে।

<table>
<tr><td colspan="3">ছাত্রের নাম:..
প্রদত্ত মার্কস</td><td>তারিখ সহ শিক্ষকের স্বাক্ষর</td></tr>
<tr><td>প্রক্রিয়া সম্পর্কিত</td><td>প্রোডাক্ট সম্পর্কিত</td><td>মোট</td><td rowspan="2"></td></tr>
<tr><td></td><td></td><td></td></tr>
</table>

আরো জ্ঞাতব্য

শিক্ষার্থীদের বিদ্যমান জ্ঞানকে শক্তিশালী করার জন্য এই ইউনিটের সাথে প্রাসঙ্গিক নিম্নলিখিত বিষয়গুলি সুপারিশ করা হয়েছে (ফলিত পদার্থবিদ্যা কোর্সে আগ্রহ যোগ করে)

- কিভাবে লেন্সের অপেরণ দূর করবে?
- মাইক্রোস্কোপ এবং টেলিস্কোপ আবিষ্কারের সময়রেখা।
- LCD প্রজেক্টরের কাজ।

Refraction and lenses

অ্যাপ্লিকেশন

- ইমেজ গঠন এবং লেন্সের বিবর্ধন চোখের ত্রুটি দূর করতে সাহায্য করে এবং এটি মানবজাতির জন্য অপটিক্সের একটি বড় প্রয়োগ।
- লেন্স এবং দর্পন অপটিক্যাল ইন্সট্রুমেন্ট তৈরি করতে ব্যবহার করা হয়।
- ক্যামেরা, মোবাইল ক্যামেরা এবং ডিজিটাল ক্যামেরা হল লেন্স দ্বারা চিত্র গঠনের ফলাফল।
- অপটিক্যাল ফাইবার, টেলিযোগাযোগ, চিকিৎসা এবং অন্যান্য প্রকৌশল প্রয়োগে ব্যবহৃত এবং আলোর অভ্যন্তরীণ পূর্ণ প্রতিফলনের এর উপর ভিত্তি করে তা কার্য্যকরী হয়।

আইসিটি ব্যবহার

ছাত্র লেন্স দ্বারা বিম্ব গঠন সম্পর্কে বিস্তারিত জানতে নিম্নলিখিত url দেখতে পারে

https://courses.lumenlearning.com/physics/chapter/25-6-image-formation-by-lenses/

বেঞ্চ/অপ্টিক্স-বেঞ্চ-প্রতিসরণ-ইন্টারেক্টিভ

উদ্ভাবনী ব্যবহারিক/প্রকল্প/ক্রিয়াকলাপ ডিজাইন কর

- পরীক্ষাগার বা বাজার থেকে বিভিন্ন মাত্রার উত্তল এবং অবতল লেন্স সংগ্রহ কর। পদ্ধতিগুলি সন্ধান কর যাতে লেন্স এবং আয়নাকে উত্তল বা অবতল লেন্স বা আয়না হিসাবে আলাদা করা যায়।
- পরীক্ষাগারে ব্যবহৃত একটি মাইক্রোস্কোপ এবং টেলিস্কোপের উপর বিস্তারিত প্রতিবেদন তৈরি কর।

অনুসন্ধিৎসুতা এবং কৌতুহল বিষয়

- ইমেজ গঠন এবং লেন্সের বিবর্ধন চোখের ত্রুটি দূর করতে সাহায্য করে এবং এটি মানবজাতির জন্য অপটিক্সের একটি বড় প্রয়োগ।
- লেন্স এবং দর্পন অপটিক্যাল ইন্সট্রুমেন্ট তৈরি করতে ব্যবহার করা হয়।
- ক্যামেরা, মোবাইল ক্যামেরা এবং ডিজিটাল ক্যামেরা হল লেন্স দ্বারা চিত্র গঠনের ফলাফল।
- অপটিক্যাল ফাইবার, টেলিযোগাযোগ, চিকিৎসা এবং অন্যান্য প্রকৌশল প্রয়োগে ব্যবহৃত এবং তা আলোর অভ্যন্তরিন পূর্ণ প্রতিফলনের উপর ভিত্তি করে।
- টেলিস্কোপের বড় আকারের কারণ বর্ণনা।
- অপটিক্যাল মাইক্রোস্কোপই কি বিবর্ধিত চিত্র বস্তু দেখার একমাত্র যন্ত্র?

তথ্যসূত্র এবং প্রস্তাবিত রিডিং

- H C Verma, "Concepts of physics"1st ed., vol. 1, Bharti Bhawan,1992
- Richard Feynman *et al* "The Feynman lectures on Physics", 6th ed. vol1, Addison-Wesley, 1963
- R K Gaur and S L Gupta "Engineering Physics ", 8th ed., Dhanpat Rai , 2011 .
- Resnick Halliday and Krane , "Physics" 5th ed. vol1 ,Wiley , 2014.
- N Subrahmanyam *etal,*"Optics",24th ed, S Chand,2010.
- Ajoy Ghatak, "Optics", 4th ed.,McGraw- Hill,2010.

3 স্থির তড়িৎ বিদ্যা

ইউনিট বিশেষ

এই ইউনিটটি নিম্নলিখিত প্রধান দিকগুলিতে কেন্দ্রীভূত:

- চার্জ এবং এর ভেক্টর ফর্মের মধ্যে বলের কুলম্ব নীতি
- বৈদ্যুতিক বলরেখা এবং তাদের বৈশিষ্ট্য
- বৈদ্যুতিক আবেশ
- বৈদ্যুতিক প্রবাহ এবং বৈদ্যুতিক বিভব পার্থক্য
- গাউসের নীতি এবং এর প্রয়োগ
- ক্যাপাসিটর এবং এর প্রকার
- ক্যাপাসিটরের ক্যাপাসিট্যান্সের উপর অন্তরক পদার্থের প্রভাব

দৈনন্দিন জীবনে ইলেক্ট্রোস্ট্যাটিক্সের প্রয়োগগুলি আগ্রহ তৈরির জন্য আলোচনা করা হয় এবং বিষয়গুলি বোঝার জন্য কার্যকলাপের পরামর্শ দেওয়া হয়। অ্যাপ্লিকেশন ভিত্তিক সমাধান করা সমস্যা, বহু-পছন্দের প্রশ্ন এবং ব্লুমের শ্রেণীবিন্যাসের নিম্ন এবং উচ্চতর ক্রম জ্ঞানীয় স্তরের প্রশ্নগুলি ইউনিটে দেওয়া হয়েছে যাতে কেউ অনুশীলনের জন্য সেগুলির মধ্য দিয়ে যেতে পারে, যা শেখার শক্তি বৃদ্ধিতে সহায়তা করবে। ভিডিও লিঙ্কের QR কোড বিভিন্ন বিষয়ের জন্য প্রদান করা হয়েছে যা প্রাসঙ্গিক সহায়ক জ্ঞানের জন্য স্ক্যান করা যেতে পারে।

ধারণা এবং নীতিগুলির অনুকরণের জন্য QR কোডগুলিও ইউনিটে সরবরাহ করা হয়েছে, যাতে শিক্ষার্থীরা উপলব্ধ সিমুলেশন মডেল অনুকরণ করার জন্য হাতে-কলমে অনুশীলন করতে পারে। বিষয় গভীরভাবে বোঝার জন্য শিক্ষার্থীরা সিমুলেশন মডেলের বিভিন্ন পরামিতি পরিবর্তিত করতে পারে। মাইক্রো প্রজেক্ট অ্যাক্টিভিটি সুপারিশ করা হয়েছে যা কোর্সের ফলাফল অর্জনে সাহায্য করবে। "আরো জ্ঞাতব্য " বিভাগটি সুবিবেচনামূলকভাবে ডিজাইন করা হয়েছে যাতে এই অংশে প্রদত্ত সম্পূরক তথ্য বইটির ব্যবহারকারীদের জন্য উপকারী হয়ে ওঠে শিল্প অ্যাপ্লিকেশন এবং বাস্তব জীবনের বিভিন্ন দিকের অ্যাপ্লিকেশন এবং অনুসন্ধিৎসুতা এবং কৌতূহল তৈরি করার জন্য বিভিন্ন বিষয় ইউনিটে অন্তর্ভুক্ত করা হয়েছে যা ভবিষ্যতে শেখার জন্য শিক্ষার্থীকে অনুপ্রাণিত করুন।

যৌক্তিকতা

ইলেক্ট্রোস্ট্যাটিক্স হল পদার্থবিদ্যার একটি শাখা যা স্থির চার্জের মধ্যে বল নিয়ে কাজ করে এবং এর প্রয়োগের সংখ্যা রয়েছে। বজ্রপাত এবং বৈদ্যুতিক ক্ষরণের উদাহরণ সবচেয়ে সাধারণ । কাগজ মুদ্রণ বা ভ্যান ডি গ্রাফ জেনারেটরের মাধ্যমে উচ্চ ভোল্টেজ উত্পাদন উভয়ই ইলেক্ট্রোস্ট্যাটিক্সের ইঞ্জিনিয়ারিং অ্যাপ্লিকেশনগুলির মধ্যে রয়েছে। ক্যাপাসিটারগুলি সক্রিয় উপাদান এবং যথাক্রমে বৈদ্যুতিক এবং ইলেকট্রনিক সার্কিটে শক্তি সঞ্চয় যন্ত্র এবং ফিল্টার হিসাবে কাজ করে। এই ইউনিটটি

বৈদ্যুতিক ক্ষেত্র এবং ক্যাপাসিটরগুলি খুঁজে পাওয়ার জন্য ইলেক্ট্রোস্ট্যাটিক্স, বৈদ্যুতিক ক্ষেত্র, গাউসের নীতির মূল বিষয়গুলি ব্যাখ্যা করবে যা ইলেক্ট্রোস্ট্যাটিক্সের ইঞ্জিনিয়ারিং অ্যাপ্লিকেশনগুলি বুঝতে এবং ইলেক্ট্রোস্ট্যাটিক্স সম্পর্কিত সমস্যাগুলি সমাধান করতে সহায়তা করবে।

পূর্ব-প্রয়োজনীয়তা

- গণিত- ত্রিকোণমিতিক ফাংশন, বীজগণিত, ক্যালকুলাস, ভেক্টর
- পদার্থবিদ্যা- চার্জের ধারণা, বিভব ক্ষমতা, বল
- অন্যদের - কম্পিউটারের মৌলিক প্রযুক্তি এবং মোবাইল অ্যাপ্লিকেশন ব্যবহার

ইউনিট আউটকাম

এই ইউনিটের ফলাফলের তালিকা নিম্নরূপ:

U3-O1: স্ট্যাটিক চার্জের কারণে দুটি চার্জ এবং বৈদ্যুতিক ক্ষেত্রের মধ্যে কুলম্ব বল ব্যাখ্যা

U3-O2: একটি প্রদত্ত চার্জ বিতরণের জন্য দুটি পয়েন্টের মধ্যে বিভব পার্থক্য নিরুপন করা

U3-O3: প্রদত্ত চার্জ বিতরণের কারণে বৈদ্যুতিক ক্ষেত্র খুঁজে পেতে গাউসের নীতির প্রয়োগ

U3-O4: প্রদত্ত সমান্তরাল প্লেট ক্যাপাসিটরের ক্যাপাসিট্যান্স

U3-O5: ক্যাপাসিটরগুলির একটি প্রদত্ত সংমিশ্রণের জন্য ক্যাপাসিট্যান্স নির্ধারণ

ইউনিট-3 আউটকাম	কোর্সের ফলাফলের সাথে প্রত্যাশিত ম্যাপিং (1- দুর্বল পারস্পরিক সম্পর্ক; 2- মাঝারি পারস্পরিক সম্পর্ক; 3- শক্তিশালী সম্পর্ক)					
	CO-1	**CO-2**	**CO-3**	**CO-4**	**CO-5**	**CO-6**
U3-O1	-	-	3	2	-	1
U3-O2	-	-	3	1	1	1
U3-O3	-	-	3	1	-	1
U3-O4	-	-	3	1	1	1
U3-O5	-	-	3	1	-	1

3.1 কুলম্বের নীতি

কার্যকলাপ

দুটি কাচের রডের এক প্রান্ত সিল্ক দিয়ে ঘষ এবং পশম দিয়ে একটি প্লাস্টিকের রড ঘষ। থ্রেড দিয়ে এক কাচের রড ঝুলিয়ে দাও,

- অন্য কাচের রডটিকে ঝুলিয়ে রাখা কাচের রডের কাছে নিয়ে আস এবং
- ঝুলন্ত কাচের রডের কাছে প্লাস্টিকের রড আন
- উভয় ক্ষেত্রেই রডের মধ্যে আধানের প্রকৃতি পর্যবেক্ষণ কর।

চার্জ একটি সাধারণ শব্দ, যা আমাদের দৈনন্দিন জীবনেও ব্যবহৃত হয়। আমরা বলি যে আমাদের মোবাইল চার্জ করতে হবে, কিন্তু আসলে আমরা চার্জার দিয়ে মেইন পাওয়ার সাপ্লাইয়ের সাথে সংযোগ করে মোবাইলের ব্যাটারি চার্জ করছি এবং তাই মোবাইলের ব্যাটারিকে শক্তি যোগাচ্ছি। স্থির আকারে ভৌত পরিমাণ চার্জ এবং স্ট্যাটিক চার্জ সম্পর্কিত ঘটনাগুলি এই ইউনিটে ব্যাখ্যা করা হয়েছে। স্ট্যাটিক চার্জের কারণে পরিলক্ষিত ঘটনার কিছু সাধারণ উদাহরণ নিম্নরূপ:

- শুষ্ক আবহাওয়ায়, উলের গালিচায় হাঁটার সময়, যদি আমরা ধাতব দরজার নব স্পর্শ করি, একটি স্ফুলিঙ্গ উৎপন্ন হয়।
- বজ্র
- স্ট্যাটিক আঁকড়ে থাকে, কাগজগুলো একে অপরের সাথে লেগে থাকে

পদার্থে বিপুল পরিমাণ চার্জ লুকিয়ে থাকে কারণ এতে সমান পরিমাণে ধনাত্মক এবং নেতিবাচক চার্জ থাকে। যখন এই চার্জগুলি [ধনাত্মক/ঋণাত্মক] সমান পরিমাণে হয় তখন বডিকে বৈদ্যুতিকভাবে নিরপেক্ষ বলা হয়। কিন্তু যখন চার্জের পরিমাণ অসম হয়, তখন বলা হয় ধনাত্মক বা ঋণাত্মকভাবে চার্জ করা হয়েছে। ইতিবাচক এবং নেতিবাচক পরিমাণে সমান হলে বস্তুকে বৈদ্যুতিকভাবে নিরপেক্ষ বলা হয়। বস্তুর কার্যকলাপের মাধ্যে দেখা যায় যে চার্জযুক্ত বস্তুগুলির মধ্যে আকর্ষণ বা বিকর্ষণ শক্তি রয়েছে। কুলম্বের নীতি অনুরূপ এবং বিপরীত আধানের মধ্যে কাজ করে।

মজার ঘটনা

চার্লস অগাস্টিন কুলম্ব, একজন ফরাসি বিজ্ঞানী, 1885 সালে ক্ষুদ্র আধানযুক্ত গোলকের মধ্যে বৈদ্যুতিক শক্তি পরিমাপ করেছিলেন। এই প্রক্রিয়ায়, তিনি কুলম্বের সূত্র তৈরি করেছিলেন, নিউটনের সর্বজনীন মহাকর্ষীয় নীতির একটি বৈদ্যুতিক অ্যানালগ।

Coulomb's Law

কুলম্বের নীতি অনুসারে, দুটি স্থির বিন্দু চার্জের মধ্যে আকর্ষণ বা বিকর্ষণ বল তাদের চার্জের মাত্রার গুণফলের সরাসরি সমানুপাতিক এবং তাদের মধ্যকার দূরত্বের বর্গক্ষেত্রের ব্যস্তানুপাতিক । এই বল দুটি চার্জের সংযোগকারী লাইনে কাজ করে। দুটি চার্জ q_1 এবং q_2 বিবেচনা কর, কুলম্বের নীতি অনুসারে দূরত্ব r দ্বারা পৃথক করা হয়েছে।

$$F \ \alpha \ q_1 q_2 \quad .. (3.1)$$

$$F \ \alpha \ \frac{1}{r^2} \quad .... (3.2)$$

$$F \ \alpha \ \frac{q_1 q_2}{r^2}$$

$$F = K\frac{q_1 q_2}{r^2} \quad ...(3.3)$$

যেখানে K সমানুপাতিকতার ধ্রুবক এবং বলা হয় ইলেক্ট্রোস্ট্যাটিক ধ্রুবক। যখন দুটি চার্জ খালি জায়গায় স্থাপন করা হয় তখন S.I ইউনিটে K দ্বারা দেওয়া হয়

$$K = \frac{1}{4\pi\varepsilon_0} = 9\times10^9\, Nm^2 / C^2$$

যেখানে ε_0 কে মুক্ত স্থানের ভেদ্যতা বলা হয়। সমীকরণ (3.3) কে লেখা যেতে পারে,

$$F = (1/4\pi\varepsilon_0)(q_1 q_2/r^2) \quad ...(3.4)$$

ভেক্টর ফর্ম

আমরা r দূরত্বে স্থাপন করা দুটি চার্জ q_1 এবং q_2 বিবেচনা করি

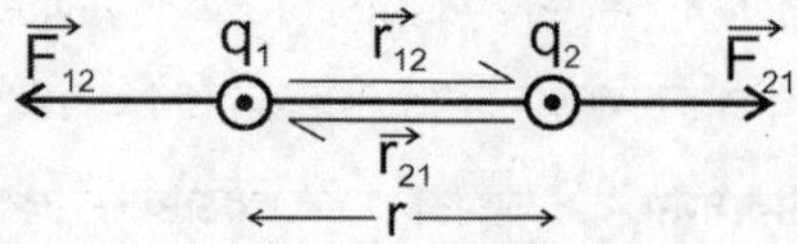

চিত্র 3.1: r দূরত্বে স্থাপন করা দুটি চার্জ q_1 এবং q_2

কুলম্বের নীতি অনুসারে, q_1 এর জন্য q_2 চার্জের উপর বল

$$\vec{F}_{21} = \frac{1}{4\pi\varepsilon_o}\frac{q_1q_2}{r^2}\hat{r}_{12} \qquad \left[\because \hat{r}_{12} = \frac{\vec{r}_{12}}{|\vec{r}_{12}|} \quad \Rightarrow \hat{r}_{12} = \frac{\vec{r}_{12}}{r}\right] \quad ....(3.5)$$

q_2 এর জন্য q_1 চার্জে বল

$$\vec{F}_{12} = \frac{1}{4\pi\varepsilon_o}\frac{q_1q_2}{r^2}\hat{r}_{21} \qquad \left[\because \hat{r}_{21} = \frac{\vec{r}_{21}}{|\vec{r}_{21}|} \quad \Rightarrow \hat{r}_{21} = \frac{\vec{r}_{21}}{r}\right] \quad ....(3.6)$$

যেহেতু $\hat{r}_{21} = -\hat{r}_{12}$

সুতরাং $\vec{F}_{21} = -\vec{F}_{12}$

কিন্তু $|\vec{F}_{21}| = |\vec{F}_{12}|$

ফলস্বরূপ, কুলম্বের বলের সূত্র নিউটনের গতির তৃতীয় সূত্রের সাথে সামঞ্জস্যপূর্ণ।

3.1.1 আধানের একক

এসআই ইউনিট কুলম্ব হল চার্জের এস আই ইউনিট। যদি দুটি অনুরূপ চার্জের ($q_1 = q_2$) মধ্যে বল 10×9^9 N হয় এবং তারা 1m দূরে শূন্যস্থানে বা ভ্যাকুয়ামে থাকে তাহলে চার্জগুলিকে ইউনিট চার্জ (বা এক কুলম্ব) বলা হয়।

ওয়ান স্ট্যাট কুলম্ব (esu): যদি 1 সেন্টিমিটার দূরত্বে দুটি চার্জ থাকে, যা 1 ডাইনের একটি বল দ্বারা শূন্যতায় একে অপরকে বিকর্ষণ করে, তাহলে চার্জগুলিকে 1 esu বলা হয়।

1 coulomb = 3×10^9 stat coulomb

= 3×10^9 esu চার্জ

3.1.2 তড়িৎ ক্ষেত্র

আমরা একটি উত্স চার্জ বিবেচনা করি যার আশেপাশে, আমরা একটি ইউনিট ধনাত্মক চার্জ রেখেছি; তারপরে সেই বিন্দুতে একটি ইউনিট পজিটিভ টেস্ট চার্জ দ্বারা অনুভূত বল, উত্স চার্জের অবস্থান পরিবর্তন না করে, বৈদ্যুতিক ক্ষেত্র বা বৈদ্যুতিক হিসাবে চিহ্নিত করা হয়। সেই বিন্দুতে ক্ষেত্রের প্রাবল্য 'E' বা অন্য কথায় বল প্রতি ইউনিট চার্জ বিন্দুতে বৈদ্যুতিক ক্ষেত্র।

উপরের বিবৃতি অনুসারে, বৈদ্যুতিক ক্ষেত্র→ প্রাবল্য (E)

$$\underset{\lim q\to 0}{\vec{E}} = \frac{\vec{F}}{q_0}$$

E এর মাত্রা হল, **E = [MLT^{-3}A^{-1}]**

{যেহেতু E এর একক $E = \frac{N}{C}$}

উৎপত্তিস্থলে একটি বিন্দু চার্জ q বিবেচনা কর এবং আমরা P বিন্দুতে বৈদ্যুতিক ক্ষেত্রের প্রাবল্য "E" ধরি , P বিন্দুতে একটি টেস্ট চার্জ q_o কল্পনা করি।

তাহলে P বিন্দুতে বৈদ্যুতিক ক্ষেত্র হল,

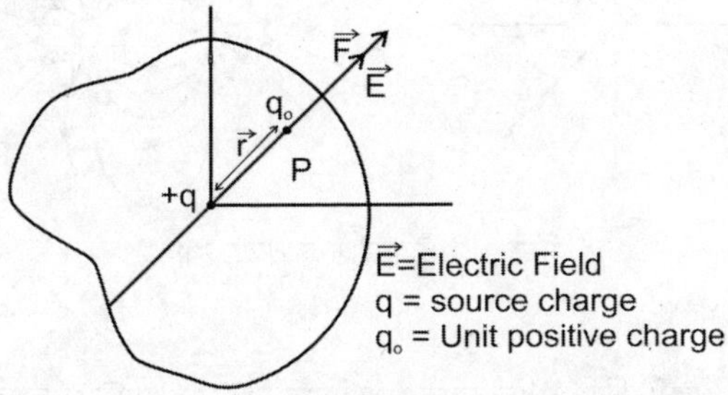

চিত্র 3.2: বৈদ্যুতিক ক্ষেত্রের প্রাবল্য

$$\vec{E} = \frac{\vec{F}}{q_0}\hat{r}$$

কিন্তু কুলম্বের নীতি অনুসারে, $\vec{F_1} = \frac{1}{4\pi\varepsilon_o}\frac{q_1 q_o}{r_1^2}\hat{r}_1$

সুতরাং, $$\vec{E} = \frac{1}{4\pi\varepsilon_0}\frac{q}{r^2}\hat{r}$$

তড়িৎ ক্ষেত্রের দিক কুলম্ব বলের অভিমুখের মতোই।

দ্রষ্টব্য: যদি আমরা একটি তড়িৎ ক্ষেত্রে একটি ধনাত্মক আধান রাখি তবে ধনাত্মক আধানের বলটির দিকে প্রয়োগ করা বৈদ্যুতিক ক্ষেত্র থাকে এবং যদি আমরা একটি বৈদ্যুতিক ক্ষেত্রে একটি ঋণাত্মক আধান রাখি তবে ঋণাত্মক আধানের বলটির বিপরীত দিকে থাকে প্রয়োগ করা বৈদ্যুতিক ক্ষেত্র।

3.1.3 বৈদ্যুতিক বলরেখা এবং তাদের বৈশিষ্ট্য

যদি q_o উৎস ধনাত্মক আধান হয় এবং একক ধনাত্মক মুক্ত আধান 'q' হয় তবে এটি একক ধনাত্মক আধানের কেন্দ্র এবং উল্লিখিত ধনাত্মক আধান (চিত্র 3.3 a) সংযোগকারী সরল রেখা বরাবর উত্স আধান থেকে দূরে সরে যাবে। বলের একটি বৈদ্যুতিক রেখা হল একটি বক্ররেখা যার সাথে একক ধনাত্মক আধান নির্দিষ্ট ধনাত্মক আধান থেকে দূরে সরে যায়। দূরত্বে রাখা দুটি সমান এবং বিপরীত আধানের জন্য বৈদ্যুতিক বলরেখা চিত্র.3.3 b-এ দেখানো হয়েছে। একটি বিন্দুতে বলের বৈদ্যুতিক রেখায় টানা স্পর্শকটি সেই বিন্দুতে বৈদ্যুতিক ক্ষেত্রের দিক নির্দেশ করবে।

Electric Field Lines

ক্ষেত্ররেখাগুলি কখনই একে অপরকে ছেদ করে না কারণ তারা যদি একটি বিন্দুতে ছেদ করে তবে সেই বিন্দুতে বৈদ্যুতিক ক্ষেত্রের দুটি দিক থাকবে।

- ক্ষেত্ররেখাগুলি আধানের পৃষ্ঠের উপর লম্বভাবে চলে।
- আধানের মাত্রা এবং ক্ষেত্ররেখার সংখ্যা উভয়ই সমানুপাতিক।
- ক্ষেত্ররেখাগুলি ধনাত্মক আধান দিয়ে শুরু হয় (অন্যদিকে) এবং ঋণাত্মক আধানে সমাপ্ত হয় (একত্রিত হয়)।

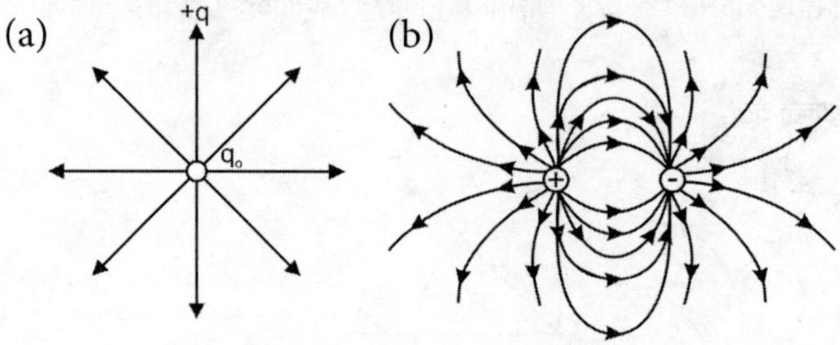

চিত্র 3.3: বৈদ্যুতিক বলরেখা

3.1.4 বৈদ্যুতিক ফ্লাক্স (ϕ)

একটি বৈদ্যুতিক ক্ষেত্রের অভ্যন্তরে একটি নির্দিষ্ট এলাকার মধ্য দিয়ে যাওয়ার মোট বৈদ্যুতিক রেখার সংখ্যা হল সেই এলাকার মধ্য দিয়ে বৈদ্যুতিক প্রবাহের একটি পরিমাপ।

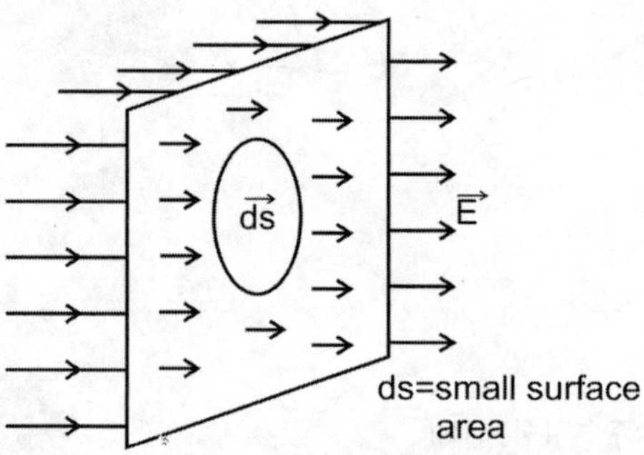

চিত্র 3.4: বৈদ্যুতিক ফ্লাক্স

$\overrightarrow{ds}$ =ছোট পৃষ্ঠ এলাকা

$d\phi$ = বৈদ্যুতিক ক্ষেত্রের সাথে একটি

কোণ তৈরি করে (E) $\vec{E}.\vec{ds}$ ...(3.10)

পুরো পৃষ্ঠের জন্য

$$d\phi = E\,ds\cos\theta \quad ...(3.11)$$

$$\int d\phi = \int E ds\cos\theta$$

$$= \int E ds\cos\theta \quad ...(3.12)$$

বৈদ্যুতিক প্রবাহ একটি স্কেলার রাশি

ϕ এর একক = E একক × S একক

$$= N/C \times m^2$$

$$= Nm^2/C$$

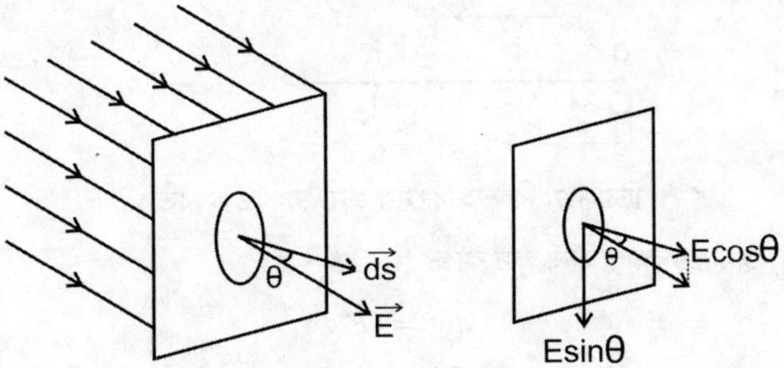

চিত্র 3.5: বৈদ্যুতিক প্রবাহের পরিমাপ

3.1.5 বৈদ্যুতিক বিভব (V)

ধর, q হল একটি ধনাত্মক আধান এবং q_0 হল q থেকে অসীম দূরত্বে একক ধনাত্মক আধান। বৈদ্যুতিক ক্ষেত্রের বিপরীতে একটি একক ধনাত্মক পরীক্ষাধীন আধান অসীম থেকে একটি বিন্দু P এ সরানোর জন্য যে পরিমাণ কাজ করা হয়েছে তা হল P বিন্দুতে বৈদ্যুতিক বিভব।

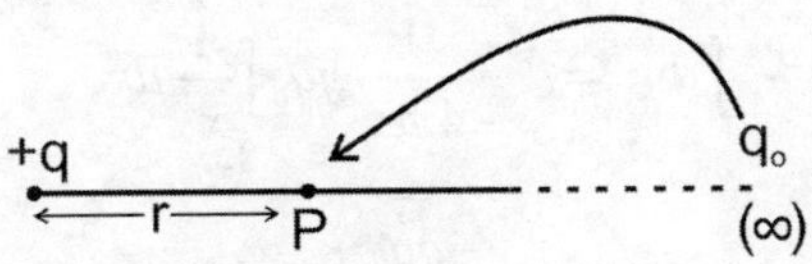

চিত্র 3.6: বৈদ্যুতিক বিভব

বৈদ্যুতিক বিভব = সম্পন্ন কাজ /আধান

$$V = \frac{W}{q_0}$$

যদি

$$W = 1J, \; q_0 = 1C \qquad \text{... (3.13)}$$

$$V = \frac{1J}{1C} = 1 volt$$

বৈদ্যুতিক ক্ষেত্রের একটি বিন্দুতে বৈদ্যুতিক বিভবকে 1 ভোল্ট বলা হয়, যদি একটি একক ধনাত্মক আধানকে ইলেক্ট্রোস্ট্যাটিক বলের বিপরীতে অসীম থেকে সেই বিন্দুতে সরানোর জন্য এক জুল কাজ করা হয়।

একটি বিন্দু আধানের জন্য বৈদ্যুতিক বিভব

মূলবিন্দু O-তে স্থাপিত একটি ধনাত্মক আধান q বিবেচনা কর। এখন আমরা আধান q থেকে r দূরত্বে P বিন্দুতে বৈদ্যুতিক বিভব খুঁজে পাব।

বৈদ্যুতিক বিভবের সংজ্ঞা অনুসারে, অসীম থেকে আধান q_o আনতে কাজের পরিমাণ

P বিন্দুতে বৈদ্যুতিক বিভবের সমান।

একটি বিন্দু 'A'-তে আধান q_0 বিবেচনা কর, তখন

$$F = \frac{1}{4\pi\varepsilon_0}\frac{qq_0}{x^2} \qquad \text{..... (3.15)}$$

...(3.15)

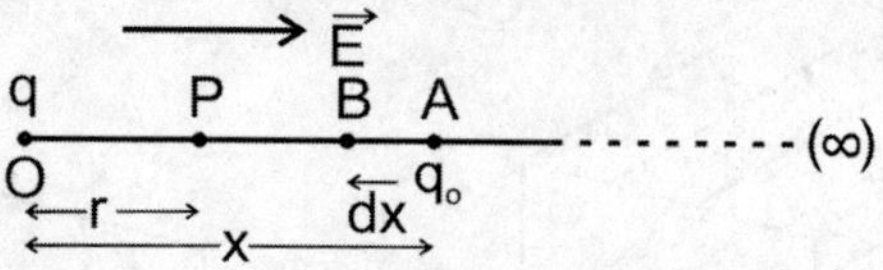

চিত্র 3.7: বিন্দু আধানের জন্য বৈদ্যুতিক বিভব

A থেকে **B** পর্যন্ত আধান $\mathbf{q_0}$ স্থানচ্যুত করার জন্য ক্ষুদ্র কাজ,

$$dw = \vec{F}.\vec{dx}$$

$$dw = Fdx\cos(180)$$

$$dw = -Fdx$$

$$dw = -\frac{1}{4\pi\varepsilon_0}\frac{qq_0}{x^2}dx$$

$$\int dw = -\frac{1}{4\pi\varepsilon_0}qq_0\int_{\infty}^{r}\frac{1}{x^2}dx$$

$$W = \frac{-qq_0}{4\pi\varepsilon_0}\int_{\infty}^{r}x^{-2}dx$$

তখন

$$W = \frac{-qq_0}{4\pi\varepsilon_0}\left[\frac{-1}{x}\right]_{\infty}^{r}$$

q_0 কে ∞ থেকে P এ সরানোর জন্য মোট কাজ করা হয়েছে,

$$W = \frac{1}{4\pi\varepsilon_0}\frac{qq_0}{r}$$

এবং

$$\frac{W}{q_0} = \frac{1}{4\pi\varepsilon_0}\frac{q}{r}$$

$$\left[\frac{W}{q_0} = V \quad Electric\ potential\right]$$

$$V = \frac{1}{4\pi\varepsilon_0}\frac{q}{r}$$

3.1.6 বৈদ্যুতিক বিভব পার্থক্য

বৈদ্যুতিক ক্ষেত্রের অভ্যন্তরে একটি বিন্দু A থেকে অন্য বিন্দু B তে একটি পরীক্ষা পজিটিভ চার্জ q_0 সরানোর জন্য যে পরিমাণ কাজ করা হয় তাকে বৈদ্যুতিক বিভব পার্থক্য বলে। এটি চার্জের প্রাথমিক এবং চূড়ান্ত অবস্থানের উপর নির্ভর করে এবং পথ থেকে স্বাধীন।

সুতরাং $V = V_B - V_A = W_{AB}$ ...(3.15)

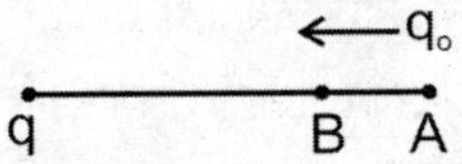

চিত্র 3.8: বৈদ্যুতিক বিভব পার্থক্য

3.1.7 গাউসের নীতি

এখন পর্যন্ত, বিন্দু চার্জের জন্য বৈদ্যুতিক ক্ষেত্র এবং বৈদ্যুতিক প্রবাহের মাত্রা গণনা করা হয়েছে। যখন একক চার্জের পরিবর্তে চার্জ বিতরণ থাকে তখন চিত্রটি বেশ ভিন্ন হবে। চার্জ বিতরণের জন্য প্রতিটি চার্জ থেকে একটি বিন্দুতে বৈদ্যুতিক ক্ষেত্রের অবদান বিবেচনায় নিতে হবে। গাউস নীতি চার্জ বন্টন থেকে বৈদ্যুতিক ক্ষেত্র গণনা করার জন্য একটি সহজ সমাধান প্রদান করে।

গাউসের নীতি বলে যে “কোন “বদ্ধ পৃষ্ঠের” মধ্য দিয়ে যাওয়া মোট বৈদ্যুতিক প্রবাহ ($1/\varepsilon_0$) হল পৃষ্ঠ দ্বারা আবদ্ধ চার্জের সময়”

$$\phi = \frac{1}{\varepsilon_o} \times q \qquad ...(3.17)$$

r ব্যাসার্ধের গোলকের কেন্দ্রে +q চার্জ বিবেচনা কর; তারপর গোলকের ছোট পৃষ্ঠ দ্বারা বৈদ্যুতিক প্রবাহ হিসাবে দেওয়া যেতে পারে, $d\phi = \vec{E}.\vec{ds}$

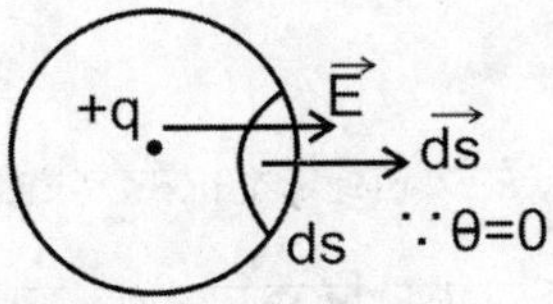

চিত্র 3.9: চার্জ বন্টন থেকে বৈদ্যুতিক প্রবাহ গণনা

$$df = Eds \cos q$$

$$df = Eds\ (\cos\theta = 0)$$

পুরো পৃষ্ঠের মাধ্যমে বৈদ্যুতিক প্রবাহ,

$$\int d\phi = \int Eds$$

$$\phi = E\int ds$$

$$\left[\because E = \frac{1}{4\pi\varepsilon_0}\frac{q}{r^2}\right]$$

$$\phi = \frac{1}{4\pi\varepsilon_0}\frac{q}{r^2}\int ds$$

$$\phi = \frac{1}{4\pi\varepsilon_0}\frac{q}{r^2} \times 4\pi r^2$$

সুতরাং

$$\phi = \frac{1}{\varepsilon_0} \times q$$

3.1.8 গাউসের নীতির প্রয়োগ

(a) একটি অসীম লম্বা সোজা চার্জযুক্ত তারের জন্য বৈদ্যুতিক ক্ষেত্র

একটি অভিন্ন রৈখিক চার্জ ঘনত্ব λ (প্রতি ইউনিট দৈর্ঘ্যে চার্জের পরিমাণ) বিশিষ্ট একটি পাতলা অসীম লম্বা সোজা তারের কথা বিবেচনা কর। প্রথমত, আমরা লাইন চার্জ বন্টন দ্বারা বৈদ্যুতিক ক্ষেত্রের দিক খুঁজে পাই। রৈখিক চার্জ বিতরণে O বিন্দু থেকে r দূরত্বে একটি বিন্দু P বিবেচনা করা যাক। আমরা O বিন্দুর উপরে এবং নীচে x দূরত্বে দুটি ছোট চার্জ উপাদান dl অনুমান করতে পারি। চিত্র 3.10 থেকে, উভয় চার্জ উপাদানের কারণে P বিন্দুতে ফলস্বরূপ বৈদ্যুতিক ক্ষেত্রটি বাইরের দিকে রয়েছে।

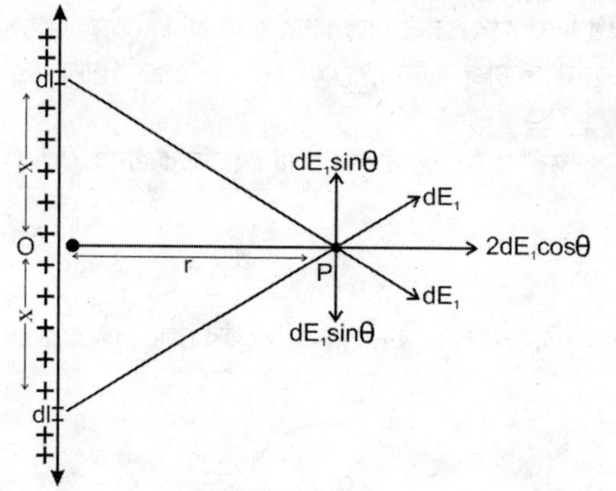

চিত্র 3.10: উভয় চার্জ উপাদানের কারণে বৈদ্যুতিক ক্ষেত্র

তাই প্রতিসাম্য দ্বারা, লাইন চার্জের ক্ষেত্র "E" বাইরের দিকে নির্দেশিত হয় এবং গাউসের সূত্রের সাহায্যে এর মাত্রা নির্ধারণ করা হয়। লাইন চার্জ থেকে r দূরত্বে ক্ষেত্র নির্ধারণ করতে আমরা r এবং দৈর্ঘ্য l ব্যাসার্ধের একটি নলাকার গাউসিয়ান পৃষ্ঠ বেছে নিই। এটি তিনটি পৃষ্ঠ S_1, S_2 এবং S_3 নিয়ে গঠিত।প্রথমে, আমরা S_3 পৃষ্ঠের জন্য গণনা করি, S_3 এ একটি ছোট পৃষ্ঠের ds এবং পৃষ্ঠের মধ্য দিয়ে বৈদ্যুতিক প্রবাহ বিবেচনা করি।

$$d\phi = \vec{E}.\vec{ds}$$

পুরো নলাকার পৃষ্ঠের জন্য,

$$\int d\phi = \oint \vec{E}.\vec{ds}$$

$$\phi = \int E ds \cos\theta \qquad \because \theta = 0$$

$$\phi = E\int ds$$

$$\phi = E\times 2\pi r l \qquad \dots(3.19)$$

এছাড়াও, গাউসিয়ান থিওরেম দ্বারা,

$$\phi = \frac{q}{\varepsilon_o} \qquad \dots(3.20)$$

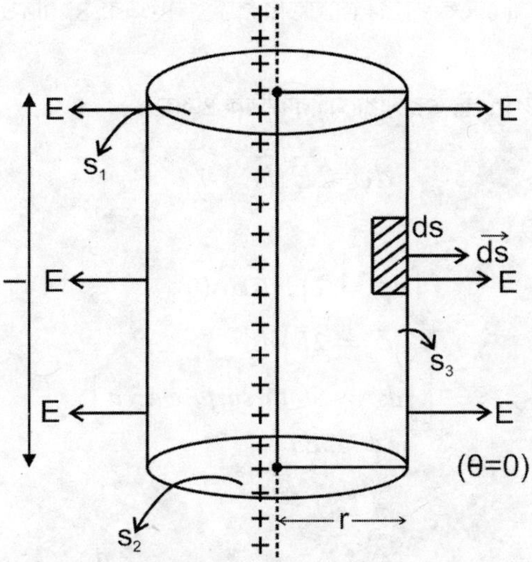

চিত্র **3.11:** নলাকার পৃষ্ঠের জন্য গাউসিয়ান থিওরেম

$$E \times 2\pi rl = \frac{q}{\varepsilon_o}$$

$$E = \frac{1}{2\pi\varepsilon_o}\frac{q}{rl} \qquad \left[\because \frac{q}{l} = \lambda, linear\ charge\ density\right]$$

$$E = \frac{1}{2\pi\varepsilon_o}\frac{\lambda}{r} \qquad \ldots (3.21)$$

(a) S_3 পৃষ্ঠের যেকোনো বিন্দুতে বহির্মুখী বৈদ্যুতিক ক্ষেত্রের মাত্রা সমীকরণ (3.21) দ্বারা দেওয়া হয়।

(b) সারফেস S_1 এবং S_2 এ বৈদ্যুতিক ক্ষেত্রের মাত্রা শূন্য হবে কারণ বৈদ্যুতিক ক্ষেত্রের ভেক্টর এবং প্রতিটি পৃষ্ঠের ক্ষেত্রফল ভেক্টরের মধ্যে কোণটি 90^0।

(c) অভিন্ন চার্জযুক্ত প্লেন শীটের কারণে বৈদ্যুতিক ক্ষেত্র

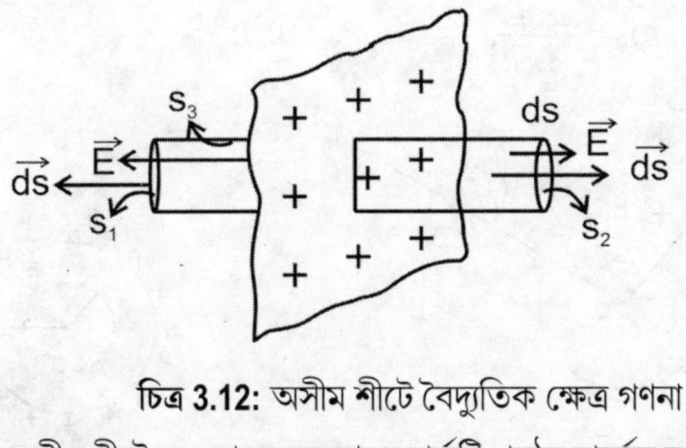

চিত্র **3.12:** অসীম শীটে বৈদ্যুতিক ক্ষেত্র গণনা

বিবেচনা কর +q চার্জ একটি অসীম শীটে দেওয়া হয়েছে যাতে চার্জটি পৃষ্ঠের চার্জের ঘনত্ব সহ পৃষ্ঠের উপর সমানভাবে বিতরণ করা হয় σ (প্রতি ইউনিট এলাকাতে চার্জের পরিমাণ)। চার্জের অভিন্ন বন্টনের কারণে, সিলিন্ডার আকারে একটি গাউসিয়ান পৃষ্ঠ

অঙ্কন করে বৈদ্যুতিক ক্ষেত্র গণনা করা যেতে পারে। সিলিন্ডার পৃষ্ঠ S_1, S_2 এবং S_3 গঠিত; প্রথমত, আমরা সারফেস S_1 এবং S_2 এর জন্য গণনা করি:

সুতরাং উভয় পৃষ্ঠের (S_1 এবং S_2) উপর ds এর মাধ্যমে বৈদ্যুতিক প্রবাহ,

$$d\phi = 2\vec{E}.\vec{ds}$$

পুরো শীটের জন্য,

$$\begin{aligned} \int d\phi &= 2\int Eds\cos(0) \\ \phi &= 2E\int ds \\ \left[\int ds \right.&= \left. Stotal\, surface\, Area\right] \\ \phi &= 2ES \end{aligned} \qquad \ldots(3.22)$$

এছাড়াও, গাউসের নীতি দ্বারা,

$$\begin{aligned} \phi &= \frac{q}{\varepsilon_o} \\ 2ES &= \frac{q}{\varepsilon_o} \\ E &= \frac{q}{2\varepsilon_o S} \\ \left[Surface\ charge\ density\ \sigma \right.&= \left.\frac{q}{S}\right] \\ E &= \frac{\sigma}{2\varepsilon_o} \end{aligned} \qquad \ldots(3.23)$$

সারফেস S_3-এ বৈদ্যুতিক ক্ষেত্রের মাত্রা বৈদ্যুতিক ক্ষেত্রের ভেক্টর এবং এর মধ্যে কোণ হিসাবে শূন্য।পৃষ্ঠ S_3 এর ক্ষেত্রফল ভেক্টর হল 90^0

(c) একটি অভিন্ন চার্জযুক্ত গোলকের কারণে বৈদ্যুতিক ক্ষেত্র

R ব্যাসার্ধের ধাতুর একটি গোলক বিবেচনা কর যখন এটিতে চার্জ q দেওয়া হয়, তখন চার্জটি পৃষ্ঠের উপর সমানভাবে বিতরণ করবে,

তাই এটির পৃষ্ঠের চার্জের ঘনত্ব হল $\sigma = \dfrac{q}{4\pi R^2} \Rightarrow q = 4\pi R^2\sigma$

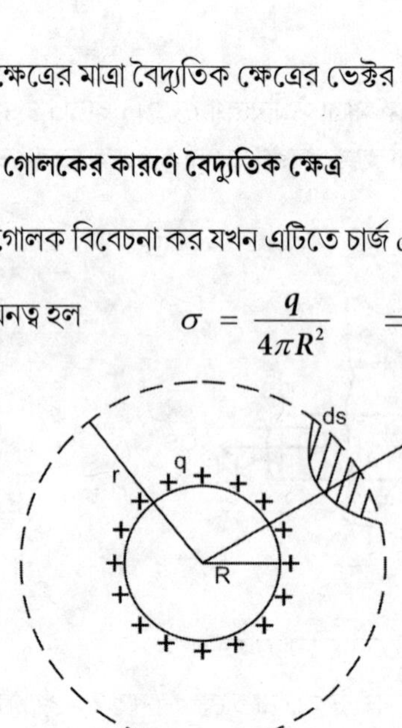

চিত্র 3.13a গোলকের বাইরে বৈদ্যুতিক ক্ষেত্র

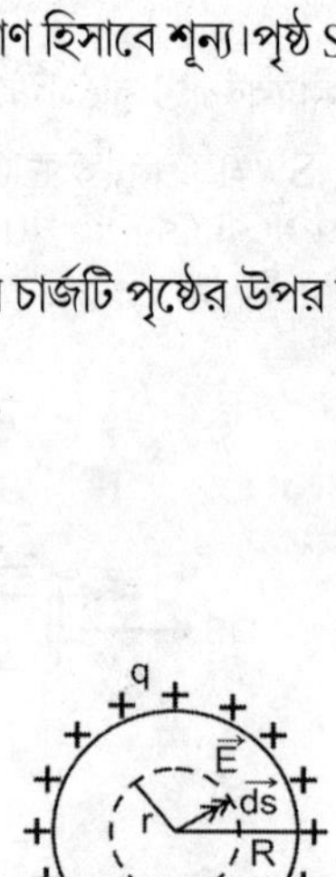

চিত্র 3.13b গোলকের ভিতরে বৈদ্যুতিক ক্ষেত্র

(i) গোলকের বাইরে বৈদ্যুতিক ক্ষেত্র (চিত্র 3.13a)

r ব্যাসার্ধের একটি গাউসিয়ান গোলাকার পৃষ্ঠ আঁক এবং ছোট ক্ষেত্রফল ds দ্বারা বৈদ্যুতিক প্রবাহ গণনা কর

$$d\phi = \vec{E}.\vec{ds}$$

$$\int d\phi = \int \vec{E}.\vec{ds}$$

$$\phi = \int E_1 ds \cos(0)$$

$$\phi = E_1 \int ds$$

$$\phi = E_1 \times 4\pi r^2 \qquad ..(3.24)$$

এছাড়াও, গাউসের নীতি দ্বারা,

$$\phi = \frac{q}{\varepsilon_o}$$

$$E_1 \times 4\pi r^2 = \frac{q}{\varepsilon_o}$$

$$E_1 = \frac{1}{4\pi\varepsilon_o}\frac{q}{r^2}$$

$$\because q = 4\pi R^2 \sigma$$

$$E_1 = \frac{1}{4\pi\varepsilon_o}\frac{4\pi R^2 \sigma}{r^2}$$

$$E_1 = \frac{R^2 \sigma}{\varepsilon_o r^2}$$

(ii) গোলকের পৃষ্ঠে বৈদ্যুতিক ক্ষেত্র

সমীকরণে (3.26), r = R লিখলে,

$$E_2 = \frac{\sigma}{\varepsilon_o} \qquad (3.27)$$

(iii) গোলকের ভিতরে: গোলকের ভিতরের একটি পৃষ্ঠ বিবেচনা কর (চিত্র 3.13b)

$$r < R$$

যেহেতু চার্জটি ব্যাসার্ধ R এর গোলকের পৃষ্ঠে সমানভাবে বিতরণ করা হয়

r ব্যাসার্ধের গোলকের ভিতরে কোন চার্জ নেই

এই কারণে $q=o$

তারপর গাউসের নীতি অনুযায়ী $E_3=o$

অতএব, ধাতব গোলকের অভ্যন্তরে যেকোনো বিন্দুতে বৈদ্যুতিক ক্ষেত্র শূন্য।

সমাধান করা সমস্যা

1. দুটি খুব ছোট চার্জযুক্ত গোলক যার চার্জ যথাক্রমে 2 micro coulomb এবং 4 micro coulomb একে অপরের থেকে 20 cm দূরে অবস্থিত। হিসাব কর:

(i) গোলকের মধ্যে বল

(ii) বল পরিবর্তন, যদি চার্জ দ্বিগুণ হয় এবং বিচ্ছেদ অর্ধেক হয়।

সমাধান:

q_1 = 2 micro coulomb = 2×10^{-6} C, q_2 = 4 micro coulomb = 4×10^{-6} C

r = 20 cm = 0.2 m

(i) $$F = \frac{1}{4\pi\varepsilon_o}\frac{q_1 q_2}{r^2}$$

$\Rightarrow \quad F = 9 \times 10^9 \times 2 \times 4 \times 10^{-12} / 0.2 \times 0.2$

$\Rightarrow \quad F = 1800 \times 10^{-3} = 1.8$ N

(ii) যদি চার্জ দ্বিগুণ হয় এবং বিচ্ছেদ অর্ধেক হয়

$$F1 = \frac{1}{4\pi\varepsilon_o}\frac{2q_1 2q_2}{\left(\frac{r}{2}\right)^2}$$

$$F1 = 16 \times \frac{1}{4\pi\varepsilon_o}\frac{q_1 q_2}{r^2}$$

$$F1 = 16 \times F$$

কাজেই, F1 = 16 × 1.8 N = 28.8 N

2. বাতাসে দুটি বিন্দু A এবং B 8 cm দূরে এবং পয়েন্ট চার্জ যথাক্রমে + 20 μc এবং +5 μc। A বিন্দু থেকে বিন্দুর অবস্থান নির্ণয় কর যেখানে ফলাফল ক্ষেত্রটি শূন্য।

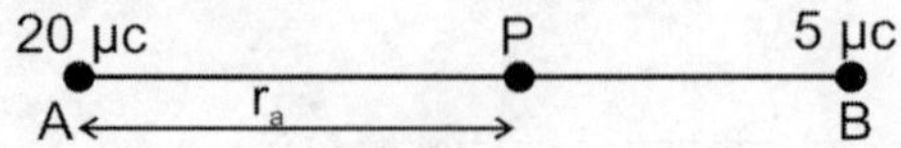

সমাধান:

ধর P হল A এবং B এর মধ্যে ফলস্বরূপ বিন্দু, চার্জের কারণে বৈদ্যুতিক ক্ষেত্র + 20 μc এবং +5 μc বিন্দু P-এ সমান এবং বিপরীত দিকে এবং এটি A থেকে r_a দূরত্বে অবস্থিত।

A বিন্দুতে চার্জের কারণে ফলস্বরূপ P বিন্দুতে বৈদ্যুতিক ক্ষেত্র, $E_1 = \frac{1}{4\pi\varepsilon_o} (20 \times 10^{-6}) / (r_a)^2$

B বিন্দুতে চার্জের কারণে ফলস্বরূপ P বিন্দুতে বৈদ্যুতিক ক্ষেত্র,

$$E_2 = \frac{1}{4\pi\varepsilon_o} (5 \times 10^{-6}) / (0.08 - r_a)^2$$

$$E_1 = E_2$$

$$\frac{1}{4\pi\varepsilon_o} (20 \times 10^{-6}) / (r_a)^2 = \frac{1}{4\pi\varepsilon_o} (5 \times 10^{-6}) / (0.08 - r_a)^2$$

$$(20 \times 10^{-6}) / (r_a)^2 = (5 \times 10^{-6}) / (0.08 - r_a)^2$$

$$4 / (r_a)^2 = 1/ (0.08 - r_a)^2$$

$$2/ (r_a) = 1/ (0.08 \times r_a)$$

$$0.16 \times 2\, r_a = r_a$$

$$r_a = (0.16/3)\ \text{m} = 5.33\ \text{cm}$$

তাই P বিন্দু A বিন্দু থেকে 5.33 কম দূরে অবস্থিত

3. বাতাসে 5 cm দূরে অবস্থিত 5 μC চার্জের কারণে P বিন্দুতে বিভব গণনা কর। সেই বিন্দুতে চার্জ 1 μC আনার জন্য করা কাজটি গণনা কর।

সমাধান: $q = 5 \times 10^{-6}$ C, r = 5 cm = 0.05 m

$$V = \frac{1q}{4\pi\varepsilon_0 r}$$

$$V = 9 \times 10^9 \times 5 \times 10^{-6} / 0.05$$

$$V = 9 \times 10^5\ \text{Volts}$$

(ii) P বিন্দুতে চার্জ আনার জন্য কাজ সম্পন্ন হয়েছে:

$q = 1\mu C = 1 \times 106$ C, W = qV

$W = 1 \times 10^{-6} \times 9 \times 10^5$ V= 0.9 Joule

4. 5 cm ব্যাসের একটি বৃত্তাকার শীট 50N/C এর একটি অভিন্ন বৈদ্যুতিক ক্ষেত্রে স্থাপন করা হয়েছে এবং এটি ক্ষেত্রটির সাথে 30° কোণ তৈরি করে। বর্গাকার শীটের মাধ্যমে বৈদ্যুতিক প্রবাহ গণনা কর।

সমাধান:

দেওয়া আছে বাস = 5 cm, কাজেই r = 2.5 cm = 0.025 m

E = 50N/C and angle = 30^0 $\phi = \int E ds \cos\phi$

$$\phi = E \times \pi r^2 \times \cos(30)$$

$$\phi = 50 \times 3.14 \times (0.025)^2 \times \sqrt{3}/2$$

$$\phi = 0.085\ \text{Nm}^2/\text{C}$$

3.2 ক্যাপাসিটর এবং এর কাজ

এখন পর্যন্ত, এই ইউনিটে ইলেক্ট্রোস্ট্যাটিক বল, বৈদ্যুতিক ক্ষেত্র, বৈদ্যুতিক সম্ভাবনা এবং চার্জ বন্টনের মাধ্যমে বৈদ্যুতিক ক্ষেত্র এবং ফ্লাক্স খুঁজে বের করার পদ্ধতি সম্পর্কে বিস্তারিত আলোচনা করা হয়েছে। এই বিভাগে ক্যাপাসিটর এবং এর কার্যকারিতা ব্যাখ্যা করা হবে, যেখানে ইউনিটে পূর্বে আলোচিত সমস্ত ধারণা প্রয়োগ করা হবে। একটি ক্যাপাসিটর একটি দূরত্ব দ্বারা পৃথক দুটি পরিবাহী গঠিত একটি বিন্যাস। এটি চার্জ সংরক্ষণ করতে ব্যবহৃত হয়। কন্ডাক্টরের মধ্যে মুক্ত স্থান, বায়ু বা অন্তরক উপাদান থাকতে পারে।

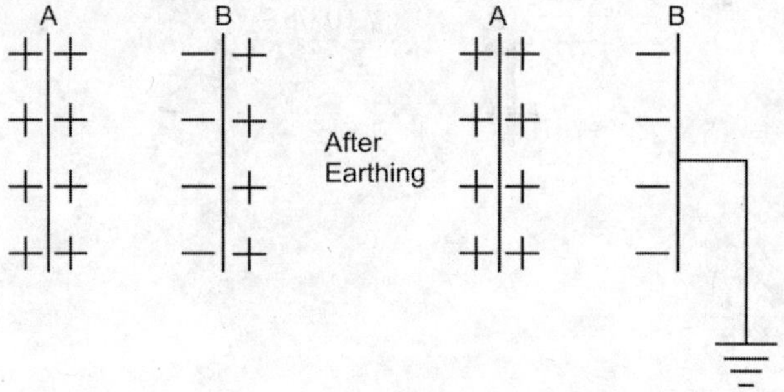

চিত্র 3.14: ক্যাপাসিটর এর কার্যকারিতা

ক্যাপাসিটরের নীতি

একটি আনচার্জড প্লেট B এর কাছে স্থাপিত একটি ধাতুর একটি ধনাত্মক চার্জযুক্ত প্লেট A বিবেচনা কর, আনয়নের কারণে, প্লেট A এর কাছাকাছি মুখের B প্লেটের উপর ঋণাত্মক চার্জ এবং B এর অন্য মুখের উপর ধনাত্মক চার্জ তৈরি হয়। যদি আমরা প্লেট B কে মাটির সাথে সংযুক্ত করি। তারপর, প্লেট B-এর ধনাত্মক চার্জ মাটিতে প্রবাহিত হবে। সেখানে

প্লেট B-তে শুধুমাত্র ঋণাত্মক চার্জ হবে, প্লেটের এই বিভবের কারণে A হ্রাস পায়। প্লেট A এর বিভব বাড়াতে, এটি আরও চার্জ অর্জন করতে পারে। দুটি পরিবাহী দ্বারা গঠিত চার্জ সংরক্ষণের এই ধরনের ব্যবস্থাকে ক্যাপাসিটর বলা হয়।

3.2.1 ক্যাপাসিটরের প্রকারভেদ

ক্যাপাসিটারগুলি নিম্নলিখিতগুলির উপর ভিত্তি করে আলাদা করা হয়:

ক্যাপাসিটরগুলির জন্য নিম্নলিখিত চিহ্নগুলি রয়েছে

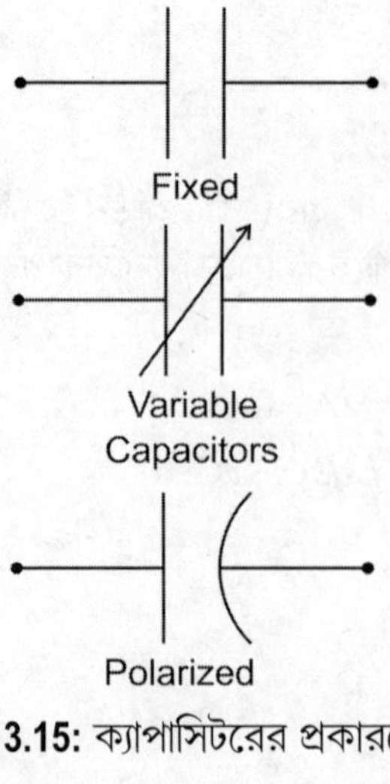

চিত্র 3.15: ক্যাপাসিটরের প্রকারভেদ

- ইলেক্ট্রোডের আকৃতি
- সমান্তরাল প্লেট, গোলাকার এবং নলাকার
- ইলেক্ট্রোডের মধ্যে উপকরণ
- অন্তরক (ননপোলার) এবং ইলেক্ট্রোলাইটিক (পোলার ক্যাপাসিটর)
- ক্যাপাসিট্যান্স
- স্থায়ী এবং পরিবর্তনশীল ক্যাপাসিটর

ক্যাপাসিট্যান্স এবং এর একক

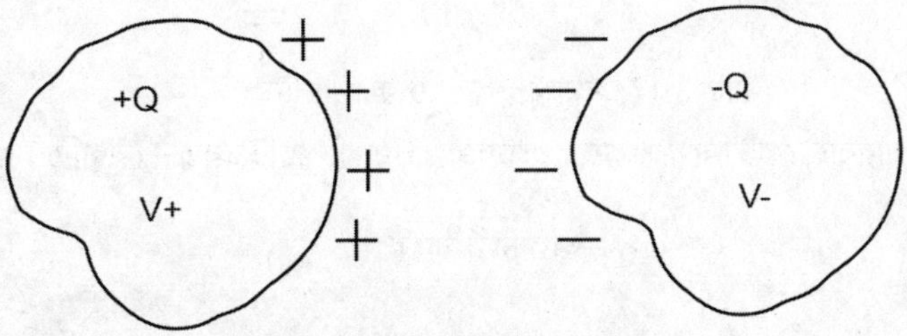

চিত্র 3.16: ক্যাপাসিটরে দুটি পরিবাহী, যার চার্জ +Q এবং -Q

সাধারণত, একটি ক্যাপাসিটরে দুটি পরিবাহী থাকে যার চার্জ +Q এবং -Q থাকে। একটি প্রদত্ত ক্যাপাসিটরের জন্য ক্যাপাসিটরের চার্জ (Q) বিভব পার্থক্য (V) এর সমানুপাতিক

সুতরাং,

$$Q \propto V$$
$$Q = CV$$
$$C = \textit{Capacitance of the capacitor}$$

আবার $C = \frac{Q}{V}$

যখন V = 1 volt $\qquad C = Q$

সুতরাং, ক্যাপাসিটরের ক্যাপাসিট্যান্সকে একক দ্বারা কন্ডাক্টরের বিভব বাড়ানোর জন্য প্রয়োজনীয় চার্জ হিসাবে সংজ্ঞায়িত করা যেতে পারে।

$$\because Q=CV$$

$$C=\frac{Q}{V}$$

যখন Q= 1C, V=1 volt

তখন, $C = \frac{1C}{1volt} = 1F$

এক microfarad : $1\mu F = 10^{-6} F$

এক Picofarad $\quad 1pF = 10^{-12} F$

3.2.2 সমান্তরাল প্লেট ক্যাপাসিটর

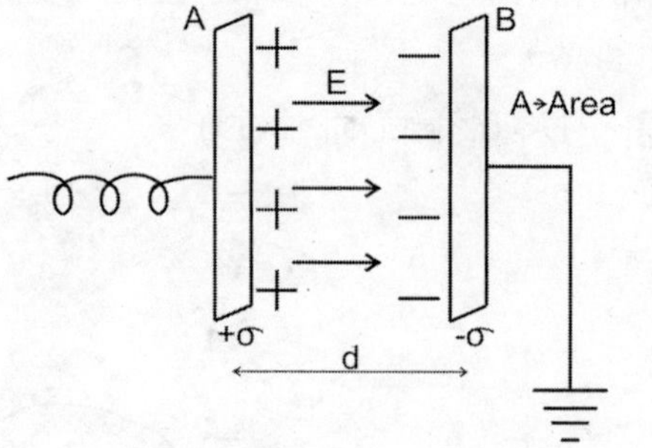

চিত্র 3.17: সমান্তরাল প্লেট ক্যাপাসিটর

এটি দুটি বড় সমতল সমান্তরাল পরিবাহী প্লেট নিয়ে গঠিত, প্লেটের মধ্যে একটি ছোট দূরত্ব d বৈদ্যুতিক ক্ষেত্র দ্বারা পৃথক করা হয়

$$E=\frac{\sigma}{\varepsilon_o}$$ σ = পৃষ্ঠ চার্জ ঘনত্ব.

একটি অভিন্ন বৈদ্যুতিক ক্ষেত্রের জন্য

$$E=\frac{V}{d}\Rightarrow V=Ed$$

$$V=\frac{\sigma}{\varepsilon_o}\times d \quad \left\{\sigma=\frac{Q}{A}\right\}$$

সুতরাং

$$V=\frac{Qd}{\varepsilon_o A}=\frac{Qd}{\varepsilon_o A} \qquad \because Q=VC$$

$$C=\frac{Q}{V}=\frac{Q}{\frac{Qd}{\varepsilon_o A}}\Rightarrow C=\frac{\varepsilon_o A}{d}$$

এইভাবে, একটি সমান্তরাল প্লেট ক্যাপাসিটরের জন্য,

$C \propto A$

$C \propto \frac{1}{d}$

$C \propto \varepsilon_0$ [প্লেট মধ্যে ভেদ্যতা]

3.2.3 ক্যাপাসিটরের সিরিজ এবং সমান্তরাল সমন্বয়

সিরিজে ক্যাপাসিট্যান্স

যখন একটি ক্যাপাসিটরের ঋণাত্মক প্লেটটি দ্বিতীয়টির ধনাত্মক প্লেটের সাথে এবং দ্বিতীয়টির ঋণাত্মক প্লেটের সাথে তৃতীয়টির ধনাত্মক এর সাথে সংযুক্ত থাকে, তখন ক্যাপাসিটরকে সিরিজে সংযুক্ত বলা হয়।

ক্যাপাসিটরের দুই প্রান্তের মধ্যে বিভব

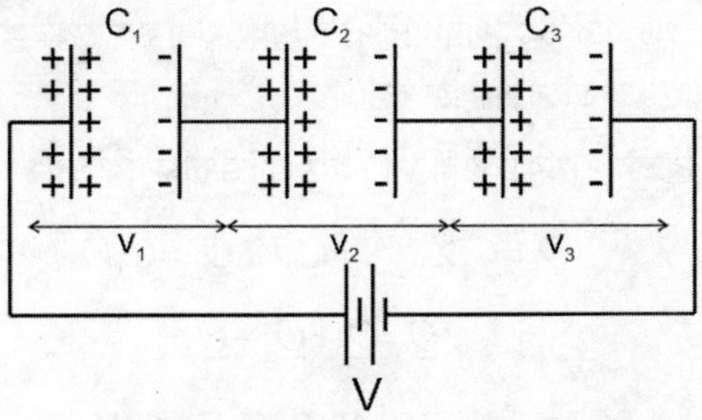

চিত্র 3.18: সিরিজে ক্যাপাসিট্যান্স

$$V_1=\frac{Q}{C_1}, V_2=\frac{Q}{C_2}, V_3=\frac{Q}{C_3}$$

যেহেতু মোট বিভব V হল

$$V=V_1+V_2+V_3$$

বা

$$\frac{Q}{C}=\frac{Q}{C_1}+\frac{Q}{C_2}+\frac{Q}{C_3}$$

$$\frac{1}{C}=\frac{1}{C_1}+\frac{1}{C_2}+\frac{1}{C_3}$$

যেখানে C হল মোট ক্যাপাসিট্যান্স

সমান্তরালে ক্যাপাসিট্যান্স

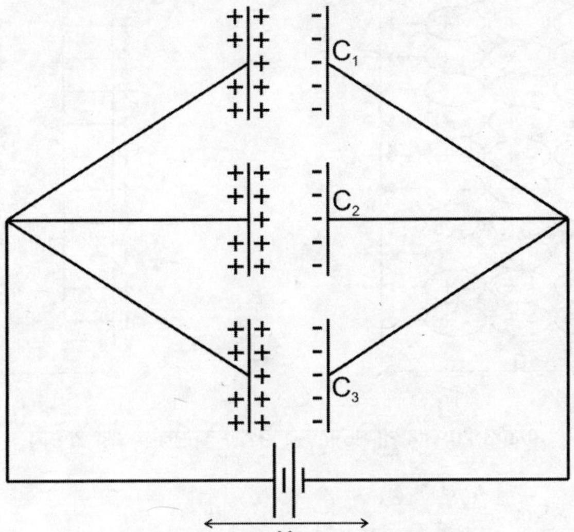

চিত্র 3.1: 9 সমান্তরালে ক্যাপাসিট্যান্স

যখন সমস্ত ক্যাপাসিটরের ধনাত্মক প্লেট একটি সাধারণ বিন্দুতে এবং ঋণাত্মক প্লেট অন্য একটি সাধারণ বিন্দুর সাথে সংযুক্ত থাকে তখন ক্যাপাসিটারগুলিকে সমান্তরালভাবে সংযুক্ত বলা হয়।

সমস্ত ক্যাপাসিটরের একটি সাধারণ বিভব পার্থক্য হলো V1 কিন্তু প্রদত্ত চার্জ বিভিন্ন

$$Q_1 = C_1V,\ Q_2 = C_2V,\ Q_3 = C_3V$$

$$\because Q = Q_1 + Q_2 + Q_3$$

$$\text{Or} \quad CV = C_1V + C_2V + C_3V$$

$$C = C_1 + C_2 + C_3$$

C = মোট ক্যাপাসিট্যান্স

3.2.4 অন্তরক এবং ক্যাপাসিট্যান্সের উপর এর প্রভাব

অন্তরক হল সিরামিক, মাইকা, কাচ, প্লাস্টিক এবং বিভিন্ন ধাতুর অক্সাইডের মতো নিরোধক পদার্থ। যখন অন্তরকগুলিকে একটি বৈদ্যুতিক ক্ষেত্রে E (একটি সমান্তরাল প্লেট ক্যাপাসিটরের ভিতরে) স্থাপন করা হয় তখন বৈদ্যুতিক পোলারাইজেশন ঘটে অর্থাৎ ডাইলেকট্রিকের মধ্যে থাকা ধনাত্মক চার্জগুলি বৈদ্যুতিক ক্ষেত্রের দিকে মিনিটে স্থানান্তরিত হয় এবং নেতিবাচক চার্জগুলি প্রতি মিনিটে বাস্তুচ্যুত হয়, বৈদ্যুতিক ক্ষেত্রের বিপরীতে। চার্জ পৃথকীকরণ, বা মেরুকরণের কারণে, ডাইইলেক্ট্রিকের ভিতরে নেট বৈদ্যুতিক ক্ষেত্র হ্রাস পায় কারণ ডাইইলেকট্রিকের ভিতরে বিকাশিত বৈদ্যুতিক ক্ষেত্রটি বৈদ্যুতিক ক্ষেত্র E এর বিপরীত। নেট বৈদ্যুতিক ক্ষেত্রটি প্লেটের মধ্যে V হ্রাস করে এবং ক্যাপাসিট্যান্স বৃদ্ধি পায়। প্রতিটি অন্তরক উপাদান অন্তরক ধ্রুবক 'K' দ্বারা চিহ্নিত করা হয়। এটি বায়ুর সাথে উপাদানের ভেদ্যতার অনুপাত। বায়ুর অন্তরক ধ্রুবক হল 1 এবং অন্যান্য অন্তরকগুলির ধ্রুবক 1 এর বেশি।

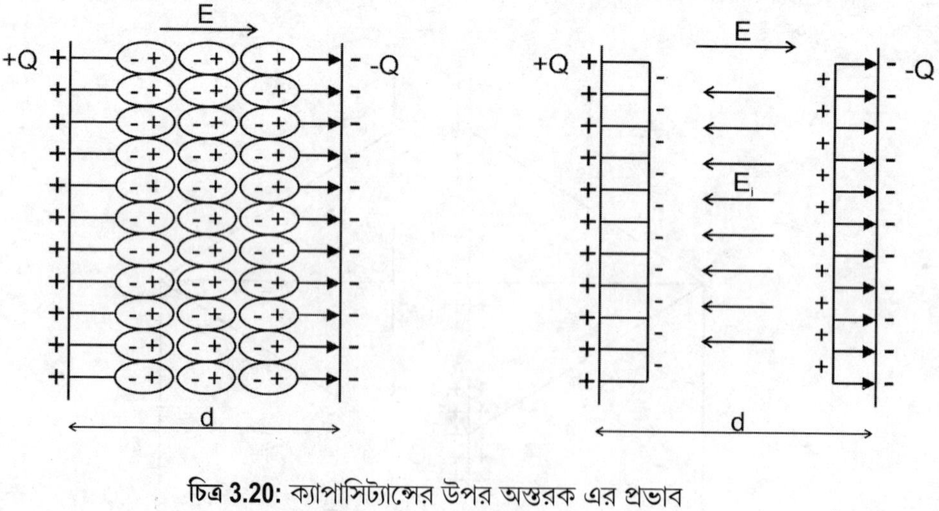

চিত্র 3.20: ক্যাপাসিট্যান্সের উপর অন্তরক এর প্রভাব

ক্যাপাসিটরের ক্যাপাসিট্যান্স হোল, $C_0 = \dfrac{\varepsilon_0 A}{d}$

যদি আমরা প্লেটের মধ্যে একটি অন্তরক মাধ্যম (অন্তরক ধ্রুবক K সহ) সন্নিবেশ করি তবে ক্যাপাসিট্যান্স বৃদ্ধি পায় K গুন,

$$C_0 = \frac{\varepsilon_0 A}{d}$$

$$C = KC_0$$

3.3 অন্তরক ভাঙ্গন

অন্তরক পদার্থ হল বৈদ্যুতিক নিরোধক অর্থাৎ তারা প্রবাহকে বাধা দেয়। ডাইইলেক্ট্রিক ব্রেক-ডাউন হল কারেন্ট প্রবাহ রোধ করতে একটি অন্তরক উপাদানের ব্যর্থতার ঘটনা। যখন বৈদ্যুতিক ক্ষেত্র প্রয়োগ করা হয় তখন একটি নির্দিষ্ট মানের আয়নকরণ উপাদানের ভিতরে ঘটে যা প্রচুর পরিমাণে ইলেকট্রন এবং আয়ন তৈরি করে। বৈদ্যুতিক নিঃসরণ বাতাসে সংঘটিত হওয়া ডাইইলেকট্রিক ব্রেক ডাউনের একটি উদাহরণ যা বৈদ্যুতিক ক্ষেত্রে 3×10^6 V/m এ ঘটে।

একটি সমান্তরাল প্লেট ক্যাপাসিটরে, যদি আমরা প্লেট জুড়ে ভোল্টেজ বাড়াই, বৈদ্যুতিক ক্ষেত্রও বৃদ্ধি পায়। ব্রেকডাউন ভোল্টেজ হল সেই ভোল্টেজ যেখানে অন্তরক ব্যর্থতা ঘটে। প্রতিটি ক্যাপাসিটর যা আমরা বাজার থেকে কিনি বা পরীক্ষাগারে পাওয়া যায় তার কিছু সর্বোচ্চ ভোল্টেজের মান থাকে, আমরা সেই ভোল্টেজের বাইরে ক্যাপাসিটর ব্যবহার করতে পারি না, অন্যথায় ক্যাপাসিটর এবং ডাইইলেকট্রিকগুলিতে ডাইলেকট্রিক ব্রেকডাউন ঘটে।

উপাদান আর বৈদ্যুতিক নিরোধক হয় না।

সমাধান করা সমস্যা

1. তিনটি ক্যাপাসিটর c_1, c_2, c_3 একটি 12V ব্যাটারির সাথে সংযুক্ত, তিনটি ক্যাপাসিটরের চার্জ বের করো।

সমাধান:

প্রদত্ত চিত্রে C_2 এবং C_3 সমান্তরালভাবে এবং C_1 প্রথম ফলাফলের ক্যাপাসিট্যান্স C' এর সাথে সিরিজে সংযুক্ত রয়েছে C_2 এবং C_3 এর সমান্তরাল সংমিশ্রণের কারণে

$C' = C_2 + C_3$

$C' = 10\mu F + 10\mu F = 20\ \mu F$

সার্কিট C এর মোট ক্যাপাসিট্যান্স হল C' এবং C_1 এর সিরিজের সমন্বয় $1/C = 1/C_1 + 1/C'$

$1/C = 1/20\mu F + 1/20\mu F$

$1/C = 2/20\mu F C = 10\mu F$

সার্কিটে চার্জ Q হবে,

$Q = CV$

$Q = 10\mu F \times 12\ V = 120 \times 10^{-6}\ C$

একই Q হবে C_1 এবং C'তে

C_2 এবং C_3 একই হওয়ায় Q-কে C_2 এবং C_3-এ সমানভাবে ভাগ করা হবে

তাই C_1 এ চার্জ হবে 12×10^{-5} C, C_2 এ চার্জ হবে 6×10^{-5} C এবং C_3 এ চার্জ হবে 6×10^{-5} C

ইউনিট সারসংক্ষেপ

- চার্জের মধ্যে কুলম্ব বল দূরত্বের বর্গক্ষেত্রের ব্যস্তানুপাতিক।
- বৈদ্যুতিক ক্ষেত্র একটি ভেক্টর পরিমাণ।
- বৈদ্যুতিক বিভব হল স্কেলার পরিমাণ।
- গাউস উপপাদ্য চার্জ বন্টন থেকে বৈদ্যুতিক ক্ষেত্র নির্ণয় করতে সাহায্য করে।
- ক্যাপাসিটরের ক্যাপাসিটেন্স ইলেক্ট্রোডের ক্ষেত্রফল এবং ইলেক্ট্রোডের মধ্যে উপাদানের অন্তরক ধ্রুবকের উপর নির্ভর করে।

অনুশীলন

বহু নির্বাচনী প্রশ্ন

1. চার্জ q, Q এবং q' চিত্রে দেখানো হিসাবে X-অক্ষ বরাবর স্থাপন করা হয়েছে। চার্জ q ভারসাম্যপূর্ণ। Q/q' এর মান হল

   a. – 4   b. +4
   c. 1/4   d. −1/4

2. 1 Volt হলো

   a. 300 esu   b. 1/300 esu
   c. 3×10^8 esu   d. 3×10^9 esu

3. একটি অন্তরকের অন্তরক ধ্রুবক K হতে পারে

   a. 4   b. -4
   c. 0   d. 0.4

4. দুটি আধানযুক্ত কণার মধ্যে দূরত্ব অর্ধেক হলে তাদের মধ্যে কুলম্ব বল আসবে

   a. অর্ধেক   b. এক-চতুর্থাংশ
   c. দ্বিগুণ   d. চার বার

5. একটি বিন্দু A থেকে B পর্যন্ত 5μC চার্জ বহনের কাজটি হল 8 mJ। A এবং B এর মধ্যে সম্ভাব্যতার পার্থক্য হবে

   a. 160 V   b. 16 V
   c. 1.6 k V   d. 16 k V

6. শীট থেকে r দূরত্বে অসীম, অভিন্ন চার্জযুক্ত শীটের কারণে বৈদ্যুতিক ক্ষেত্রের তীব্রতা হল

   a. $E \ \alpha \ r$ b. $E \ \alpha \ r^{-1}$
   c. $E \ \alpha \ r^{-2}$ d. E হলো r থেকে স্বাধীন

7. এক গ্রাম হাইড্রোজেনে 6×10^{23} পরমাণু থাকে। কল্পনা কর যে সমস্ত নিউক্লিয়াস পৃথিবীর উত্তর মেরুতে এবং ইলেকট্রনগুলিকে পৃথিবীর দক্ষিণ মেরুতে (ব্যাসার্ধ 6400 কিমি) রাখা হয়েছে। চার্জের মধ্যে বল হল

   a. 1.0×10^6 N   b. 5.0×10^5 N
   c. 2.5×10^5 N   d. 2.0×10^6N

8. একটি সমান্তরাল প্লেট ক্যাপাসিটর চার্জ করা হয় এবং তারপর বিচ্ছিন্ন করা হয়। ক্রমবর্ধমান প্লেট বিচ্ছেদ প্রভাব হয়

	চার্জ	বিভব	ক্যাপাসিট্যান্স
a.	ধ্রুবক	ধ্রুবক	হ্রাস
b.	বৃদ্ধি	বৃদ্ধি	হ্রাস
c.	ধ্রুবক	হ্রাস	বৃদ্ধি
d.	ধ্রুবক	বৃদ্ধি	হ্রাস

একাধিক পছন্দের প্রশ্নের উত্তর

1 (a), 2 (a), 3 (a), 4 (d), 5 (c), 6 (d), 7 (d), 8 (d)

সংক্ষিপ্ত এবং দীর্ঘ উত্তর প্রকার প্রশ্ন

ক্যাটাগরি-I

1. কুলম্বের ইলেক্ট্রোস্ট্যাটিক বলের নীতি উল্লেখ কর।
2. চার্জের S I একক এবং CGS একক সংজ্ঞায়িত কর এবং তাদের মধ্যে সম্পর্ক দেখো।
3. কুলম্বের সূত্রের ভেক্টর রূপটি ব্যাখ্যা কর।
4. গাণিতিক রাশিমালা সহ বৈদ্যুতিক ক্ষেত্রের ধারণাটি ব্যাখ্যা কর।
5. উদাহরণ সহ বৈদ্যুতিক দিক নির্ণয় করতে ব্যবহৃত পদ্ধতি বর্ণনা কর।
6. ধনাত্মক এবং ঋণাত্মক চার্জ থেকে নির্গত বৈদ্যুতিক ক্ষেত্রের রেখা আঁক। বৈদ্যুতিক প্রবাহের ধারণাটি ডায়াগ্রামের সাহায্যে ব্যাখ্যা কর।
7. একক সহ বৈদ্যুতিক বিভব শব্দটি সংজ্ঞায়িত কর।
8. ইলেক্ট্রোস্ট্যাটিক বিভব শক্তির জন্য একটি অভিব্যক্তি বের কর।
9. ইলেক্ট্রোস্ট্যাটিক বিভব শক্তির সম্পর্ক বের কর। ইলেক্ট্রোস্ট্যাটিক বিভব শক্তির SI একক লিখ।
10. গাউসের সূত্র এবং এর গাণিতিক রূপ ব্যাখ্যা কর।
11. এককের সাথে ক্যাপাসিট্যান্স শব্দটি সংজ্ঞায়িত কর।
13. ডায়াগ্রামের সাহায্যে ক্যাপাসিটরের কাজ ব্যাখ্যা কর।
14. ডায়াগ্রাম সহ ক্যাপাসিটারের প্রকারভেদ ব্যাখ্যা কর।
15. সমান্তরাল প্লেট ক্যাপাসিটরের ক্যাপাসিট্যান্সের জন্য একটি সম্পর্ক বের কর।
16. শ্রেণী এবং সমান্তরাল ক্যাপাসিটরগুলির সংমিশ্রণে ক্যাপাসিট্যান্সের সম্পর্ক বের কর।
17. ক্যাপাসিটারে অন্তরক পদার্থের ভূমিকা বর্ণনা কর।
18. গাউসের নীতি প্রয়োগ করে চার্জ বন্টন অনুসরণ করে বৈদ্যুতিক ক্ষেত্রের উত্পাদন নির্ধারণ কর:

    a. লাইনার চার্জ বিতরণ

    b. প্লেন চার্জ বিতরণ।

    c. চার্জ গোলাকার পৃষ্ঠে বিতরণ করা হয়।

19. 1 কুলম্ব চার্জ বহন করবে এমন ইলেকট্রন সংখ্যা বের কর ।
20. প্রতিটি 2 μC এবং 4 cm দূরত্বের দুটি চার্জের মধ্যে ক্রিয়াশীল ইলেক্ট্রোস্ট্যাটিক বল বের কর।
21. বিন্দু ‘P’-এ দাখিল করা বৈদ্যুতিকের মাত্রা এবং দিক নির্ণয় কর, যা – 10 μC চার্জ থেকে 5 cm।
22. 1 cm বাহুর একটি সমবাহু ত্রিভুজের শীর্ষবিন্দুতে স্থাপিত তিনটি সমান চার্জ বিবেচনা কর, ত্রিভুজের কেন্দ্রবিন্দুতে আধান Q-এর ফলস্বরূপ বল নির্ণয় কর।
23. একটি বিন্দু থেকে 4C বৈদ্যুতিক চার্জ সরানোর জন্য 100 J কাজ করা হয়, যেখানে বিভব -10V অন্য একটি বিন্দু যেখানে বিভব V ভোল্ট। V এর মান নির্ণয় কর।

ক্যাটাগরি-২

1. মহাকর্ষীয় বলের সাথে দুটি প্রোটনের মধ্যে ইলেক্ট্রোস্ট্যাটিক বল তুলনা কর:

$$mp = 1.67\times10^{-27}\,kg,\;\; G = 6.67\times10^{-11}\frac{Nm^2}{kg^2},\;\; e = 1.6\times10^{-19}C$$

2. চারটি বিন্দু চার্জ qA = 4μc, qB = -10μc, qC = 4μc, qD = -10μc, একটি বর্গক্ষেত্র ABCD-এর চারটি কোণে স্থাপন করা হয়েছে; এর প্রতিটি বাহু 5cm। বর্গক্ষেত্রের কেন্দ্রে স্থাপিত 1μC চার্জে বল গণনা কর।

3. + 20μকি এর একটি পয়েন্ট চার্জ , 20 cm বাহুর বর্গাকার শীটের কেন্দ্রের উপরে 10 cm-এ অবস্থিত । বর্গাকার শীটের মাধ্যমে বৈদ্যুতিক প্রবাহ গণনা কর। এছাড়াও বর্গাকার শীট থেকে ফ্লাক্স খুঁজে বের কর যদি চার্জটি বর্গ পত্রকের কেন্দ্রের উপরে 5 cm হয়।

4. বিন্দু A এবং B সমন্বয়ের মধ্যে সমতুল্য ক্যাপাসিট্যান্স গণনা কর:

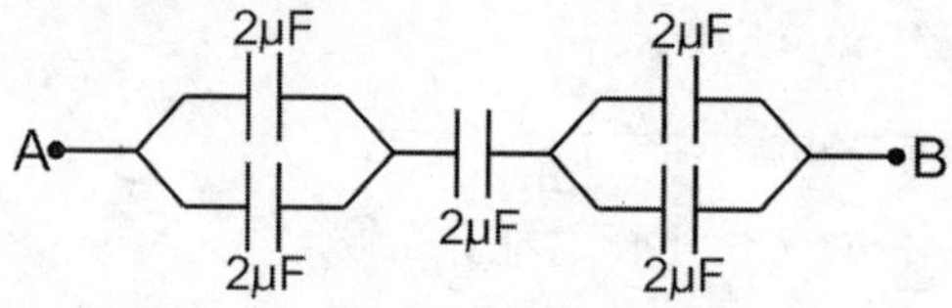

ব্যবহারিক

- একটি পরীক্ষাগার পরীক্ষা আছে যা এই ইউনিটের সাথে সম্পর্কিত বিভিন্ন অ্যাক্টরের উপর একটি সমান্তরাল প্লেট ক্যাপাসিটরের ক্যাপাসিট্যান্সের নির্ভরতা অধ্যয়ন করা এবং একটি জায়গায় বাতাসের ভেদ্যতা নির্ধারণ করা।

ব্যবহারিক: সমান্তরাল প্লেট ক্যাপাসিটর

ব্যবহারিক বিবৃতি

1. সমান্তরাল প্লেট ক্যাপাসিটরের ক্যাপাসিট্যান্সের নির্ভরতা অধ্যয়ন করা এবং একটি জায়গায় বাতাসের ভেদ্যতা নির্ধারণ করা

ব্যবহারিক তাৎপর্য

ক্যাপাসিটারগুলি বৈদ্যুতিক সার্কিটের সক্রিয় উপাদান যা এসি সার্কিটে ফেজ বিলম্ব এবং ফিল্টার সার্কিটে এসি পাস করতে এবং ডিসি কারেন্ট ব্লক করতে ব্যবহৃত হয়। এগুলি ছাড়াও ক্যাপাসিটরের অ্যাপ্লিকেশনের সংখ্যা রয়েছে। এই পরীক্ষাটি শিক্ষার্থীদের সমান্তরাল প্লেট ক্যাপাসিটরের ক্যাপাসিট্যান্সের পরিবর্তন করতে এবং সমান্তরাল প্লেট ক্যাপাসিটরের ক্যাপাসিট্যান্সকে প্রভাবিত করার কারণগুলি নির্ধারণ করতে সহায়তা করে।

প্রাসঙ্গিক তত্ত্ব

পূর্বে দেওয়া হয়েছে

ব্যবহারিক ফলাফল (PRO)

ব্যবহারিক ফলাফল এই কোর্সের পাঠ্যক্রম থেকে উদ্ভূত হয়:

PRO1: প্লেটের ক্ষেত্রফল এবং তাদের বিচ্ছেদ সহ সমান্তরাল প্লেট ক্যাপাসিটরের ক্যাপাসিট্যান্সের তারতম্য নির্ধারণ

PRO2: বাতাসের পারমিটিভিটি খুঁজে পেতে ক্যাপাসিটর ব্যবহার

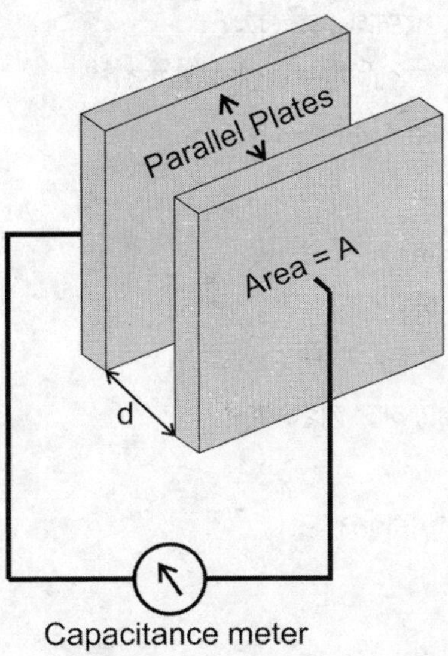

চিত্র **P 3.1:** ক্যাপাসিটরের ক্যাপাসিট্যান্স এবং ভেদ্যতা নির্ধারণ

রিসোর্স প্রয়োজন

ক্রম নং	প্রস্তাবিত সম্পদ প্রয়োজন মেশিন/সরঞ্জাম/যন্ত্র অত্যাবশ্যক স্পেসিফিকেশন	পরিমাণ	প্রকৃত সম্পদ ব্যবহৃত মেশিন/সরঞ্জাম/যন্ত্র বিস্তৃত বৈশিষ্ট্য সহ (ছাত্র দ্বারা পূরণ করা হবে)		মন্তব্য (যদি থাকে)
			স্থাপন করা	বিস্তারিত	
1	সমান্তরাল প্লেট ক্যাপাসিটর	01			
2	ক্যাপাসিট্যান্স মিটার	03			
3	সংযোগকারী তারের	03			

সতর্কতা

1. সংযোগ টাইট হতে হবে.
2. ক্যাপাসিটরের প্লেট সমান্তরাল হওয়া উচিত
3. সঠিকভাবে দূরত্ব পরিমাপ কর।

প্রস্তাবিত পদ্ধতি

দূরত্বের পরিমাপের জন্য (d)

1. প্লেটের ক্ষেত্রফল পরিমাপ কর।
2. প্লেট আলাদা করে রাখ (বল 5 সেমি)।
3. 10V এর DC সরবরাহ সহ ক্যাপাসিটর চার্জ কর।

4. চিত্র P3.1-এর সার্কিট ডায়াগ্রাম অনুযায়ী সংযোগ তৈরি কর।

5. ক্যাপাসিট্যান্স মিটার বা মাল্টিমিটার দিয়ে ক্যাপাসিট্যান্স Cপরিমাপ কর।

6. ধীরে ধীরে প্লেটের মধ্যে দূরত্ব হ্রাস কর এবং C পরিমাপ কর।

ক্ষেত্রফল (A) এর প্রভাব পরিমাপের জন্য

1. প্লেটের মধ্যে বিচ্ছেদ ঠিক কর (ধরো 2 cm)।
2. 10 V এর DC সরবরাহ সহ ক্যাপাসিটর চার্জ কর।
3. ক্যাপাসিট্যান্স মিটার বা মাল্টিমিটার দিয়ে ক্যাপাসিট্যান্স C পরিমাপ কর।
4. ক্যাপাসিটরের প্লেটগুলির একটিকে পার্শ্বীয়ভাবে স্লাইড কর।
5. ক্যাপাসিট্যান্সের পরিবর্তন লক্ষ্য কর।
6. পাঁচটি পর্যবেক্ষণের জন্য ধাপ 4 এবং 5 পুনরাবৃত্তি কর।

পর্যবেক্ষণ এবং গণনা

ক্যাপাসিট্যান্স মিটারের সর্বনিম্ন গণনা = ...

প্লেটের ক্ষেত্রফল =......... প্লেটের মধ্যে বিচ্ছেদ =। cm

ক্রমিক সংখ্যা	প্লেটের ক্ষেত্রফল	ক্যাপাসিট্যান্স
1		
2		
3		
4		

A এর প্রভাব পরিমাপের জন্য

ক্রমিক সংখ্যা	প্লেট দুটির মধ্যে তফাৎ	ক্যাপাসিট্যান্স
1		
2		
3		
4		

প্লট গ্রাফ 1: C vs 1/d এবং ε = নতি /A

প্লট গ্রাফ 2: C v/s A এবং ε = নতি x d এর মধ্যে প্লট

ফলাফল এবং/অথবা ব্যাখ্যা

(ছাত্র দ্বারা পূরণ করা হবে)

1. ....

2. ....

উপসংহার এবং/অথবা বৈধতা

(ছাত্র দ্বারা পূরণ করা হবে)

1. ....

2. ....

ব্যবহারিক সম্পর্কিত প্রশ্ন

দ্রষ্টব্য: নীচে রেফারেন্সের জন্য কয়েকটি নমুনা প্রশ্ন দেওয়া হয়েছে। পূর্ব-নির্ধারিত কোর্সের ফলাফলের অর্জন নিশ্চিত করার জন্য শিক্ষকদের এই ধরনের আরও প্রশ্ন ডিজাইন করতে হবে।

1. প্লেটের মধ্যে 'd' দূরত্ব পরিবর্তন করলে কি প্লেটের মধ্যে ভোল্টেজ পরিবর্তন হয়?
2. বর্তমান পরীক্ষায় ত্রুটির কারণ কি?
3. প্লেটের মধ্যে d' দূরত্ব পরিবর্তন করলে ক্যাপাসিটরের চার্জ কি পরিবর্তিত হয়?

প্রস্তাবিত শেখার সংস্থান

- https://phet.colorado.edu/en/simulation/capacitor-lab-basics

প্রস্তাবিত মূল্যায়ন স্কিম

(শিক্ষক দ্বারা পূরণ করা হবে)

প্রদত্ত কর্মক্ষমতা সূচকগুলি প্রক্রিয়া এবং প্রোডাক্ট সম্পর্কিত মূল্যায়নের জন্য একটি নির্দেশিকা হিসাবে দেওয়া হয়েছে ।

	কর্মক্ষমতা সূচক	পূর্ণ নম্বর	প্রাপ্ত নম্বর
প্রক্রিয়া সম্পর্কিত: ... চিহ্ন* (...%)			
1	বৈদ্যুতিক সংযোগ তৈরি করা		
2	ক্যাপাসিট্যান্স পরিমাপ		
3	A এবং d এর পরিমাপ		
4	যন্ত্র পরিচালনা		
প্রোডাক্ট সম্পর্কিত: .... নম্বর* (..........%)			
5	গ্রাফ প্লট এবং গণনা		
6	ফলাফল এবং উপসংহার		
7	সময়মত রিপোর্ট জমা দেওয়া		
8	ব্যবহারিক সম্পর্কিত প্রশ্নের উত্তর		
	মোট	100%	

* প্রোডাক্ট এবং প্রক্রিয়া মূল্যায়নের জন্য মার্কস এবং শতাংশের গুরুত্ব শিক্ষক দ্বারা নির্ধারিত হবে।

ছাত্রের নাম:... প্রদত্ত মার্কস			তারিখ সহ শিক্ষকের স্বাক্ষর
প্রক্রিয়া সম্পর্কিত	প্রোডাক্ট সম্পর্কিত	প্রক্রিয়া সম্পর্কিত	প্রোডাক্ট সম্পর্কিত

আরো জ্ঞাতব্য

শিক্ষার্থীদের বিদ্যমান জ্ঞানকে শক্তিশালী করার জন্য এই ইউনিটের সাথে প্রাসঙ্গিক নিম্নলিখিত বিষয়গুলি সুপারিশ করা হয়েছে

ফলিত পদার্থবিদ্যা কোর্সে আগ্রহ যোগ করে

- চার্জের পরিমাপ
- বৈদ্যুতিক ক্ষেত্রের সুপারপজিশন।

অ্যাপ্লিকেশন

ক্যাপাসিটার ব্যবহার করা হয়

- এসি সার্কিটে ফেজ বিলম্ব প্রবর্তন উদাহরণস্বরূপ ফ্যান মধ্যে
- এসি এবং ব্লক ডিসি পাস করার জন্য ফিল্টার সার্কিটগুলিতে
- জেনারেটরে চার্জ স্টোরেজ ডিভাইস হিসাবে
- তরঙ্গ ফর্ম জেনারেটর সার্কিট আউটপুট সংকেত ফ্রিকোয়েন্সি সেট করতে আইসিটি ব্যবহার

ইলেক্ট্রোস্ট্যাটিক্সে সিমুলেশনের জন্য শিক্ষার্থী নিম্নলিখিত ইউআরএলটি দেখতে পারে

- https://phet.colorado.edu/en/simulation/balloons-and-static-electricity
- https://phet.colorado.edu/en/simulation/charges-and-fields
- https://phet.colorado.edu/en/simulation/coulombs-law
- https://phet.colorado.edu/en/simulation/capacitor-lab-basics

উদ্ভাবনী ব্যবহারিক/প্রকল্প/ক্রিয়াকলাপ ডিজাইন করুন

- স্থানীয় বাজার বা বিভিন্ন ক্যাপাসিট্যান্স এবং ভোল্টেজের পরীক্ষাগারে পাওয়া পোলার এবং নন-পোলার ক্যাপাসিটর সংগ্রহ কর। ক্যাপাসিটরগুলিতে পর্যবেক্ষণ করা ক্যাপাসিট্যান্স, ভোল্টেজ বা অন্য কোনও প্যারামিটারের তালিকা প্রস্তুত কর।
- একটি পোলার ক্যাপাসিটর নাও এবং বল 10 μF। ক্যাপাসিটরের ভিতরে কি আছে।
- ধাতব প্লেট সহ একটি সমান্তরাল প্লেট ক্যাপাসিটর ডিজাইন কর। ডিজাইন করা ক্যাপাসিটরের ক্যাপাসিট্যান্স পরিমাপের অসুবিধাগুলি তালিকাভুক্ত কর।

অনুসন্ধিৎসুতা এবং কৌতূহল বিষয়

- দুটি প্রোটন বা দুটি ইলেকট্রনের মধ্যে মহাকর্ষ বল এবং তড়িৎ স্থিতি শক্তি কি সমান?
- প্রকৃতিতে পয়েন্ট চার্জের উদাহরণ দাও
- পোলার এবং ননপোলার ক্যাপাসিটর
- একটি বিচ্ছিন্ন চার্জযুক্ত ক্যাপাসিটর কি চিরকাল চার্জ থাকে?

তথ্যসূত্র এবং প্রস্তাবিত রিডিং

- H C Verma, "Concepts of physics" 1st ed., vol. 1, Bharti Bhawan, 1992.
- Richard Feynman et al "The Feynman lectures on Physics", 6th ed. vol1, Addison-Wesley, 1963.
- R K Gaur and S L Gupta "Engineering Physics", 8th ed., Dhanat Rai, 2011.
- Resnick Halliday and Krane, "Physics" 5th ed. vol1, Wiley, 2014.

4 প্রবাহ তড়িৎ

ইউনিট বিশেষ

এই ইউনিটটি নিম্নলিখিত প্রধান দিকগুলিতে কেন্দ্রীভূত:

- বিদ্যুত্প্রবাহ
- বৈদ্যুতিক প্রবাহ এবং প্রবাহ বেগের সম্পর্ক
- প্রত্যক্ষ এবং বিকল্প কারেন্টের মধ্যে পার্থক্য
- প্রতিরোধ এবং নির্দিষ্ট প্রতিরোধ
- প্রতিরোধের সমন্বয়
- ওহম এর সূত্র
- Kirchhoff এর প্রবাহ এবং ভোল্টেজ নীতি
- হুইটস্টোন ব্রিজ এবং মিটার ব্রিজ হিসেবে এর প্রয়োগ
- ইএমএফ এবং টার্মিনাল বিভব পার্থক্য ধারণা
- প্রবাহ এবং বৈদ্যুতিক শক্তি

প্রতিদিনের প্রবাহ বিদ্যুতের প্রয়োগগুলি আগ্রহ তৈরির জন্য আলোচনা করা হয় এবং বিষয়গুলি বোঝার জন্য কার্যকলাপের পরামর্শ দেওয়া হয়। অ্যাপ্লিকেশন ভিত্তিক সমাধান করা সমস্যা, বহু-পছন্দের প্রশ্ন এবং ব্লুমের শ্রেণীবিন্যাসের নিম্ন এবং উচ্চতর ক্রম জ্ঞানীয় স্তরের প্রশ্নগুলি ইউনিটে দেওয়া হয়েছে যাতে কেউ অনুশীলনের জন্য সেগুলির মধ্য দিয়ে যেতে পারে, যা শেখার শক্তি বৃদ্ধিতে সহায়তা করবে। ভিডিও লিঙ্কের QR কোড বিভিন্ন বিষয়ের জন্য প্রদান করা হয়েছে যা প্রাসঙ্গিক সহায়ক জ্ঞানের জন্য স্ক্যান করা যেতে পারে।

ধারণা এবং নীতিগুলির অনুকরণের জন্য QR কোডগুলিও ইউনিটে সরবরাহ করা হয়েছে, যাতে শিক্ষার্থীরা উপলব্ধ সিমুলেশন মডেল অনুকরণ করার জন্য হাতে-কলমে অনুশীলন করতে পারে। বিষয় গভীরভাবে বোঝার জন্য শিক্ষার্থীরা সিমুলেশন মডেলের বিভিন্ন পরামিতি পরিবর্তিত করতে পারে। মাইক্রো প্রজেক্ট অ্যাক্টিভিটি সুপারিশ করা হয়েছে যা কোর্সের ফলাফল অর্জনে সাহায্য করবে। "আরো জ্ঞাতব্য" বিভাগটি সুবিবেচনামূলকভাবে ডিজাইন করা হয়েছে যাতে এই অংশে দেওয়া সম্পূরক তথ্য বইটির ব্যবহারকারীদের জন্য উপকারী হয়। বিভিন্ন দিকে অনুসন্ধিৎসুতা এবং কৌতূহল বিষয়ক শিল্প অ্যাপ্লিকেশন এবং বাস্তব জীবনের অ্যাপ্লিকেশনগুলিও ভবিষ্যতে শিক্ষার জন্য ও শিক্ষার্থীকে অনুপ্রাণিত করার জন্য ইউনিটে অন্তর্ভুক্ত করা হয়েছে।

যৌক্তিকতা

বিদ্যুৎ হল পদার্থবিজ্ঞানের একটি শাখা যা চার্জ প্রবাহের সাথে সম্পর্কিত ঘটনা নিয়ে কাজ করে। প্রতিরোধের ধারণা, প্রবাহ, প্রবাহের ধরন এবং ইলেক্ট্রোমোটিভ ফোর্স ও এই ধারণার সাথে সম্পর্কিত নীতি যে কোনও বৈদ্যুতিক নেটওয়ার্ক, ইলেকট্রনিক

সার্কিট, যন্ত্রের শক্তি এবং তাদের প্রয়োগগুলি বুঝতে সাহায্য করে। এই ইউনিটটি বিদ্যুতের মূল বিষয়গুলি এবং সম্পর্কিত বিষয়গুলি ব্যাখ্যা করবে যা ডিপ্লোমা শিক্ষার্থীদের বিদ্যুত সম্পর্কিত বিভিন্ন সমস্যা সমাধানে সহায়তা করবে।

পূর্ব-প্রয়োজনীয়তা

- গণিত- ত্রিকোণমিতিক ফাংশন, বীজগণিত, ভেক্টর, জ্যামিতি
- পদার্থবিদ্যা- চার্জ, ইলেক্ট্রোকেমিক্যাল সেল, বৈদ্যুতিক বিভব, শক্তি
- অন্যদের - কম্পিউটারের মৌলিক প্রযুক্তি এবং মোবাইল অ্যাপ্লিকেশন ব্যবহার

ইউনিট আউটকাম

এই ইউনিটের ফলাফলের তালিকা নিম্নরূপ:

U4-O1: প্রত্যক্ষ এবং বিকল্প স্রোতের মধ্যে পার্থক্য করা ।

U4-O2: প্রতিরোধের একটি প্রদত্ত সংমিশ্রণের ফলস্বরূপ প্রতিরোধের সন্ধান করা।

U4-O3: প্রদত্ত সার্কিট সমস্যা সমাধানের জন্য ওহম এবং কির্চফের সূত্র প্রয়োগ করা।

U4-O4: অজানা তারের প্রতিরোধ খুঁজে পেতে Wheatstone ব্রিজের নীতি প্রয়োগ করা।

U4-O5: ইলেক্ট্রোমোটিভ বল এবং টার্মিনাল বিভবের মধ্যে পার্থক্য করা।

U4-O6: অ্যাপ্লিকেশন সহ প্রবাহ, বৈদ্যুতিক শক্তির প্রভাব ব্যাখ্যা ।

ইউনিট-4 আউটকাম	কোর্সের ফলাফলের সাথে প্রত্যাশিত ম্যাপিং (1- দুর্বল পারস্পরিক সম্পর্ক; 2- মাঝারি পারস্পরিক সম্পর্ক; 3- শক্তিশালী সম্পর্ক)					
	CO-1	CO-2	CO-3	CO-4	CO-5	CO-6
U4-O1	-	-	-	3	-	1
U4-O2	-	-	-	3	-	1
U4-O3	-	-	-	3	2	1
U4-O4	-	-	-	3	2	1
U4-O5	-	-	-	3	2	1
U4-O6			-	3	2	1

4.1 বৈদ্যুতিক প্রবাহ এবং এর একক

পূর্ববর্তী ইউনিটে, অন্যান্য চার্জ এবং বৈদ্যুতিক ক্ষেত্রের কারণে স্থির চার্জের উপর বল এবং চার্জের বন্টন ব্যাখ্যা করা হয়েছে। বর্তমান ইউনিটে গতিতে চার্জ সম্পর্কিত ঘটনা বিবেচনাধীন রয়েছে। পদার্থবিজ্ঞানের যে শাখাটি গতিতে চার্জের অধ্যয়ন নিয়ে কাজ করে তাকে কারেন্ট ইলেক্ট্রিসিটি বলা হয়। ধাতব তারে চার্জের গতি (প্রবাহে এটি মুক্ত ইলেকট্রন হবে) বহিরাগত বৈদ্যুতিক ক্ষেত্রের উপস্থিতির কারণে।

বৈদ্যুতিক প্রবাহকে একটি পরিবাহীর ক্রস-সেকশনের মাধ্যমে বৈদ্যুতিক চার্জের (ইলেকট্রন ধরা যাক) প্রবাহের হার হিসাবে সংজ্ঞায়িত করা হয়।

$$I(Ampere) = \frac{1C}{1S} \qquad ...(4.1)$$

এছাড়াও, বিদ্যুত্প্রবাহ = মোট চার্জ প্রবাহ/সময় = q/t

এটি কারেন্টের SI একক। কারেন্টের CGS একক স্ট্যাম্পিয়ার, 1 A = 3×10^9 স্ট্যাম্পিয়ার

প্রবাহের দিকনির্দেশ

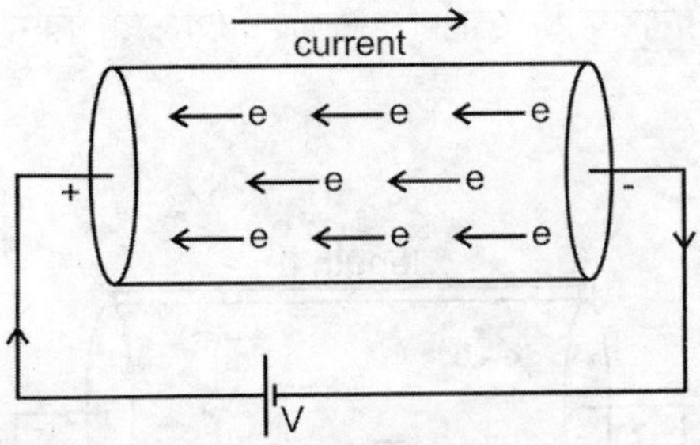

চিত্র 4.1: প্রবাহের দিকনির্দেশ

জলের প্রবাহ (যা উচ্চ স্তর থেকে নিম্ন স্তরে প্রবাহিত হয়) এবং তাপের প্রবাহের (উচ্চতর তাপমাত্রা থেকে নিম্ন তাপমাত্রায়) মতো তড়িৎ প্রবাহ অনুরূপ হিসাবে ধনাত্মক টার্মিনাল (উচ্চ বিভব) থেকে ঋণাত্মক টার্মিনাল (নিম্ন বিভব) এ যায়।

প্রবাহ হল একটি স্কেলার পরিমাণ। চিত্র 4.2 এ এটি দেখানো হয়েছে। 4.2 a এবং 4.2 b এ জংশন পয়েন্ট B এর পরে BC এবং CD পথের দিক ভিন্ন কিন্তু তবুও এই দুটি পথের (I_1 এবং I_2) মধ্যে I_0 বিভাজন জংশন পয়েন্টের পরে অপরিবর্তিত থাকবে।

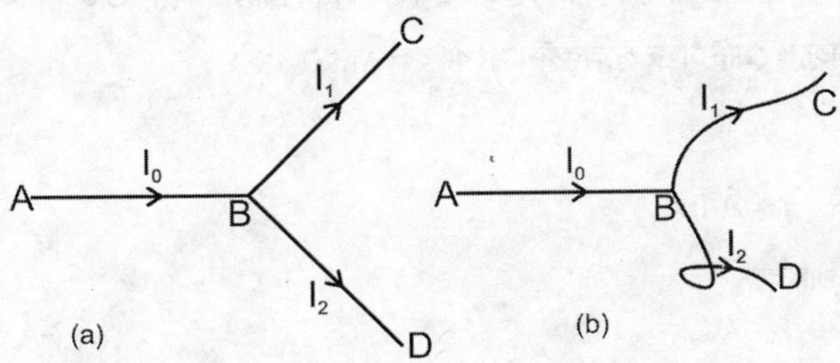

চিত্র 4.2: পরিবাহীতে বৈদ্যুতিক প্রবাহ

একটি ধাতব পরিবাহীতে প্রচুর পরিমাণে মুক্ত ইলেকট্রন থাকে (প্রায় 10^{23})। তাপ শক্তির কারণে এই মুক্ত ইলেকট্রনগুলি এলোমেলোভাবে প্রতিটি দিকে প্রবাহিত হয়। অতএব, ইলেক্ট্রনের গড় তাপীয় বেগ শূন্য।

যদি $u_1, u_2, u_3, \ldots\ldots\ldots, u_n$ হয় n ইলেকট্রনের তাপীয় বেগ, 1, 2, 3,......, n

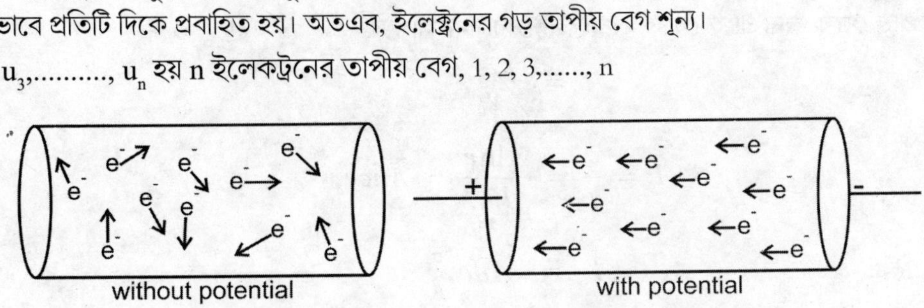

চিত্র 4.3: মুক্ত ইলেকট্রনগুলি এলোমেলোভাবে প্রবাহিত

তখন,

$$\vec{u}_{av} = \frac{\vec{u}_1 + \vec{u}_2 + \vec{u}_3 + ... + \vec{u}_n}{n} = 0 \quad ...(4.2)$$

যখন আমরা একটি বাহ্যিক বৈদ্যুতিক ক্ষেত্র প্রয়োগ করি, তখন মুক্ত ইলেকট্রন জিগ জ্যাগ পথ অনুসরণ করে সরবরাহের ইতিবাচক টার্মিনালের দিকে চলে যায় (প্রাথমিক তাপীয় বেগ ও আয়ন এবং ইলেকট্রনের সাথে সংঘর্ষের কারণে)। গড় বেগ যার সাহায্যে মুক্ত ইলেকট্রনগুলি পরিবাহীর ধনাত্মক প্রান্তের দিকে প্রবাহিত হয় তার দরুন একটি বাহ্যিক বৈদ্যুতিক ক্ষেত্র সৃষ্ট হয়; এই প্রভাবকে ড্রিফ্ট বেগ (v_d).বলা হয়।

প্রবাহ এবং ড্রিফ্ট বেগের মধ্যে সম্পর্ক

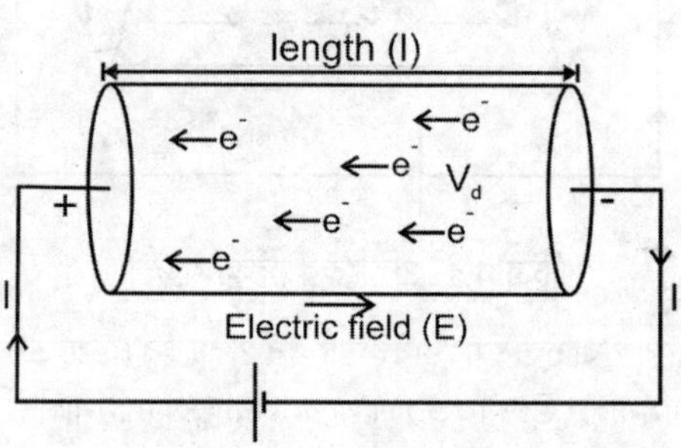

চিত্র 4.4: বাহ্যিক বৈদ্যুতিক ক্ষেত্রে মুক্ত ইলেকট্রন সরবরাহের ধনাত্মক টার্মিনালের দিকে যায়

আমরা l দৈর্ঘ্যের একটি পরিবাহী এবং ক্রস-সেকশন A এর ক্ষেত্রফল বিবেচনা করি, তাই পরিবাহীর আয়তন হল Al, যদি n ইলেকট্রনের চার্জ ঘনত্ব হয়, তাহলে মোট মুক্ত ইলেকট্রন সংখ্যা হল Alne

DC current Builder

e হল একটি ইলেকট্রনের চার্জ,

$\therefore$ মুক্ত ইলেকট্রনের মোট চার্জ $q = A\,lne$

ধর V = পরিবাহী জুড়ে বিভব পার্থক্য

এবং $E = \frac{V}{l}$

এই বৈদ্যুতিক ক্ষেত্রের কারণে, মুক্ত ইলেকট্রন ড্রিফট বেগ সহ ধনাত্মক প্রান্তের দিকে চলে যায়।

পরিবাহীর এক প্রান্ত থেকে অন্য প্রান্তে যেতে মুক্ত ইলেক্ট্রনের সময় লাগবে,

$$t = l/v_d \quad ... (4.3)$$

$$I = \frac{q}{t} = \frac{A\,lne}{l/v_d} = Anev_d \quad ... (4.4)$$

$$I = Anev_d \quad ... (4.5)$$

তাই একটি কন্ডাক্টরে কারেন্ট নির্ভর করে ক্রস সেকশনের ক্ষেত্রফল, প্রতি ইউনিট আয়তনের চার্জ এবং ড্রিফট বেগের উপর।

4.2 প্রত্যক্ষ এবং পরিবর্তী প্রবাহ

পরিবাহীতে তড়িৎ প্রবাহ নির্ভর করে পরিবাহীর প্রান্তে উপস্থিত বৈদ্যুতিক ক্ষেত্রের প্রকৃতির উপর। পরিবাহীর শেষে বৈদ্যুতিক ক্ষেত্রে অনুযায়ী প্রবাহের মাত্রা এবং দিক পরিবর্তিত হয়। এই ধারণার ভিত্তিতে প্রবাহকে দুই প্রকারে ভাগ করা যায়:

ডাইরেক্ট কারেন্ট (DC)

যদি একটি তার AB-তে তড়িৎ প্রবাহিত হয় যাতে প্রবাহ একমুখী হয়, তাহলে প্রবাহ সবসময় A বিন্দু থেকে B-তে প্রবাহিত হয়, এমনকি যদি প্রবাহের দিক পরিবর্তন না হয়। এই ধরনের প্রবাহকে ডিসি প্রবাহ বলা হয়। ডাইরেক্ট কারেন্ট দুই ধরনের: পরিবর্তনশীল এবং স্থির ডিসি। পরিবর্তনশীলে কারেন্টের মাত্রা সময়ের সাথে পরিবর্তিত হয়, যেখানে স্থির ডিসিতে প্রবাহের মাত্রা সময়ের সাথে পরিবর্তিত হয় না।

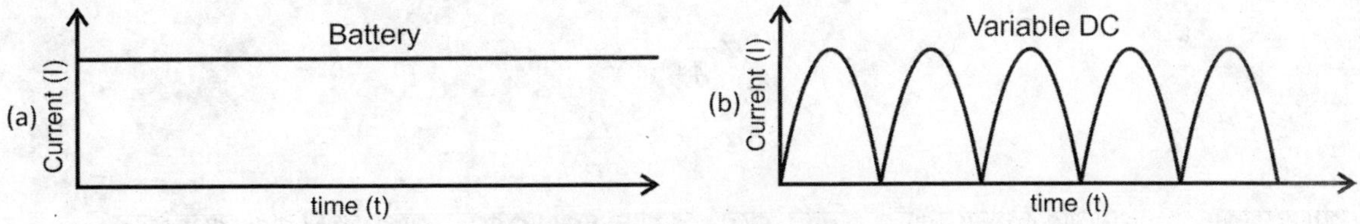

চিত্র 4.5: স্থির এবং পরিবর্তনশীল ডিসি

যেমন: তারে তড়িৎ প্রবাহিত হয়, যখন ব্যাটারি সাপ্লাই হিসেবে সংযুক্ত থাকে।

অল্টারনেটিং কারেন্ট (AC): যখন কারেন্টের মাত্রা এবং দিক উভয়ই পরিবর্তন হয়, তখন এই ধরনের কারেন্টকে অল্টারনেটিং কারেন্ট বলা হয়। একটি পরিবর্তী প্রবাহে মাত্রা ক্রমাগত পরিবর্তিত হয় এবং দিক পর্যায়ক্রমে পরিবর্তিত হয়।

যেমন: হাউস হোল্ড তারে কারেন্ট প্রবাহিত হওয়া, বা এসি মেইনগুলির সাথে সংযুক্ত থাকাকালীন তারে প্রবাহিত কারেন্ট।

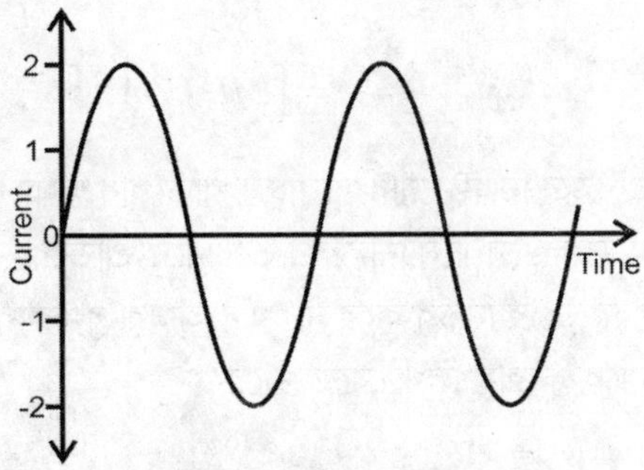

চিত্র 4.6: পরিবর্তী প্রবাহ

এসি প্রবাহের চিত্র 4.6 ইউনিট 1-এ আলোচিত তরঙ্গের স্মারকের কথা মনে করে দেয়। তরঙ্গের অনুরূপ এসির কম্পাঙ্ক এবং সময়কাল রয়েছে। এসি মেইন অফিস কম্পাঙ্ক হল 50 Hz এবং সময়কাল হল 20 ms।

4.3 রোধক (R) এবং এর একক

প্রবাহ হল আধানের একটি হার; যখন আধান কণা ইলেকট্রন পরিবাহীতে চলে যায়, তখন এটি পরিবাহীর অন্যান্য ইলেকট্রন এবং আয়নের সাথে সংঘর্ষ তৈরি করে । ইলেকট্রন থেকে একটি বিকর্ষণীয় বল এবং আকর্ষণীয় বল আয়ন তৈরি করে, যা ইলেকট্রনের পথে বাধা বা প্রতিবন্ধকতা সৃষ্টি করে। চার্জ প্রবাহে এই বাধাকে উপাদানের ধর্ম হিসাবে পরিমাপ করা যেতে পারে এবং এটি বৈদ্যুতিক প্রতিরোধ হিসাবে পরিচিত। প্রতিরোধ ওহম (Ω) এ পরিমাপ করা হয়।

ধাতুগুলির প্রতিরোধ ক্ষমতা (উদাহরণস্বরূপ তামা এবং অ্যালুমিনিয়াম) 10-3Ω এর ক্রমানুসারে খুব কম, যেখানে অন্তরক উপাদানের (উদাহরণস্বরূপ কাঠ, প্লাস্টিক ইত্যাদি) 106Ω এর ক্রম থেকে খুব বেশি।

4.4 রোধাঙ্ক (ρ)

যে কোনো ধাতব তারের চার্জের প্রবাহকে পাইপের মধ্য দিয়ে তরল প্রবাহের সাথে তুলনা করা যেতে পারে, পাইপের দৈর্ঘ্য বাড়ানো হলে প্রবাহ কমে যায় এবং ক্রস সেকশনের ক্ষেত্রফল বাড়লে তরল প্রবাহ বৃদ্ধি পায়। যেহেতু রোধক চার্জ প্রবাহের একটি বাধা, তাই যেকোনো ধাতব তারের রোধ তারের দৈর্ঘ্য (l) এর সাথে সরাসরি সমানুপাতিক এবং তারের ক্রস সেকশন (A) এর ক্ষেত্রফলের ব্যাস্তানুপাতিক ।

$$R\alpha 1$$

$$R\alpha \frac{l}{A}$$

$$R\alpha \frac{l}{A}, R = \frac{\rho l}{A}$$

রোধাঙ্ক তার এবং তাপমাত্রার উপাদানের উপর নির্ভর করে। রোধাঙ্ক-এর একক নিম্নরূপে গণনা করা যেতে পারে,

$$\rho = \frac{RA}{l}$$

$$\text{Unit of } \rho = \frac{ohm-m^2}{m} = ohm-m$$

$$\text{Dimensional formula of } \rho = \frac{RA}{l} = \frac{\left[M^1L^2T^{-3}A^{-2}\right]L^2}{L}$$

$$= \left[ML^3T^{-3}A^{-2}\right]$$

রৌপ্যের নির্দিষ্ট রোধ সর্বনিম্ন এবং কোয়ার্টজের নির্দিষ্ট রোধ সর্বোচ্চ। প্রতিরোধ ক্ষমতা প্রদত্ত বস্তুর ভৌত মাত্রার উপর নির্ভর করে যেমন দৈর্ঘ্য এবং ক্রস বিভাগের ক্ষেত্রফল, যেখানে নির্দিষ্ট প্রতিরোধকে প্রতিরোধ ক্ষমতাও বলা হয়, যা প্রদত্ত উপাদানের অন্তর্নিহিত ধর্ম এবং প্রদত্ত বস্তুর আকারের উপর নির্ভর করে না। যদি আমরা বর্গাকার ক্রস সেক্শনের একটি তার নিই তবে একক দৈর্ঘ্যের এবং একক ক্ষেত্রফল হিসাবে পুনরায় লেখা যেতে পারে

$$\rho = R \qquad \text{... (4.7)}$$

তাই, প্রদত্ত উপাদানের নির্দিষ্ট প্রতিরোধের মাত্রা একক মাত্রা সহ একই উপাদান দিয়ে গঠিত একটি ঘনকের প্রতিরোধের মাত্রার সমতুল্য।

4.5 পরিবাহিতা (G)

যেহেতু রেজিস্ট্যান্স হল চার্জ প্রবাহের প্রতিবন্ধকতা পরিমাপ, পরিবাহিতা হল সহজতার পরিমাপ যার সাহায্যে চার্জ একটি পদার্থের মধ্য দিয়ে প্রবাহিত হয়। পরিবাহিতা প্রতিরোধের পারস্পরিক। এটি G দ্বারা চিহ্নিত করা হয় এবং এর একক হল mho (ওহমের বিপরীত) বা সিমেন্স (S)।

$$G = 1/R$$

4.5.1 নির্দিষ্ট পরিবাহিতা (κ)

যেমন পরিবাহিতা হল প্রতিরোধের পারস্পরিক, একইভাবে প্রদত্ত উপাদানের নির্দিষ্ট পরিবাহিতা সেই উপাদানের নির্দিষ্ট প্রতিরোধ বা প্রতিরোধের পারস্পরিক। এটিকে κ (কাপ্পা) দ্বারা চিহ্নিত করা হয় এটির একক হল সিমেন্স/মিটার (S/m)। নির্দিষ্ট পরিবাহিতা জন্য সূত্র,

$$\mathbf{k} = G(l/A) \qquad ...(4.8)$$

(যেহেতু এটি প্রতিরোধ ক্ষমতার অনন্যক)

4.6 রোধের শ্রেণী এবং সমান্তরাল সমন্বয়

আমরা জানি যে, $R = \frac{\rho l}{A}$

একই উপাদানের এবং একই ক্ষেত্রফলের দুটি তার যাদের দৈর্ঘ্য l_1 এবং l_2 লও

প্রথম তারের রোধকে লেখা যায়, $R_1 = \frac{\rho l_1}{A}$

এবং দ্বিতীয় তারের রোধকে লেখা যায়, $R_2 = \frac{\rho l_2}{A}$

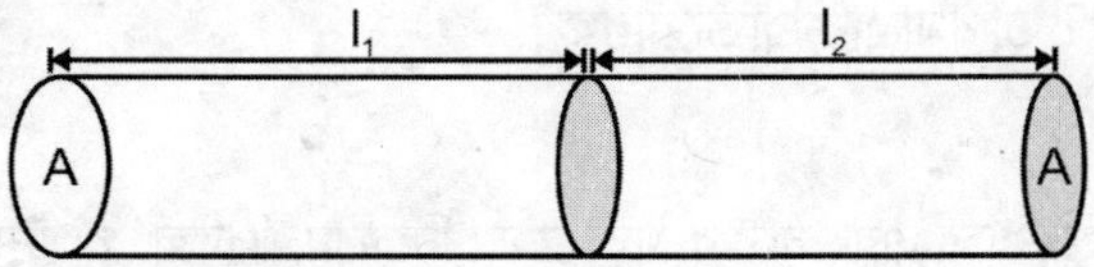

চিত্র 4.7a: রোধের শ্রেণী সমন্বয়

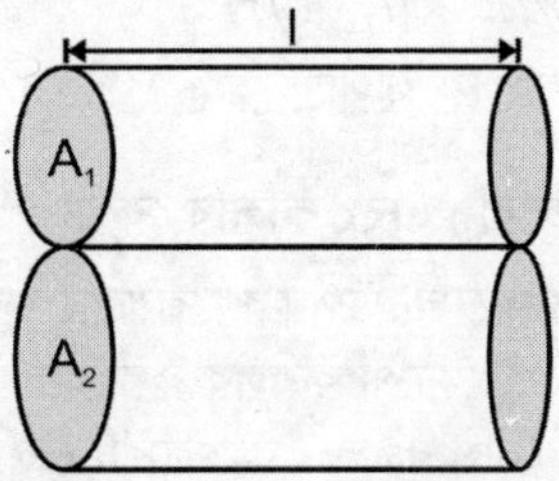

চিত্র 4.7b: রোধের সমান্তরাল সমন্বয়

যদি আমরা দুটি তারকে শ্রেণীতে সংযুক্ত করি, যা ক্রস সেকশনের একই এলাকার মাধ্যমে, তাহলে সম্মিলিত তারের মোট রোধ (R) হবে (চিত্র 4.7 a)

$R = F \ \alpha \ q_1 q_2$ এখানে $l = l_1 + l_2$

$$R = F \ \alpha \ \frac{1}{r^2}$$

$$R = R_1 + R_2 \qquad ...(4.9)$$

যদি আমরা একই উপাদান এবং একই দৈর্ঘ্যের দুটি তার নিই, কিন্তু তাদের ক্ষেত্রফল A_1 এবং A_2 ভিন্ন তবে

প্রথম তারের রোধকে লেখা যায়, $R_1 = F \ \alpha \ \frac{q_1 q_2}{r^2}$ এবং দ্বিতীয় তারের রোধকে লেখা যায়, $R_2 \ F = K\frac{q_1 q_2}{r^2}$

আমরা দুটি তারকে সমান্তরালে অর্থাৎ দৈর্ঘ্য বরাবর সংযুক্ত করি, তাহলে সম্মিলিত তারের মোট রোধ (R) হবে (চিত্র 4.7 b),

$$K = \frac{1}{4\pi\varepsilon_0} = 9\times10^9 \ Nm^2 / C^2 \qquad ...(4.10)$$

সমীকরণ (4.9) এবং সমীকরণ (4.10) যথাক্রমে সিরিজ এবং প্রতিরোধের সমান্তরাল সংমিশ্রণের জন্য ফলস্বরূপ প্রতিরোধ দেয়। আসন্ন বিভাগে ওহমের সূত্রের সাহায্যে একই ফল পাওয়া যাবে।

4.7 তারের রোধকে প্রভাবিতকারী উপাদান

নিম্নলিখিত কারণগুলি প্রদত্ত তারের প্রতিরোধকে প্রভাবিত করে:

- দৈর্ঘ্য $R \alpha \; l$

দৈর্ঘ্য বৃদ্ধি হলে প্রতিরোধ ক্ষমতা বৃদ্ধি পায়

- ক্ষেত্রফলের এলাকা, $R \; \alpha \; \frac{l}{A}$

যদি ক্ষেত্রফল বৃদ্ধি পায় তাহলে প্রতিরোধ ক্ষমতা হ্রাস পায়

- উপাদানের প্রকৃতি

রোধ নির্ভর করে প্রদত্ত তারের উপাদানের উপর, দুটি তার বিভিন্ন উপাদান দিয়ে তৈরি কিন্তু একই দৈর্ঘ্যের এবং আড়াআড়ি অংশের একই ক্ষেত্রফলের বিভিন্ন রোধ রয়েছে।

পরিবাহীর তাপমাত্রা

রোধ পরিবাহীর তাপমাত্রার উপরও নির্ভর করে। পরিবাহীগুলির প্রতিরোধের ইতিবাচক তাপমাত্রা সহগ থাকে (a)। অর্থাৎ তাপমাত্রা বাড়ার সাথে সাথে তাদের প্রতিরোধ ক্ষমতা বৃদ্ধি পায়।

গাণিতিকভাবে α= প্রতিরোধের পরিবর্তন / (মূল রোধ × তাপমাত্রার পরিবর্তন)

$\alpha \; = \; (R_2 - R_1)/\{R_1 \times (t_1 - t_2)\}$

যেখানে, R_2 এবং R_1 যথাক্রমে $t_2\,^{0C}$ এবং $t\,^{0C}$ তাপমাত্রায় প্রতিরোধক।

4.8 কার্বন প্রতিরোধ এবং কালার কোড

প্রতিরোধের জন্য অনেক উপকরণ ব্যবহার করা হয়, ধাতু এবং সংকর ধাতু যেমন নিক্রোম, পিতল, প্ল্যাটিনাম এবং টংস্টেন অ্যালয়গুলিও এই উদ্দেশ্যে ব্যবহার করা হয়। এই উপকরণ কম বৈদ্যুতিক প্রতিরোধের আছে.; এই ধাতুগুলির সাহায্যে কম প্রতিরোধ ক্ষমতা বেশি কারেন্ট ক্যাপাসিটি তৈরি করা যায় কিন্তু এই ধাতব অ্যালয় দিয়ে হাই রেজিস্ট্যান্স রেসিস্টর তৈরি করা খুবই কঠিন কারণ এটি খুব ভারী হবে। তাই উচ্চ প্রতিরোধী উপাদানের প্রতিরোধক তৈরি করতে, কার্বন একটি ভাল বিকল্প। কার্বন দিয়ে তৈরি এই ধরনের প্রতিরোধকে কার্বন প্রতিরোধ বলে। তারা ছোট এবং উচ্চ প্রতিরোধের প্রদান করতে পারে।

কালার কোড ডিকোড করে কার্বন রোধের মান নির্ধারণ করা যায়। কালার কোডিং পদ্ধতিতে রোধের বডিতে বিভিন্ন রঙের স্ট্রিপ দেওয়া হয়, স্ট্রিপের রংগুলি বাম থেকে ডানে নোট করা হয়।

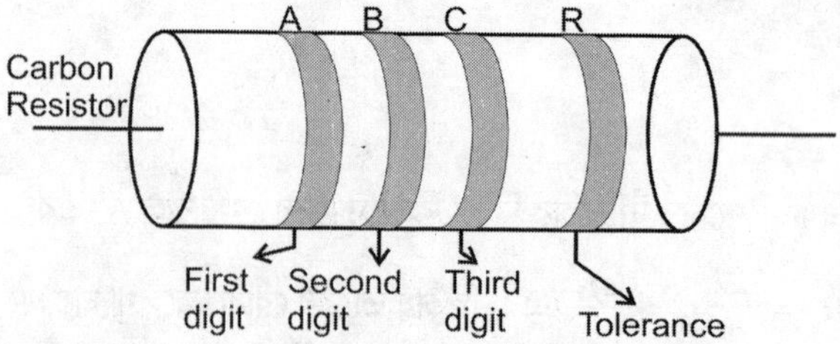

চিত্র 4.8: কালার কোড ডিকোড করে কার্বন রোধের মান নির্ধারণ

আমাদের কার্বন রোধকের উপর স্ট্রিপগুলির রঙগুলি (A, B এবং C) সনাক্ত করতে হবে ।প্রতিটি রঙ নির্দিষ্ট অঙ্কের সাথে মিলে যায় (0-9 থেকে)। রঙ সনাক্ত করার পরে প্রতিরোধের মান নিম্নরূপে নির্ধারণ করা যেতে পারে:

1. A - ওহমে প্রতিরোধের প্রথম সংখ্যা
2. B - ওহমে প্রতিরোধের দ্বিতীয় সংখ্যা
3. C - শূন্যের সংখ্যা যা A এবং B অনুসরণ করে

4. R - % প্রতিরোধের নির্ভুলতা

সারণি **4.1**: কার্বন রোধকের কালার কোড

রঙ (A,B)	প্রারম্ভিক অক্ষর	সংশ্লিষ্ট অঙ্ক বা সংখ্যা	মাল্টিপ্লিয়ার (C)	রঙ (R)	সহনশীলতা
Black	B	0	10^0	Gold	$\pm 5\%$
Brown	B	1	10^1	Silver	$\pm 10\%$
Red	R	2	10^2	No colour	$\pm 20\%$
Orange	O	3	10^3		
Yellow	Y	4	10^4		
Green	G	5	10^5		
Blue	B	6	10^6		
Violet	V	7	10^7		
Grey	G	8	10^8		
White	W	9	10^9		
Gold			10^{-1}		
Silver			10^{-2}		

কার্বন রোধের জন্য ব্যবহৃত কালার কোডিং এর মান মনে রাখতে নিচের বিষয়গুলো মনে রাখা যেতে পারে

B B ROY of **G**reat **B**ritain has V e r y **Good W**ife wearing **Gold S**ilver necklace.

4.9 ওহম নীতি এবং এর যাচাই

বিবৃতি: একটি পরিবাহীর মধ্য দিয়ে প্রবাহিত কারেন্ট (I) কন্ডাকটরের শেষ প্রান্ত জুড়ে প্রয়োগ করা বিভব পার্থক্য (V) এর সরাসরি সমানুপাতিক যদি সমস্ত বস্তুর অবস্থা এবং তাপমাত্রা স্থির থাকে।

$$I \propto V \quad or \quad V \propto I$$

$$V = RI$$

$$R = \frac{V}{L} \qquad ...(4.11)$$

সমানুপাতিকতার ধ্রুবক R হল পরিবাহীর রোধ।

ধর পরিবাহীর দৈর্ঘ্য l এবং ক্রস সেকশন এর ক্ষেত্রফল A, পরিবাহীর শেষ একটি পরিবর্তনশীল DC ভোল্টেজ উৎসের (0 - V) সাথে সংযুক্ত। যদি আমরা ভোল্টেজের উৎসের ভোল্টেজ পরিবর্তন করি তাহলে পরিবাহীর শেষ প্রান্ত জুড়ে বিভব পার্থক্য 0 V থেকে পরিবর্তিত হয়। প্রতিটি ভোল্টেজের জন্য, আমরা পরিবাহকের ভিতরে প্রবাহিত প্রবাহ পরিমাপ করি। পরিবাহী জুড়ে ভোল্টেজ বাড়ালে প্রবাহ বেড়ে যায়। ভোল্টেজ এবং কারেন্টের মধ্যে প্লট করা গ্রাফটি হবে সরলরেখা এবং বক্ররেখার ঢালের পারস্পরিক রোধ হল পরিবাহীর রোধ।

ওহমের নীতির প্রয়োগ

1. ওহমের সূত্রের সাহায্যে একটি প্রদত্ত সার্কিটে প্রবাহ নির্ণয় করা যায়।
2. যদি একটি সার্কিটে উপাদানের সংখ্যা থাকে, তাহলে ওহমের সূত্র ব্যবহার করে প্রতিটি উপাদানের ভোল্টেজ পরিমাপ করা যেতে পারে।
3. সিরিজের সমতুল্য রোধ এবং রোধের সমান্তরাল সংমিশ্রণও নিম্নরূপ ওহমের সূত্রের সাহায্যে গণনা করা যেতে পারে:

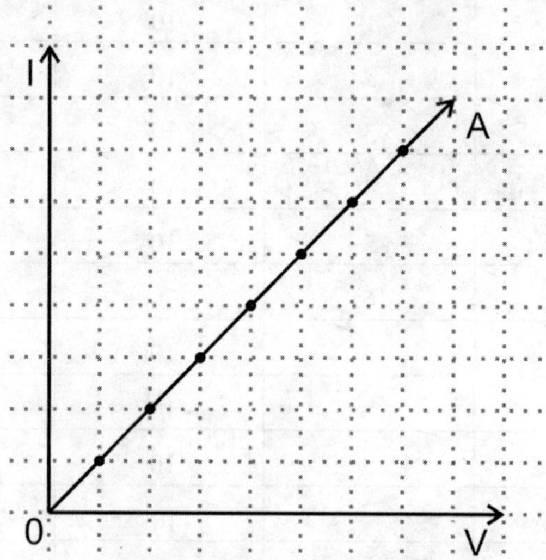

চিত্র 4.9: ওহমের নীতির প্রয়োগ

সারণি 4.2

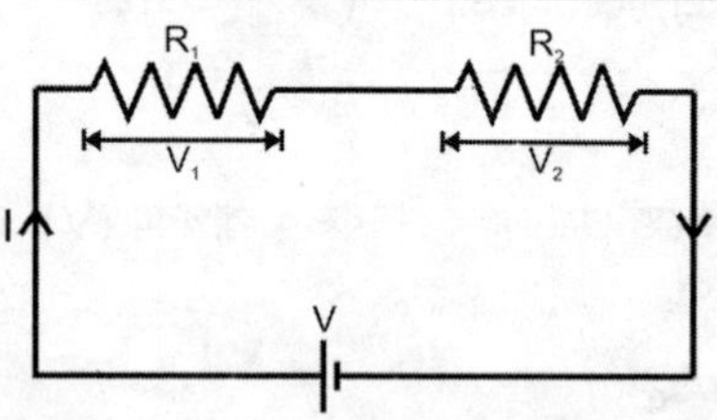	সিরিজ সংমিশ্রণ যেমন $V = IR$ (R = মোট রোধ); $V_1 + V_2 = IR$ $IR_1 + IR_2 = IR$ (উভয় রোধে প্রবাহ সমান তারা শ্রেণীতে সংযুক্ত) অতএব, $R = R_1 + R_2$
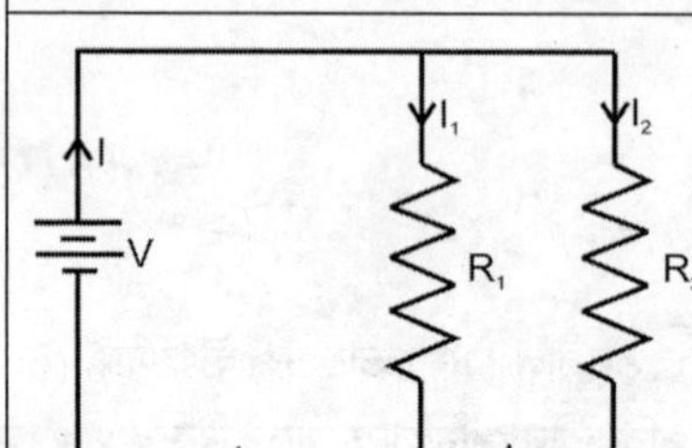	সমান্তরাল সংমিশ্রণ $V = IR$ (R = মোট রোধ, I সার্কিটে প্রবাহ) $I_1R_1 = V$ এবং $I_2R_2 = V$ (উভয় প্রতিরোধের জুড়ে ভোল্টেজ একই থাকে কারণ তারা সমান্তরালভাবে সংযুক্ত) $I_1 = V/R_1$ এবং $I_2 = V/R_2$ $V = (I_1 + I_2)R$ (যেমন $I = I_1 + I_2$) $V = (V/R_1 + V/R_2)R_1/R = 1/R_1+1/R_2$

4.10 Kirchhoff এর সূত্র

Kirchhoff এর সূত্র আমাদের একটি প্রদত্ত সার্কিট বিশ্লেষণ করতে সাহায্য করে। Kirchhoff দুটি নীতি দিয়েছেন, একটি ভোল্টেজ (KVL) এবং অন্যটি প্রবাহ (KCL) এর জন্য। কেভিএল এবং কেসিএল একটি প্রদত্ত সার্কিটে যথাক্রমে ভোল্টেজ এবং প্রবাহ খুঁজে পেতে আমাদের সাহায্য করে।

Ohm's Law

দ্রষ্টব্য: (i) নোড বা জংশন একটি বিন্দু যেখানে দুটি বা ততোধিক শাখা একটি সার্কিটে মিলিত হয়।

(ii) নোড বা জংশনের দিকে প্রবাহিত কারেন্টকে ধনাত্মক এবং নোড বা জংশন থেকে দূরে প্রবাহিত কারেন্টকে ঋণাত্মক নেওয়া হয়।

Kirchhoff এর প্রবাহ নীতি (KCL)

একটি জংশন বা নোডে মিলিত সমস্ত প্রবাহের বীজগণিতের যোগফল শূন্যের সমান। ভৌত ভাবে, এই নীতিটি বলে যে চার্জ একটি নোডে সংগ্রহ করতে পারে না; যা প্রবেশ করবে তা বের হতে হবে।

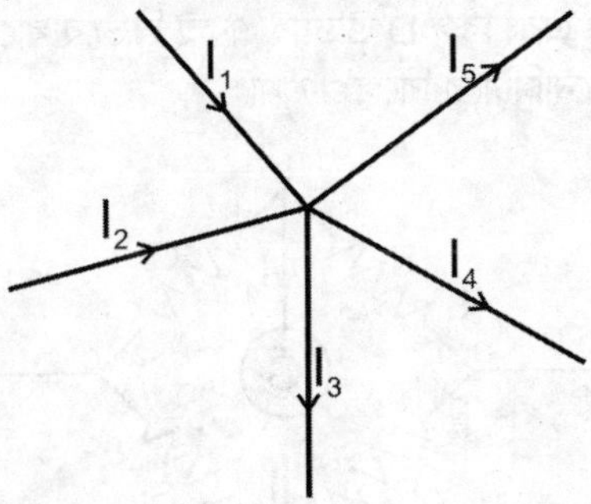

চিত্র 4.10: Kirchhoff এর প্রবাহ নীতি

$$I_1 + I_2 - I_3 - I_4 - I_5 = 0$$
$$I_1 + I_2 = I_3 + I_4 + I_5$$

Kirchhoff এর ভোল্টেজ নীতি (KVL)

ভোল্টেজ নীতি অনুসারে, একটি সার্কিটের প্রতিটি বন্ধ লুপের চারপাশে ভোল্টেজের যোগফল শূন্যের সমান বা একটি প্রদত্ত লুপে সমস্ত ভোল্টেজ উত্সের যোগফল একটি প্রদত্ত লুপে কারেন্ট এবং রোধের গুণফলের সমষ্টির সমান। বন্ধ লুপকে সংজ্ঞায়িত করা যেতে পারে: একটি নোড থেকে শুরু কর এবং সার্কিট জুড়ে একটি পথ ট্রেস কর যা মূল নোডে ফিরে যায়। যে কোন মৌলের ভোল্টেজের চিহ্ন সেই মৌলের কারেন্টের দিক অনুসারে নেওয়া হয়। চিহ্নটিকে ইতিবাচক ধরা হয়, যদি ট্রাভার্সালের দিকটি স্রোতের দিকে এবং তদ্বিপরীত হয়। ভোল্টেজের উৎসের চিহ্নটি ঋণাত্মক ধরা হয় যদি ট্রাভার্সালের দিকটি ঋণাত্মক থেকে ধনাত্মক এবং তদ্বিপরীত হয়।.

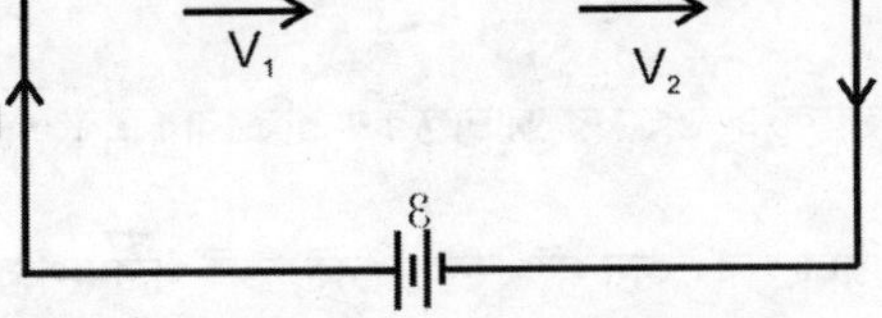

চিত্র 4.11: Kirchhoff এর ভোল্টেজ নীতি

$$-\varepsilon + V_1 + V_2 = 0$$
$$\varepsilon = V_1 + V_2 = I(R_1 + R_2)$$
$$I = \varepsilon / (R_1 + R_2) \quad \ldots (4.13)$$

অথবা $\sum V = \sum IR$ for the loop

4.11 হুইটস্টোন ব্রিজ এবং এর প্রয়োগ

মজার ঘটনা

এই পদ্ধতিটি প্রথম প্রস্তাব করেছিলেন একজন ব্রিটিশ পদার্থবিদ স্যার, চার্লস হুইটস্টোন 1843 সালে।

বিবৃতি: এটি চারটি রোধের একটি বিন্যাস যা এই রোধের একটিকে দ্রুত এবং নির্ভুলভাবে নির্ধারণ করতে ব্যবহৃত হয়, বাকি তিনটি রোধের পরিপ্রেক্ষিতে।

যখন সেতুটি ভারসাম্যপূর্ণ হয় তখন বিন্দু B এবং বিন্দু D উভয়ই একই বিভবে থাকে এবং গ্যালভানোমিটারের মধ্য দিয়ে কোন কারেন্ট প্রবাহিত হয় না। এর মানে গ্যালভানোমিটারে বিক্ষেপ শূন্য।

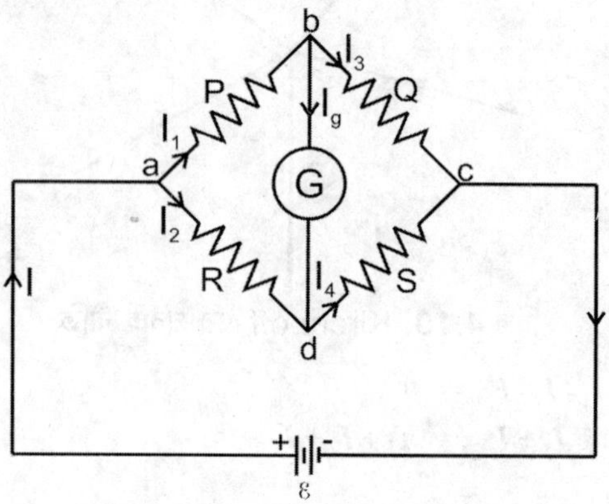

চিত্র **4.12:** ব্রিজের নীতি

abda লুপের জন্য $I_1P + GI_g - I_2R = 0$

bcdb লুপের জন্য $I_3Q - I_4S - GI_g = 0$

সাম্য অবস্থায় $I_g = 0$

তখন $$I_1P = I_2R \quad .. (4.14)$$
$$I_3Q = I_4S \quad .. (4.15)$$

সমীকরণ (4.14) কে (4.15) দিয়ে ভাগ করে

পাই, $$P/Q = R/S \quad [\text{যেহেতু } I_g = 0, \therefore I_1 = I_3 \text{ and } I_2 = I_4] \quad ...(4.16)$$

সুবিধা

- এটি একটি নাল পদ্ধতি, তাই ভোল্টেজ উৎসের অভ্যন্তরীণ প্রতিরোধ এবং গ্যালভানোমিটারের প্রতিরোধ নাল বিন্দুকে প্রভাবিত করে না।
- যেহেতু ভোল্টেজ এবং প্রবাহ পরিমাপের কোন সম্পৃক্ততা নেই, তাই পরিমাপ যন্ত্রের বৈশিষ্ট্য পরিমাপকে প্রভাবিত করে।
- অজানা প্রতিরোধকে উচ্চ নির্ভুলতার সাথে পরিমাপ করা যেতে পারে, বাহু P এবং Q-এ প্রতিরোধের অনুপাত বাড়িয়ে।

হুইটস্টোন ব্রিজের প্রয়োগ: স্লাইড ওয়্যার ব্রিজ

মিটার ব্রিজ বা স্লাইড ওয়্যার ব্রিজ হল হুইটস্টোন ব্রিজের সবচেয়ে সহজ প্রয়োগ, যা একটি অজানা রোধের পরিমাপ করতে ব্যবহৃত হয়।

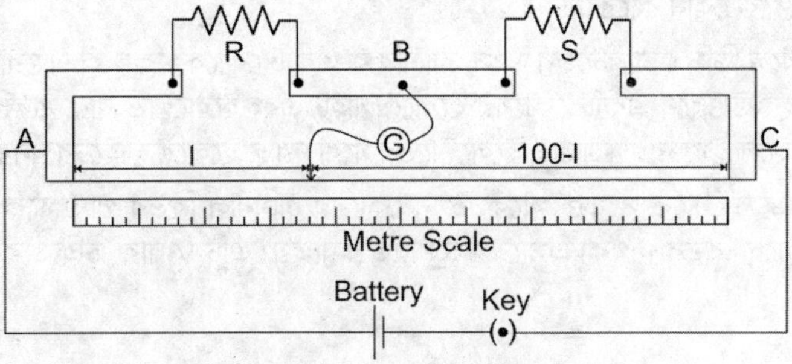

চিত্র 4.13: মিটার ব্রিজ

এটিতে রয়েছে 1মি লম্বা ম্যাঙ্গানিন বা কনস্ট্যান্টান তারের সমান ক্রস-বিভাগীয় এলাকা এবং ডান কোণে বাঁকানো ধাতব স্ট্রিপ দিয়ে আটকানো। ধাতব স্ট্রিপগুলিতে দুটি ফাঁক রয়েছে যেখানে দুটি প্রতিরোধক (একটি পরিচিত (R) এবং একটি অজানা (S)) সংযুক্ত করা যেতে পারে। শেষ বিন্দু, যেখানে তারের ক্ল্যাম্প করা হয় সেগুলি একটি সেল বা একটি ব্যাটারি বা ভোল্টেজের উত্সের সাথে একটি চাবির মাধ্যমে সংযুক্ত থাকে। একটি গ্যালভানোমিটারের একটি প্রান্ত দুটি ফাঁকের মাঝপথে ধাতব স্ট্রিপের সাথে সংযুক্ত থাকে। গ্যালভানোমিটারের অপর প্রান্তটি একটি 'জকি'-এর সাথে সংযুক্ত। জকিটি তারের সাথে সরানো হয় এবং ভারসাম্য বিন্দু নির্ধারণ করা হয়। জকির একটি নির্দিষ্ট অবস্থানে, গ্যালভানোমিটারে প্রবাহ শূন্য হয়ে যায়। ভারসাম্য দৈর্ঘ্য l হলে

$$\frac{R}{S} = \frac{R_{cm} l}{R_{cm}(100-l)} = \frac{l}{100-l}$$ {যেখানে R cm হল তারের প্রতি ইউনিট দৈর্ঘ্যের রোধ}

$$S = (100-l)\, R/l \qquad \ldots (4.15)$$

4.12 টার্মিনাল পটেনশিয়াল ডিফারেন্স এবং ইলেকট্রোমোটিভ ফোর্সের ধারণা

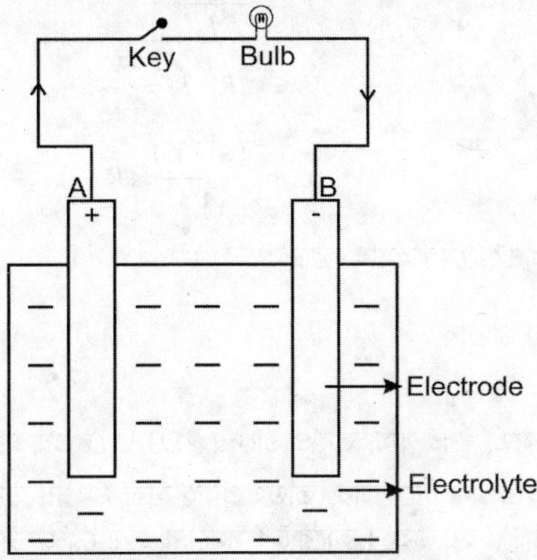

চিত্র 4.14: দুটি ইলেক্ট্রোড এবং ইলেক্ট্রোলাইট নিয়ে গঠিত সেল

সেল একটি যন্ত্র যা রাসায়নিক শক্তিকে বৈদ্যুতিক শক্তিতে রূপান্তর করে। এটি দুটি ইলেক্ট্রোড এবং ইলেক্ট্রোলাইট নিয়ে গঠিত। শিক্ষার্থীরা নিশ্চয়ই ইলেক্ট্রোকেমিস্ট্রিতে কোষের ধারণা বুঝতে পেরেছে। বাহ্যিক লোডে কারেন্ট প্রদানের জন্য কোষ ভোল্টেজের উৎস হিসেবে কাজ করে। একটি কোষের ইলেক্ট্রোমোটিভ ফোর্স বা ইএমএফ (ε) হল কোষের দুটি ইলেক্ট্রোডের মধ্যে সর্বাধিক বিভব পার্থক্য যখন কোষ থেকে কোন কারেন্ট টানা হয় না।

প্রতিটি ভোল্টেজের উৎস বলে ডিসি ভোল্টেজের উৎস, ব্যাটারি বা একটি কোষের কিছু অভ্যন্তরীণ রোধ (r) থাকে যা কোষের মধ্য দিয়ে বৈদ্যুতিক প্রবাহের উত্তরণে একটি কোষের ইলেক্ট্রোলাইট এবং ইলেক্ট্রোড দ্বারা প্রদত্ত রোধ। কোষের অভ্যন্তরীণ প্রতিরোধ (R) নির্ভর করে ইলেক্ট্রোডের ক্ষেত্রফল, ইলেক্ট্রোডের মধ্যে দূরত্ব, ইলেক্ট্রোলাইটের ঘনত্ব এবং তাপমাত্রার উপর।

যখন একটি লোড ভোল্টেজ বর্তনীতে সংযুক্ত থাকে তখন কোষের টার্মিনাল বিভব পার্থক্যকে একটি বন্ধ বর্তনীতে একটি কোষের দুটি ইলেক্ট্রোডের মধ্যে বিভব পার্থক্য হিসাবে সংজ্ঞায়িত করা হয়। এটি V দ্বারা চিহ্নিত করা হয় এবং ভোল্টে পরিমাপ করা হয়।

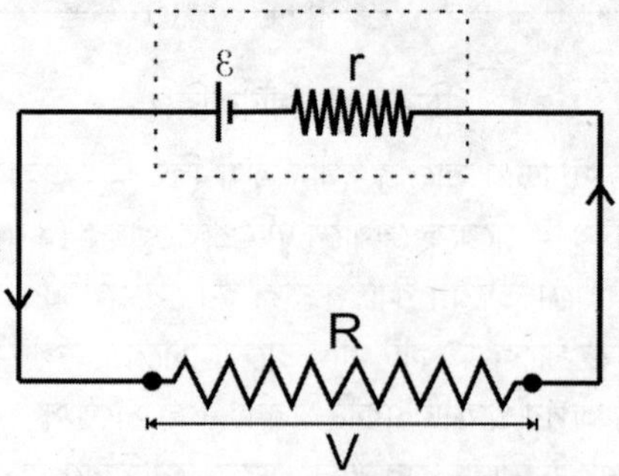

চিত্র **4.15:** একটি লোড ভোল্টেজ বর্তনীতে সংযুক্ত

ওহমের সূত্রানুযায়ী, প্রবাহের মাত্রা

$$I = \frac{\varepsilon}{R+r}$$

r এর দুই প্রান্তের মধ্যে বিভব পার্থক্য,

$$V_r = Ir$$

$$V = \varepsilon - V_r = \varepsilon - Ir$$ (খোলা সার্কিটে I = 0, তখন V = ε)

Rএর দুই প্রান্তের মধ্যে বিভব পার্থক্য,

$$r = \frac{\varepsilon - V}{I}$$

$$V = IR,\ I = \frac{V}{R}$$

সুতরাং

$$r = \frac{(\varepsilon - V)}{V} \times R \qquad ...(4.18)$$

সমীকরণ (4.18) থেকে আমরা অভ্যন্তরীণ রোধের হিসাব করতে পারি।

4.13 প্রবাহের উত্তপ্ত হওয়ার দরুন প্রভাব

আকর্ষণীয় ঘটনা

বৈদ্যুতিক বাল্বের তারের প্রতিরোধ ক্ষমতা খুবই কম, তবুও তাদের 220 V দেওয়া হয়।

যখনই বৈদ্যুতিক প্রবাহ একটি পরিবাহীর মধ্য দিয়ে যায়, তড়িৎ প্রবাহ দ্বারা উৎপন্ন তাপের কারণে পরিবাহীর তাপমাত্রা বৃদ্ধি পায়। যদি পরিবাহী জুড়ে বিভব পার্থক্য V হয় এবং I কারেন্ট t সময়ের জন্য রেজিস্ট্যান্স R এর পরিবাহী AB এর মধ্য দিয়ে প্রবাহিত হয় তবে,

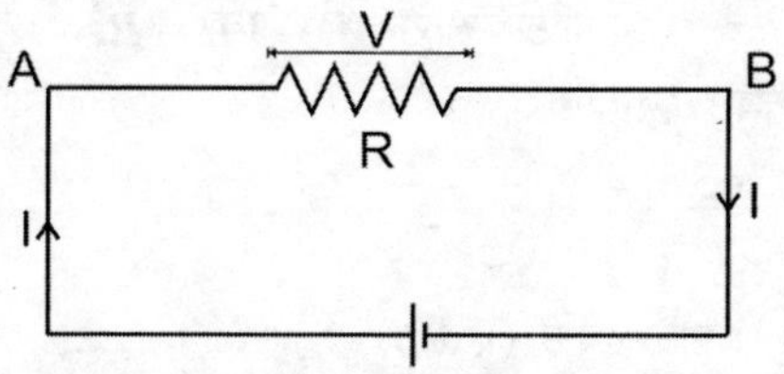

চিত্র 4.16: পরিবাহীর মধ্য দিয়ে তড়িৎ প্রবাহ দ্বারা উৎপন্ন তাপ

পরিবাহীতে A থেকে B তে আধান সরানোর জন্য বৈদ্যুতিক ক্ষেত্রের দ্বারা করা কাজ,

$$\mathbf{W = V \times q \ \ (V = IR)}$$

$$\mathbf{W = IR \times It (q = It)}$$

$$W = I^2Rt \qquad ...(4.19)$$

পরিবাহী দ্বারা প্রদত্ত রোধকে অতিক্রম করতে উপরের কাজটি তাপ শক্তিতে পরিবর্তিত হয়,

$$\mathbf{H = W = I^2Rt}$$

i) প্রদত্ত রোধ R এর জন্য H হল I_2 এর সমানুপাতিক

ii) H হল R-এর সমানুপাতিক,

iii) H হল t-এর সমানুপাতিক, একটি প্রদত্ত রোধ R এবং তড়িৎ I এর জন্য

উপরে উল্লিখিত সূত্রটি জুলের উত্তাপের সূত্র হিসাবে পরিচিত।

4.14 বৈদ্যুতিক ক্ষমতা

একটি যন্ত্র যে হারে বৈদ্যুতিক শক্তিকে অন্যান্য শক্তিতে রূপান্তর করে তাকে বৈদ্যুতিক ক্ষমতা বলে।

উদাহরণ: বৈদ্যুতিক বাল্বের ক্ষমতা হল যে হারে এটি বৈদ্যুতিক শক্তিকে আলোতে রূপান্তর করে। উচ্চ ক্ষমতার একটি বাল্ব বেশি বৈদ্যুতিক শক্তি খরচ করে এবং কম শক্তির বাল্বের তুলনায় বেশি আলোক শক্তি দেয়। আমাদের বাড়ির যন্ত্রগুলি তাদের কার্যকারিতা অনুসারে বৈদ্যুতিক শক্তি ব্যবহার করে।

$$P = \frac{W}{t} = \frac{VIt}{t} = VI\ J/s \qquad ...(4.20)$$

$$Power\ (in\ watt) = Volt \times Ampere$$

$$1\ watt = 1\ Ampere - Volt$$

Bigger units of power are kW and MW

$$1\ kW = 10^3\ W, \quad 1MW = 10^6\ W$$

and $1\ horse\ power\ (hp) = 746\ watt$

$$P = VI \quad and \quad V = IR, \quad I = V/R$$

Therefore $P = I^2R$

or $P = V^2/R \qquad ...(4.21)$

4.15 বৈদ্যুতিক শক্তি এবং এর একক

একটি নির্দিষ্ট সময়ের জন্য সার্কিটে বৈদ্যুতিক প্রবাহ বজায় রাখার জন্য emf এর উত্স দ্বারা করা মোট কাজকে সার্কিটে ব্যবহৃত বৈদ্যুতিক শক্তি বলে।

বৈদ্যুতিক শক্তি $W = VIt = P.t$

বৈদ্যুতিক শক্তি = বৈদ্যুতিক ক্ষমতা × সময় বৈদ্যুতিক

শক্তি (joule) = 1 volt × 1 amp × 1 sec

= 1watt × 1 sec

বৈদ্যুতিক শক্তির বাণিজ্যিক একক কিলোওয়াট – ঘন্টা (kWh)

1 kWh = (1000W) (60 × 60s)

$= 3.6 \times 10^6$ J

4.16 অন্যান্য শক্তির তুলনায় বৈদ্যুতিক শক্তির সুবিধা

বৈদ্যুতিক শক্তি সহজেই অন্যান্য শক্তিতে রূপান্তরিত হতে পারে- যেমন

- হিটার এবং ওভেনে তাপ,
- বৈদ্যুতিক বাল্ব এবং টিউব লাইটে আলো,
- বৈদ্যুতিক মোটর গ্রাইন্ডারে যান্ত্রিক শক্তি,
- সেল বা ব্যাটারি চার্জিং এ রাসায়নিক শক্তি।
- নিয়ন্ত্রণের সহজতা: বৈদ্যুতিক সুইচ এবং সার্কিটের মাধ্যমে
- নমনীয়: সহজেই তারের মাধ্যমে পরিবহন করা হয়
- দক্ষ এবং নির্ভরযোগ্য

সমস্যার সমাধান

1. 50 cm দৈর্ঘ্য বরাবর 0.05 cm^2 ক্রস সেকশনের সমান ক্ষেত্রফল বিশিষ্ট একটি প্রদত্ত তারে 1 A তড়িৎ প্রবাহিত হয়। তারের দুই প্রান্ত জুড়ে ভোল্টেজ 5 volt হলে প্রদত্ত তারের উপাদানের নির্দিষ্ট রোধ এবং পরিবাহিতা বের করো।

সমাধান:

প্রদত্ত, $A = 0.05\ cm^2 = 0.05 \times 10^{-4}\ m^2$, l = 50 cm = 0.5 m , I = 1 A এবং V = 5 Volts

R = V/I = 5/1 = 5 W

রোধাঙ্ক $\rho = (R \times A)/\ l = (5 \times 0.05 \times 10^{-4})/\ (0.5) = 0.5 \times 10^{-4} = 5 \times 10^{-5}\ \Omega\text{-m}$

নির্দিষ্ট পরিবাহিতা $(\kappa) = 1/\rho = 1/\ (5 \times 10^{-5}) = 2 \times 10^4$ S/m.

2. 10 সেমি দৈর্ঘ্যের এবং 10 ওহম প্রতিরোধ ক্ষমতা সম্পন্ন একটি তারকে বৃত্তের আকারে এমনভাবে বাঁকানো হয় যাতে তারের উভয় প্রান্ত সংযুক্ত থাকে। এর ব্যাস বরাবর যেকোনো দুটি বিন্দুর মধ্যে রোধ নির্ণয় কর।

সমাধান:

প্রদত্ত দৈর্ঘ্য = 10 cm = 0.1m, R = 10 Ω

তারটি বৃত্তের আকারে বাঁকানো হয়।

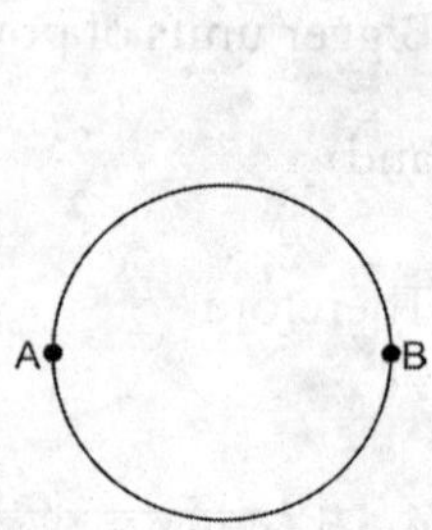

বিন্দু A এবং B এর মধ্যে রোধ (R)

উপরের অর্ধেক তার এবং নিম্ন অর্ধেক তারের প্রতিরোধের সমান্তরাল সমন্বয়ের সমতুল্য হবে। অর্ধেক তারের রোধ = 5 Ω

অতএব,

1/R = 1/5 +1/5 = 2/5

R= 2.5 Ω

3. l দৈর্ঘ্যের একটি তার এবং ক্রস সেকশন A এর ক্ষেত্রফল, এমনভাবে প্রসারিত করা হয়েছে যে এর দৈর্ঘ্য প্রসারিত তার জুড়ে ক্রস বিভাগের অভিন্ন ক্ষেত্রফলের সাথে দ্বিগুণ এবং আয়তন স্থির থাকে। প্রসারিত তারের প্রতিরোধের সন্ধান কর, যদি অপ্রসারিত তারের রোধ 2 Ω হয়।

সমাধান:

অপ্রসারিত তারের রোধ, ব্যাসার্ধ এবং ক্ষেত্রফল যথাক্রমে R_1, r_1 এবং A_1 এবং প্রসারিত তারের রোধ, ব্যাসার্ধ এবং ক্ষেত্রফল হল যথাক্রমে R_2, r_2 এবং A_2

সুতরাং অপ্রসারিত তারের আয়তন $V_1 = \pi r^2 l$ এবং প্রসারিত তারের আয়তন $V = \pi r^2 \times 2l$

যেহেতু $V_1 = V_2$

$\Rightarrow \quad \pi r_1^2 l = \pi r_2^2 2l$

$\Rightarrow \quad r_2^2 = r_1^2/2$

এখন $R_1 = \rho l/A_1$, $R_2 = \rho \times 2l/A_2$,

$R_2/R_1 = (2l \times \rho/A_2) / (\rho l / A_1) = 2\,A_1 / A_2 = 2 \times \pi r_1^2 / \pi r_2^2 = \{2 \times (2\,r_2^2)\}/ (r_2^2) = 4$

$\Rightarrow$ অতএব, $R_2 = 4R_1$ এবং তাই $R_2 = 8$ Ohm

4 কালার কোডিং থেকে নিম্নলিখিত কার্বন রোধের রোধ নির্ণয় কর:

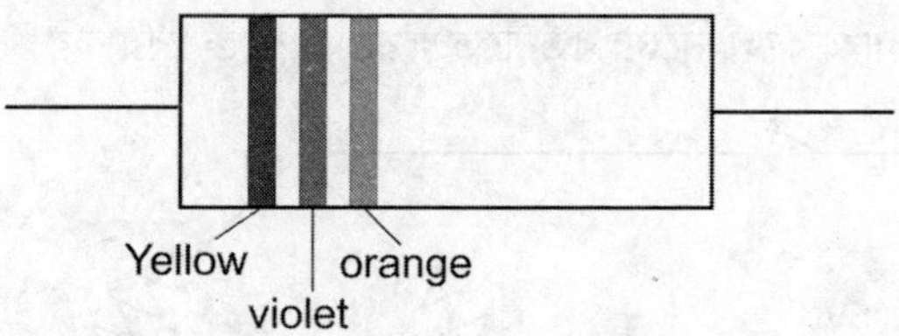

সমাধান:

রঙের কোড থেকে হলুদ - 4, ভায়োলেট -7 এবং কমলা -3 তাই প্রতিরোধ = 47×10^3 ohm = 47 Kohm

5. Kirchhoff এর সূত্র ব্যবহার করে, প্রদত্ত সার্কিটে 'r' এর দুই প্রান্তের মধ্যে ভোল্টেজ বের করো, ভোল্টেজ উৎসের অভ্যন্তরীণ প্রতিরোধ শূন্য।

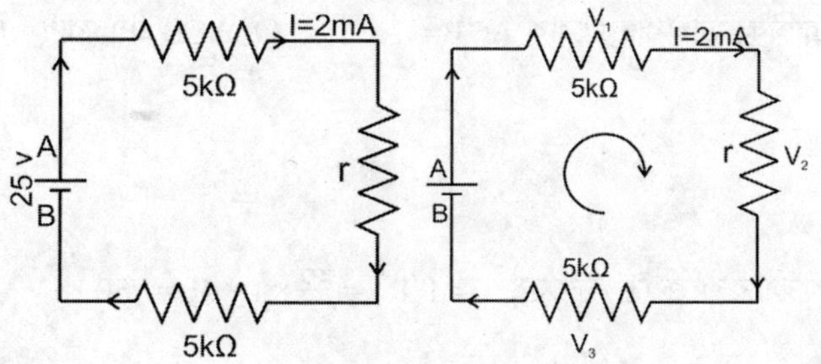

সমাধান:

Kirchhoff এর সূত্র ব্যবহার করে, A থেকে B পর্যন্ত লুপ বিবেচনা করি, $V_1 + V_2 + V_3 - 25V$

$= 0 \; V_1 + V_2 + V_3 = 25V$

$V_1 = 5 \times 10^3\ \Omega \times 2 \times 10^{-3} A = 10V$

$V_2 = ?$

$V_3 = 5 \times 10^3\ \Omega \times 2 \times 10^{-3}A = 10V$ (ওহম সূত্র দ্বারা)

সুতরাং, $10V + V_2 + 10\ V = 25\ V$

$V_2 = 25V - 20\ V = 5\ V$

6. একটি প্রদত্ত সার্কিটে প্রবাহ বের কর, ভোল্টেজ উৎসের অভ্যন্তরীণ রোধ 2 W

সমাধান:

প্রদত্ত সার্কিটটি পুনরায় অঙ্কন করা যেতে পারে কারণ অভ্যন্তরীণ রোধ ভোল্টেজ উত্সের সাথে সিরিজে আছে।

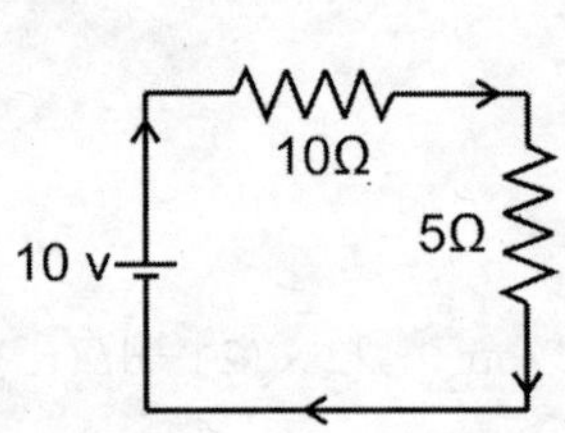

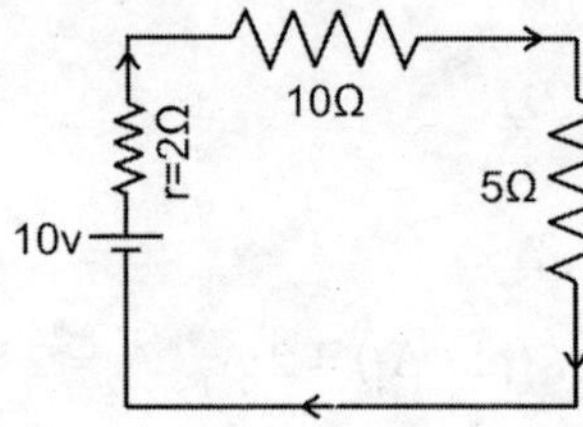

বর্তনীর মোট রোধ হবে, R = 2 + 10 + 5 = 17 W

বর্তনীতে প্রবাহ = 10/17 = 0.59 A

7. 30 সেকেন্ডের জন্য সুইচ খোলা থাকলে নিম্নের বর্তনীতে ক্ষয়প্রাপ্ত শক্তি বের কর।

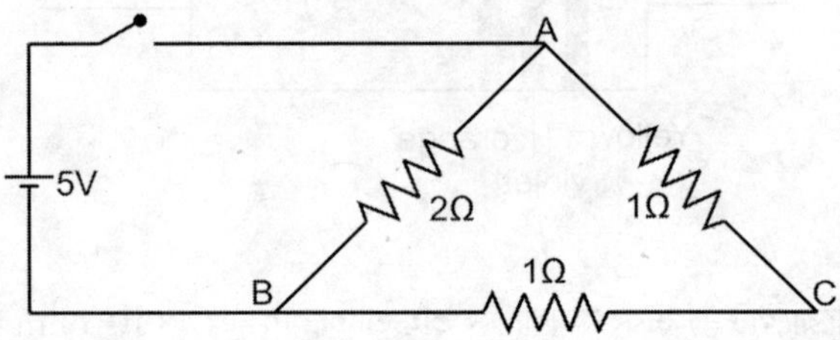

সমাধান:

প্রথমে আমরা বর্তনীতে প্রবাহ খুঁজে পাই এবং তার জন্য বর্তনীর মোট রোধ বিবেচনা করি:

বাহু AC এবং BC এর রোধ ক্রমিক, তাই বাহুর রোধ ACB = 1 + 1 = 2Ω ACB এর রোধ AB এর সমান্তরাল তাহলে রোধ R হল

1/R = 1/2 + 1/2 = 1 Ω, R = 1W

বর্তনীতে প্রবাহ (I) = 5/1 = 5 A

30 সেকেন্ডের মধ্যে তাপের আকারে শক্তি (E) নষ্ট হয়, $E = I^2R\ t = 5^2 \times 1 \times 30 = 750$ J

ইউনিট সারসংক্ষেপ

- আধান প্রবাহের হারকে কারেন্ট বলা হয়।
- প্রত্যক্ষ কারেন্টে শুধুমাত্র তড়িৎ প্রবাহের পরিবর্তন হয়, যেখানে AC কারেন্টের মাত্রা এবং সেইসাথে কারেন্টের দিকও পরিবর্তিত হয়।
- প্রতিরোধ ক্ষমতা এবং পরিবাহিতা হল উপাদানের বৈশিষ্ট্য এবং এটি বস্তুর তাপমাত্রার উপর নির্ভর করে।

- একটি তারে প্রবাহিত কারেন্ট প্রয়োগকৃত ভোল্টেজের সমানুপাতিক যদি বস্তুর অবস্থার পরিবর্তন না হয়।
- হুইটস্টোন ব্রিজটি সঠিকভাবে অজানা প্রতিরোধের সন্ধান করতে ব্যবহৃত হয়।
- টার্মিনাল বিভব পার্থক্য সর্বদা কক্ষের emf থেকে কম হয়।
- যদি বৈদ্যুতিক শক্তির 3.6 × 10 6 J খরচ হয়, তাহলে বাণিজ্যিক বৈদ্যুতিক মিটারের রিডিং 1 ইউনিট দ্বারা বাড়ানো হবে।

অনুশীলন

বহু নির্বাচনী প্রশ্ন

1. পরিবাহিতা পারস্পরিক হয়

   a. ইন্ডাকট্যান্স b. ক্যাপাসিট্যান্স
   c. প্রতিরোধ d. রিলকট্যান্স

2. ওহমস সূত্রের প্রতিনিধিত্বকারী বক্ররেখা হল একটি (যখন বস্তুর অবস্থার পরিবর্তন হয় না):

   a. রৈখিক b. কোসাইন ফাংশন
   c. পরাবৃত্ত d. অধিবৃত্ত

3. কারেন্টের SI একক

   a. অ্যাম্পিয়ার b. ভোল্ট
   c. ওহম d. সিমেন্স

4. A এবং B এর মধ্যে একটি বর্তনীর সমতুল্য রোধ

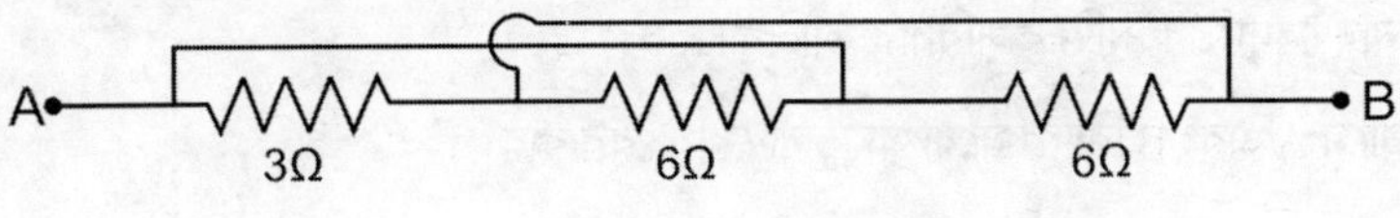

   a. 3 Ω b. 6Ω
   c. 2/3 Ω d. 3 /2Ω

5. চিত্রে দেখানো সার্কিটে যথাক্রমে $E_1 = 5$ V, $E_2 = 10$ V, $R_1 = R_2 =$ ০ Ω এবং $R_3 = 10$ Ω। রোধ R_3 মাধ্যমে প্রবাহ হয়

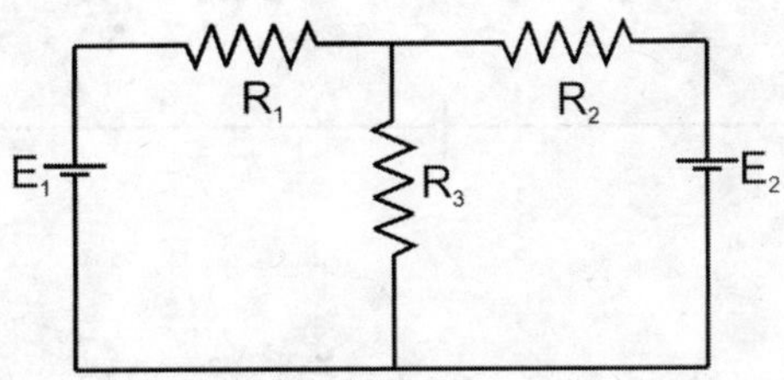

   a. 2/5 A b. 1/5 A
   c. 4/5 A d. 3/5 A

একাধিক পছন্দের প্রশ্নের উত্তর
1 (c), 2 (a), 3 (a), 4 (d), 5 (d)

সংক্ষিপ্ত এবং দীর্ঘ উত্তর প্রশ্ন

ক্যাটাগরি-I

1. SI এবং CGS ইউনিট সহ বৈদ্যুতিক প্রবাহ বর্ণনা কর।
2. ডায়াগ্রামের সাহায্যে DC এবং AC এর মধ্যে পার্থক্য কর।
3. একক এবং গাণিতিক সম্পর্ক সহ নিম্নলিখিত পদগুলি ব্যাখ্যা কর:

a. প্রতিরোধ b.পরিবাহিতা c.প্রতিরোধীতা d.পরিবাহিতা

4. শ্রেণী এবং সমান্তরাল রোধের সংমিশ্রণের ফলে প্রাপ্ত রোধের সন্ধান কর।
5. তারের রোধকে প্রভাবিত করে এমন কারণ ব্যাখ্যা কর।
6. ওহমের সূত্র চিত্র সহ ব্যাখ্যা কর।
7. কিরচফের কারেন্ট এবং ভোল্টেজের সূত্র (KCL এবং KVL) বর্ণনা কর।
8. হুইটস্টোন সেতুর নীতি ব্যাখ্যা কর।
9. মিটার সেতু নির্মাণ ও কাজ ব্যাখ্যা কর
10. শক্তি এবং কারেন্টের মধ্যে গাণিতিক সম্পর্কের সাথে জুলের উত্তাপের সূত্রটি ব্যাখ্যা কর।
11. ইএমএফ এবং টার্মিনাল বিভব পার্থক্যের মধ্যে পার্থক্য কর।
12. emf এবং লোড প্রতিরোধের পরিপ্রেক্ষিতে ভোল্টেজ উৎসের অভ্যন্তরীণ রোধের সূত্রটি লেখো।
13. অন্যান্য শক্তির তুলনায় বৈদ্যুতিক শক্তির সুবিধার তালিকা কর।
14. নিচের সার্কিট ডায়াগ্রামে A এবং B বিন্দুর মধ্যে সমতুল্য রোধ বের কর।

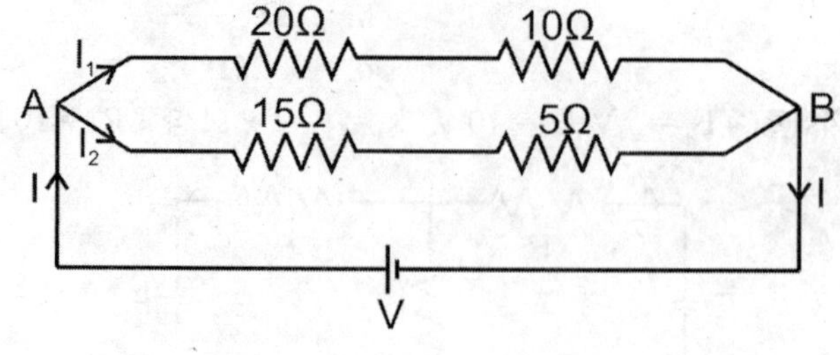

ক্যাটাগরি-II

1. 10 cm দৈর্ঘ্যের এবং 10 ohm রোধ ক্ষমতা সম্পন্ন একটি তার ইন্সুলেশন ছাড়া "8" চিত্রের আকারে বাঁকানো হয়। A এবং B বিন্দু দুটির মধ্যে রোধ নির্ণয় কর। যদি তারটি ইনসুলেটেড থাকে তাহলে A এবং B এর মধ্যে রোধের কোন পরিবর্তন হবে কি?

2. প্রতিটি ভোল্টেজের উত্সের কিছু অভ্যন্তরীণ রোধ রয়েছে, উদাহরণ সহ সেলের লোড কারেন্ট এবং টার্মিনাল ভোল্টেজের অভ্যন্তরীণ রোধের প্রভাব বিশ্লেষণ কর।
3. মিটার সেতু পরীক্ষায়, উদাহরণ সহ দৈর্ঘ্যের ভারসাম্যের উপর তারের মাত্রা পরিবর্তনের প্রভাব বিশ্লেষণ কর।
4. ভোল্টেজ বনাম কারেন্ট বক্ররেখার কিরূপ হবে যখন কন্ডাক্টরে প্রবাহিত কারেন্ট বৃদ্ধি পায় এবং তারের তাপমাত্রাও বৃদ্ধি পায়।

ব্যবহারিক

এই ইউনিটের সাথে সম্পর্কিত চারটি পরীক্ষা রয়েছে:

1. প্রবাহ এবং বিভব পার্থক্যের মধ্যে গ্রাফ তৈরি করে ওহমের সূত্র যাচাই করা।
2. সিরিজ এবং সমান্তরাল সংমিশ্রণে রোধের নীতি যাচাই করা।
3. বৈদ্যুতিক ভাইব্রেটর ব্যবহার করে এসি মেইনগুলির কম্পাঙ্ক খুঁজে বের করা।
4. বৈদ্যুতিক সার্কিট ব্যবহার করে Kirchhoff এর সূত্র যাচাই করা।

ওহমের সূত্র যাচাই করা

ব্যবহারিক বিবৃতি

প্রবাহ এবং বিভব পার্থক্যের মধ্যে গ্রাফ প্লট করে ওহমের সূত্র যাচাই করা

ব্যবহারিক তাৎপর্য

একটি প্রদত্ত বৈদ্যুতিক সার্কিটে বৈদ্যুতিক প্রবাহ, ভোল্টেজ এবং রোধের পরিমাপ প্রতিটি শাখার ডিপ্লোমা ইঞ্জিনিয়ারদের জন্য একটি অপরিহার্য প্রয়োজন। ওহমের সূত্র বৈদ্যুতিক সার্কিট ডিজাইন করতে সাহায্য করে এবং এই পরীক্ষাটি একটি প্রদত্ত বৈদ্যুতিক সার্কিটের ভোল্টেজ, কারেন্ট এবং রোধের মধ্যে সম্পর্ক খুঁজে পেতে সহায়তা করে।

প্রাসঙ্গিক তত্ত্ব

এই অধ্যায়ে আগে দেওয়া হয়েছে

ব্যবহারিক ফলাফল (PRO)

ব্যবহারিক ফলাফল এই কোর্সের পাঠ্যক্রম থেকে উদ্ভূত হয়:

PRO1: প্রদত্ত সার্কিটের প্রবাহ, ভোল্টেজ এবং রোধের জন্য ওহমের সূত্র ব্যবহার কর

ব্যবহারিক সেটআপ (ড্রয়িং/স্কেচ/সার্কিট ডায়াগ্রাম/ওয়ার্ক সিচুয়েশন)

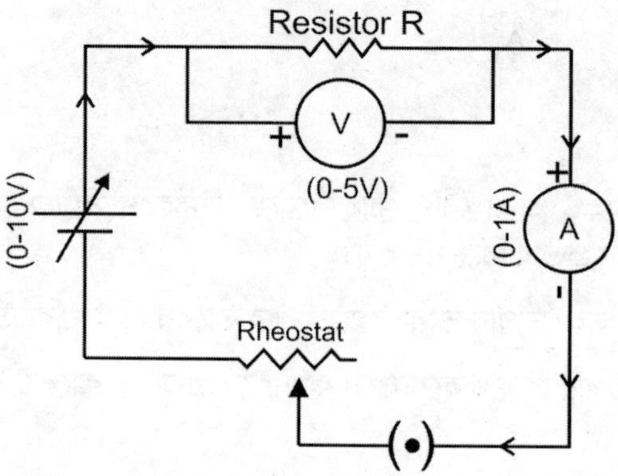

চিত্র **P4.1:** প্রবাহ, ভোল্টেজ এবং রোধের জন্য ওহমের সূত্র ব্যবহার

প্রয়োজনীয় সম্পদ

ক্রম সংখ্যা	অত্যাবশ্যক স্পেসিফিকেশন সহ প্রস্তাবিত সংস্থানগুলির জন্য প্রয়োজনীয় মেশিন/সরঞ্জাম/যন্ত্র	পরিমাণ	প্রকৃত সম্পদ ব্যবহৃত মেশিন/সরঞ্জাম/যন্ত্র বিস্তৃত বৈশিষ্ট্য সহ (ছাত্র দ্বারা পূরণ করা হবে)		মন্তব্য (যদি থাকে)
			তৈরি করা হয়েছে	বিস্তারিত	
	পরিবর্তনশীল DC পাওয়ার সাপ্লাই 0-10 V	01			
	অ্যামিটার 0-1 A, ভোল্টমিটার 0- 10 V	01			
	রিওস্ট্যাট 500 ohm	01			
	চাবি	01			
	রেজিস্ট্যান্স ওয়্যার 1 মিটার নিক্রোম	01			

সতর্কতা

1. সংযোগ টাইট হতে হবে।
2. সমস্ত উপাদান এমনভাবে স্থাপন করা উচিত যাতে তারা সঠিকভাবে সংযুক্ত হতে পারে।
3. অ্যামিটার/ভোল্টমিটারের পয়েন্টারটি শূন্য চিহ্নের সাথে মিলিত হওয়া উচিত।
4. সংযোগের আগে পাওয়ার সাপ্লাই চেক কর।
5. শিক্ষকের সাহায্যে সংযোগ পরীক্ষা কর।
6. অ্যামিমিটারকে সিরিজে এবং ভোল্টমিটারকে সমান্তরালে সংযুক্ত কর।
7. রিডিং নেওয়ার সময় শুধুমাত্র চাবি ঢোকানো উচিত।

প্রস্তাবিত পদ্ধতি

1. চিত্র P4.1-এর সার্কিট ডায়াগ্রাম অনুযায়ী সংযোগ তৈরি কর।
2. অ্যামিটার এবং ভোল্টমিটারের এলসি এবং রেঞ্জ নোট কর।
3. পাওয়ার সাপ্লাই চালু কর এবং কী বন্ধ কর।
4. রিওস্ট্যাটের অবস্থান সর্বোচ্চ রোধে রাখ।
5. অ্যামিটার এবং ভোল্টমিটারের রিডিং নোট কর
6. রিওস্ট্যাটের পরিবর্তনশীল বাহুর অবস্থান ধীরে ধীরে পরিবর্তন কর।
7. অ্যামিটার এবং ভোল্টমিটারের রিডিংয়ে সংশ্লিষ্ট পরিবর্তন লক্ষ্য কর।
8. ধাপ 6 থেকে 7 পর্যন্ত আট বার পুনরাবৃত্তি কর।
9. X- অক্ষ বরাবর বৈদ্যুতিক প্রবাহ (I) এবং Y- অক্ষ বরাবর ভোল্টেজ (V) এর মধ্যে গ্রাফটি প্লট কর।
10. গ্রাফ প্লট করে রেখার ঢাল বের কর।

পর্যবেক্ষণ এবং গণনা

অ্যামিটারের সর্বনিম্ন গণনা = ... অ্যামিটারের পরিসর = ...

ভোল্টমিটারের সর্বনিম্ন গণনা =......... ভোল্টমিটারের পরিসর =...........

ক্রম সংখ্যা	I (A)	V (V)	R = V/I

গড় R=.........

গ্রাফের ঢাল: ....

ফলাফল এবং/অথবা ব্যাখ্যা

(ছাত্র দ্বারা পূরণ করা হবে)

1. ....

2. ....

উপসংহার এবং/অথবা বৈধতা

(ছাত্রদ্বারাপূরণকরাহবে)

1. ....

2. ....

ব্যবহারিক সম্পর্কিত প্রশ্ন

(উত্তরের জন্য পৃথক শীট ব্যবহার কর)

দ্রষ্টব্য: রেফারেন্সের জন্য নীচে কয়েকটি নমুনা প্রশ্ন দেওয়া হয়েছে। পূর্ব-নির্ধারিত কোর্সের ফলাফলের অর্জন নিশ্চিত করার জন্য শিক্ষকদের এই ধরনের আরও প্রশ্ন ডিজাইন করতে হবে।

1. পরীক্ষায় ব্যবহৃত অ্যামিটার এবং ভোল্টমিটারের সর্বনিম্ন গণনা দাও।
2. রেজিস্ট্যান্স তারের সমান্তরালে ভোল্টমিটার সংযোগ করার কারণ বল ।
3. রিওস্ট্যাটকে সর্বোচ্চ রোধে রাখার কারণ কি?
4. পরীক্ষার মাধ্যমে তার এবং সার্কিটের রোধ কি স্থির থাকে?

প্রস্তাবিত শেখার সংস্থান

- amrita.olabs.edu.in/?sub=1&brch=6&sim=22&cnt=2

প্রস্তাবিত মূল্যায়ন স্কিম

(শিক্ষক দ্বারা পূরণ করা হবে)

প্রদত্ত কর্মক্ষমতা সূচকগুলি প্রক্রিয়া এবং প্রোডাক্ট সম্পর্কিত মূল্যায়নের জন্য এটি নির্দেশিকা হিসাবে কাজ করা উচিত

কর্মসম্পাদক		গুরুত্ব	মার্কস প্রদান করা হয়েছে
প্রক্রিয়া সম্পর্কিত: ... মার্কস* (...........%)			
1	বৈদ্যুতিক সংযোগ তৈরি করা		
2	ভোল্টেজ এবং বৈদ্যুতিক প্রবাহ পরিমাপ		
3	তারের প্রতিরোধের গণনা		
4	যন্ত্র হ্যান্ডলিং		
প্রোডাক্ট সম্পর্কিত: ..... মার্কস* (.......%)			
5	ফলাফল এবং উপসংহার		
6	সময়মত রিপোর্ট জমা দেওয়া		
	মোট	100%	

* প্রোডাক্ট এবং প্রক্রিয়া মূল্যায়নের জন্য মার্কস এবং শতাংশের গুরুত্ব শিক্ষক দ্বারা নির্ধারিত হবে।

ছাত্রের নাম: .... মার্কস প্রদান করা হয়েছে			তারিখ সহ শিক্ষক এর স্বাক্ষর
প্রক্রিয়া সম্পর্কিত:	প্রোডাক্ট সম্পর্কিত	প্রক্রিয়া সম্পর্কিত:	প্রোডাক্ট সম্পর্কিত

ব্যবহারিক: রোধের শ্রেণী এবং সমান্তরাল সমন্বয়

ব্যবহারিক বিবৃতি

শ্রেণী এবং সমান্তরাল সংমিশ্রণে রোধের নীতি যাচাই করা

ব্যবহারিক তাৎপর্য

শ্রেণী এবং সমান্তরাল বর্তনী সংযোগে বৈদ্যুতিক সরঞ্জাম নিযুক্ত করা হয়; প্রবাহ নিয়ন্ত্রক ডিভাইস এবং ফিউজ একটি ভোল্টেজ উৎসের সাথে শ্রেণীতে সংযুক্ত করা হয়। সমান্তরাল বর্তনীর ব্যবহার আমাদের হাউস হোল্ডে আলোক ব্যবস্থায় পাওয়া যায়। শ্রেণী এবং সমান্তরাল বর্তনী সংযোগের অ্যাপ্লিকেশনগুলি স্পষ্টতই আমাদের বাড়ি এবং শিল্পে দেখা যায়। এই পরীক্ষায়, প্রতিরোধী তারগুলি শ্রেণী এবং সমান্তরালে সংযুক্ত থাকে এবং ওহমের সূত্র ব্যবহার করে বর্তনীর সমতুল্য রোধ নির্ধারণ করা হয়।

প্রাসঙ্গিক তত্ত্ব

এই অধ্যায়ে আগে দেওয়া

ব্যবহারিক ফলাফল (PRO)

ব্যবহারিক ফলাফল এই কোর্সের পাঠ্যক্রম থেকে উদ্ভূত হয়:

PRO1: প্রদত্ত সার্কিট সমস্যা সমাধানের জন্য সিরিজের নীতি এবং প্রতিরোধের সমান্তরাল সমন্বয় ব্যবহার করুন।

ব্যবহারিক সেটআপ (ড্রয়িং/ স্কেচ/ সার্কিট ডায়াগ্রাম/ ওয়ার্ক সিচুয়েশন)

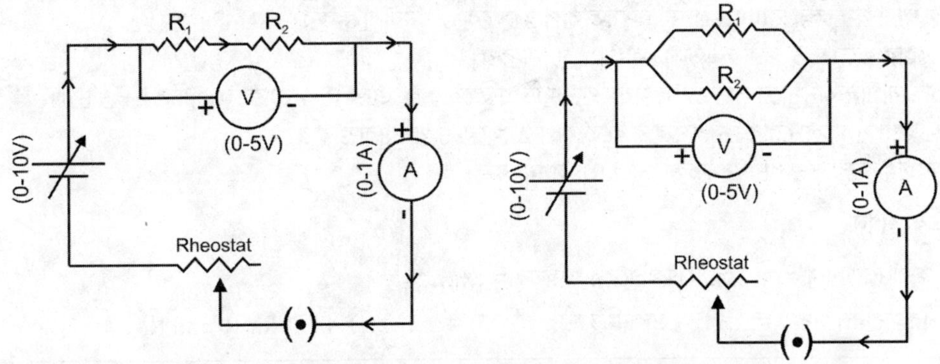

চিত্র P4.2: শ্রেণী এবং সমান্তরাল সংমিশ্রণে রোধের নীতি যাচাই

প্রয়োজনীয় সম্পদ

ক্রম সংখ্যা	অত্যাবশ্যক স্পেসিফিকেশন সহ প্রস্তাবিত সংস্থানগুলির জন্য প্রয়োজনীয় মেশিন/সরঞ্জাম/যন্ত্র	পরিমাণ	প্রকৃত সম্পদ ব্যবহৃত মেশিন/সরঞ্জাম/যন্ত্র বিস্তৃত বৈশিষ্ট্য সহ (ছাত্র দ্বারা পূরণ করা হবে)		মন্তব্য (যদি থাকে)
			তৈরি করা হয়েছে	বিস্তারিত	
1	পরিবর্তনশীল DC পাওয়ার সাপ্লাই (0-10 V), ভোল্টমিটার 0- 10 V, রিওস্ট্যাট 500 ওহম, কী, অ্যামিটার 0-1 A	01			
2	রোধের তার (দৈর্ঘ্য 1 মিটার	02			

সতর্কতা

1. সংযোগ টাইট হতে হবে।
2. সমস্ত উপাদান এমনভাবে স্থাপন করা উচিত যাতে তারা সঠিকভাবে সংযুক্ত হতে পারে।
3. অ্যামিটার/ভোল্টমিটারের পয়েন্টারটি শূন্য চিহ্নের সাথে মিলিত হওয়া উচিত।
4. সংযোগের আগে পাওয়ার সাপ্লাই চেক কর।

5. শিক্ষকের সাহায্যে সংযোগ পরীক্ষা কর।
6. অ্যামিমিটারকে সিরিজে এবং ভোল্টমিটারকে সমান্তরালে সংযুক্ত কর।
7. রিডিং নেওয়ার সময় শুধুমাত্র চাবি ঢোকানো উচিত।

প্রস্তাবিত পদ্ধতি

1. সার্কিট ডায়াগ্রাম অনুযায়ী সার্কিট সংযোগ কর [চিত্র. P4.2 (a)] শুধুমাত্র R1 সহ।
2. রিওস্ট্যাট ব্যবহার করে সার্কিটে কারেন্ট পরিবর্তন কর।
3. সমান ব্যবধানে ভোল্টমিটার এবং অ্যামিটার থেকে পর্যবেক্ষণগুলি রেকর্ড কর।
4. পাঁচটি পর্যবেক্ষণ নাও।
5. ওহমের সূত্র দ্বারা প্রদত্ত তারের রোধের গণনা কর।
6. গড় রোধ R_1 বের কর।
7. রোধ R_2 গণনা করতে ধাপ 1 থেকে 6 পুনরাবৃত্তি কর।
8. সার্কিট ডায়াগ্রাম [চিত্র P4.2(a)] অনুসারে সিরিজের সংমিশ্রণে R_1 এবং R_2 দুটি রোধকে সংযুক্ত কর।
9. পরীক্ষা দ্বারা সমতুল্য রোধ Rs গণনা করতে ধাপ 2 থেকে 6 পুনরাবৃত্তি কর।
10. সূত্র ব্যবহার করে তত্ত্ব দ্বারা সমতুল্য রোধ Rs গণনা কর।
11. সার্কিট ডায়াগ্রাম অনুসারে সমান্তরাল সংমিশ্রণে দুটি প্রতিরোধ R_1 এবং R_2 সংযুক্ত কর [চিত্র। 4.2(b)]।
12. পরীক্ষা দ্বারা সমতুল্য রোধ Rp গণনা করতে ধাপ 2 থেকে 6 পুনরাবৃত্তি কর।
13. সূত্র ব্যবহার করে তত্ত্ব দ্বারা সমতুল্য রোধ Rp গণনা কর।

পর্যবেক্ষণ এবং গণনা

অ্যামিটারের সর্বনিম্ন গণনা =.......... অ্যামিটারের পরিসর = ...

ভোল্টমিটারের সর্বনিম্ন গণনা =......... ভোল্টমিটারের পরিসর = ...Table 1 for R_1 and R_2

ক্রম সংখ্যা	I (ampere)	V- (volt)	R_1= V/I	I (ampere)	V - (volt)	R_2 = V/I
1						
2						
3						
4						

গড় R_1=......... গড় R_2=.......

টেবিল 2: সিরিজ এবং সমান্তরাল সমন্বয় R_1 এবং R_2 এর জন্য

	শ্রেণী সমবায়			সমান্তরাল সমবায়		
ক্রম সংখ্যা	I (ampere)	V- (volt)	R_1= V/I	I (ampere)	V- (volt)	R_2= V/I
1						
2						
3						
4						
5						

Rs তত্ত্ব দ্বারা = $R_1 + R_2$ = ...; Rs পরীক্ষা দ্বারা =.........

Rp তত্ত্ব দ্বারা = $R_1 \times R_2/(R_1 + R_2)$ = ...; Rp পরীক্ষা দ্বারা =........

ফলাফল এবং/অথবা ব্যাখ্যা

(ছাত্র দ্বারা পূরণ করা হবে)

1. ....

2. ....

উপসংহার এবং/অথবা বৈধতা

(ছাত্রদ্বারাপূরণকরাহবে)

1. ....

2. ....

ব্যবহারিক সম্পর্কিত প্রশ্ন

(উত্তরের জন্য পৃথক শীট ব্যবহার কর)

দ্রষ্টব্য: রেফারেন্সের জন্য নীচে কয়েকটি নমুনা প্রশ্ন দেওয়া হয়েছে। পূর্ব-নির্ধারিত কোর্সের ফলাফলের অর্জন নিশ্চিত করার জন্য শিক্ষকদের এই ধরনের আরও প্রশ্ন ডিজাইন করতে হবে।

1. পরীক্ষায় ব্যবহৃত অ্যামিটার এবং ভোল্টমিটারের সর্বনিম্ন গণনা দাও।
2. রেজিস্ট্যান্স তারের সমান্তরালে ভোল্টমিটার সংযোগ করার কারণ বল ।
3. রিওস্ট্যাটকে সর্বোচ্চ রোধে রাখার কারণ কি?
4. পরীক্ষার মাধ্যমে তার এবং সার্কিটের রোধ কি স্থির থাকে?

প্রস্তাবিত শেখার সংস্থান

- amrita.olabs.edu.in/?sub=1&brch=5&sim=168&cnt=2
- https://phet.colorado.edu/en/simulation/circuit-construction-kit-dc-virtual-lab

প্রস্তাবিত মূল্যায়ন স্কিম

(শিক্ষক দ্বারা পূরণ করা হবে)

প্রদত্ত কর্মক্ষমতা সূচকগুলি প্রক্রিয়া এবং প্রোডাক্ট সম্পর্কিত মূল্যায়নের জন্য এটি নির্দেশিকা হিসাবে কাজ করা উচিত

	কর্মসম্পাদক	**গুরুত্ব**	**মার্কস প্রদান করা হয়েছে**
	প্রক্রিয়া সম্পর্কিত: ... মার্কস* (...........%)		
1	বৈদ্যুতিক সংযোগ তৈরি করা		
2	ভোল্টেজ এবং বৈদ্যুতিক প্রবাহ পরিমাপ		
3	তারের প্রতিরোধের গণনা		
4	যন্ত্র হ্যান্ডলিং		
প্রোডাক্ট সম্পর্কিত: ..... মার্কস* (.......%)			
5	ফলাফল এবং উপসংহার		
6	সময়মত রিপোর্ট জমা দেওয়া		
	মোট	100%	

* প্রোডাক্ট এবং প্রক্রিয়া মূল্যায়নের জন্য মার্কস এবং শতাংশের গুরুত্ব শিক্ষক দ্বারা নির্ধারিত হবে।

<table>
<tr><td colspan="3">ছাত্রের নাম: ....
মার্কস প্রদান করা হয়েছে</td><td rowspan="3">তারিখ সহ শিক্ষক এর স্বাক্ষর
প্রোডাক্ট সম্পর্কিত</td></tr>
<tr><td>প্রক্রিয়া সম্পর্কিত:</td><td>প্রোডাক্ট সম্পর্কিত</td><td>প্রক্রিয়া সম্পর্কিত:</td></tr>
<tr><td></td><td></td><td></td></tr>
</table>

ব্যবহারিক -এসি মেইন

ব্যবহারিক বিবৃতি

বৈদ্যুতিক ভাইব্রেটর ব্যবহার করে এসি প্রধানের কম্পাঙ্ক খুঁজে বের করা

ব্যবহারিক তাৎপর্য

হাউস হোল্ড বৈদ্যুতিক সার্কিট 220 volt এবং 50 Hz এর এসি মেইন দিয়ে সরবরাহ করা হয়। এসি প্রবাহে সময়ের সাথে প্রবাহ পরিবর্তনের মাত্রা এবং দিক দেখা হয়। এই পরীক্ষাটি এসি মেইনগুলির কম্পাঙ্ক খুঁজে পেতে সাহায্য করে এবং স্ট্রিং এবং অনুনাদ ঘটনার উপর টান সহ স্থির তরঙ্গের গঠন, যান্ত্রিক তরঙ্গের বেগের তারতম্য প্রদর্শন করে।

প্রাসঙ্গিক তত্ত্ব

যখন প্রতি ইউনিট দৈর্ঘ্য 'm' ভরের একটি স্ট্রিং বৈদ্যুতিক ভাইব্রেটরের কম্পনকারী রডের সাথে সংযুক্ত থাকে (AC মেইন দিয়ে সরবরাহ করা হয়) এবং টান T দিয়ে প্রসারিত হয়, কর্ড স্ট্রিংটি বিভিন্ন অংশে কম্পিত হয়। প্রসারিত স্ট্রিংয়ের কম্পাঙ্ক কম্পনকারী রডের মতোই, যা এসি মেইনগুলির কম্পাঙ্কের সাথে কম্পিত হয়। যদি 'l' এই কম্পনশীল স্ট্রিংটির একটি লুপের দৈর্ঘ্য হয়, তবে এর কম্পনের কম্পাঙ্ক হবে

$$f = \frac{1}{2l}\sqrt{\frac{T}{m}}$$

খানে, T (স্ট্রিংয়ে টান) = Mg, M = মোট ভর (প্যানের ভর + প্যানের ভর), l = একটি লুপের দৈর্ঘ্য, g = মাধ্যাকর্ষণ কারণে ত্বরণ এবং m = ভর প্রতি একক দৈর্ঘ্য স্ট্রিং

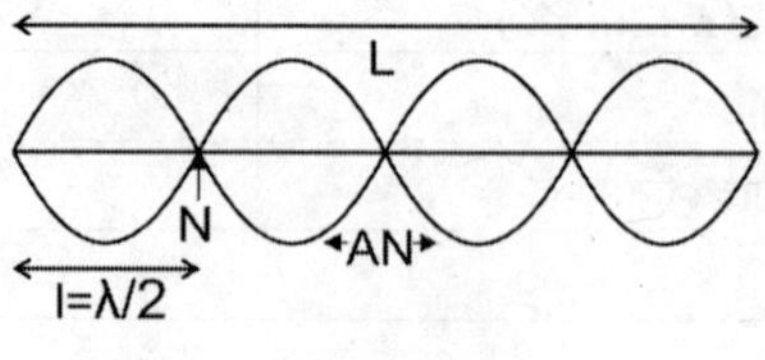

স্থায়ী তরঙ্গ গঠন

ব্যবহারিক ফলাফল (PRO)

ব্যবহারিক ফলাফল এই কোর্সের পাঠ্যক্রম থেকে উদ্ভূত হয়:

PRO1: বৈদ্যুতিক ভাইব্রেটর ব্যবহার করে এসি মেইনগুলির কম্পাঙ্ক নির্ধারণ।

ব্যবহারিক সেটআপ (ড্রয়িং / স্কেচ / সার্কিট ডায়াগ্রাম / ওয়ার্ক সিচুয়েশন)

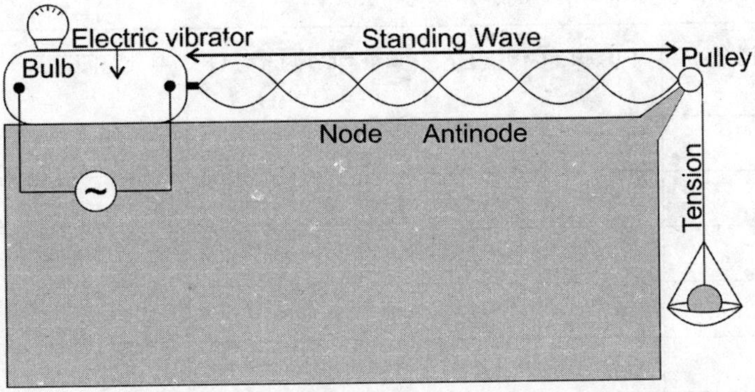

চিত্র **P4.3:** বৈদ্যুতিক ভাইব্রেটর ব্যবহার করে এসি প্রধানের কম্পাঙ্ক খুঁজে বের করা

প্রয়োজনীয় সম্পদ

ক্রম সংখ্যা	অত্যাবশ্যক স্পেসিফিকেশন সহ প্রস্তাবিত সংস্থানগুলির জন্য প্রয়োজনীয় মেশিন/সরঞ্জাম/যন্ত্র	পরিমাণ	প্রকৃত সম্পদ ব্যবহৃত মেশিন/সরঞ্জাম/যন্ত্র বিস্তৃত বৈশিষ্ট্য সহ (ছাত্র দ্বারা পূরণ করা হবে)		মন্তব্য (যদি থাকে)
			তৈরি করা হয়েছে	বিস্তারিত	
	বৈদ্যুতিক ভাইব্রেটর, স্ট্রিং, প্যান, ওজন বাক্স, বাতা এবং পুলি এবং মিটার স্কেল সহ একটি স্ট্যান্ড।	01 প্রতিটি			

সতর্কতা

1. ধীরে ধীরে একটি প্যানের উপর ভর লোড কর।
2. স্ট্রিং অভিন্ন হওয়া উচিত।
3. পরিমাপ নেওয়া উচিত, যখন লুপগুলির প্রশস্ততা সর্বাধিক হয়।
4. গণনার জন্য প্যানের ভর যোগ কর, যদি থাকে।

প্রস্তাবিত পদ্ধতি

1. AC মেইনের সাথে প্লাগ সংযোগ করে ভাইব্রেটর চালু কর।
2. প্যানে কিছু ওজন যোগ কর, ধর 20 গ্রাম।
3. লুপ (4 বা 5) পেতে স্ট্রিংয়ের দৈর্ঘ্য সামঞ্জস্য কর।
4. সর্বোচ্চ প্রশস্ততার জন্য দৈর্ঘ্য সেট কর।
5. নোট ওর প্যানের উপর লুপ নং এবং ভর এবং স্ট্রিংয়ের দৈর্ঘ্য।
6. বিভিন্ন ভর এবং সংখ্যার জন্য একই সমন্বয় পুনরাবৃত্তি কর।
7. এসি মেইন ফ্রিকোয়েন্সি ‘f’ গণনা কর।.

পর্যবেক্ষণ এবং গণনা

প্যানের ভর = ... gm, স্ট্রিংয়ের একক দৈর্ঘ্যের ভর = ...

ক্রম সংখ্যা	লুপের সংখ্যা (n)	স্ট্রিং এর দৈর্ঘ্য (L)	এক লুপের দৈর্ঘ্য (l = L / n)	প্যানের ভর	টান (T = Mg)
1					
2					
3					
4					
5					

A.C এর কম্পাঙ্ক Hz =...........

গড় =........

ফলাফল এবং/অথবা ব্যাখ্যা

(ছাত্র দ্বারা পূরণ করা হবে)

1. ....

2. ....

উপসংহার এবং/অথবা বৈধতা

(ছাত্রদ্বারাপূরণকরাহবে)

1. ....

2. ....

ব্যবহারিক সম্পর্কিত প্রশ্ন

(উত্তরের জন্য পৃথক শীট ব্যবহার কর)

দ্রষ্টব্য: রেফারেন্সের জন্য নীচে কয়েকটি নমুনা প্রশ্ন দেওয়া হয়েছে। পূর্ব-নির্ধারিত কোর্সের ফলাফলের অর্জন নিশ্চিত করার জন্য শিক্ষকদের এই ধরনের আরও প্রশ্ন ডিজাইন করতে হবে।

1. লুপ গঠনের কারণ বল।
2. পুলির শেষে, নোড বা অ্যান্টিনোড গঠিত হয় কিনা? কারণ দেখাও।
3. স্ট্রিং এর দৈর্ঘ্য প্রতি ভর বৃদ্ধি করা হলে লুপ গঠনের পরিবর্তনের পূর্বাভাস দাও ।
4. কারণ সহ এই পরীক্ষায় স্ট্রিং এর তরঙ্গের ধরণ ব্যাখ্যা কর। তারা ইলেক্ট্রো ম্যাগনেটিক বা যান্ত্রিক তরঙ্গ কিনা?
5. বৈদ্যুতিক ভাইব্রেটরে বাল্ব যোগ করার কারণ দাও।

প্রস্তাবিত শেখার সংস্থান

- http://www.olabs.edu.in/?sub=1&brch=6&sim=151&cnt=4

প্রস্তাবিত মূল্যায়ন স্কিম

(শিক্ষক দ্বারা পূরণ করা হবে)

প্রদত্ত কর্মক্ষমতা সূচকগুলি প্রক্রিয়া এবং প্রোডাক্ট সম্পর্কিত মূল্যায়নের জন্য এটি নির্দেশিকা হিসাবে কাজ করা উচিত

কর্মসম্পাদক		গুরুত্ব	মার্কস প্রদান করা হয়েছে
প্রক্রিয়া সম্পর্কিত: ... মার্কস* (.......%)			
1	সর্বাধিক প্রশস্ততার জন্য লুপ গঠনের জন্য স্ট্রিংয়ের দৈর্ঘ্য পরিবর্তন (অনুরণন)		
2	পরিমাপ		
3	পরীক্ষার সময় নিরাপত্তা ব্যবস্থা		
4	ব্যক্তিগত এবং দলগত কাজ		
প্রোডাক্ট সম্পর্কিত: ..... মার্কস* (.......%)			
5	ফলাফল এবং উপসংহার		
6	সময়মত রিপোর্ট জমা দেওয়া		
	মোট	100%	

- প্রোডাক্ট এবং প্রক্রিয়া মূল্যায়নের জন্য মার্কস এবং শতাংশের গুরুত্ব শিক্ষক দ্বারা নির্ধারিত হবে।

ছাত্রের নাম: .... মার্কস প্রদান করা হয়েছে			তারিখ সহ শিক্ষক এর স্বাক্ষর
প্রক্রিয়া সম্পর্কিত:	প্রোডাক্ট সম্পর্কিত	মোট	

ব্যবহারিক: Kirchhoff এর সূত্র

ব্যবহারিক বিবৃতি

বৈদ্যুতিক সার্কিট ব্যবহার করে Kirchhoff এর সূত্র যাচাই করা

ব্যবহারিক তাৎপর্য

একটি প্রদত্ত সার্কিট বিশ্লেষণ করতে Kirchhoff এর সূত্র ব্যবহার করা হয়। Kirchhoff এর দুটি সূত্র আছে, একটি ভোল্টেজের জন্য Kirchhoff's ভোল্টেজ ল (KVL) এবং একটি Kirchhoff's current Law (KCL)। একটি প্রদত্ত সার্কিটে যথাক্রমে ভোল্টেজ এবং কারেন্ট খুঁজে পেতে Kirchhoff এর সূত্র সাহায্য করে। এই পরীক্ষাটি ছাত্রদের পরীক্ষামূলকভাবে একটি লুপে বিভিন্ন উপাদান জুড়ে নোড এবং ভোল্টেজের প্রবাহের সমষ্টি পরিমাপ করতে সহায়তা করে।

প্রাসঙ্গিক তত্ত্ব

এই অধ্যায়ে আগে দেওয়া হয়েছে

ব্যবহারিক ফলাফল (PRO)

ব্যবহারিক ফলাফল এই কোর্সের পাঠ্যক্রম থেকে উদ্ভূত হয়:

PRO1: একটি প্রদত্ত সার্কিটে উপাদান জুড়ে প্রবাহ এবং ভোল্টেজ খুঁজে পেতে Kirchhoff এর সূত্র-এর ব্যবহার।

ব্যবহারিক সেটআপ (ড্রয়িং/স্কেচ/সার্কিট ডায়াগ্রাম/ওয়ার্ক সিচুয়েশন)

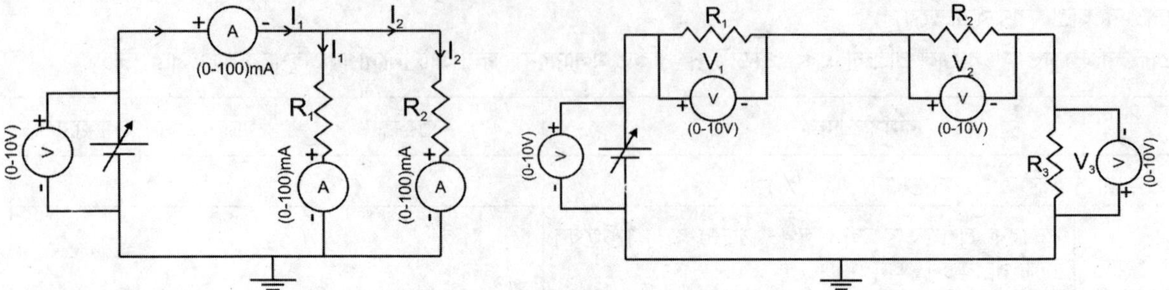

চিত্র **P4.4**: বৈদ্যুতিক সার্কিট ব্যবহার করে Kirchhoff এর সূত্র যাচাই করা

প্রয়োজনীয় সম্পদ

ক্রম সংখ্যা	অত্যাবশ্যক স্পেসিফিকেশন সহ প্রস্তাবিত সংস্থানগুলির জন্য প্রয়োজনীয় মেশিন/ সরঞ্জাম/যন্ত্র	পরিমাণ	প্রকৃত সম্পদ ব্যবহৃত মেশিন/সরঞ্জাম/যন্ত্র বিস্তৃত বৈশিষ্ট্য সহ (ছাত্র দ্বারা পূরণ করা হবে)		মন্তব্য (যদি থাকে)
			তৈরি করা হয়েছে	বিস্তারিত	
1	পরিবর্তনশীল DC পাওয়ার সাপ্লাই 0-10 V	01			
2	অ্যামিটার 0-500 m A	03			
3	ভোল্টমিটার 0- 10 V	04			
4	প্রতিরোধক 100Ω, 220Ω, 330Ω, 1000Ω, 2200Ω, 3300Ω	06			
5	চাবি	01			

সতর্কতা

1. সংযোগ টাইট হতে হবে।
2. সমস্ত উপাদান এমনভাবে স্থাপন করা উচিত যাতে তারা সঠিকভাবে সংযুক্ত হতে পারে।
3. অ্যামিটার / ভোল্টমিটারের পয়েন্টারটি শূন্য চিহ্নের সাথে মিলিত হওয়া উচিত।
4. সংযোগের আগে পাওয়ার সাপ্লাই চেক কর।
5. শিক্ষকের সাহায্যে সংযোগ পরীক্ষা কর।
6. অ্যামিমিটারকে সিরিজে এবং ভোল্টমিটারকে সমান্তরালে সংযুক্ত কর।
7. রিডিং নেওয়ার সময় শুধুমাত্র চাবি ঢোকানো উচিত।

প্রস্তাবিত পদ্ধতি

KCL এর জন্য

1. সার্কিট ডায়াগ্রাম অনুযায়ী সংযোগ তৈরি কর।
2. অ্যামিটার এবং ভোল্টমিটারের এলসি এবং রেঞ্জ নোট কর।
3. পাওয়ার সাপ্লাই চালু কর এবং কী বন্ধ কর।
4. I, I_1 এবং I_2 এর জন্য অ্যামিটারের রিডিং নোট কর।
5. পাওয়ার সাপ্লাই ভোল্টেজ পরিবর্তন কর এবং ধাপ 4 পুনরাবৃত্তি কর।

KVL এর জন্য

1. সার্কিট ডায়াগ্রাম অনুযায়ী সংযোগ তৈরি কর।
2. পাওয়ার সাপ্লাই চালু কর এবং কী বন্ধ কর।
3. V, V_1, V_2 এবং V_3 এর জন্য ভোল্টমিটারের রিডিং নোট কর।
4. পাওয়ার সাপ্লাই ভোল্টেজ পরিবর্তন কর এবং ধাপ 8 পুনরাবৃত্তি কর।

পর্যবেক্ষণ এবং গণনা

অ্যামিটার1 এর সর্বনিম্ন গণনা = ... অ্যামিটার 1 এর পরিসর = ...

অ্যামিটার 2 এর সর্বনিম্ন গণনা = ... অ্যামিটার 2 এর পরিসর = ...

অ্যামিটার 3 এর সর্বনিম্ন গণনা = ... অ্যামিটার 3 এর পরিসর = ...

ভোল্টমিটারের সর্বনিম্ন গণনা = ... ভোল্টমিটারের পরিসর = ...

টেবিল 1: KCL এর জন্য

ক্রম সংখ্যা	ভোল্টেজ (V)	I_1	I_2	I	$I_1 + I_2$
1					
2					
3					
4					
5					

ভোল্টমিটারের সর্বনিম্ন গণনা 1 =......... ভোল্টমিটারের পরিসর 1 = ...

ভোল্টমিটারের সর্বনিম্ন গণনা 2 =.......... ভোল্টমিটারের পরিসীমা 2 = ...

ভোল্টমিটারের সর্বনিম্ন গণনা 3 = ... ভোল্টমিটারের পরিসীমা 3 = ...

টেবিল 2: KVL এর জন্য

ক্রম সংখ্যা	ভোল্টেজ (V)	V_1	V_2	V_3	$V_1+V_2+V_3$
1					
2					
3					
4					
5					

ফলাফল এবং/অথবা ব্যাখ্যা

(ছাত্র দ্বারা পূরণ করা হবে)

1. ....

2. ....

উপসংহার এবং/অথবা বৈধতা

(ছাত্রদ্বারাপূরণকরাহবে)

1. ....

2. ....

ব্যবহারিক সম্পর্কিত প্রশ্ন

দ্রষ্টব্য: নীচে রেফারেন্সের জন্য কয়েকটি নমুনা প্রশ্ন দেওয়া হয়েছে। পূর্ব-নির্ধারিত কোর্সের ফলাফলের অর্জন নিশ্চিত করার জন্য শিক্ষকদের এই ধরনের আরও প্রশ্ন ডিজাইন করতে হবে।

1. পরীক্ষায় ব্যবহৃত অ্যামিটার এবং ভোল্টমিটারের সর্বনিম্ন গণনা দাও।

2. সার্কিটের রোধ কি স্বতন্ত্র রোধের চেয়ে কম বা বেশি হবে?

3. এই পরীক্ষার মাধ্যমে আমরা কি ভোল্টেজের উৎসের অভ্যন্তরীণ রোধ খুঁজে পেতে পারি?

প্রস্তাবিত শেখার সংস্থান

- *https://vlab.amrita.edu/?sub=1&brch=75&sim=217&cnt=1*

প্রস্তাবিত মূল্যায়ন স্কিম

(শিক্ষক দ্বারা পূরণ করা হবে)

প্রদত্ত কর্মক্ষমতা সূচকগুলি প্রক্রিয়া এবং প্রোডাক্ট সম্পর্কিত মূল্যায়নের জন্য এটি নির্দেশিকা হিসাবে কাজ করা উচিত

	কর্মসম্পাদক	গুরুত্ব	মার্কস প্রদান করা হয়েছে
প্রক্রিয়া সম্পর্কিত: ... মার্কস* (.......%)			
1	সর্বাধিক প্রশস্ততার জন্য লুপ গঠনের জন্য স্ট্রিংয়ের দৈর্ঘ্য পরিবর্তন (অনুরণন)		
2	পরিমাপ		
3	পরীক্ষার সময় নিরাপত্তা ব্যবস্থা		
4	ব্যক্তিগত এবং দলগত কাজ		
প্রোডাক্ট সম্পর্কিত: ..... মার্কস* (.......%)			
5	ফলাফল এবং উপসংহার		
6	সময়মত রিপোর্ট জমা দেওয়া		
	মোট	100%	

- প্রোডাক্ট এবং প্রক্রিয়া মূল্যায়নের জন্য মার্কস এবং শতাংশের গুরুত্ব শিক্ষক দ্বারা নির্ধারিত হবে।.

ছাত্রের নাম: .... মার্কস প্রদান করা হয়েছে			তারিখ সহ শিক্ষক এর স্বাক্ষর
প্রক্রিয়া সম্পর্কিত:	প্রোডাক্ট সম্পর্কিত	মোট	

আরো জ্ঞাতব্য

এই ইউনিটের সাথে প্রাসঙ্গিক নিম্নলিখিত বিষয়গুলি শিক্ষার্থীদের বিদ্যমান জ্ঞানকে শক্তিশালী করার জন্য পরামর্শ দেওয়া হয়েছে যা ফলিত পদার্থবিদ্যা কোর্সে আরো বেশি আগ্রহ যোগ করবে

- প্রবাহ ঘনত্ব।
- ডিফারেনশিয়াল আকারে ওহমের নীতি এবং প্রয়োগ।
- সমস্ত গ্যাজেট এবং কম্পিউটার ডিভাইসে ডিজিটাল সার্কিট রয়েছে এবং তারা ডিসি ভোল্টেজে কাজ করে।
- এসি প্রবাহ হাউস হোল্ড সার্কিটে ব্যবহৃত হয়।
- তাপীয় ডিভাইসে কারেন্টের হিটিং ইফেক্ট ব্যবহার করা হয়

আইসিটি ব্যবহার

শিক্ষার্থী প্রবাহ বিদ্যুতের সিমুলেশনের জন্য নিম্নলিখিত ইউআরএল টি দেখতে পারে

- https://phet.colorado.edu/en/simulation/ohms-law

Ohm's Law simulation

উদ্ভাবনী ব্যবহারিক/প্রকল্প/ক্রিয়াকলাপ ডিজাইন করুন

- ওহমের সূত্র প্রদর্শনের জন্য মডেল প্রস্তুত কর।
- রোধের শ্রেণী এবং সমান্তরাল সমন্বয় প্রদর্শনের জন্য মডেল প্রস্তুত কর।

অনুসন্ধিৎসুতা এবং কৌতূহল বিষয়

- ভোল্টেজ বনাম প্রবাহ সম্পর্ক সবসময় রৈখিক হয়?
- কার্বন রোধের ব্যবহার করার কারণ।
- আমরা কি আমাদের মোবাইল ফোনের ব্যাটারির অভ্যন্তরীণ রোধের সন্ধান করতে পারি?
- টাংস্টেন বাল্বের অপারেটিং এবং প্রকৃত রোধ সম্পর্কে ধারণা।

তথ্যসূত্র এবং প্রস্তাবিত রিডিং

- H C Verma, "Concepts of physics" 1st ed., vol. 2, Bharti Bhawan, 1992.
- Richard Feynman *et al* "The Feynman lectures on Physics", 6th ed. vol1, Addison-Wesley, 1963.
- R K Gaur and S L Gupta "Engineering Physics", 8th ed., Dhanat Rai, 2011.
- Resnick Halliday and Krane, "Physics" 5th ed. vol1,Wiley, 2014.
- https://phys.libretexts.org/

5 তড়িচ্চুম্বক

ইউনিট বিশেষ

এই ইউনিটটি নিম্নলিখিত প্রধান দিকগুলিতে কেন্দ্রীভূত:

- ডায়ম্যাগনেটিক, প্যারাম্যাগনেটিক এবং ফেরো ম্যাগনেটিক ম্যাটেরিয়াল
- চৌম্বক ক্ষেত্র, চৌম্বকীয় তীব্রতা এবং চৌম্বককরণ
- ফ্যারাডে ইলেক্ট্রোম্যাগনেটিক আবেশের সূত্র
- চৌম্বক ক্ষেত্রের চলমান চার্জের উপর লরেন্টজ বল
- চৌম্বক ক্ষেত্রে স্থাপিত প্রবাহ বহনকারী তার এবং কয়েলের উপর বল
- মুভিং কয়েল গ্যালভানোমিটার
- অ্যামিটার এবং ভোল্টমিটারের গ্যালভানোমিটারের রূপান্তর।

ইলেক্ট্রোম্যাগনেটিজমের প্রয়োগগুলি আগ্রহ তৈরির জন্য আলোচনা করা হয়েছে এবং বিষয়গুলি বোঝার জন্য ক্রিয়াকলাপগুলির পরামর্শ দেওয়া হয়েছে। প্রয়োগ ভিত্তিক সমাধান করা সমস্যা, বহু-নির্বাচনী প্রশ্ন এবং ব্লুমের শ্রেণীবিন্যাসের নিম্ন ও উচ্চ ক্রম জ্ঞানীয় স্তরের প্রশ্নগুলি ইউনিটে দেওয়া হয়েছে যা শেখার শক্তি বৃদ্ধিতে সাহায্য করবে। ভিডিও লিঙ্কের QR কোড বিভিন্ন বিষয়ের জন্য প্রদান করা হয়েছে যা প্রাসঙ্গিক সহায়ক জ্ঞানের জন্য স্ক্যান করা যেতে পারে।

ধারণা এবং নীতিগুলির অনুকরণের জন্য QR কোডগুলিও ইউনিটে সরবরাহ করা হয়েছে, যাতে শিক্ষার্থীরা উপলব্ধ সিমুলেশন মডেল অনুকরণ করার জন্য হাতে-কলমে অনুশীলন করতে পারে। বিষয় গভীরভাবে বোঝার জন্য শিক্ষার্থীরা সিমুলেশন মডেলের বিভিন্ন পরামিতি পরিবর্তিত করতে পারে। মাইক্রো প্রজেক্ট অ্যাক্টিভিটি সুপারিশ করা হয়েছে যা কোর্সের ফলাফল অর্জনে সাহায্য করবে। "আরো জ্ঞাতব্য " বিভাগটি সুবিবেচনামূলকভাবে ডিজাইন করা হয়েছে যাতে এই অংশে দেওয়া সম্পূরক তথ্য বইটির ব্যবহারকারীদের জন্য উপকারী হয়। বিভিন্ন দিক, অনুসন্ধিৎসা এবং কৌতূহল বিষয়ক শিল্প প্রয়োগ এবং বাস্তব জীবনের প্রয়োগ গুলিও ভবিষ্যতে শিক্ষার জন্য শিক্ষার্থীকে অনুপ্রাণিত করার জন্য ইউনিটে অন্তর্ভুক্ত করা হয়েছে।

যৌক্তিকতা

ইলেক্ট্রোম্যাগনেটিজম হল পদার্থবিজ্ঞানের একটি শাখা যা চুম্বকত্ব এবং ইলেক্ট্রোম্যাগনেটিক ইন্ডাকশন প্রয়োগের ধারণা নিয়ে কাজ করে। বৈদ্যুতিক শক্তি উৎপন্ন করা এবং নবায়নযোগ্য এবং অ-নবায়নযোগ্য শক্তিকে বৈদ্যুতিক শক্তিতে রূপান্তর করা ইলেক্ট্রোম্যাগনেটিক ইনডাকশনের চূড়ান্ত প্রয়োগ। অনেক পরিমাপের সরঞ্জাম বৈদ্যুতিক প্রবাহের কারণে চৌম্বক ক্ষেত্রের নীতির উপর কাজ করে। যান্ত্রিক শক্তিকে বৈদ্যুতিক শক্তিতে বা বৈদ্যুতিক শক্তিকে যান্ত্রিক শক্তিতে রূপান্তর করা হল ইলেক্ট্রোম্যাগনেটিক আবেশের একটি প্রয়োগ। এই ইউনিটটি ইলেক্ট্রোম্যাগনেটিজমের মূল বিষয়গুলি এবং সম্পর্কিত বিষয়গুলি ব্যাখ্যা করবে যা ইলেক্ট্রোম্যাগনেটিজমের প্রকৌশল প্রয়োগগুলি বুঝতে এবং ইলেক্ট্রোম্যাগনেটিজম সম্পর্কিত সমস্যাগুলি সমাধান করতে সহায়তা করবে।

পূর্ব-প্রয়োজনীয়তা

- গণিত- ত্রিকোণমিতিক ফাংশন, বীজগণিত, ক্যালকুলাস, ভেক্টর
- পদার্থবিদ্যা- চুম্বক, চৌম্বক ডাইপোল, বৈদ্যুতিক প্রবাহ
- অন্যদের - কম্পিউটারের মৌলিক প্রযুক্তি এবং মোবাইল অ্যাপ্লিকেশন ব্যবহার

ইউনিট আউটকাম

এই ইউনিটের ফলাফলের তালিকা নিম্নরূপ:

U5-O1: চৌম্বকীয় বৈশিষ্ট্যের ভিত্তিতে একটি প্রদত্ত উপাদান নির্বাচন

U5-O2: চৌম্বক ক্ষেত্র, চৌম্বককরণ এবং ফ্যারাডে ইলেক্ট্রোম্যাগনেটিক আবেশের নিয়ম ব্যাখ্যা

U5-O3: চৌম্বক ক্ষেত্রে গতিশীল চার্জের দিক খুঁজে পেতে লরেন্টজ বল প্রয়োগ

U5-O4: চৌম্বক ক্ষেত্রে স্থাপিত প্রবাহ বহনকারী আয়তক্ষেত্রাকার কয়েলের উপর প্রযুক্ত বল এবং কৃতকার্য্য

U5-O5: মুভিং কয়েল গ্যালভানোমিটারের নির্মাণ ও কাজ ব্যাখ্যা

U5-O6: একটি প্রদত্ত গ্যালভানোমিটারকে কাঙ্খিত পরিসরের অ্যামিটার এবং ভোল্টমিটারে রূপান্তর.

ইউনিট-5 ফলাফল	কোর্সের ফলাফলের সাথে প্রত্যাশিত ম্যাপিং (1- দুর্বল পারস্পরিক সম্পর্ক; 2- মাঝারি পারস্পরিক সম্পর্ক; 3- শক্তিশালী সম্পর্ক)					
	CO-1	CO-2	CO-3	CO-4	CO-5	CO-6
U5-O1	-	-	-	-	3	1
U5-O2	-	-	1	-	3	1
U5-O3	-	-	-	1	3	1
U5-O4	-	-	-	1	3	1
U5-O5				1	3	1
U5-O6	-	-	-	1	3	1

5.1 চৌম্বকীয় পদার্থের প্রকার

Oersted এর পরীক্ষা অনুসারে প্রবাহ বহনকারী তার একটি চুম্বক হিসাবে কাজ করে। পূর্ববর্তী ইউনিটে ব্যাখ্যা করা প্রবাহের উত্তাপের প্রভাব ছাড়াও চৌম্বকীয় প্রভাবও রয়েছে। পদার্থগুলি পরমাণু দ্বারা গঠিত এবং পরমাণুতে ইলেকট্রন থাকে। ইলেক্ট্রনগুলিকে চৌম্বকীয় গতির সাথে ক্ষুদ্র চুম্বক হিসাবে বিবেচনা করা যেতে পারে। দুই ধরনের ইলেকট্রন গতি আছে: অরবিটাল এবং স্পিন (চিত্র 5.1)। পরমাণুতে অনেক ইলেকট্রন থাকে যা তার নিজের অক্ষের চারপাশে ঘুরছে এবং নিউক্লিয়াসের চারপাশে ঘোরে। প্রতিটি ধরণের গতির সাথে যুক্ত ইলেকট্রনের চৌম্বকীয় মুহূর্ত হল একটি ভেক্টরের পরিমাণ, কক্ষপথের লম্ব এবং ইলেকট্রনের ঘূর্ণনের অক্ষের সমান্তরাল। পরমাণুর চৌম্বকীয় মুহূর্ত সমস্ত ইলেকট্রনের মুহূর্তের ভেক্টর যোগফল হিসাবে গণনা করা হয়।

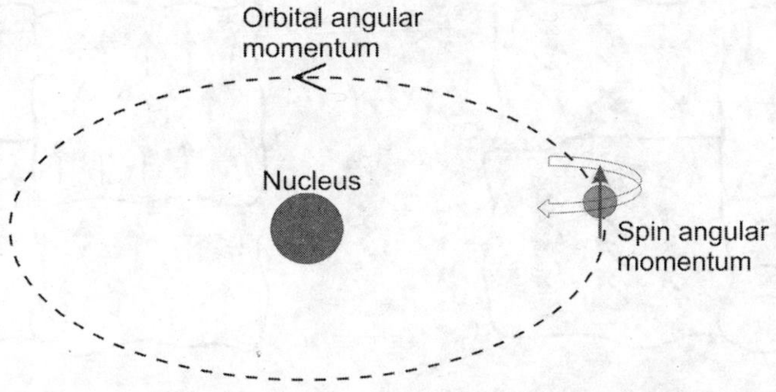

চিত্র **5.1:** ইলেকট্রনের সাথে যুক্ত অরবিটাল এবং স্পিন কৌণিক ভরবেগ

5.1.1 বৈশিষ্ট্য সহ ডায়ম্যাগনেটিক, প্যারাম্যাগনেটিক এবং ফেরোম্যাগনেটিক উপকরণ

(ক) ডায়ম্যাগনেটিক উপকরণ:

ডায়ম্যাগনেটিক পদার্থে, পরমাণুর কোনও নেট চৌম্বকীয় মুহূর্ত নেই, কারণ প্রতিটি ইলেকট্রনের চৌম্বকীয় মুহূর্ত এমনভাবে সাজানো হয় যে তারা একে অপরকে বাতিল করে। এই জাতীয় উপাদানগুলিকে ডায়ম্যাগনেটিক পদার্থ বলা হয়। এই উপকরণ চৌম্বক ক্ষেত্র দ্বারা বিকর্ষিত হয়। এই উপকরণগুলি নেতিবাচক চৌম্বকীয় পদার্থ হিসাবেও পরিচিত। মনোআটমিক (He, Ne, A, ইত্যাদি) এবং পলিআটমিক গ্যাস (H_2, N_2, ইত্যাদি) এবং NaCl, হীরা, Si, Ge হল ডায়ম্যাগনেটিক পদার্থের উদাহরণ।

(খ) প্যারাম্যাগনেটিক উপকরণ:

প্যারাম্যাগনেটিক পদার্থে, পৃথক ইলেকট্রনের চৌম্বকীয় মোমেন্টের আংশিক বাতিলের কারণে পরমাণুর নেট চৌম্বকীয় মুহূর্ত রয়েছে। জোড়াবিহীন ইলেকট্রনের উপস্থিতির কারণে এই জাতীয় পদার্থের চৌম্বকীয় গতি থাকে। যখন একটি বাহ্যিক চৌম্বক ক্ষেত্র প্রয়োগ করা হয়, তখন জোড়াবিহীন ইলেকট্রনের চৌম্বকীয় মুহূর্ত প্রয়োগকৃত চৌম্বক ক্ষেত্রের সমান্তরালে সারিবদ্ধ হয়, যার ফলে একটি নেট চৌম্বকীয় মুহূর্ত হয়। Al, FeO, অক্সিজেন, টাইটানিয়ামের মতো জোড়াবিহীন ইলেকট্রন সহ উপকরণগুলি প্যারাম্যাগনেটিক পদার্থের উদাহরণ।

(গ) ফেরোম্যাগনেটিক উপকরণ:

ফেরোম্যাগনেটিক পদার্থে, জোড়াবিহীন ইলেকট্রনের উপস্থিতির কারণে একটি নেট চৌম্বকীয় মুহূর্ত রয়েছে। যখন একটি বাহ্যিক চৌম্বক ক্ষেত্র প্রয়োগ করা হয়, তখন এই চৌম্বকীয় মুহূর্তগুলি সমান্তরালভাবে সারিবদ্ধ হয়। এটি ঘটে উপকরণের চুম্বকীয়করণ বৃদ্ধির ফলে।

অ-চুম্বকীয় অবস্থায়, ডোমেন নামক ফেরোম্যাগনেটিক পদার্থের ছোট অঞ্চলের পারমাণবিক ডাইপোলগুলি একই দিকে সারিবদ্ধ থাকে (চিত্র 5.2a)। বহিরাগত চৌম্বক ক্ষেত্রের অনুপস্থিতিতেও ডোমেন একটি নেট চৌম্বকীয় মুহূর্ত প্রদর্শন করে। বাহ্যিক চৌম্বক ক্ষেত্র প্রয়োগ করার সময় এই ডোমেইনগুলি সমস্ত প্রয়োগকৃত ক্ষেত্রের দিকে নিজেদের সারিবদ্ধ করে (5.2 b)। এইভাবে, উপাদান দৃঢ়ভাবে চুম্বকীয় ক্ষেত্রের সমান্তরাল দিকে চুম্বকীয় হয়।

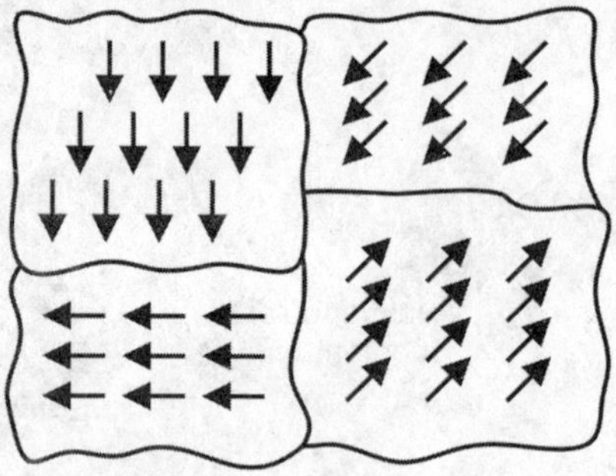

চিত্র **5.2 a:** ডাইপোলগুলি একই দিকে সারিবদ্ধ

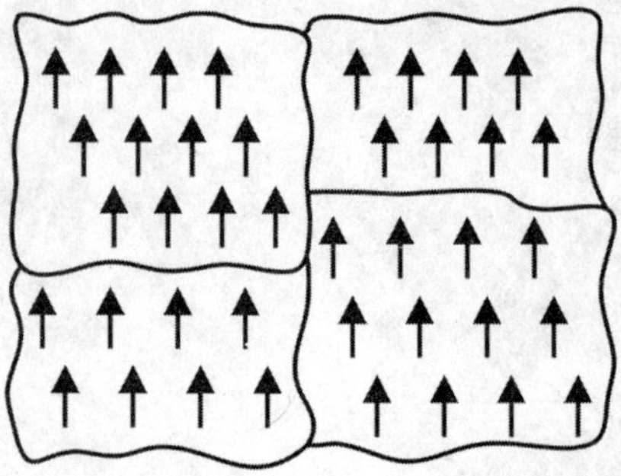

চিত্র **5.2 b:** ডোমেইনগুলি সমস্ত প্রয়োগকৃত ক্ষেত্রের দিকে সারিবদ্ধ

5.1.2 চৌম্বক ক্ষেত্র এবং একক

প্রান্তের চারপাশে চৌম্বক মেরু (উত্তর এবং দক্ষিণ মেরু) সমন্বিত একটি বার চুম্বক বিবেচনা কর (চিত্র.5.3)। যদি আমরা এই চুম্বকের কাছাকাছি আরেকটি দন্ড চুম্বক রাখি, তাহলে দুটি মেরু প্রকৃতির উপর নির্ভর করে মেরুগুলির মধ্যে আকর্ষণ বা বিকর্ষণ বল থাকবে। আকর্ষণ বা বিকর্ষণ বল সংশ্লিষ্ট মেরুগুলির মেরু শক্তির গুণফলের সাথে সরাসরি সমানুপাতিক এবং দুটি মেরুর মধ্যবর্তী দূরত্বের বর্গক্ষেত্রের ব্যস্তানুপাতিক। এই বল কুলম্ব চৌম্বক বল নামেও পরিচিত। (দুটি আধানের মধ্যে ইলেক্ট্রোস্ট্যাটিক বলের মতো।)

গাণিতিকভাবে,

$$F \alpha m_1 \times m_2 \quad \text{... (5.1)}$$

$$F \alpha 1/r^2 \quad \text{... (5.2)}$$

$$F = km_1m_2/r^2 \quad \text{... (5.3)}$$

$$k = \mu_0/4\pi = 10^{-7}$$

হেনরি/মিটার, এবং SI ইউনিটে m_1 এবং m_2 যা Amp × m, r মিটার এবং μ_0 হল ফাঁকা স্থানের চৌম্বকীয় ব্যাপ্তিযোগ্যতা একটি বিচ্ছিন্ন একক ধনাত্মক আধান বিদ্যমান, যেখানে একটি বিচ্ছিন্ন চৌম্বকীয় মেরু বিদ্যমান নেই। কিন্তু তারপরও যদি আমরা একক মেরু শক্তি (m) এর একটি বিচ্ছিন্ন উত্তর মেরু বিবেচনা করি এবং এটিকে বার চুম্বক বা প্রবাহের কাছাকাছি একটি বিন্দু 'P' এ রাখি তখন পরিবাহী চুম্বক হিসাবে কাজ করে ।ইউনিট মেরুশক্তির উত্তর মেরুতে বল হল বার চুম্বক বা সেই বিন্দুতে একটি প্রবাহ বহনকারী পরিবাহীর কারণে চৌম্বক ক্ষেত্র।

$$\mathbf{B = F/m}$$

B-এর মাত্রিক সমীকরণ হলো = $MLT^2/AL = MA^{-1}T^{-2}$ ... (5.4)

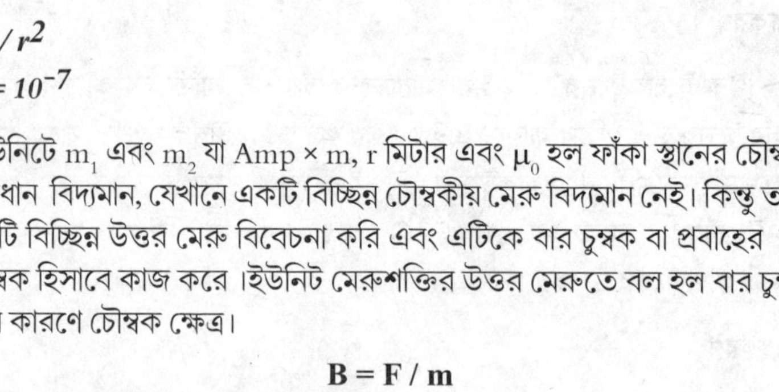

চিত্র **5.3:** উত্তর এবং দক্ষিণ মেরু সহ একটি বার চুম্বকের বাহ্যিক ক্ষেত্র

চৌম্বক ক্ষেত্রের CGS একক হল gauss। চৌম্বক ক্ষেত্রের এসআই একক হল tesla। পৃথিবীর চৌম্বক ক্ষেত্রের শক্তি হল 3.05×10^{-5} Tesla

$$1\ tesla = 10^4\ gauss$$

5.1.3 চৌম্বকীয় তীব্রতা

এটি H দ্বারা প্রতিনিধিত্ব করা হয়। চৌম্বক ক্ষেত্রের তীব্রতা হল ব্যাপ্তিযোগ্যতার সাথে চৌম্বক ক্ষেত্রের অনুপাত।

মুক্ত অঞ্চলে, $H = B / \mu_0$

বা $B = \mu_0 H$ ...(5.5)

চৌম্বকীয় তীব্রতার SI একক A / meter

5.1.4 চৌম্বক বলরেখা

চৌম্বকের চারপাশে বিদ্যমান চৌম্বকীয় শক্তিকে বলের চৌম্বক রেখার পরিপ্রেক্ষিতে ব্যাখ্যা করা যেতে পারে (চিত্র 5.4)। চৌম্বক ক্ষেত্র রেখা উত্তর মেরু থেকে উৎপন্ন হয় এবং একটি বার ম্যাগনেটের দক্ষিণ মেরুতে মিলিত হয়। তারা একে অপরকে ছেদ করে না এবং চৌম্বক ক্ষেত্রের শক্তিক্ষেত্রের লম্ব একটি একক এলাকার মধ্য দিয়ে যাওয়া বলের রেখার সংখ্যা হিসাবে সংজ্ঞায়িত করা হয়।

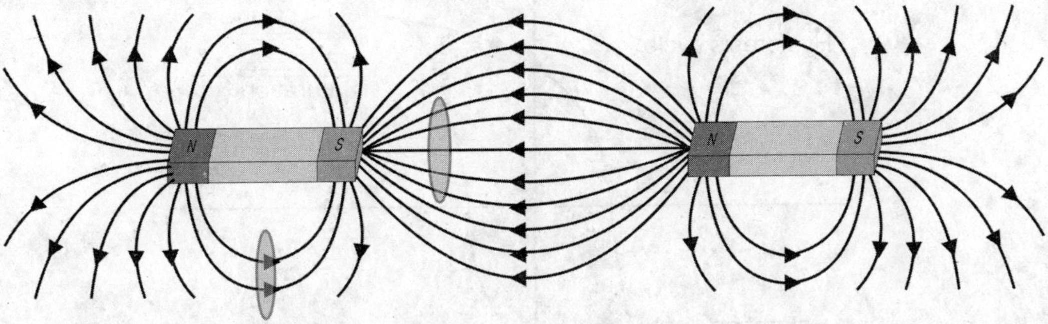

চিত্র 5.4: একটি দন্ড চুম্বক থেকে উৎপন্ন চৌম্বক বলরেখা

5.1.5 চৌম্বকীয় প্রবাহ এবং একক

চিত্র 5.4-এ, সমান ক্ষেত্রফলের দুটি পৃষ্ঠ আঁকা হয়েছে, একটি মেরুর কাছাকাছি এবং আরেকটি উভয় মেরু থেকে সমান দূরত্বে। মেরুর কাছাকাছি পৃষ্ঠের মধ্য দিয়ে যাওয়া রেখার সংখ্যা অন্য পৃষ্ঠের তুলনায় বেশি। চৌম্বকীয় রেখার সংখ্যা একক এলাকা যদিও চুম্বকীয় প্রবাহ হিসাবে পরিচিত। উপরের চিত্র থেকে এটা স্পষ্ট যে চৌম্বক প্রবাহ চৌম্বক ক্ষেত্র বেশি হলে বেশি হবে।.

গাণিতিকভাবে,

$$Magnetic\ flux = \oint \vec{B}.\vec{ds} \qquad ...(5.6)$$

চৌম্বকীয় প্রবাহের S I একক হল weber। চৌম্বক ক্ষেত্র B চৌম্বক প্রবাহ ঘনত্ব নামেও পরিচিত এবং এর একক হল weber/m^2, যা tesla-র সমতুল্য।

5.1.6 চুম্বককরণ

যখন একটি চৌম্বকীয় উপাদান একটি চুম্বকীয় ক্ষেত্রে স্থাপন করা হয়, তখন এটি চুম্বকীয় হয়ে যায়। চুম্বকীয় পদার্থে প্রতি ইউনিট আয়তনে যে চৌম্বকীয় মুহূর্ত বিকশিত হয় তাকে চুম্বকায়নের তীব্রতা বা চুম্বককরণ (I) বলে।

$$\mathbf{I = M / V} \qquad ...(5.7)$$

যেখানে, V হল উপাদানের আয়তন, যার দৈর্ঘ্য 2l এবং ক্ষেত্রফল A।

চৌম্বক ভ্রামক হলো m × 2l [m= মেরু শক্তি এবং 21 = চুম্বকের দৈর্ঘ্য]

আমরা সমীকরণ (5.7)-কে লিখতে পারি,

$$I = m \times 2l / V = m / (V / 2l) = m / A \qquad ...(5.8)$$

এইভাবে, চৌম্বককরণ (I) কে ক্রস সেকশনের প্রতি ইউনিট ক্ষেত্রফলের মেরু শক্তি হিসাবেও সংজ্ঞায়িত করা যেতে পারে। I-এর একক অ্যাম্পিয়ার/মিটার।H-এর সাথে I-এর পরিবর্তনকে চুম্বকীয়করণ বক্ররেখা বলা হয়। ডায়ম্যাগনেটিক, এবং প্যারাম্যাগনেটিক পদার্থগুলির I এবং H বক্ররেখার মধ্যে একটি রৈখিক সম্পর্ক রয়েছে এবং ক্ষেত্রটি যখন হয় তখন কোনও চুম্বকীয়করণ বজায় থাকে না।

ফেরোম্যাগনেটিক পদার্থগুলি I এবং H-এর মধ্যে অরৈখিক সম্পর্ক বক্ররেখা দেখায়। বৃহৎ চৌম্বক ক্ষেত্রে যখন চুম্বকীয়করণ স্থির হয়ে যায় তখন তাকে স্যাচুরেশন (I_S) বলা হয়। ফেরোম্যাগনেটিক পদার্থে, যখন প্রয়োগ করা ক্ষেত্রটি সরানো হয় তখন I শূন্যে নেমে আসে না এবং এটি উপাদানের ধারন ক্ষমতা (I_R) হিসাবে পরিচিত। চুম্বকীয়করণ অপসারণ করার জন্য ক্ষেত্রটিকে বিপরীত দিকে প্রয়োগ করতে হবে এবং এই প্রয়োগ করা ক্ষেত্রটিকে বলপ্রয়োগ চৌম্বক ক্ষেত্র (H_C) বলা হয়।

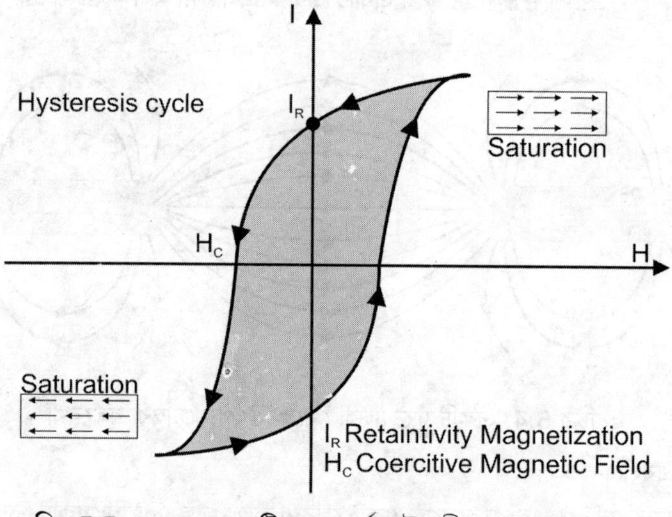

চিত্র 5.5: ফেরোম্যাগনেটিক পদার্থের চৌম্বকীয় বক্ররেখা (I-H)

5.2 তড়িৎচুম্বকীয় আবেশের ধারণা

কার্যকলাপ

তামার তার দিয়ে তৈরি একটি কয়েল নিয়ে একটি গ্যালভানোমিটারের সাথে কয়েলের প্রান্তগুলিকে সংযুক্ত কর। এখন কয়েলের কাছে একটি স্থায়ী চুম্বক আন এবং এটিকে কয়েলের ভিতরে এবং বাইরে নিয়ে যাও। গ্যালভানোমিটারে রিডিং পর্যবেক্ষণ কর।

ইউনিট 4 এ, এটি দেওয়া হয়েছে যে একটি তারের মধ্য দিয়ে প্রবাহ যাওয়ার সময় এটি গরম হওয়ার প্রভাব থাকে। একইভাবে, প্রবাহ বহনকারী তারের চারপাশে একটি চৌম্বক ক্ষেত্র তৈরি হয় । কয়েল অর্থাৎ সোলেনয়েড তারের মধ্য দিয়ে বিদ্যুৎ প্রবাহিত হলে সোলেনয়েডের চারপাশে চৌম্বক ক্ষেত্র তৈরি হয় এবং সোলেনয়েড বার চুম্বকের মতো আচরণ করে।

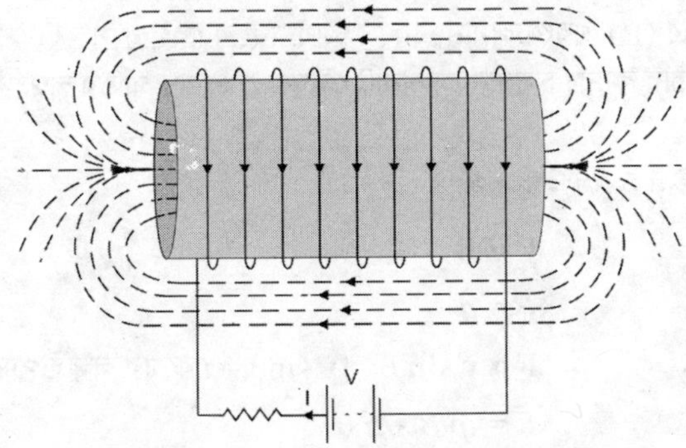

চিত্র 5.6: তড়িৎচুম্বকীয় আবেশের ধারণা

অন্যদিকে, যদি আমরা গ্যালভানোমিটারের সাথে সংযুক্ত একটি বন্ধ কয়েলের কাছে একটি স্থায়ী চুম্বক নিয়ে আসি এবং চুম্বকটিকে কুণ্ডলীর এক প্রান্তের দিকে নিয়ে যাই তাহলে কয়েলের মধ্য দিয়ে বৈদ্যুতিক প্রবাহ চলে যায় এবং গ্যালভানোমিটারে বিচ্যুতি পরিলক্ষিত হয়। এটি চুম্বকের চলাচলের কারণে বৈদ্যুতিক প্রবাহের উপস্থিতি প্রদর্শন করে। তাই বৈদ্যুতিক প্রবাহ চৌম্বক ক্ষেত্র তৈরি করে এবং একটি চলমান বৈদ্যুতিক প্রবাহ উৎপন্ন করে। এই ঘটনাটি তড়িৎচুম্বকীয় আবেশ নামে পরিচিত।

ফ্যারাডের সূত্র

1831 সালে, মিশেল ফ্যারাডে তড়িৎচুম্বকীয় আবেশের দুটি সূত্র দেন। তারা নিম্নরূপে বিবৃত করা হয়:

প্রথম সূত্র: "যখনই সংবৃত বর্তনীর সাথে যুক্ত চৌম্বকীয় প্রবাহ পরিবর্তন হয়, একটি emf সার্কিটে আবিষ্ট হয়, আবিষ্ট emf শুধুমাত্র টিকে থাকে, যতক্ষণ না চৌম্বক প্রবাহে পরিবর্তন হয়"।

যদি আমাদের কাছে চুম্বক এবং একটি কুণ্ডলী থাকে এবং তাদের মধ্যে একটি আপেক্ষিক গতি থাকে যেখানে হয় কুণ্ডলী নড়ছে বা চুম্বক চলমান। কয়েলের আপেক্ষিক গতির কারণে, কয়েলটি চুম্বক থেকে বেরিয়ে আসা চৌম্বকীয় প্রবাহকে কেটে দেয় এবং এটি কুণ্ডলী জুড়ে একটি আবিষ্ট ইএমএফ তৈরি করে।

দ্বিতীয় সূত্র: "আবিষ্ট emf এর মাত্রা সংবৃত বর্তনীর সাথে সংযুক্ত চৌম্বকীয় প্রবাহের পরিবর্তনের হারের সমানুপাতিক"।

গাণিতিক ভাষায়, $emf(e) = -k\, d\phi / dt$

যেখানে, k হল সমানুপাতিক ধ্রুবক এবং ঋণাত্মক চিহ্ন ইঙ্গিত করে যে emf প্রবাহের পরিবর্তনের বিরোধিতা করে।

5.3 লরেন্টজ বল (চৌম্বক ক্ষেত্রে চলমান চার্জের উপর বল)

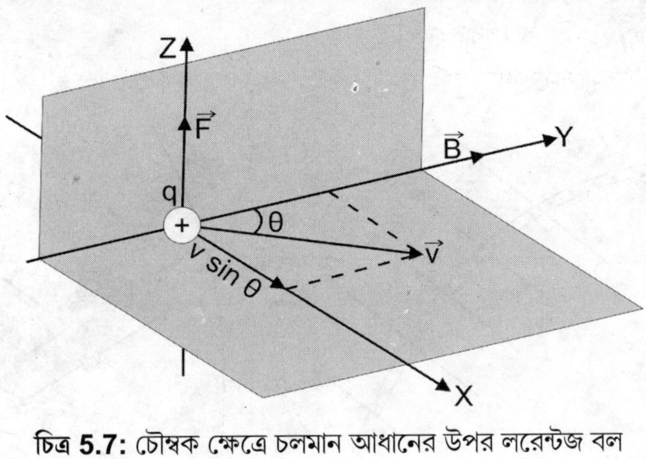

চিত্র 5.7: চৌম্বক ক্ষেত্রে চলমান আধানের উপর লরেন্টজ বল

y দিক বরাবর একটি চৌম্বক ক্ষেত্র (B) এবং চলমান একটি আধান (q) বেগ v সহ xy সমতলে বিবেচনা করি। এটি চৌম্বক ক্ষেত্রের দিক দিয়ে একটি কোণ তৈরি করে। চলমান আধানটি চৌম্বক ক্ষেত্রের গতির লম্ব দিকে একটি বল অনুভব করবে। এই বল Lorentz বল নামে পরিচিত।

লরেন্টজ বল নিম্নলিখিত কারণগুলির উপর নির্ভর করে,

$$\mathbf{F \;\alpha\; B}$$

$$F \;\alpha\; q$$

$$\mathbf{F \;\alpha\; v \sin\theta} \quad [v \sin\theta = \text{বেগের লম্ব উপাদান}]$$

সুতরাং
$$F = qvB \sin\theta \qquad ...(5.9)$$

যদি θ, 90 ডিগ্রি হয়,
$$\mathbf{F = qvB}$$

এছাড়াও সমীকরণ (5.9) কে লেখা যেতে পারে, $\vec{F} = q(\vec{v} \times \vec{B})$

কেস I: যদি একটি কণা চৌম্বক ক্ষেত্রের (θ = 0) সমান্তরাল দিকে চলে যায় তবে বলের মাত্রা হবে 0।

কেস II: যদি একটি কণা চৌম্বক ক্ষেত্রের (θ = 90) দিকে লম্বভাবে চলে যায়, তাহলে কণাটি চৌম্বক ক্ষেত্রের দিকে লম্বভাবে বৃত্তাকার পথে চলে যাবে। এছাড়াও, যদি একটি কণা চৌম্বক ক্ষেত্রের উপর লম্বভাবে চলে যায় তবে বল শুধুমাত্র কণার গতির দিক পরিবর্তন করে, বেগের মাত্রা অপরিবর্তিত থাকে।

কেস III: যদি একটি কণা একটি দিকে অগ্রসর হয়, যা চৌম্বক ক্ষেত্রের সাথে কোণ তৈরি করে, কণাটি একটি হেলিকাল পথে চলে যাবে।

5.4 প্রবাহ বহনকারী পরিবাহীর উপর বল

উপরের বিভাগে, এটি ব্যাখ্যা করা হয়েছে যে একটি চলমান আধান একটি চৌম্বক ক্ষেত্রে লরেন্টজ বল অনুভব করে। আমরা জানি যে আধান প্রবাহের হার প্রবাহ এবং প্রবাহ বহনকারী পরিবাহীকে চৌম্বক ক্ষেত্রে যদি রাখা হয় তবে এটি একটি বল অনুভব করবে। সেই বলের মান খুঁজে বের করার জন্য বিবেচনা করা যাক একটি প্রবাহ (I) প্রবাহিত হচ্ছে ।দৈর্ঘ্যের পরিবাহী (L) এবং ক্রস সেকশনের ক্ষেত্রফল (A) ধরা যাক।n প্রতি ইউনিট আয়তনের আধান সংখ্যা এবং এটি চৌম্বক ক্ষেত্রে (B) স্থাপন করা হয়েছে। . ছোট দৈর্ঘ্যের উপাদান dl-এ চৌম্বক ক্ষেত্রের কারণে যে বলটি লরেন্টজ বল দ্বারা দেওয়া হবে,

$$\mathbf{dF = qvB \sin(\theta)}$$

q আধান হলে = (nAdl)e

v হল ইলেকট্রনের বেগ = v_d [প্রবাহ বেগ]

θ হল চৌম্বক ক্ষেত্র এবং v_d এর মধ্যে কোণ

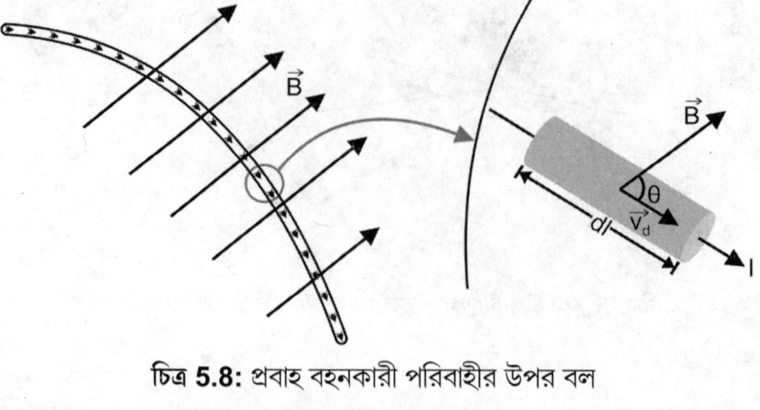

Force on current carrying conductor

চিত্র 5.8: প্রবাহ বহনকারী পরিবাহীর উপর বল

অর্থাৎ $dF = (nAdl)e \times v_d \times B \sin(\theta)$

$$dF = (nAe \times v_d)\, dl \times B \sin(\theta)$$

$$dF = I \times dl \times B \sin(\theta) \qquad [I = nAevd]$$

সম্পূর্ণ দৈর্ঘ্যের উপর সমাকলন করে পাই,

$$\vec{F} = I(\vec{l} \times \vec{B}) \qquad ...(5.10)$$

5.5 চৌম্বক ক্ষেত্রে স্থাপিত আয়তক্ষেত্রাকার কয়েলের উপর বল

চৌম্বক ক্ষেত্রে স্থাপিত একটি প্রবাহ বহনকারী আয়তক্ষেত্রাকার লুপ PQRS বিবেচনা করা যাক। চৌম্বক ক্ষেত্র এবং একটি প্রবাহ লুপের দিক এমন যে লুপের সমতলে অভিলম্বের ($\hat{n}$) এর সাথে একটি কোণ θ তৈরি করে। পূর্ববর্তী বিভাগে বর্ণিত হিসাবে প্রবাহ লুপের প্রতিটি পাশে, PQ, QR, RS এবং SP বল থাকবে যথাক্রমে F_1, F_2, F_3 এবং F_4। সরলতার জন্য বিবেচনা করা যাক যে $\hat{n}$ এবং $\vec{B}$ এর মধ্যে কোণ শূন্য।তখন,

$$\vec{F_1} = I\left(l\left(-\hat{k}\right)\times B\hat{j}\right) = IlB(\hat{i})$$

$$\vec{F_2} = I\left(l\left(\hat{i}\right)\times B\hat{j}\right) = IlB(\hat{k})$$

$$\vec{F_3} = I\left(l\left(\hat{k}\right)\times B\hat{j}\right) = IlB(-\hat{i})$$

$$\vec{F_4} = I\left(l\left(-\hat{i}\right)\times B\hat{j}\right) = IlB(-\hat{k})$$

তখন কুণ্ডলীতে বল শূন্য হয়; যদি $\boldsymbol{n}\hat{}$ এবং $\vec{B}$ -এর মধ্যে কোণ 90^0 হয় তবে,

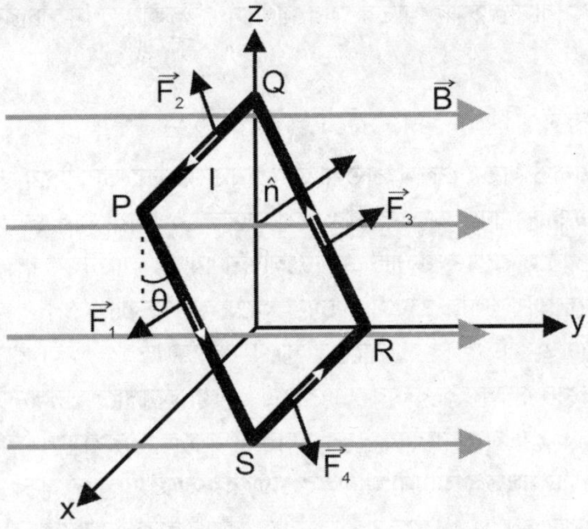

চিত্র 5.9: আয়তক্ষেত্রাকার কয়েলের উপর বল

$$\vec{F_1} = I\left(l\left(\hat{j}\right)\times B\hat{j}\right) = 0$$

$$\vec{F_2} = I\left(l\left(\hat{i}\right)\times B\hat{j}\right) = IlB(\hat{k})$$

$$\vec{F_3} = I\left(l\left(\hat{j}\right)\times B\hat{j}\right) = 0$$

$$\vec{F_4} = I\left(l\left(-\hat{i}\right)\times B\hat{j}\right) = IlB(-\hat{k})$$

তাই দুটি সমান এবং বিপরীত বলের উপস্থিতির কারণে F_2 এবং F_4 বিপরীত দিকে কাজ করে এবং টর্ক (τ) উৎপন্ন করে যা কুণ্ডলীটিকে বিচ্যুত করে; তাই আমরা লিখতে পারি,

τ = বল × বল দুটির মধ্যে লম্ব দূরত্ব

$$\boldsymbol{\tau = IlB \times b}$$

$$\tau = I(lb)B = IAB \quad \text{...(5.11)}$$

ভেক্টর আকারে,

$$\tau = I(\vec{A}\times\vec{B}) \quad \text{...(5.12)}$$

বল হ্রাস পায় যখন ক্ষেত্রফল ভেক্টর এবংভেক্টর $\vec{B}$ মধ্যে কোণ হ্রাস পায় ।

5.6 চলন্ত (মুভিং) কয়েল গ্যালভানোমিটার

এই গ্যালভানোমিটার ক্ষুদ্র বৈদ্যুতিক প্রবাহ পরিমাপের জন্য একটি যন্ত্র। এটি এমন একটি যন্ত্র যা চৌম্বকীয় সুচের মধ্য দিয়ে যখনই বিদ্যুৎ প্রবাহিত হয় তখন তাকে একটি বিচ্যুতি দেয়। চলমান কয়েল গ্যালভানোমিটারগুলি প্রবাহ পরিমাপের জন্য সর্বাধিক ব্যবহৃত গ্যালভানোমিটার। এটি একটি ইলেক্ট্রোম্যাগনেটিক ডিভাইস যা কয়েকটি মাইক্রোঅ্যাম্পিয়ারের মতো কম বৈদ্যুতিক প্রবাহ সনাক্ত করতে পারে।

যদি একটি প্রবাহ বহনকারী কয়েল একটি চৌম্বক ক্ষেত্রে স্থাপন করা হয় তবে এটি চৌম্বকীয় টর্ক অনুভব করে। কুণ্ডলীর মধ্য দিয়ে প্রবাহটি সেই কোণের সাথে সরাসরি সমানুপাতিক যার মাধ্যমে চৌম্বকীয় ঘূর্ণন সঁচারক বল এর কারণে কুণ্ডলীটি বিচ্যুত হয়।

নির্মাণ: দুটি সমান,বিপরীত বল-এর উপস্থিতির কারণে কয়েলে উৎপন্ন টর্ক

চলমান কয়েল গ্যালভানোমিটার একটি ধাতব ফ্রেমে পাতলা উত্তাপযুক্ত তামার তার দিয়ে তৈরি একটি আয়তক্ষেত্রাকার কয়েল থাকে। আয়তক্ষেত্রাকার কুণ্ডলী একটি নির্দিষ্ট অক্ষের চারপাশে মুক্তভাবে ঘোরানোর জন্য। একটি চলমান টর্শন হেডের সাথে সংযুক্ত একটি ফসফর-ব্রোঞ্জ স্ট্রিপের মাধ্যমে কুণ্ডলীটি একটি অভিন্ন রেডিয়াল চৌম্বক ক্ষেত্রে অবাধে ঝুলে থাকে। ক্ষেত্রটিকে রেডিয়াল করতে নলাকার নরম লোহার কোর প্রতিসাম্যভাবে কয়েলের ভিতরে স্থাপন করা হয় যাতে চৌম্বক ক্ষেত্রের বল উন্নত হয়। কুণ্ডলীর নীচের অংশটি একটি ফসফর-ব্রোঞ্জের সাথে সংযুক্ত স্প্রিং। অন্য প্রান্তটি বাঁধাই স্ক্রুগুলির সাথে সংযুক্ত। যখন কয়েলে প্রবাহ পাঠানো হয় তখন দোলন হবে এবং এ ক্ষেত্রে ব্যবস্থা অনুসারে দোলনটি অবমন্দিত দোলন। স্প্রিংটি একটি কাউন্টার টর্ক তৈরি করতে ব্যবহৃত হয় যা চৌম্বকীয় ঘূর্ণন সঁচারক বলকে ভারসাম্যপূর্ণ করে এবং তাই একটি স্থির কৌণিক বিক্ষেপ তৈরিতে সাহায্য করে। একটি সমতল আয়না যা ঝুলন্ত তারের সাথে সংযুক্ত থাকে, একটি বাতি এবং স্কেল বিন্যাস সহ, কয়েলের বিচ্যুতি পরিমাপ করতে ব্যবহৃত হয়। স্কেলের শূন্য-বিন্দু কেন্দ্রে অবস্থান করে।

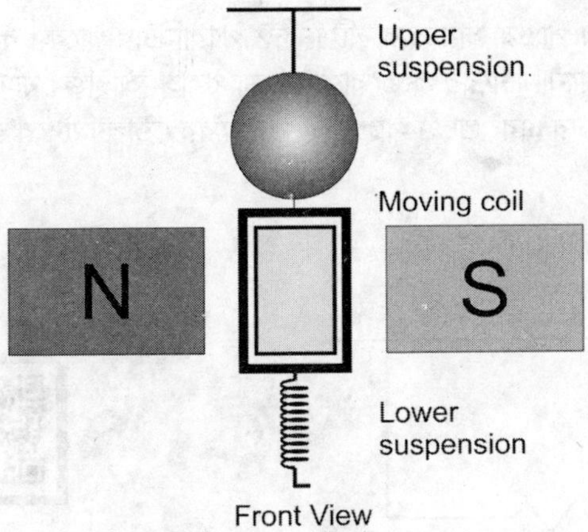

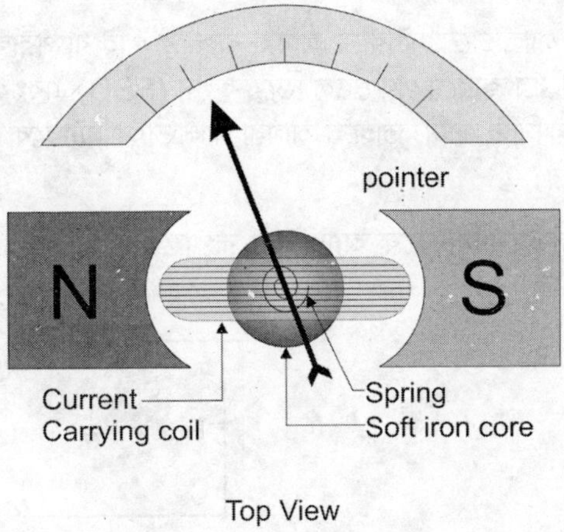

চিত্র 5.10: চলমান কয়েল গ্যালভানোমিটার

চিত্র 5.11: দুটি সমান,বিপরীত বলের উপস্থিতিতে কয়েলে উৎপন্ন টর্ক

ধরি প্রবাহ I একটি আয়তক্ষেত্রাকার কুণ্ডলী (চিত্র 5.11) এর মধ্য দিয়ে প্রবাহিত হয় যার একটি ক্রস-বিভাগীয় এলাকা A এবং N পাকসংকা। কুণ্ডলীটি যখন একটি অভিন্ন রেডিয়াল চৌম্বক ক্ষেত্রের মধ্যে রাখা হয় তখন একটি টর্ক গ্রহণ করে। এই কুণ্ডলীটি চৌম্বক ক্ষেত্রের সাথে সমান্তরাল কুণ্ডলীর সমতলের সাথে একটি চৌম্বক ক্ষেত্রে ঝুলে আছে। PQ এবং SR বাহু চৌম্বক ক্ষেত্রের দিকনির্দেশের সমান্তরাল, কারণ তারা কোনো চৌম্বক ক্ষেত্রের কার্যকরী বল অনুভব করে না। PS এবং QR বাহুগুলি ক্ষেত্রের দিকের দিকে লম্ব এবং F দ্বারা প্রদত্ত একটি কার্যকর বল অনুভব করে,

$$\mathbf{F = BIl} \qquad \text{...(5.13)}$$

দুটি সমান এবং বিপরীত বল F দ্বন্ধ-এর উপস্থিতির কারণে কয়েলের উপর কাজ করে এবং টর্ক (τ) উৎপন্ন করে; এটি কুণ্ডলীকে বিচ্যুত করে এবং কুণ্ডলীর 'N' বাঁকগুলিতে ক্রিয়া করে [সমীকরণ (5.11)]

$$\boldsymbol{\tau} = \mathbf{NIAB} \qquad \text{...(5.14)}$$

কুণ্ডলী ঘূর্ণন হয় ঘূর্ণন সঁচারক বল এবং ফসফর ব্রোঞ্জ ফালার মোচড়ের কারণে। পালাক্রমে, কয়েলের সাথে সংযুক্ত স্প্রিং S একটি কাউন্টার টর্ক বা পুনরুদ্ধার ঘূর্ণন সঁচারক বল kθ উৎপন্ন করে যার ফলে একটি অবিচলিত কৌণিক বিচ্যুতি ঘটে। ভারসাম্য অবস্থায়:

$$\mathbf{k\theta = NIAB} \qquad \text{...(5.15)}$$

এখানে k কে স্প্রিং এর টরসিয়াল ধ্রুবক বলা হয়। ডিফ্লেকশন বা টুইস্ট θ এর মান হিসাবে পরিমাপ করা হয় সাসপেনশন তারের সাথে সংযুক্ত একটি পয়েন্টার দ্বারা যা একটি স্কেলে নির্দেশিত।

$$\boldsymbol{\theta} = \mathbf{(NAB / k)\ I}$$

সুতরাং,

$$\boldsymbol{\theta}\ \boldsymbol{\alpha}\ \mathbf{I}$$

NAB/k পরিমাণ একটি প্রদত্ত গ্যালভানোমিটারের জন্য ধ্রুবক। তাই গ্যালভানোমিটারের বিচ্যুতি এর মধ্য দিয়ে প্রবাহিত প্রবাহের সরাসরি সমানুপাতিক। চলন্ত কয়েল গ্যালভানোমিটার একটি অত্যন্ত সংবেদনশীল যন্ত্র এবং যে কোনো বর্তনীতে প্রবাহের উপস্থিতি সনাক্ত করতে ব্যবহৃত হয়। গ্যালভানোমিটার পরিমাপ করতে ব্যবহার করা যেতে পারে:

a) সমান্তরালভাবে একটি নিম্ন প্রতিরোধ সংযোগ করে সার্কিটে কারেন্টের মান।

b) সিরিজে উচ্চ প্রতিরোধ সংযোগ করে ভোল্টেজ.

5.7 অ্যামিমিটার এবং ভোল্টমিটারে রূপান্তর

যে কোনো গ্যালভানোমিটার যা আমরা বাজারে পাই বা পরীক্ষাগারে পাওয়া যায় তার দুটি নির্দিষ্ট প্যারামিটার থাকে। কয়েলের তারের রোধের কারণে পূর্ণ স্কেল ডিফ্লেকশন (FSD) এবং গ্যালভানোমিটারের প্রতিরোধের জন্য প্রবাহ আইজি। যদি আমরা এই দুটি পরামিতি জানি, তাহলে আমরা গ্যালভানোমিটারকে অ্যামিটার এবং প্রদত্ত পছন্দসই পরিসরের ভোল্টমিটারে রূপান্তর করতে পারি।

5.7.1 গ্যালভানোমিটারকে অ্যামিটারে রূপান্তর

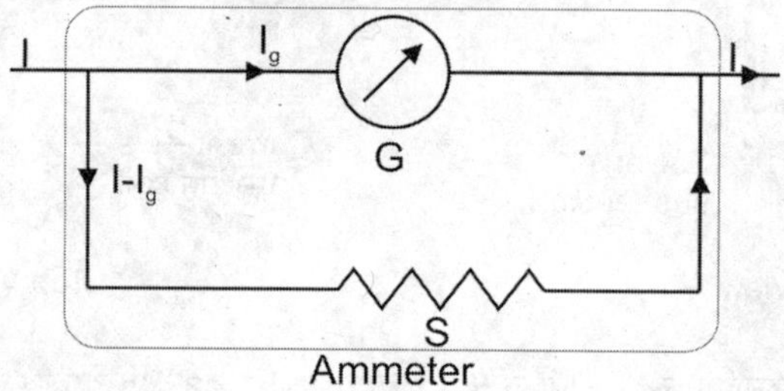

Galvanometer to voltmeter

চিত্র 5.12: গ্যালভানোমিটারকে অ্যামিটারে রূপান্তর

গ্যালভানোমিটার কয়েলের সাথে সমান্তরালে শান্ট নামক একটি কম মানের রোধ সংযোগ করে গ্যালভানোমিটারকে অ্যামিটারে রূপান্তরিত করা হয়। শান্ট রেজিস্ট্যান্স অ্যামিটারের পছন্দসই পরিসরের প্রয়োজন অনুসারে নির্বাচন করা হয় এবং শান্ট সংযোগ করার ফলে প্রতিরোধের সমান্তরাল সংমিশ্রণের কারণে মোট রোধ খুব কম হয়ে যায়। সার্কিটে প্রবাহিত বৈদ্যুতিক প্রবাহ পরিমাপ করতে অ্যামিটার সবসময় সিরিজে সংযুক্ত থাকে। প্রবাহিত তড়িৎ যদিও অ্যামিটারে দুটি ভাগে বিভক্ত: Ig গ্যালভানোমিটার কয়েলের মধ্য দিয়ে যায় এবং অবশিষ্ট কারেন্ট (I-Ig) শান্টের মধ্য দিয়ে যায়, যেমনটি চিত্রে দেওয়া হয়েছে (5.13। সমান্তরাল সংযোগে গ্যালভানোমিটার এবং শান্ট রেজিস্ট্যান্স একত্রে মোট ভোল্টেজ দেয় । অতএব,

$$GI_g = (I - I_g)S$$

বা

$$S/G = I_g / (I - I_g) \qquad ...(5.16)$$

যেখানে, G – গ্যালভানোমিটার কয়েলের রোধ, I – সার্কিটের মধ্য দিয়ে মোট তড়িৎ প্রবাহ,

Ig – গ্যালভানোমিটারের মধ্য দিয়ে যাওয়া মোট প্রবাহ যা পূর্ণ-স্কেল বিচ্যুতির সাথে মিলে যায়, S – শান্ট রোধের মান।

যখনই আমরা শান্টকে গ্যালভানোমিটারের সাথে সংযুক্ত করি, সর্বাধিক প্রবাহ শান্টের মধ্য দিয়ে যায় এবং কম প্রবাহ গ্যালভানোমিটারের মধ্য দিয়ে যায়। গ্যালভানোমিটারের বিচ্যুতি সার্কিটে প্রবাহের একটি ইঙ্গিত। অ্যামিটারের রোধ খুবই কম এবং আদর্শ অ্যামিটারের জন্য রোধ শূন্য হওয়া উচিত।

উদাহরণ: যদি আমাদের একটি গ্যালভানোমিটার থাকে 25 (Ig) মাইক্রো অ্যাম্পিয়ার FSD এবং রেজিস্ট্যান্স 1500 ওহম (জি) থাকে। যদি এটিকে 2.5 অ্যাম্পিয়ার (I) অ্যামিটারে রূপান্তর করতে হয় তবে শান্ট প্রতিরোধ হবে,

$$S = G \times I_g / (I - I_g) = 1500 \times (25 \times 10^{-6}) / (2.5 - 25 \times 10^{-6})$$

$$\Rightarrow \quad S = 1500 \times \{(25 \times 10^{-6}) / 2.5\}$$

$$\Rightarrow \quad S = 15000 \times 10^{-6} = 15 \times 10^{-3} = 15 \text{ milli ohm}$$

5.7.2 গ্যালভানোমিটারকে ভোল্টমিটারে রূপান্তর

একটি গ্যালভানোমিটারকে সিরিজে উচ্চ প্রতিরোধের সংযোগের মাধ্যমে একটি ভোল্টমিটারে রূপান্তরিত করা হয়। যেহেতু দুটি সমান্তরাল বিন্দু জুড়ে ভোল্টেজ একই, তাই ভোল্টমিটার সবসময় একটি প্রদত্ত সার্কিটের উপাদানের সমান্তরালে সংযুক্ত থাকে, যার ভোল্টেজ আমাদের পরিমাপ করতে হয়। ভোল্টমিটারের পরিসরের উপর নির্ভর করে একটি উপযুক্ত উচ্চ প্রতিরোধের

নির্বাচন করা হয়। প্রদত্ত সার্কিটে, G = গ্যালভানোমিটারের প্রতিরোধ, R = উচ্চ রোধ,

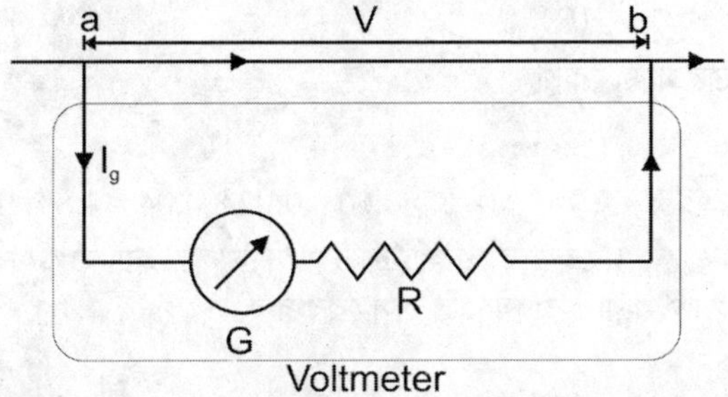

চিত্র 5.13: গ্যালভানোমিটারকে ভোল্টমিটারে রূপান্তর

I = সার্কিটের মধ্য দিয়ে যাওয়া মোট প্রবাহ , IG = গ্যালভানোমিটারের মধ্য দিয়ে যাওয়া প্রবাহ যা একটি পূর্ণ-স্কেল বিচ্যুতির সাথে সামঞ্জস্যপূর্ণ, V = ভোল্টেজের সিরিজ সংযোগ জুড়ে বিভব পতন

যখন প্রবাহ Ig গ্যালভানোমিটার এবং উচ্চ রোধের R-এর সিরিজ সংমিশ্রণের মধ্য দিয়ে যায়; AB এর দুই প্রান্তের মধ্যে বিভব পতন,

$$V = G.I_g + R.I_g$$
$$V / I_g = G + R$$
$$R = (V / I_g) - G$$

উপরের সমীকরণটি ব্যবহার করে R এর মান পাওয়া যেতে পারে।

উদাহরণ: গ্যালভানোমিটার প্রবাহ 25 (Ig) মাইক্রো অ্যাম্পিয়ার FSD এবং রোধ 1500 ওহম (জি) থাকে। যদি আমাদের এটিকে 2.5 ভোল্ট (I) এর ভোল্টমিটারে রূপান্তর করতে হয় তবে সিরিজ রোধ কত দরকার হবে?

$$R = \{2.5 / (25 \times 10^{-6})\} - 1500$$
$$R = 100000 - 1500 = 98{,}500 \text{ ohm} = 98.5 \text{ kilo ohm}$$

সমাধান করা সমস্যা

1. 2.5 C এর একটি বিন্দু আধান 20 m/s বেগ সহ 10 amp/m চৌম্বক ক্ষেত্রে লম্বভাবে চলে যাচ্ছে। লরেন্টজ বল আধানের উপর কত কাজ করে?

সমাধান:

q = 2.5 C, B = 10 amp/m and v = 20 m/s As. F = v B sin(θ) = q v B {As θ= 90°}

F = 2.5 × 10 × 20 = 500 N

2. 20 cm দৈর্ঘ্যের একটি প্রবাহ বহনকারী পরিবাহীর উপর বল বের করো যার প্রবাহ 5 A এবং চৌম্বক ক্ষেত্র 4 Amp/মিটার। চৌম্বক ক্ষেত্র এবং প্রবাহের দিকের মধ্যে কোণ হল 450

সমাধান:

l = 0.2m, I = 5 A and B = 4 A/mAs F = BIL sin θ,

F = 4 × 5 × 0.2 × sin (45°) = 2.8 N

3. 20 cm × 40 cm আকারের একটি আয়তক্ষেত্রাকার লুপ এর অভিন্ন উল্লম্ব চৌম্বক ক্ষেত্রে স্থাপন করা হয় 0.60 weber / m^2। লুপের সমতল (a) উল্লম্ব এবং (b) অনুভূমিক তালে ফ্লাক্স বের করো।

সমাধান:

লুপের মধ্য দিয়ে যাওয়া ফ্লাক্স হল $\phi = B\ A \cos(\theta)$

যেখানে θ হল লুপ এবং চৌম্বক ক্ষেত্রের মধ্যে কোণ

(a) $\theta = 90°$ এর জন্য $\phi = 0$

(b) $\theta = 0°$ লুপের সাথে চৌম্বক ক্ষেত্রের সমান্তরাল তাই $\phi = 0.60 \times 0.02 \times 0.04 = 4.8 \times 10^{-3}$ weber

4. যখন একটি গ্যালভানোমিটারের সাথে 3 ওহমের একটি শান্ট সংযুক্ত করা হয়, তখন বিচ্যুতি 1/10 তম হয়ে যায়। যদি 3 ওহমের একটি অতিরিক্ত শান্ট যোগ করা হয়। বিচ্যুতি হ্রাস বের কর।

সমাধান:

$S = 3$ ohm, $I_g / I = 1/10$ As, $I_g / I = S / (S + G)$

$\Rightarrow 1 / 10 = 3 / (3 + G)$

$\Rightarrow 3 + G = 30$

$\Rightarrow G = 27$ ohm

এখন আমরা অতিরিক্ত শান্ট 3 ওহম যোগ করলে নতুন শান্ট (S') হবে $1 / S' = 1 / 3 + 1 / 3 = 2 / 3$

$\Rightarrow S' = 3 / 2$

এখন প্রবাহ কমে যাবে, $I_g / I = S' / (S' + G)$

$\Rightarrow I_g / I = 3 / 2 / \{(3 / 2) + 27\}$

$\Rightarrow I_g / I = 3 / 2 \times 2 / 57$

$\Rightarrow I_g / I = 1 / 19$

ইউনিট সারসংক্ষেপ

- চৌম্বক ক্ষেত্রের তীব্রতা এবং চৌম্বক ক্ষেত্রের অনুপাত হল চৌম্বকীয় ব্যাপ্তিযোগ্যতা।
- একটি পৃষ্ঠের মধ্য দিয়ে যাওয়া চৌম্বকীয় প্রবাহ চৌম্বক ক্ষেত্র, পৃষ্ঠের ক্ষেত্রফল এবং চৌম্বক ক্ষেত্রের মধ্যবর্তী কোণ এবং পৃষ্ঠের লম্বার গুণফলের সমান।
- লরেন্টজ বলের দিক ইলেক্ট্রন এবং চৌম্বক ক্ষেত্রের গতির দিকে লম্ব।
- একটি পরিবর্তনশীল বৈদ্যুতিক ক্ষেত্র চৌম্বক ক্ষেত্র এবং তদ্বিপরীত উৎপন্ন করে।
- গ্যালভানোমিটার সিরিজে বড় রোধ যোগ করে ভোল্টমিটারে রূপান্তরিত হয়।
- গ্যালভানোমিটার সমান্তরালে শান্ট যোগ করে অ্যামিটারে রূপান্তরিত হয়।

অনুশীলন

বহু নির্বাচনী প্রশ্ন

1. যখন একটি চৌম্বক ক্ষেত্রে একটি উপাদান B ব্যবহার করা হয়, তখন একটি চৌম্বকীয় মুহূর্ত B এর সমানুপাতিক কিন্তু বিপরীত দিকের সাইটটি প্ররোচিত হয়। উপাদান হল

   a. ডায়ম্যাগনেটিক
   b. প্যারাম্যাগনেটিক
   c. ফেরোম্যাগনেটিক
   d. চুম্বকীয়

2. নিম্নলিখিতগুলির মধ্যে ফেরোম্যাগনেটিক উপাদান
   a. অ্যালুমিনিয়াম
   b. কোয়ার্টজ
   c. নিকেল করা
   d. বিসমাথ
3. আপেক্ষিক ব্যাপ্তিযোগ্যতার একক
   a. হেনরি / মিটার
   b. হেনরি
   c. হেনরি / বর্গ মি
   d. এটি মাত্রাহীন
4. দৈর্ঘ্যের একটি পরিবাহী 'L' এর মধ্য দিয়ে বিদ্যুৎ প্রবাহিত হয়, যখন এটি একটি চৌম্বক ক্ষেত্রের সমান্তরালে স্থাপন করা হয়। কন্ডাক্টর দ্বারা অভিজ্ঞ বল হবে
   a. শূন্য
   b. BLI
   c. B^2LI
   d. BLI^2
5. নিম্নলিখিতগুলির মধ্যে, একটি ভেক্টর পরিমাণ নির্বাচন কর:
   a. আপেক্ষিক ব্যাপ্তিযোগ্যতা
   b. চৌম্বক ক্ষেত্রের তীব্রতা
   c. ফ্লাক্স ঘনত্ব
   d. চৌম্বক বিভব
6. চৌম্বক ক্ষেত্রের শক্তি নামেও পরিচিত
   a. প্রবাহ
   b. ঘনত্ব
   c. চৌম্বক শক্তি
   d. চৌম্বকীয় প্রবাহের ঘনত্ব
7. 1C চার্জ এবং 2 m/s বেগ বিশিষ্ট একটি কণার উপর ক্রিয়াশীল লরেন্টজ বল বের কর, 2 tesla মাত্রার একটি লম্ব চৌম্বক ক্ষেত্রে চলমান।.
   a. 2 N
   b. 4 N
   c. 6 N
   d. 1 N

একাধিক পছন্দের প্রশ্নের উত্তর
1. (a), 2. (c), 3. (a), 4. (a), 5. (b), 6. (d), 7. (b)

সংক্ষিপ্ত এবং দীর্ঘ উত্তর প্রকার প্রশ্ন

ক্যাটাগরি-I

1. উদাহরণ সহ প্যারা এবং ফেরোম্যাগনেটিক পদার্থের মধ্যে পার্থক্য কর।
2. গাণিতিক সম্পর্ক এবং চিত্র সহ চৌম্বক ক্ষেত্রের ধারণাটি ব্যাখ্যা কর।
3. চৌম্বক ক্ষেত্রের SI একক লিখ এবং এর মাত্রিক সূত্র দেখ।
4. চৌম্বকীয় তীব্রতা শব্দটি বর্ণনা কর। চৌম্বক ক্ষেত্রের সাথে এর সম্পর্ক দাও।
5. ডায়াগ্রাম সহ চৌম্বক প্রবাহ ব্যাখ্যা কর। চৌম্বক ক্ষেত্র এবং চৌম্বকীয় প্রবাহ সম্পর্কিত সমীকরণটিলিখ। চৌম্বক প্রবাহের একক বল।
6. উপযুক্তডায়াগ্রামের সাহায্যে ফ্যারাডে এর ইলেক্ট্রোম্যাগনেটিক আবেশের সূত্র ব্যাখ্যা কর।
7. যদি একটি চার্জ লম্ব চৌম্বক ক্ষেত্রের মধ্যে চলমান হয়। চার্জ কণার উপর ক্রিয়াশীল লরেন্টজ বলের সমীকরণ বের কর।

8. বল কাজ করার জন্য একটি সম্পর্ক আহরণ কর।

   ক কারেন্ট বহনকারী কন্ডাক্টর।

   খ. আয়তক্ষেত্রাকার কয়েল অভিন্ন চৌম্বক ক্ষেত্রে স্থাপন করা হয়।

9. চলন্ত কয়েল গ্যালভানোমিটারের নির্মাণ ও কাজ ব্যাখ্যা কর।

10. গ্যালভানোমিটারকে অ্যামিটার এবং ভোল্টমিটারে রূপান্তর করার পদ্ধতি ব্যাখ্যা কর।

11. 40 সেমি × 40 সেমি আকারের একটি বর্গাকার লুপ 10 ওয়েবার / m^2 এর অভিন্ন উল্লম্ব চৌম্বক ক্ষেত্রে স্থাপন করা হয়েছে। চৌম্বক ক্ষেত্রের সাথে লুপের সমতল থেকে স্বাভাবিক 450 তৈরি হলে ফ্লাক্স কত হবে?

12. একটি গ্যালভানোমিটারের 40 ওহম প্রতিরোধ ক্ষমতা রয়েছে এবং সম্পূর্ণ স্কেল বিচ্যুতির জন্য 1 mA কারেন্ট প্রয়োজন। গ্যালভানোমিটারকে এতে রূপান্তর করতে প্রয়োজনীয় প্রতিরোধের গণনা কর:

    ক 500 mA পরিসরের অ্যামিটার

    খ. 2 V এর ভোল্টমিটার

ব্যবহারিক

এই ইউনিটের সাথে সম্পর্কিত তিনটি পরীক্ষা দেওয়া হয়েছে:

P5.1 অর্ধ বিচ্যুতি পদ্ধতি দ্বারা একটি গ্যালভানোমিটারের প্রতিরোধ খুঁজে বের করা

P5.2 একটি গ্যালভানোমিটারকে অ্যামিটারে রূপান্তর করা

P5.3 একটি গ্যালভানোমিটারকে ভোল্টমিটারে রূপান্তর করা

ব্যবহারিক: অর্ধেক বিচ্যুতি পদ্ধতি

ব্যবহারিক বিবৃতি

অর্ধেক বিক্ষেপ পদ্ধতি দ্বারা একটি গ্যালভানোমিটারের রোধ খুঁজে বের করা

ব্যবহারিক তাৎপর্য

গ্যালভানোমিটার ক্ষুদ্র বৈদ্যুতিক প্রবাহ পরিমাপের জন্য একটি সংবেদনশীল বৈদ্যুতিক যন্ত্র। যখনই প্রবাহ এর মধ্য দিয়ে যায় তখন এটি একটি বিচ্যুতি দেয়। গ্যালভানোমিটারের অভ্যন্তরীণ রোধ একটি গুরুত্বপূর্ণ প্যারামিটার এবং এটি গ্যালভানোমিটারকে ভোল্টমিটার এবং অ্যামিটারে রূপান্তর করতে ব্যবহৃত হয়। এই পরীক্ষাটি ছাত্রদের গ্যালভানোমিটারের প্রতিরোধ খুঁজে পেতে সাহায্য করে।

অর্ধেক প্রতিবিম্ব পদ্ধতির জন্য নিম্নের বর্তনী তৈরি করা হয়:

পরীক্ষার তত্ত্ব

যখন R_1 সার্কিটে সংযুক্ত থাকে (K_1 বন্ধ থাকে) এবং R_2 যোগ করা হয় না (বা K_2 খোলা থাকে) তখন প্রবাহ I_1 সার্কিটের মধ্য দিয়ে এবং গ্যালভানোমিটারের মধ্য দিয়ে যায়

$I_1 = E/(R_1 + G)$, যেখানে G হল গ্যালভানোমিটারের রোধ

এখন K_2 বন্ধ এবং R_2 এমনভাবে সামঞ্জস্য করা হয়েছে যে গ্যালভানোমিটারের বিচ্যুতি অর্ধেক বা গ্যালভানোমিটারে কারেন্ট হল $I_1' = I_1/2$ এবং সার্কিটে কারেন্ট (I_2) দেওয়া হয়েছে,

$I_2 = E/[R_1 + GR_2/(G + R_2)]$

এছাড়াও, $GI_1' = R_2(I_2 - I_1')$ অতএব, $I_1' = I_2R_2/(G + R_2)$

$I_1' = ER_2/[R_1(R_2 + G) + R_2G]$

যেহেতু $I_1' = I_1/2$

$ER_2/[R_1(R_2 + G) + R_2G] = E/[2(R_1 + G)]$ বা, $G = R_1R_2/(R_1 - R_2)$

ব্যবহারিক ফলাফল

এই কোর্সের পাঠ্যক্রম থেকে উদ্ভূত হয়:

PRO1: একটি প্রদত্ত গ্যালভানোমিটারের প্রতিরোধ খুঁজে পেতে অর্ধেক প্রতিবিম্ব পদ্ধতি ব্যবহার কর

ব্যবহারিক সেটআপ (ড্রয়িং/স্কেচ/সার্কিট ডায়াগ্রাম/ওয়ার্ক সিচুয়েশন)

অর্ধেক প্রতিবিম্ব পদ্ধতির জন্য নিম্নের বর্তনী তৈরি করা হয়:

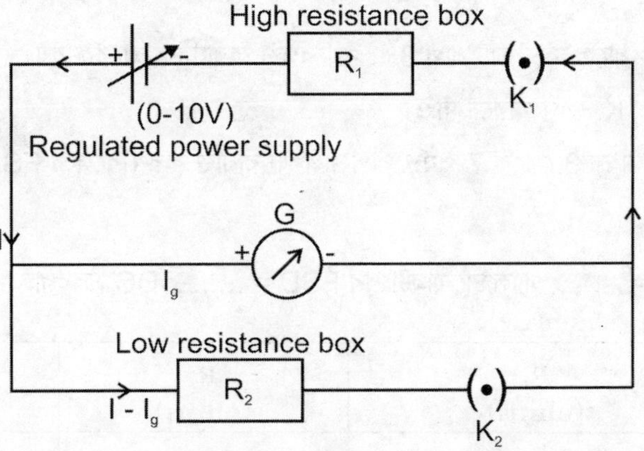

চিত্র P 5.1: অর্ধেক বিক্ষেপ পদ্ধতি দ্বারা একটি গ্যালভানোমিটারের রোধ খুঁজে বের করা

প্রয়োজনীয় সম্পদ

ক্রম সংখ্যা	অত্যাবশ্যক স্পেসিফিকেশন সহ প্রস্তাবিত সংস্থানগুলির জন্য প্রয়োজনীয় মেশিন/ সরঞ্জাম/যন্ত্র	পরিমাণ	প্রকৃত সম্পদ ব্যবহৃত মেশিন/সরঞ্জাম/ যন্ত্র বিস্তৃত বৈশিষ্ট্য সহ (ছাত্র দ্বারা পূরণ করা হবে)		মন্তব্য (যদি থাকে)
			তৈরি করা হয়েছে	বিস্তারিত	
1	চলন্ত কয়েল গ্যালভানোমিটার	01			
2	DC পাওয়ার সাপ্লাই (0-10 V)	01			
3	রেজিস্ট্যান্স বক্স – রেঞ্জ 0 – 10 kΩ	01			
4	রেজিস্ট্যান্স বক্স – রেঞ্জ 0 – 200 Ω	01			
5	ওয়ান ওয়ে কী	02			

সতর্কতা

1. সংযোগগুলি পরিষ্কার হওয়া উচিত।
2. গ্যালভানোমিটার পড়ার সময় প্যারালাক্স সরাও।
3. গ্যালভানোমিটারে প্রবাহ গ্যালভানোমিটারের ফুল স্কেল ডিফ্লেকশন (FSD) এর উপরে বাড়ানো উচিত নয়।

প্রস্তাবিত পদ্ধতি

1. চিত্র P5.1 এর সার্কিট ডায়াগ্রাম অনুযায়ী সার্কিট তৈরি কর।
2. উচ্চ রোধের বাক্স থেকে (1-10 kΩ), 10 kΩ কী সরাও এবং K_1 কী বন্ধ কর।
3. গ্যালভানোমিটারে FSD পেতে এই রেজিস্ট্যান্স বক্স থেকে রেজিস্ট্যান্স R_1 অ্যাডজাস্ট কর।
4. রেজিস্ট্যান্স R_1 এর মানগুলি নোট কর।
5. K_2 কী ঢোকাও ।
6. R_2 এর মান সামঞ্জস্য কর, যাতে বিচ্যুতিটি ধাপ 3 এ পর্যবেক্ষণ করা ঠিক অর্ধেক হয়।
7. R_2 এর মান নোট কর এবং K_2 প্লাগ সরিয়ে দাও।
8. R_1 পরিবর্তন করে পয়েন্ট নম্বর 3 থেকে 7 পর্যন্ত ধাপগুলি পুনরাবৃত্তি কর (বিক্ষেপ FSD থেকে কম হতে পারে)

পর্যবেক্ষণ এবং গণনা

ভোল্টমিটারের সর্বনিম্ন গণনা =.......... গ্যালভানোমিটারের FSD = ... DC সরবরাহ ভোল্টেজ = ... V

ক্রম সংখ্যা	R_1 (ohms)	R_2 (ohms)	$G = R_1R_2/(R_1 - R_2)$
1			
2			
3			
4			
5			

গড় G =........

ফলাফল এবং/অথবা ব্যাখ্যা
(ছাত্র দ্বারা পূরণ করা হবে)

1. ....
2. ....

উপসংহার এবং/অথবা বৈধতা
(ছাত্র দ্বারা পূরণ করা হবে)

1. ....
2. ....

ব্যবহারিক সম্পর্কিত প্রশ্ন

(উত্তরের জন্য পৃথক শীট ব্যবহার কর)

দ্রষ্টব্য: রেফারেন্সের জন্য নীচে কয়েকটি নমুনা প্রশ্ন দেওয়া হয়েছে। পূর্ব-নির্ধারিত কোর্সের ফলাফলের অর্জন নিশ্চিত করার জন্য শিক্ষকদের এই ধরনের আরও প্রশ্ন ডিজাইন করতে হবে।

1. আমরা কি এই পরীক্ষার মাধ্যমে গ্যালভানোমিটারের মেধার চিত্র পরিমাপ করতে পারি?
2. বর্তমান পরীক্ষায় ত্রুটির কারণগুলি দাও।

প্রস্তাবিত শেখার সংস্থান

- http://www.olabs.edu.in/?sub=1&brch=6&sim=152&cnt=2

প্রস্তাবিত মূল্যায়ন স্কিম

(শিক্ষক দ্বারা পূরণ করা হবে)

প্রদত্ত কর্মক্ষমতা সূচকগুলি প্রক্রিয়া এবং প্রোডাক্ট সম্পর্কিত মূল্যায়নের জন্য এটি নির্দেশিকা হিসাবে কাজ করা উচিত

কর্মসম্পাদক		গুরুত্ব	মার্কস প্রদান করা হয়েছে
প্রক্রিয়া সম্পর্কিত: ... মার্কস* (.......%)			
1	বৈদ্যুতিক সংযোগ তৈরি করা		
2	গ্যালভানোমিটারের প্রতিরোধের পরিমাপ		
3	R_1 এবং R_2 নির্বাচন		
4	যন্ত্র হ্যান্ডলিং		
প্রোডাক্ট সম্পর্কিত: .... মার্কস* (.....%)			
5	ফলাফল এবং উপসংহার		
6	সময়মত রিপোর্ট জমা দেওয়া		
7	ব্যবহারিক সম্পর্কিত প্রশ্নের উত্তর		
	মোট	100%	

* প্রোডাক্ট এবং প্রক্রিয়া মূল্যায়নের জন্য মার্কস এবং শতাংশের গুরুত্ব শিক্ষক দ্বারা নির্ধারিত হবে।

ছাত্রের নাম: .... **মার্কস প্রদান করা হয়েছে**			**তারিখ সহ শিক্ষক এর স্বাক্ষর**
প্রক্রিয়া সম্পর্কিত:	প্রোডাক্ট সম্পর্কিত	প্রক্রিয়া সম্পর্কিত:	প্রোডাক্ট সম্পর্কিত

ব্যবহারিক: গ্যালভানোমিটার থেকে অ্যামিটার

ব্যবহারিক বিবৃতি

একটি গ্যালভানোমিটারকে অ্যামিটারে রূপান্তর করা

ব্যবহারিক তাৎপর্য

অ্যামিটার একটি প্রবাহ মাপার যন্ত্র এবং প্রদত্ত বর্তনীর প্রবাহ পরিমাপ করতে শ্রেণীতে সংযুক্ত থাকে। একটি চলমান কুণ্ডলী গ্যালভানোমিটার শান্ট যোগ করে পছন্দসই পরিসরের অ্যামিটারে রূপান্তরিত হতে পারে। এই পরীক্ষায় শিক্ষার্থীরা প্রদত্ত গ্যালভানোমিটারকে অ্যামিটারে রূপান্তর করবে।

প্রাসঙ্গিক তত্ত্ব

আগে দেওয়া হয়েছে

ব্যবহারিক ফলাফল (PRO)

ব্যবহারিক ফলাফল এই কোর্সের পাঠ্যক্রম থেকে উদ্ভূত হয়:

PRO1: একটি প্রদত্ত গ্যালভানোমিটারকে পছন্দসই পরিসরের অ্যামিটারে রূপান্তর কর।

PRO2: প্রয়োজনীয়তা অনুযায়ী পরিমাপের যন্ত্র তৈরি কর।

ব্যবহারিক সেটআপ (ড্রয়িং/ স্কেচ/ সার্কিট ডায়াগ্রাম/ ওয়ার্ক সিচুয়েশন)

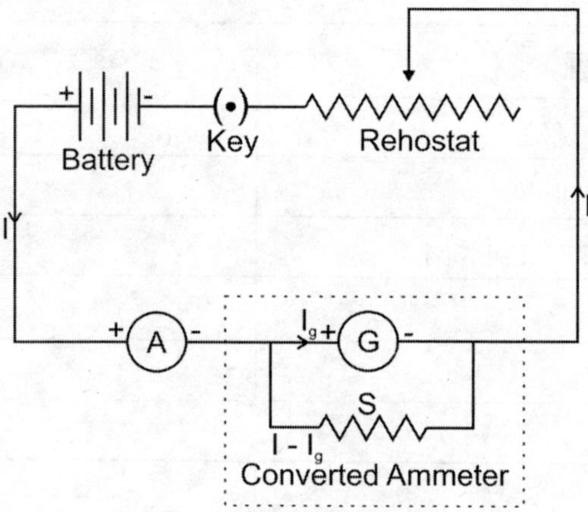

চিত্র P5.2: গ্যালভানোমিটারকে অ্যামিটারে রূপান্তর করা

প্রয়োজনীয় সম্পদ

ক্রম সংখ্যা	অত্যাবশ্যক স্পেসিফিকেশন সহ প্রস্তাবিত সংস্থানগুলির জন্য প্রয়োজনীয় মেশিন/সরঞ্জাম/যন্ত্র	পরিমাণ	প্রকৃত সম্পদ ব্যবহৃত মেশিন/সরঞ্জাম/যন্ত্র বিস্তৃত বৈশিষ্ট্য সহ (ছাত্র দ্বারা পূরণ করা হবে)		মন্তব্য (যদি থাকে)
			তৈরি করা হয়েছে	বিস্তারিত	
1	একটি গ্যালভানোমিটার	01			
2	শান্ট রেজিস্ট্যান্স/ কম রেজিস্ট্যান্স বক্স	03			
3	DC পাওয়ার সাপ্লাই (0-10V) এবং সংযোগকারী তারগুলি	01			
4	অ্যামিটার (0-1 A)	01			
5	রিওস্ট্যাট এবং একটি চাবি	1 each			

সতর্কতা

1. সংযোগ টাইট হতে হবে।
2. যন্ত্রটি সাবধানে পরিচালনা কর।
3. শান্ট প্রতিরোধের রেটিং বন্ধ যত্ন নেওয়া উচিত.।

প্রস্তাবিত পদ্ধতি

1. গ্যালভানোমিটারের FSD নোট কর।
2. মাল্টিমিটার দিয়ে গ্যালভানোমিটারের অভ্যন্তরীণ প্রতিরোধের পরিমাপ কর।
3. কাঙ্ক্ষিত অ্যামিটারের জন্য শান্ট প্রতিরোধের তাত্ত্বিকভাবে গণনা কর (ধরা যাক, 500 mA)
4. গ্যালভানোমিটারের সমান্তরালে শান্ট (নিম্ন প্রতিরোধের বাক্স) সংযোগ কর।
5. চিত্র P5.2-এর সার্কিট ডায়াগ্রাম অনুযায়ী সংযোগ তৈরি কর।
6. স্ট্যান্ডার্ড অ্যামিটার এবং রূপান্তরিত অ্যামিটারে রিডিং নোট কর।
7. উভয় মিটারের রিডিংয়ের মধ্যে পার্থক্যের ক্ষেত্রে শান্ট সামঞ্জস্য কর।
8. সার্কিটে কারেন্ট পরিবর্তন কর এবং মিটার থেকে রিডিং নোট কর।

পর্যবেক্ষণ এবং গণনা

গ্যালভানোমিটারের FSD: গ্যালভানোমিটারের অভ্যন্তরীণ রোধ:

শান্টের জন্য তাত্ত্বিক গণনা:

ক্রম সংখ্যা	গ্যালভানোমিটার অ্যামিটার রিডিং এ রূপান্তরিত (I)	অ্যামিটার রিডিং (I')	ত্রুটি = I' - I
1			
2			
3			
4			
5			

পরীক্ষা দ্বারা শান্টের মান.........

ফলাফল এবং/অথবা ব্যাখ্যা

(ছাত্র দ্বারা পূরণ করা হবে)

1. ....
2. ....

উপসংহার এবং/অথবা বৈধতা

(ছাত্র দ্বারা পূরণ করা হবে)

1. ....
2. ....

ব্যবহারিক সম্পর্কিত প্রশ্ন

(উত্তরের জন্য পৃথক শীট ব্যবহার কর)

দ্রষ্টব্য: রেফারেন্সের জন্য নীচে কয়েকটি নমুনা প্রশ্ন দেওয়া হয়েছে। পূর্ব-নির্ধারিত কোর্সের ফলাফলের অর্জন নিশ্চিত করার জন্য শিক্ষকদের এই ধরনের আরও প্রশ্ন ডিজাইন করতে হবে।

1. শান্ট বাড়ানো হলে রূপান্তরিত অ্যামিটারে পরিবর্তনের পূর্বাভাস দাও।

2. প্রদত্ত ভোল্টমিটারের সর্বনিম্ন গণনা দাও।

3. বর্তনীতে অতিরিক্ত অ্যামিটার ব্যবহার করার কারণ কি?

প্রস্তাবিত শেখার সংস্থান

- http://amrita.olabs.edu.in/?sub=1&brch=6&sim=26&cnt=4basics

প্রস্তাবিত মূল্যায়ন স্কিম

(শিক্ষক দ্বারা পূরণ করা হবে)

প্রদত্ত কর্মক্ষমতা সূচকগুলি প্রক্রিয়া এবং প্রোডাক্ট সম্পর্কিত মূল্যায়নের জন্য এটি নির্দেশিকা হিসাবে কাজ করা উচিত

কর্মসম্পাদক		গুরুত্ব	মার্কস প্রদান করা হয়েছে
প্রক্রিয়া সম্পর্কিত: ... মার্কস* (....%)			
1	বৈদ্যুতিক সংযোগ তৈরি করা		
2	শান্টের তাত্ত্বিক গণনা		
3	প্রতিরোধের বাক্স থেকে শান্ট সামঞ্জস্য করা		
4	যন্ত্র হ্যান্ডলিং		
প্রোডাক্ট সম্পর্কিত: ..... মার্কস* (......%)			
5	ফলাফল এবং উপসংহার		
6	সময়মত রিপোর্ট জমা দেওয়া		
7	মোট		
	ফলাফল এবং উপসংহার	100%	

প্রোডাক্ট এবং প্রক্রিয়া মূল্যায়নের জন্য মার্কস এবং শতাংশের গুরুত্ব শিক্ষক দ্বারা নির্ধারিত হবে।

ছাত্রের নাম: .... মার্কস প্রদান করা হয়েছে			তারিখ সহ শিক্ষক এর স্বাক্ষর
প্রক্রিয়া সম্পর্কিত:	**প্রোডাক্ট সম্পর্কিত**	**প্রক্রিয়া সম্পর্কিত:**	**প্রোডাক্ট সম্পর্কিত**

ব্যবহারিক: গ্যালভানোমিটার থেকে ভোল্টমিটার

ব্যবহারিক বিবৃতি

একটি গ্যালভানোমিটারকে ভোল্টমিটারে রূপান্তর করা

ব্যবহারিক তাৎপর্য

ভোল্টমিটার একটি ভোল্টেজ পরিমাপক যন্ত্র এবং প্রদত্ত সার্কিটের দুটি বিন্দুর মধ্যে ভোল্টেজ পরিমাপের জন্য সমান্তরালভাবে সংযুক্ত থাকে। একটি চলমান কয়েল গ্যালভানোমিটারকে সিরিজে উচ্চ প্রতিরোধ যোগ করে পছন্দসই পরিসরের ভোল্টমিটারে রূপান্তর করা যেতে পারে। এই পরীক্ষায় শিক্ষার্থীরা প্রদত্ত গ্যালভানোমিটারকে ভোল্টমিটারে রূপান্তর করবে।

প্রাসঙ্গিক তত্ত্ব

এই অধ্যায়ে আগে দেওয়া হয়েছে

ব্যবহারিক ফলাফল (PRO)

ব্যবহারিক ফলাফল এই কোর্সের পাঠ্যক্রম থেকে উদ্ভূত হয়:

PRO1: একটি প্রদত্ত গ্যালভানোমিটারকে পছন্দসই পরিসরের ভোল্টমিটারে রূপান্তর কর।

PRO2: প্রয়োজনীয়তা অনুযায়ী পরিমাপের যন্ত্র তৈরি কর।

ব্যবহারিক সেটআপ (ড্রয়িং/স্কেচ/সার্কিট ডায়াগ্রাম/ওয়ার্ক সিচুয়েশন)

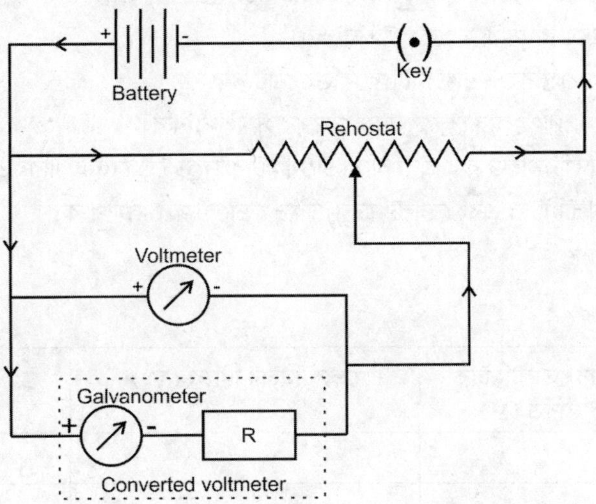

চিত্র P5.3: গ্যালভানোমিটারকে ভোল্টমিটারে রূপান্তর করা

প্রয়োজনীয় সম্পদ

ক্রম সংখ্যা	অত্যাবশ্যক স্পেসিফিকেশন সহ প্রস্তাবিত সংস্থানগুলির জন্য প্রয়োজনীয় মেশিন/সরঞ্জাম/যন্ত্র	পরিমাণ	প্রকৃত সম্পদ ব্যবহৃত মেশিন/সরঞ্জাম/যন্ত্র বিস্তৃত বৈশিষ্ট্য সহ (ছাত্র দ্বারা পূরণ করা হবে)		মন্তব্য (যদি থাকে)
			তৈরি করা হয়েছে	বিস্তারিত	
1	গ্যালভানোমিটার	01			

2	উচ্চ প্রতিরোধের / উচ্চ প্রতিরোধের বাক্স	01			
3	DC পাওয়ার সাপ্লাই (0-10V) এবং সংযোগকারী তার	01			
4	ভোল্টমিটার (0-10 V)	01			
5	রিওস্ট্যাট এবং একটি চাবি	1 টি করে প্রতিটি			

সতর্কতা

1. সংযোগ টাইট হতে হবে।
2. যন্ত্রটি সাবধানে পরিচালনা কর।

প্রস্তাবিত পদ্ধতি

1. গ্যালভানোমিটারের FSD নোট কর।
2. মাল্টিমিটার দিয়ে গ্যালভানোমিটারের অভ্যন্তরীণ রোধের পরিমাপ কর।
3. কাঙ্ক্ষিত ভোল্টমিটারের জন্য তাত্ত্বিকভাবে উচ্চ প্রতিরোধের গণনা কর (ধরো, 5V)
4. গ্যালভানোমিটারের সাথে সিরিজে উচ্চ রোধের (উচ্চ রোধের বাক্স) সংযোগ কর।
5. চিত্র P5.3-এর সার্কিট ডায়াগ্রাম অনুযায়ী সংযোগ তৈরি কর।
6. স্ট্যান্ডার্ড ভোল্টমিটার এবং রূপান্তরিত ভোল্টমিটারে রিডিং নোট কর।
7. উভয় মিটারের রিডিংয়ের মধ্যে পার্থক্যের ক্ষেত্রে উচ্চ রোধের সামঞ্জস্য কর।
8. রিওস্ট্যাটের পরিবর্তনশীল হাতটি স্লাইড কর এবং গ্যালভানোমিটার জুড়ে ভোল্টেজ পরিবর্তন কর।
9. উভয় মিটার (রূপান্তরিত ভোল্টমিটার এবং ভোল্টমিটার) দিয়ে ভোল্টেজ পরিমাপ কর।

পর্যবেক্ষণ এবং গণনা

গ্যালভানোমিটারের FSD

ক্রম সংখ্যা	গ্যালভানোমিটার ভোল্টমিটার রিডিং এ রূপান্তরিত (V)	ভোল্টমিটার রিডিং (V')	ত্রুটি = V' - V
1			
2			
3			
4			
5			

উচ্চ প্রতিরোধের জন্য তাত্ত্বিক গণনা

পরীক্ষা দ্বারা উচ্চ প্রতিরোধের মান..........

ফলাফল এবং/অথবা ব্যাখ্যা

(ছাত্র দ্বারা পূরণ করা হবে)

1. ....

2. ....

উপসংহার এবং/অথবা বৈধতা
(ছাত্রদ্বারাপূরণকরাহবে)

1. ....

2. ....

ব্যবহারিক সম্পর্কিত প্রশ্ন

(উত্তরের জন্য পৃথক শীট ব্যবহার কর)

দ্রষ্টব্য: রেফারেন্সের জন্য নীচে কয়েকটি নমুনা প্রশ্ন দেওয়া হয়েছে। পূর্ব-নির্ধারিত কোর্সের ফলাফলের অর্জন নিশ্চিত করার জন্য শিক্ষকদের এই ধরনের আরও প্রশ্ন ডিজাইন করতে হবে।

1. রূপান্তরিত ভোল্টমিটারের পরিবর্তনের ভবিষ্যদ্বাণী কর, যদি সিরিজের উচ্চ প্রতিরোধের বৃদ্ধি বা হ্রাস পায়।
2. প্রদত্ত ভোল্টমিটারের সর্বনিম্ন গণনা দাও।
3. সার্কিটে অতিরিক্ত ভোল্টমিটার ব্যবহার করার কারণ উল্লেখ কর।
4. সমান্তরালে ভোল্টমিটার যোগ করার কারণ বল।

প্রস্তাবিত শেখার সংস্থান

- https://www.robolab.in/conversion-of-galvanometer-to-voltmeter/

প্রস্তাবিত মূল্যায়ন স্কিম

(শিক্ষক দ্বারা পূরণ করা হবে)

প্রদত্ত কর্মক্ষমতা সূচকগুলি প্রক্রিয়া এবং প্রোডাক্ট সম্পর্কিত মূল্যায়নের জন্য এটি নির্দেশিকা হিসাবে কাজ করা উচিত.

কর্মসম্পাদক		গুরুত্ব	মার্কস প্রদান করা হয়েছে
প্রক্রিয়া সম্পর্কিত: ... মার্কস* (.....%)			
1	বৈদ্যুতিক সংযোগ তৈরি করা		
2	উচ্চ প্রতিরোধের পরিমাপ		
3	প্রতিরোধের বাক্স থেকে উচ্চ প্রতিরোধের সামঞ্জস্য করা		
4	যন্ত্র হ্যান্ডলিং		
প্রোডাক্ট সম্পর্কিত: ..... মার্কস* (........%)			
5	ফলাফল এবং উপসংহার		
6	সময়মত রিপোর্ট জমা দেওয়া		
7	মোট		
	ফলাফল এবং উপসংহার	100%	

প্রোডাক্ট এবং প্রক্রিয়া মূল্যায়নের জন্য মার্কস এবং শতাংশের গুরুত্ব শিক্ষক দ্বারা নির্ধারিত হবে।

ছাত্রের নাম: ……………………………………………… মার্কস প্রদান করা হয়েছে			তারিখ সহ শিক্ষক এর স্বাক্ষর
প্রক্রিয়া সম্পর্কিত:	প্রোডাক্ট সম্পর্কিত	প্রক্রিয়া সম্পর্কিত:	প্রোডাক্ট সম্পর্কিত

আরো জ্ঞাতব্য

এই ইউনিটের সাথে প্রাসঙ্গিক নিম্নলিখিত বিষয়গুলি শিক্ষার্থীদের বিদ্যমান জ্ঞানকে শক্তিশালী করার জন্য পরামর্শ দেওয়া হয়েছে যা ফলিত পদার্থবিদ্যা কোর্সে আগ্রহ যোগ করবে:

- এনালগ এবং ডিজিটাল ডিভাইসের মধ্যে পার্থক্য
- অতিপরিবাহী চুম্বক
- চৌম্বক ক্ষেত্র পরিমাপ যন্ত্র

প্রয়োগ

- অ্যাক্সিলারেটরে বৃত্তাকার গতিতে কণা সরানোর জন্য লরেন্টজ বল প্রয়োগ করা হয়।
- গ্যালভানোমিটার হল সংবেদনশীল যন্ত্র যা কম প্রবাহ পরিমাপ করতে ব্যবহৃত হয়।.

আইসিটি ব্যবহার

ইলেক্ট্রোম্যাগনেটিজমে সিমুলেশনের জন্য নিম্নলিখিত url দেখা যেতে পারে:

https://phet.colorado.edu/en/simulation/faradays-law

Faraday's Law

উদ্ভাবনী ব্যবহারিক/প্রকল্প/ক্রিয়াকলাপ ডিজাইন কর

- আলোকিত LED ইলেক্ট্রোম্যাগনেটিক আনয়ন প্রদর্শনের জন্য মডেল প্রস্তুত করুন।
- চুম্বক এবং গ্যালভানোমিটারের সাহায্যে ফ্যারাডে আইন প্রদর্শনের জন্য মডেল প্রস্তুত করুন।

অনুসন্ধিৎসুতা এবং কৌতূহল বিষয়

- পৃথিবীর চৌম্বক ক্ষেত্র
- অতিপরিবাহী চুম্বক
- চৌম্বকত্বেও কি গাউস নীতি থাকতে পারে?

তথ্যসূত্র এবং প্রস্তাবিত রিডিং

- H C Verma, "*Concepts of physics*" 1st ed., vol. 1, Bharti Bhawan, 1992.
- Richard Feynman et al "*The Feynman lectures on Physics*", 6th ed. vol1, Addison-Wesley, 1963.
- R K Gaur and S L Gupta "*Engineering Physics*", 8th ed., Dhanpat Rai, 2011.
- Resnick Halliday and Krane , "*Physics*" 5th ed. vol1,Wiley, 2014.
- https://phys.libretexts.org/

6 অর্ধপরিবাহী

ইউনিট বিশেষ

এই ইউনিটটি নিম্নলিখিত প্রধান দিকগুলিতে কেন্দ্রীভূত:

- ব্যান্ড তত্ত্বের উপর ভিত্তি করে কঠিন পদার্থের শ্রেণীবিভাগ
- অভ্যন্তরীণ এবং বহির্মুখী অর্ধপরিবাহী
- পিএন জংশন ডায়োড
- অবক্ষয় স্তর গঠন
- ডায়োডের ফরোয়ার্ড এবং রিভার্স বায়াস বৈশিষ্ট্য
- রেকটিফায়ার হিসাবে ডায়োডের প্রয়োগ
- ট্রানজিস্টর এবং এর অ্যাপ্লিকেশন
- ফটোসেল এবং সোলার সেল

প্রতিদিনের অর্ধপরিবাহী পদার্থবিজ্ঞানের প্রয়োগগুলি আগ্রহ তৈরির জন্য আলোচনা করা হয় এবং বিষয়গুলি বোঝার জন্য কার্যকলাপের পরামর্শ দেওয়া হয়। অ্যাপ্লিকেশন ভিত্তিক সমাধান করা সমস্যা, বহু-পছন্দের প্রশ্ন এবং ব্লুমের শ্রেণীকরণের নিম্ন ও উচ্চতর ক্রম জ্ঞানীয় স্তরের প্রশ্নগুলি ইউনিটে দেওয়া হয়েছে যাতে কেউ অনুশীলনের জন্য সেগুলির মধ্য দিয়ে যেতে পারে, যা শেখার শক্তি বৃদ্ধিতে সহায়তা করবে। ভিডিও লিঙ্কের QR কোড বিভিন্ন বিষয়ের জন্য প্রদান করা হয়েছে যা প্রাসঙ্গিক সহায়ক জ্ঞানের জন্য স্ক্যান করা যেতে পারে।

ধারণা এবং নীতিগুলির অনুকরণের জন্য QR কোডগুলিও ইউনিটে সরবরাহ করা হয়েছে, যাতে শিক্ষার্থীরা উপলব্ধ সিমুলেশন মডেল অনুকরণ করার জন্য হাতে-কলমে অনুশীলন করতে পারে। বিষয় গভীরভাবে বোঝার জন্য শিক্ষার্থীরা সিমুলেশন মডেলের বিভিন্ন পরামিতি পরিবর্তিত করতে পারে। বিষয়বস্তুর উপর ভিত্তি করে সম্পর্কিত ব্যবহারিক পরে, একটি প্রস্তাবিত মাইক্রো প্রকল্প কার্যকলাপ যা কোর্সের ফলাফল অর্জনে সাহায্য করবে।"আরো জ্ঞাতব্য" বিভাগটি সুবিবেচনামূলকভাবে ডিজাইন করা হয়েছে যাতে এই অংশে দেওয়া সম্পূরক তথ্য বইটির ব্যবহারকারীদের জন্য উপকারী হয়।

ভবিষ্যত শিক্ষার জন্য শিক্ষার্থীকে অনুপ্রাণিত করার জন্য বিভিন্ন দিক, কেস স্টাডি এবং অনুসন্ধিৎসা এবং কৌতূহলের বিষয় তৈরি করার জন্য শিল্প অ্যাপ্লিকেশন এবং বাস্তব জীবনের অ্যাপ্লিকেশনগুলিও ইউনিটে অন্তর্ভুক্ত করা হয়েছে।

যৌক্তিকতা

সেমিকন্ডাক্টর সামগ্রীগুলি সমস্ত ইলেকট্রনিক্স এবং বৈদ্যুতিক ডিভাইসগুলিতে ব্যবহৃত হয় যা আমরা গৃহস্থালি, অফিস এবং শিল্পে ব্যবহার করি। সিলিকন হল এক ধরনের সেমিকন্ডাক্টর উপাদান, যা আইসি তৈরির জন্য ব্যবহৃত হয়, যা কম্পিউটার, মোবাইল এবং অন্যান্য ইলেকট্রনিক ডিভাইস তৈরির প্রাথমিক প্রয়োজন। যেকোনো শাখার ডিপ্লোমা ইঞ্জিনিয়ার হিসেবে

সেমিকন্ডাক্টর এবং সেমিকন্ডাক্টর ডিভাইস সম্পর্কে জ্ঞান থাকা প্রয়োজন। এই ইউনিটটি শিক্ষার্থীদের বিভিন্ন ইঞ্জিনিয়ারিং অ্যাপ্লিকেশনগুলিতে সেমিকন্ডাক্টর পদার্থবিদ্যা এবং ডিভাইসগুলির প্রাথমিক ধারণাগুলি প্রয়োগ করতে সহায়তা করবে।

পূর্ব-প্রয়োজনীয়তা

- গণিত- বীজগণিত
- পদার্থবিদ্যা- কন্ডাক্টেন্স, ওহমের আইন, কির্চহফ আইন, ট্রান্সফরমার, সেন্টার টেপ ট্রান্সফরমার।
- অন্যদের - কম্পিউটারের মৌলিক প্রযুক্তি এবং মোবাইল অ্যাপ্লিকেশন ব্যবহার

ইউনিট আউটকাম

এই ইউনিটের ফলাফলের তালিকা নিম্নরূপ:

U6-O1: কঠিন পদার্থের ব্যান্ড তত্ত্বের উপর ভিত্তি করে ধাতু, সেমিকন্ডাক্টর এবং ইনসুলেটরগুলির মধ্যে পার্থক্য

U6-O2: বাহ্যিক এবং অন্তর্নিহিত সেমিকন্ডাক্টরের মধ্যে পার্থক্য

U6-O3: অর্ধ তরঙ্গ এবং সম্পূর্ণ তরঙ্গ সংশোধনকারী হিসাবে ডায়োড ব্যবহার

U6-O4: ট্রানজিস্টরের কাজ এবং এর প্রকার ব্যাখ্যা

U6-O5: আলোককোষ এবং সৌর কোষের কাজের নীতি ব্যাখ্যা

ইউনিট-6 আউটকাম	কোর্সের ফলাফলের সাথে প্রত্যাশিত ম্যাপিং (1- দুর্বল পারস্পরিক সম্পর্ক; 2- মাঝারি পারস্পরিক সম্পর্ক; 3- শক্তিশালী সম্পর্ক)					
	CO-1	CO-2	CO-3	CO-4	CO-5	CO-6
U6-O1	-	-	1	1	-	3
U6-O2	-	-	1	1	-	3
U6-O3	1	-	1	1	1	3
U6-O4	-	-	1	1	1	3
U6-O5			1	1	1	3

6.1 কঠিন পদার্থে শক্তির ব্যান্ড

পূর্ববর্তী ইউনিট 4 এবং 5-এ, প্রবাহিত উপকরণগুলি হল প্রবাহিত কারেন্টের জন্য কন্ডাক্টর, চৌম্বকীয় ক্ষেত্র তৈরির জন্য চৌম্বকীয় পদার্থ এবং ইউনিট 3-এ ক্যাপাসিটরগুলিতে অন্তরক হিসাবে ইনসুলেটর। বর্তমান ইউনিটে অর্ধপরিবাহী পদার্থগুলি বিস্তারিতভাবে আলোচনা করা হয়েছে। সলিড স্টেট ম্যাটেরিয়ালকে তাদের পরিবাহিতা অনুসারে তিনটি শ্রেণীতে ভাগ করা যায়, যথা অন্তরক, অর্ধপরিবাহী এবং পরিবাহী। বৈদ্যুতিক পরিবাহিতার তারতম্য, এমনকি পদার্থের অবস্থা একই হলেও, পরিবাহিতা, তাপ পরিবাহিতা এবং চুম্বকত্ব সম্পর্কিত ভৌত ঘটনাগুলির পর্যবেক্ষণের সূচনা থেকেই গবেষণার প্রশ্ন হয়ে উঠেছে।

উল্লিখিত প্রশ্নের জন্য প্রস্তাবিত মুক্ত ইলেক্ট্রন তত্ত্বটি মূলত ধাতব বৈশিষ্ট্যগুলির জন্য ব্যাখ্যা দেয় তবে তিনটি ধরণের কঠিন পদার্থ ব্যাখ্যা করতে সক্ষম নয়। কোয়ান্টাম মেকানিক্সের উপর ভিত্তি করে কঠিনের ব্যান্ড তত্ত্ব হল সেই তত্ত্ব যা বর্তমানে কঠিন অবস্থার ক্ষেত্রে কাজ করা বিজ্ঞানী এবং তাত্ত্বিকদের দ্বারা ব্যবহৃত হয়।

একজন শিক্ষার্থী হিসাবে তুমি একটি বিচ্ছিন্ন পরমাণুতে ইলেকট্রনের জন্য উপলব্ধ বিচ্ছিন্ন শক্তির অবস্থা সম্পর্কে অবগত আছো, যথা, 1s, 2s, 2p, 3s ইত্যাদি। শক্তির স্তরের চিত্রটি সম্পূর্ণ ভিন্ন হবে যখন একটি পরমাণুর সাথে প্রচুর পরিমাণে পরমাণু বেষ্টিত হবে।

আমরা একটি পরমাণুকে ঘিরে কত সংখ্যক পরমাণু আছে তা খুঁজে বের করার চেষ্টা করি। মোলার ধারণা অনুসারে, যেকোনো পদার্থের 1 মোলে N = 6.023 x 10^{23} (অ্যাভোগাড্রো নম্বর) পরমাণু বা অণু থাকে। তাই 18 গ্রাম জল বা 28 গ্রাম সিলিকন যথাক্রমে জলের N অণু বা সিলিকনের N পরমাণু নিয়ে গঠিত। 1 গ্রাম সিলিকনে N/28 পরমাণু থাকে। এই ধরনের পরমাণুতে শক্তির মাত্রা তীক্ষ্ণ নয় কিন্তু কঠিন পদার্থের ব্যান্ড তত্ত্ব অনুসারে প্রতিটি স্তরকে N স্তরে ভাগ করা হয়। এই শক্তির স্তরগুলি কঠিন পদার্থে শক্তি ব্যান্ড হিসাবে পরিচিত শক্তি ব্যান্ড গঠন করে।

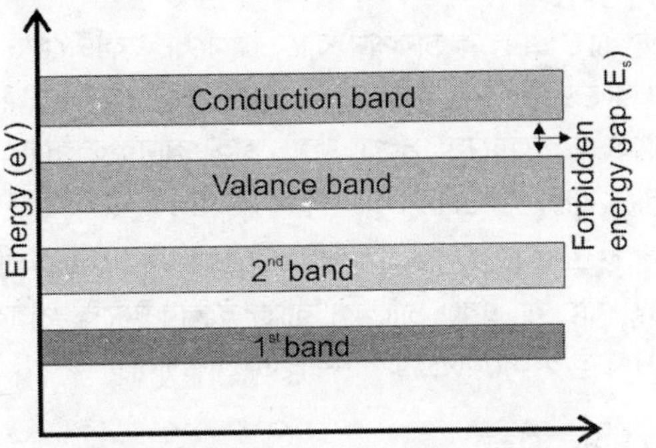

চিত্র 6.1: কঠিন পদার্থে শক্তি ব্যান্ড

চিত্র 6.1-এ প্রদর্শিত হিসাবে, প্রতিটি স্তর, 1s 2s 2p... স্তরের সংখ্যায় বিভক্ত এবং ইলেকট্রনের জন্য শক্তির ব্যান্ড উপলব্ধ। চিত্র 6.1 হল শক্তির বাস্তব চিত্র বনাম কঠিন পদার্থে ইলেকট্রনের ভরবেগের একটি সরলীকৃত রূপ। y অক্ষ ইলেকট্রন ভোল্টে শক্তির তারতম্যের সাথে মিলে যায় (1 eV = 1.6 × 10^{-19} J)। শীর্ষস্থানীয় ভরাট ব্যান্ডটি ভ্যালেন্স ব্যান্ড হিসাবে পরিচিত এবং ভ্যালেন্স ব্যান্ডের পরে উপলব্ধ শক্তি ব্যান্ড হল পরিবাহী ব্যান্ড। পরমাণুর সাথে আবদ্ধ ইলেকট্রনগুলি ভ্যালেন্স ব্যান্ডে থাকবে এবং অন্য সমস্ত ব্যান্ডগুলিতে ভ্যালেন্স ব্যান্ডের চেয়ে কম শক্তি থাকবে। পরমাণু থেকে বিচ্ছিন্ন এবং কঠিন পদার্থে অবাধে চলাফেরা করা ইলেকট্রনগুলি মুক্ত ইলেকট্রন। পরিবাহী ব্যান্ডে এই ধরনের মুক্ত ইলেকট্রনও থাকে।

6.2 উপকরণের প্রকার (অন্তরক, সেমিকন্ডাক্টর, কন্ডাক্টর)

পরিবাহিতার উপর ভিত্তি করে কঠিন পদার্থকে পরিবাহী, সেমিকন্ডাক্টর এবং ইনসুলেটর নামে তিনটি শ্রেণীতে ভাগ করা যায়। শক্তি ব্যান্ডের তত্ত্বের উপর ভিত্তি করে, তাদের নিম্নলিখিত হিসাবে শ্রেণীবদ্ধ করা যেতে পারে:

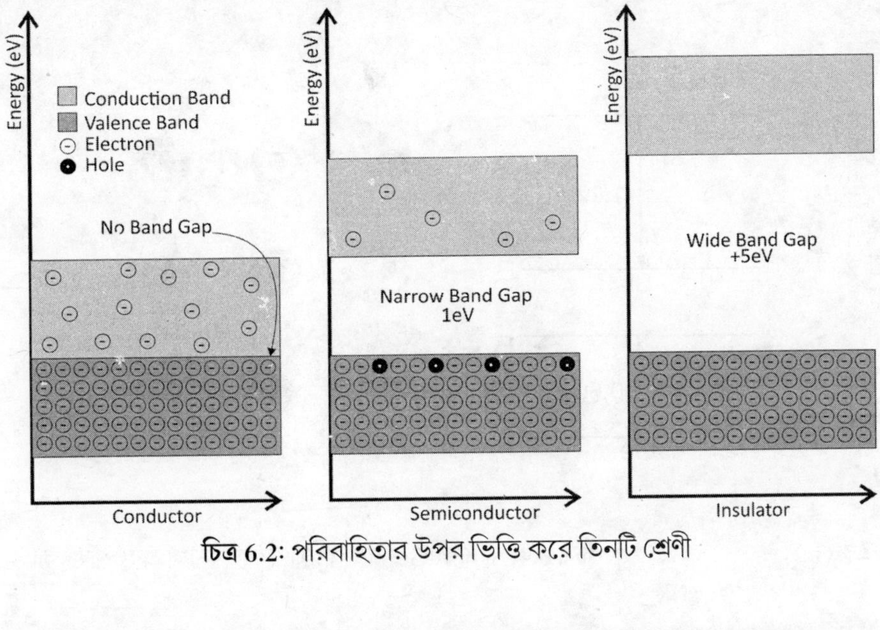

চিত্র 6.2: পরিবাহিতার উপর ভিত্তি করে তিনটি শ্রেণী

- ভ্যালেন্স ব্যান্ডের শীর্ষ শক্তি স্তর এবং পরিবাহী ব্যান্ডের সর্বনিম্ন শক্তি স্তরের মধ্যে শক্তির পার্থক্য হল শক্তির ব্যবধান।
- উপাদানের পরিবাহী ব্যান্ডে উপলব্ধ ইলেকট্রনের সংখ্যা সেই উপাদানটির পরিবাহিতা নির্ধারণ করে।
- ধাতুতে ভ্যালেন্স ব্যান্ড এবং কন্ডাকশন ব্যান্ড ওভারল্যাপ হয়। ভ্যালেন্স ব্যান্ডে উপলব্ধ ইলেকট্রন ভ্যালেন্স ব্যান্ড থেকে কন্ডাকশন ব্যান্ডে ট্রানজিট করতে খুব কম শক্তির প্রয়োজন হয়। পরিবাহীতে পরিবাহী ব্যান্ডে প্রচুর পরিমাণে ইলেকট্রন পাওয়া যায়। কন্ডাকটরগুলির পরিবাহিতা তাপমাত্রা বৃদ্ধির সাথে হ্রাস পায় কারণ এটি ইলেকট্রনের সংঘর্ষ বাড়ায়।
- সেমিকন্ডাক্টরগুলিতে ভ্যালেন্স ব্যান্ড এবং কন্ডাকশন ব্যান্ডের মধ্যে একটি ছোট শক্তির ব্যবধান থাকে এবং এটি 1eV এর ক্রম অনুসারে। ভ্যালেন্স ব্যান্ডে উপলব্ধ ইলেকট্রন তাপীয় আন্দোলনের মাধ্যমে পরিবাহী ব্যান্ডে স্থানান্তরিত হয়। সেমিকন্ডাক্টরের পরিবাহী ব্যান্ডে ইলেকট্রনের সংখ্যা কম, তাই সেমিকন্ডাক্টরের পরিবাহিতা কম। সেমিকন্ডাক্টরগুলির পরিবাহিতা তাপমাত্রা বৃদ্ধির সাথে বৃদ্ধি পায় কারণ এটি পরিবাহী ব্যান্ডে ইলেকট্রনের সংখ্যা বৃদ্ধি করে।
- ইনসুলেটরগুলিতে ভ্যালেন্স ব্যান্ড এবং 6 eV ক্রমের পরিবাহী ব্যান্ডের মধ্যে একটি বড় শক্তির ব্যবধান রয়েছে। পরিবাহী ব্যান্ডে কোন ইলেকট্রন পাওয়া যায় না এবং ভ্যালেন্স ব্যান্ড ইলেকট্রনকে পরিবাহী ব্যান্ডে ট্রানজিট করার জন্য প্রচুর পরিমাণে শক্তির প্রয়োজন হয়। তাই ইনসুলেটরের পরিবাহিতা প্রায় শূন্য।

6.3 অন্তর্নিহিত এবং বহিরাগত সেমিকন্ডাক্টর

পর্যায় সারণির গ্রুপ IV A-তে সিলিকন (Si) এবং জার্মেনিয়াম (Ge) এর মতো উপাদানগুলি প্রাকৃতিক সেমিকন্ডাক্টর এবং অভ্যন্তরীণ সেমিকন্ডাক্টর বলা হয়। Si এবং Ge মৌলিক অবস্থায় অর্ধপরিবাহী পদার্থ।.

Semiconductors

Si এবং Ge মৌলিক অবস্থায় অর্ধপরিবাহী পদার্থ। Si এবং Ge টেট্রাভ্যালেন্ট, ভ্যালেন্স শেলে চারটি ইলেকট্রন রয়েছে। প্রতিটি পরমাণু অন্য চারটি প্রতিবেশী পরমাণুর সাথে একটি সমযোজী বন্ধন গঠন করে এবং 0^0 K এ কোনো মুক্ত ইলেকট্রন নেই। 0^0 K অভ্যন্তরীণ সেমিকন্ডাক্টর হল অন্তরক এবং আমরা তাপমাত্রা বাড়ার সাথে সাথে তাপীয় উত্তেজনার কারণে ভ্যালেন্স ব্যান্ড ভেঙ্গে যায় এবং এনার্জি ব্যান্ড ডায়াগ্রাম অনুসারে ইলেক্ট্রন ভ্যালেন্স ব্যান্ড থেকে পরিবাহী ব্যান্ডে পরিবাহিত হয়। ভ্যালেন্স ব্যান্ডে 'হোল' নামে পরিচিত ইলেকট্রনের শূন্যস্থান ছেড়ে দেওয়া থাকে। অভ্যন্তরীণ অর্ধপরিবাহীতে দুটি ধরণের মোবাইল চার্জ ক্যারিয়ার রয়েছে যা ইলেকট্রন এবং গর্ত। উভয়ই সংখ্যায় সমান। পরিবাহী ব্যান্ডে ইলেকট্রনের সংখ্যা তাপমাত্রার উপর নির্ভর করে। তাপমাত্রা বাড়লে ইলেকট্রনের সংখ্যা ও গর্ত বাড়ে। Si এবং Ge-এর পারমাণবিক বিন্যাস এবং শক্তি ব্যান্ড চিত্রটি চিত্র 6.4-এ দেওয়া হয়েছে।

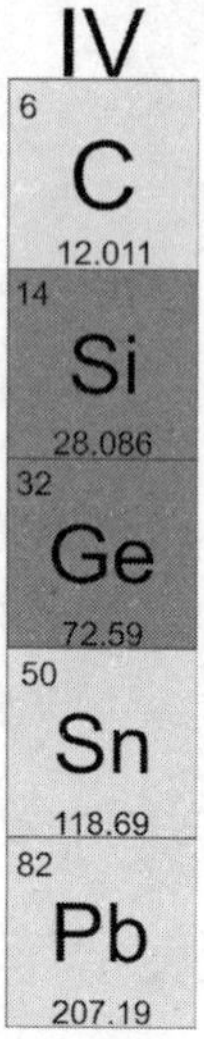

চিত্র 6.3: Si **এবং**Ge

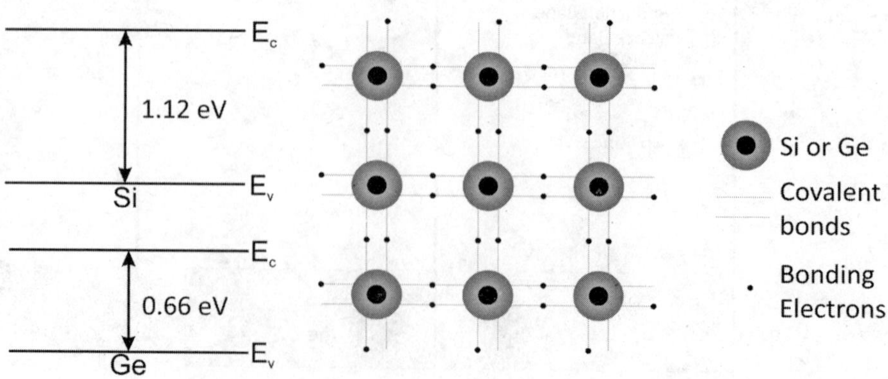

চিত্র 6.4: Si এবং Ge-এর পারমাণবিক বিন্যাস এবং শক্তি ব্যান্ড

Si এবং Ge-এর ব্যান্ড গ্যাপ যথাক্রমে 1.12 এবং 0.66 eV। Si এর তুলনায় Ge তাপমাত্রার প্রতি বেশি সংবেদনশীল। অত:পর Ge দ্বারা গঠিত যন্ত্রটি বেশি তাপমাত্রা সংবেদনশীল, এই কারণেই বেশিরভাগ সেমিকন্ডাক্টর ডিভাইস Si দ্বারা গঠিত।

স্বাভাবিক তাপমাত্রায় যা 27^0 C বা 300 K, সর্বাধিক সংখ্যক ইলেকট্রনের তাপশক্তি হয় ½ kT, যেখানে k হল বোল্টজম্যান ধ্রুবক এবং T হল পরম স্কেলে তাপমাত্রা, 0.0026 eV; তাই খুব কম ইলেকট্রনের শক্তি সমান বা তার বেশি থাকে ব্যান্ড গ্যাপ শক্তির চেয়ে, যা পরিবাহী ব্যান্ডে ঝাঁপিয়ে পড়বে। অতএব, ঘরের তাপমাত্রায় অর্ধপরিবাহী পদার্থের পরিবাহিতা খুবই কম।

অন্তর্নিহিত অর্ধপরিবাহীতে

$n = p = n_i$ এবং $np = n^2$ [তাপীয় ভারসাম্যের অধীনে]

যেখানে, n = পরিবাহী ইলেকট্রনের ঘনত্ব এবং p = গর্তের ঘনত্ব T = 300°K-তে সিলিকনের জন্য ni-এর মান হল 1.5×10^{10} cm^{-3}

যেমন, বিশুদ্ধ সেমিকন্ডাক্টরের কক্ষ তাপমাত্রায় পরিবাহিতা খুবই কম থাকে এবং আমরা যদি তা বাড়াতে চাই

পরিবাহিতা তাপমাত্রা বাড়াতে হবে, যা একটি সম্ভাব্য সমাধান নয়। ঘরের তাপমাত্রায় সেমিকন্ডাক্টর উপাদানের পরিবাহিতা বাড়ানোর জন্য, অপরিষ্কার হিসাবে অন্যান্য উপাদান যোগ করা হয়। এই ধরনের অর্ধপরিবাহী বহিরাগত অর্ধপরিবাহী হিসাবে পরিচিত।

একটি বিশুদ্ধ অর্ধপরিবাহী উপাদানে একটি অপবিত্রতা উপাদান যোগ করার প্রক্রিয়া ডোপিং নামে পরিচিত। ডোপিং ঘনত্ব প্রতি মিলিয়নে 1 অংশ বা 1 ppm। সিলিকনের প্রতি 1 মিলিয়ন (10^6) পরমাণুর জন্য, একটি অপবিত্রতা উপাদান যোগ করা হয়। দুই ধরনের বহিরাগত সেমিকন্ডাক্টর রয়েছে:

দ্রষ্টব্য: 1ppm অপরিষ্কার পরমাণু যোগ করলে, এক গ্রাম সিলিকনে মোট অপবিত্রতা পরমাণুর সংখ্যা হবে: 28 গ্রাম সিলিকনে রয়েছে--- 6.023×10^{23} পরমাণু

1 গ্রাম সিলিকনে থাকে–(6.023×10^{23}/ 28) পরমাণু যদি আমরা অপরিষ্কার 1 ppm যোগ করি তাহলে,

অপরিষ্কার পরমাণুর সংখ্যা–(6.023×10^{17}/ 28) পরমাণু ~ 10^{17} পরমাণুর অপরিচ্ছন্নতা এক গ্রাম।

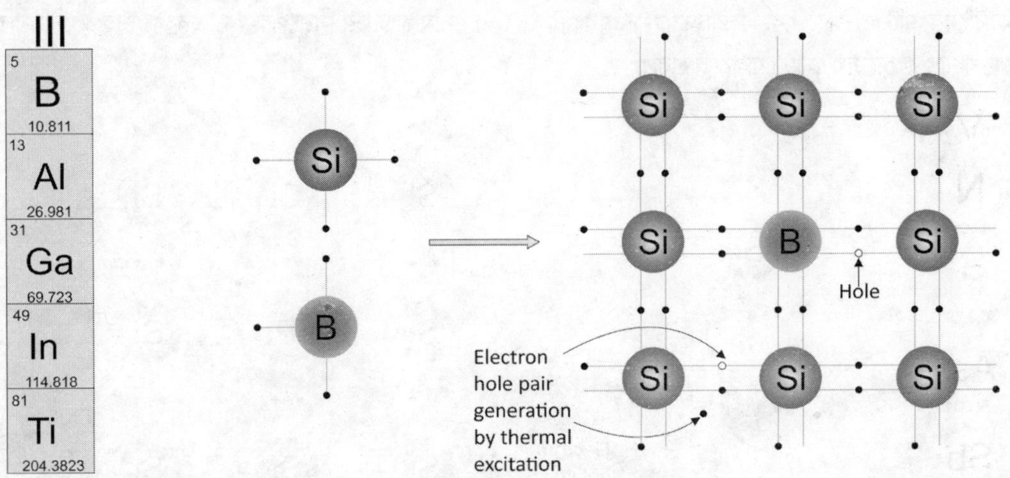

চিত্র 6.5: p টাইপ সেমিকন্ডাক্টর

p টাইপ সেমিকন্ডাক্টর: বিশুদ্ধ সেমিকন্ডাক্টরে অশুদ্ধতা হিসেবে ট্রাইভ্যালেন্ট উপাদান যোগ করা হলে সেমিকন্ডাক্টরকে p টাইপ সেমিকন্ডাক্টর বলা হয়। গ্রুপ III এর উপাদান যেমন অ্যালুমিনিয়াম, বোরন এবং ইন্ডিয়াম P-ধরনের সেমিকন্ডাক্টরের জন্য

অপরিষ্কার হিসাবে যোগ করা হয়। p টাইপ সেমিকন্ডাক্টরে, অপবিত্রতা পরমাণু চারটি সিলিকন পরমাণু দ্বারা বেষ্টিত থাকে। ট্রাইভ্যালেন্ট অপরিষ্কার পরমাণুর তিনটি ভ্যালেন্স ইলেকট্রন রয়েছে এবং তিনটি Si পরমাণুর সাথে সমযোজী বন্ধন গঠন করে এবং চতুর্থ সিলিকন পরমাণুর একটি ভ্যালেন্স ইলেকট্রন জোড়াবিহীন থাকে। Si-এর এই জোড়াবিহীন ইলেকট্রনটি ত্রিপরিমাণ অপরিষ্কার পরমাণু দ্বারা আকৃষ্ট হয় এবং সিলিকন পরমাণু অর্থাৎ গর্তে ইলেকট্রনের শূন্যতা তৈরি করে। ট্রাইভ্যালেন্ট অপরিষ্কার পরমাণুগুলি স্থির ঋণাত্মক আয়ন হিসাবে কাজ করে কারণ তারা একটি ইলেক্ট্রন গ্রহণ করে এবং গ্রহণকারী হিসাবে পরিচিত। তাপীয় উত্তেজনার কারণেও কিছু অতিরিক্ত গর্ত এবং ইলেকট্রন রয়েছে। তাই p টাইপ সেমিকন্ডাক্টরগুলিতে আমাদের তিন ধরনের চার্জ ক্যারিয়ার রয়েছে, সংখ্যাগরিষ্ঠ ছিদ্র, সংখ্যালঘু ইলেকট্রন এবং অচল নেতিবাচক আয়ন ।

n টাইপ সেমিকন্ডাক্টর: যখন বিশুদ্ধ সেমিকন্ডাক্টরে অশুদ্ধতা হিসাবে একটি পেন্টাভ্যালেন্ট উপাদান যোগ করা হয়, তখন সেমিকন্ডাক্টরটি n টাইপ সেমিকন্ডাক্টর হয়। গ্রুপ V-এর উপাদান যেমন ফসফরাস, আর্সেনিক এবং অ্যান্টিমনি n টাইপ সেমিকন্ডাক্টরের জন্য অপরিষ্কার হিসেবে যোগ করা হয়। n টাইপ সেমিকন্ডাক্টরে, অপবিত্রতা পরমাণু চারটি সিলিকন পরমাণু দ্বারা বেষ্টিত থাকে। পেন্টাভ্যালেন্ট অশুদ্ধি পরমাণুতে পাঁচটি ভ্যালেন্স ইলেকট্রন থাকে এবং চারটি Si পরমাণুর সাথে সমযোজী বন্ধন গঠন করে এবং পঞ্চম ভ্যালেন্স ইলেকট্রন জোড়াবিহীন থাকে। অপরিচ্ছন্নতার এই জোড়াহীন ইলেকট্রনটি অপরিষ্কার পরমাণু থেকে বিচ্ছিন্ন হয়ে মুক্ত ইলেকট্রন তৈরি করে। পেন্টাভ্যালেন্ট অপরিষ্কার পরমাণুগুলি স্থির ধনাত্মক আয়ন হিসাবে কাজ করে কারণ তারা একটি ইলেক্ট্রন দান করেছে এবং দাতা হিসাবে পরিচিত। তাপীয় উত্তেজনার কারণেও কিছু অতিরিক্ত গর্ত এবং ইলেকট্রন রয়েছে। তাই n টাইপ সেমিকন্ডাক্টরগুলিতে আমাদের তিন ধরনের চার্জ বাহকরয়েছে; সংখ্যাগরিষ্ঠ ইলেকট্রন, সংখ্যালঘু গর্ত এবং অচল পজিটিভ আয়ন।

বাহ্যিক অর্ধপরিবাহীতে $n_o \times p_o = n^2$

যেখানে, n_o = ইলেকট্রন পরিবাহীকরণের ঘনত্ব এবং p_o = গর্তের ঘনত্ব

p টাইপ সেমিকন্ডাক্টরে $p_o >> n_o$ এবং n টাইপ সেমিকন্ডাক্টরে $n_o >> p_o$

দ্রষ্টব্য: শিক্ষার্থীদের এটি পরিষ্কার বোঝা উচিত যে p এবং n ধরনের সেমিকন্ডাক্টর নিরপেক্ষ। p এবং n টাইপ সেমিকন্ডাক্টরে ধনাত্মক এবং ঋণাত্মক চার্জের মোট যোগফল শূন্য।

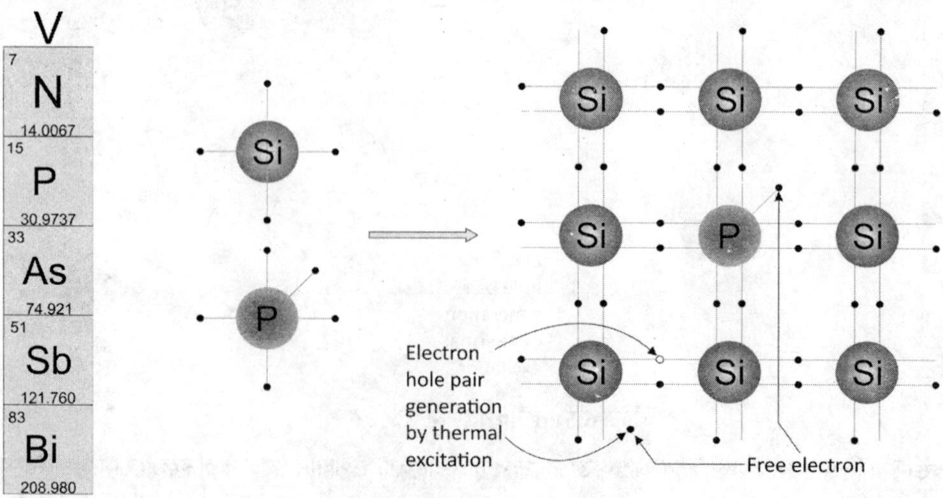

চিত্র 6.6: n টাইপ সেমিকন্ডাক্টর

6.4 p-n জংশন

পূর্ববর্তী বিভাগে, p এবং n ধরণের সেমিকন্ডাক্টর উপকরণগুলি আলোচনা করা হয়েছে। যখন আমরা একটি বিশেষ পদ্ধতির মাধ্যমে p এবং n ধরণের উপকরণগুলির একটি সংযোগ তৈরি করি, তখন এই সংযোগটি p-n জংশন হিসাবে পরিচিত হয় যেমন চিত্র 6.7 এ দেখানো হয়েছে। জংশনটি এমনভাবে তৈরি করা হয়েছে যে দুটি উপাদানের মধ্যে কোনও ব্যবধান নেই এবং চার্জ ক্যারিয়ারগুলি এক অঞ্চল থেকে অন্য অঞ্চলে ছড়িয়ে পড়তে পারে। p-n সংযোগে সংখ্যাগরিষ্ঠ এবং সংখ্যালঘু চার্জ বাহক n অঞ্চল থেকে p অঞ্চলে ছড়িয়ে পড়ে।

সংখ্যাগরিষ্ঠ চার্জ বাহকের জন্য, ইলেকট্রন, n থেকে অঞ্চল p এবং গর্ত p থেকে অঞ্চল n তে বিচ্ছুরিত হয়। এই প্রসারণের কারণে, গর্ত এবং ইলেকট্রন সংযোগস্থলের কাছে একে অপরকে নিরপেক্ষ করে। জংশনে মোবাইল চার্জের বাহকের অবক্ষয় (ঘাটতি) রয়েছে। একটি জংশনে একটি স্তর গঠিত হয় এবং এটি হ্রাস স্তর হিসাবে পরিচিত। n এবং p-এ সংখ্যাগরিষ্ঠ চার্জ বাহকের ক্ষতির কারণে হ্রাস স্তরে p-এ স্থির ঋণাত্মক আয়ন এবং n-এ অচল ধনাত্মক আয়ন থাকবে। আয়নগুলির এই স্তরটি n থেকে p পর্যন্ত নির্দেশিত একটি বৈদ্যুতিক ক্ষেত্র তৈরি করে। এই অঞ্চলের ক্ষেত্রের বিকাশ শুরু হওয়ার সাথে সাথে, বিচ্ছুরণের হার হ্রাস পায়, কারণ গর্তে বৈদ্যুতিক ক্ষেত্রের কারণে শক্তি বৈদ্যুতিক ক্ষেত্রের দিকে এবং বৈদ্যুতিক ক্ষেত্রের বিপরীত দিকে ইলেকট্রনের দিকে থাকে। যখন ক্ষেত্রটি গর্ত এবং ইলেকট্রনের গতি বন্ধ করার জন্য পর্যাপ্তভাবে বিকাশ করবে তখন প্রসারণ বন্ধ হয়ে যাবে। বিভব বাধা অতিক্রম করার জন্য পর্যাপ্ত শক্তি থাকলেই চার্জগুলি এক অঞ্চল থেকে অন্য অঞ্চলে যেতে পারে। অবক্ষয় স্তরে n অঞ্চলের তুলনায় p অঞ্চলটি উচ্চ বিভবে থাকে।

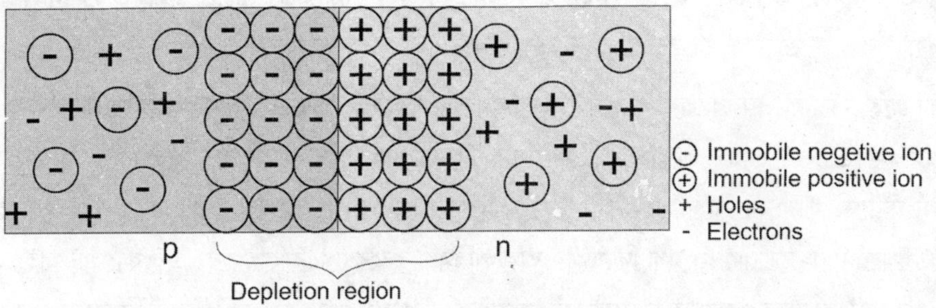

চিত্র 6.7: pn জংশনে হ্রাসের অঞ্চল

6.5 জংশন ডায়োড এবং V-I বৈশিষ্ট্য

যদি আমরা ওমিক যোগাযোগের মাধ্যমে p-n জংশনের দুটি খোলা প্রান্তে দুটি ধাতব টার্মিনাল যোগ করি (ধাতব তার এবং সেমিকন্ডাক্টরের মধ্যে কোন প্রতিরোধ নেই), তবে সার্কিটে ব্যবহৃত এই দুটি টার্মিনাল ডিভাইসটি p-n জংশন ডায়োড হিসাবে পরিচিত। এটি চিত্র 6.8 (b) এ প্রদত্ত প্রতীক দ্বারা উপস্থাপন করা হয়েছে।

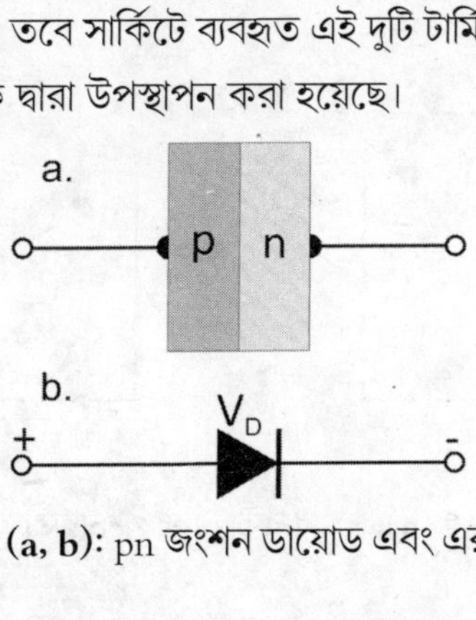

চিত্র 6.8 (a, b): pn জংশন ডায়োড এবং এর প্রতীক

যখন ডায়োড জুড়ে সরবরাহ সংযুক্ত থাকে না, তখন এর মধ্য দিয়ে কোনো কারেন্ট প্রবাহিত হয় না। ডায়োডের মধ্য দিয়ে বিদ্যুৎ প্রবাহের জন্য বাহ্যিক বায়াসিং বা সরবরাহ প্রয়োজন। দুটি উপায়ে বহিরাগত ডিসি সরবরাহ ডায়োডের সাথে সংযুক্ত করা যেতে পারে।

ফরোয়ার্ড বায়াসিং: যখন ব্যাটারির পজিটিভ টার্মিনাল বা ডিসি পাওয়ার সাপ্লাই p এর সাথে সংযুক্ত থাকে এবং ব্যাটারির নেগেটিভ টার্মিনাল বা DC পাওয়ার সাপ্লাই n এর সাথে সংযুক্ত থাকে, তখন এই বায়াসিং ফরওয়ার্ড বায়াসিং নামে পরিচিত।

দ্রষ্টব্য: কারেন্ট নিয়ন্ত্রণ করতে সার্কিটে একটি রেজিস্ট্যান্স সংযুক্ত করা উচিত।

রিভার্স বায়াসিং: যখন ব্যাটারির (বা DC পাওয়ার সাপ্লাই) ইতিবাচক টার্মিনাল n এর সাথে সংযুক্ত থাকে এবং ব্যাটারির (বা DC পাওয়ার সাপ্লাই) নেতিবাচক টার্মিনাল p এর সাথে সংযুক্ত থাকে, তখন এই বায়াসিং রিভার্স বায়াসিং নামে পরিচিত।

ফরোয়ার্ড বায়সিংয়ে, বাহ্যিক সরবরাহের কারণে বৈদ্যুতিক ক্ষেত্রটি জংশন জুড়ে বিকশিত ক্ষেত্রের বিপরীত। যখন একটি ডায়োড ফরোয়ার্ড বায়াসড হয়, তখন তা তাৎক্ষণিকভাবে সঞ্চালন শুরু করে না, তবে একটি নির্দিষ্ট ফরোয়ার্ড ভোল্টেজের পরে, ডায়োডের মধ্য দিয়ে কারেন্ট প্রবাহিত হয় এবং এই নির্দিষ্ট ভোল্টেজটিকে হাঁটু (knee) ভোল্টেজ বলা হয়। Si এবং Ge ডায়োডের হাঁটু (knee) ভোল্টেজ যথাক্রমে 0.7 V এবং 0.3 V। যখন একটি ডায়োড ফরওয়ার্ড বায়াসে থাকে, তখন ডায়োড জুড়ে ভোল্টেজ তার হাঁটু (knee) ভোল্টেজের সমান হবে। কারেন্ট (I_n) ফরোয়ার্ড বায়াসে প্রবাহিত হয় মিলিঅ্যাম্পিয়ারের ক্রম অনুসারে। ফরোয়ার্ড বায়াসে ডায়োড জুড়ে তড়িৎ প্রবাহের দিক হল p থেকে n পর্যন্ত।

বিপরীত পক্ষপাতিত্বে, বাহ্যিক সরবরাহের কারণে বৈদ্যুতিক ক্ষেত্রটি সেই ক্ষেত্রের দিকে থাকে যা জংশন জুড়ে বিকাশ লাভ করে। বিপরীত পক্ষপাত ভোল্টেজের কারণে, বিভব বাধার উচ্চতা এবং হ্রাস স্তরের প্রস্থ বৃদ্ধি পায়। মেজরিটি চার্জ ক্যারিয়ার জংশন অতিক্রম করতে পারে না কিন্তু মাইনরিটি চার্জ ক্যারিয়ার যেমন n টাইপের গর্ত এবং p টাইপের ইলেকট্রন জংশন অতিক্রম করতে পারে এবং ডায়োডের মধ্য দিয়ে খুব অল্প পরিমাণ কারেন্ট প্রবাহিত হয়। এই কারেন্ট মাইক্রো অ্যাম্পিয়ারের (10^{-6} A) এবং এর মান বিপরীত পক্ষপাত ভোল্টেজের সাথে বৃদ্ধি বা হ্রাস পায় না। এই কারেন্ট রিভার্স স্যাচুরেশন কারেন্ট (I_S) নামে পরিচিত। বিপরীত পক্ষপাতের মধ্যে ডায়োড জুড়ে কারেন্টের দিক n থেকে p পর্যন্ত। তাই বিপরীত পক্ষপাত V-I বৈশিষ্ট্য III চতুর্ভুজে (III quadrant) আঁকা হয়।

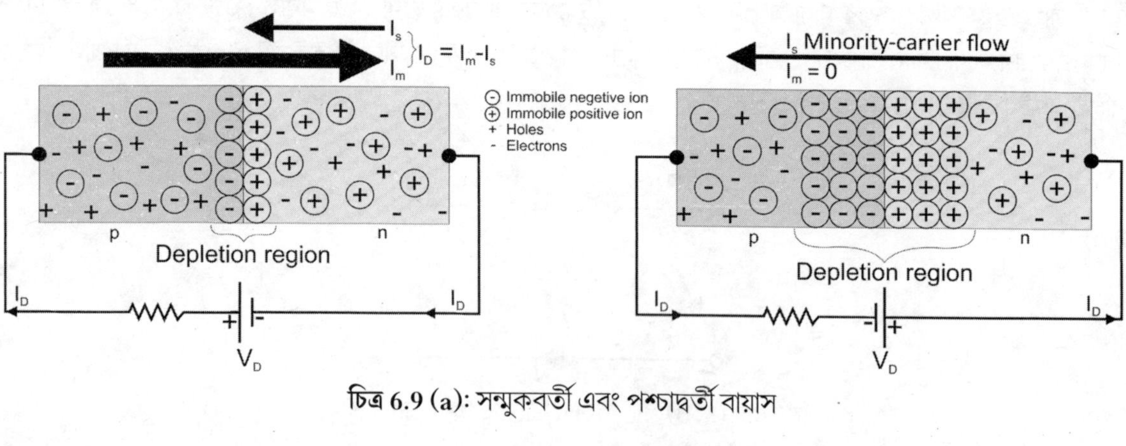

চিত্র 6.9 (a): সম্মুকবর্তী এবং পশ্চাদ্বর্তী বায়াস

আদর্শভাবে ফরোয়ার্ড বায়াসে ডায়োডের প্রতিরোধ ক্ষমতা শূন্য এবং বিপরীত পক্ষপাতের ক্ষেত্রে খুব বেশি। ফরোয়ার্ড বায়াসে ব্যবহার করা হলে ডায়োডটিকে ছোট এবং বিপরীত পক্ষপাতে ব্যবহার করার সময় উন্মুক্ত হিসাবে বিবেচনা করা যেতে পারে।

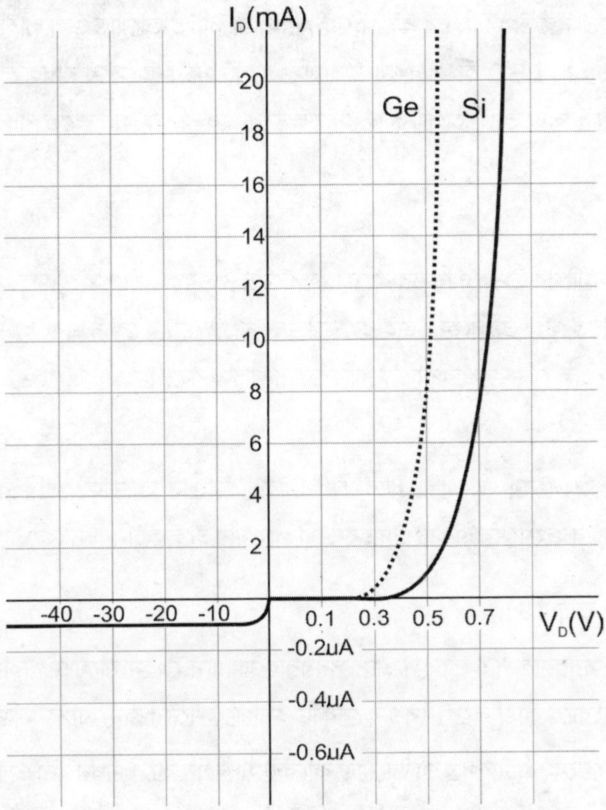

চিত্র 6.9 (b): বৈশিষ্ট্য

6.6 বিভিন্ন প্রকার জংশন ডায়োড

জংশন ডায়োড V-I বৈশিষ্ট্য এবং কাজ দ্বারা শ্রেণীবদ্ধ করা যেতে পারে, যা নিম্নলিখিত বিষয়গুলির উপর নির্ভর করে:

a. ডোপিং ঘনত্ব

b. অর্ধপরিবাহী উপাদান ব্যবহৃত

c. নির্মাণ

d. জংশন উপাদানের প্রকার

ডোপিং ঘনত্ব

যদি ডোপিং ঘনত্ব 1 ppm এর বেশি হয় তবে ডায়োডটি একটি উচ্চ ডোপড ডায়োড হিসাবে পরিচিত। একটি অত্যন্ত ডোপড ডায়োডের উদাহরণ হল জেনার ডায়োড। ডোপিং বৃদ্ধির কারণে সাধারণ জংশন ডায়োডের তুলনায় এই জাতীয় ডায়োডগুলির অবক্ষয় স্তর খুব পাতলা। জেনার ডায়োডগুলি ভোল্টেজ নিয়ন্ত্রক হিসাবে ব্যবহার করা যেতে পারে।

ব্যবহৃত অর্ধপরিবাহী উপাদান

সিলিকন বা জার্মেনিয়ামের জায়গায়, যদি আমরা GaAs-এর মতো যৌগিক অর্ধপরিবাহী ব্যবহার করি, তাহলে জংশন ডায়োডের কাজ ব্যবহৃত উপাদানের উপর নির্ভর করে। GaAs দ্বারা গঠিত ডায়োডগুলি লাইট এমিটিং ডায়োড (LED) এবং ফটো ডায়োড হিসাবে ব্যবহৃত হয়। LED ইন ফরওয়ার্ড বায়াস একটি সূচক হিসেবে ব্যবহৃত হয় এবং বৈদ্যুতিক সংকেতকে অপটিক্যাল সিগন্যালে রূপান্তর করা হয়। অপটিক্যাল সংকেতকে বৈদ্যুতিক সংকেতে রূপান্তর করতে ফটোডায়োডগুলি বিপরীত রূপে ব্যবহার করা হয়।

নির্মাণ:

জংশন ডায়োডের কাজ তার নির্মাণের উপরও নির্ভর করে। জংশনের p এবং n পাশের পুরুত্ব যদি আলাদা হয় তবে p পাশটি n পাশের তুলনায় বা তার বিপরীতে খুব পাতলা হয়। এই ধরনের জংশনগুলি সৌর কোষ এবং অন্যান্য অর্ধপরিবাহী ডিভাইস তৈরি করতে ব্যবহৃত হয়, যা অপটিক্যাল শক্তিকে বৈদ্যুতিক শক্তিতে রূপান্তর করে।

সংযোগ উপাদানের ধরন

সেমিকন্ডাক্টর- সেমিকন্ডাক্টর জংশনের জায়গায়, ধাতু-অর্ধপরিবাহী জংশন ডায়োড তৈরি করতে ব্যবহৃত হয়। Schottky ডায়োড হল মেটাল সেমিকন্ডাক্টর জংশনের একটি উদাহরণ, যা পাওয়ার ইলেকট্রনিক সার্কিটে ব্যবহৃত হয়।

6.7 একমুখীকারক হিসাবে ডায়োড

আমরা আমাদের বাড়িতে যে সরবরাহ পাই তা হল এসি সরবরাহ যা এসি মেইন নামেও পরিচিত। বেশিরভাগ ডিভাইস এবং ইলেকট্রনিক্স সার্কিট ডিসি সরবরাহে কাজ করে। বেশ কয়েকটি অ্যাপ্লিকেশনের জন্য এসিকে ডিসিতে রূপান্তর করতে হয়।

জংশন ডায়োডের VI বৈশিষ্ট্য থেকে, এটা স্পষ্ট যে ডায়োড কারেন্ট সঞ্চালন করে, যখন ফরওয়ার্ড বায়াস ব্যবহার করা হয়। এসি ভোল্টেজকে ডিসি ভোল্টেজে রূপান্তর করার জন্য একটি সার্কিট ডিজাইন করতে এটি প্রয়োগ করা যেতে পারে, যা রেকটিফায়ার বা একমুখীকারক নামে পরিচিত। যদি আমরা চিত্রে DC ভোল্টেজ সরবরাহের জায়গায় AC ভোল্টেজ সরবরাহ ব্যবহার করি, তবে AC-এর ধনাত্মক চক্রের সময় ডায়োডটি ফরওয়ার্ড বায়াস এবং AC-এর ঋণাত্মক চক্রে বিপরীত পক্ষপাতিত্বে থাকবে।

হাফ ওয়েভ রেকটিফায়ার

একটি হাফ ওয়েভ রেকটিফায়ারে, একটি স্টেপ ডাউন ট্রান্সফরমার ব্যবহার করা হয় AC ভোল্টেজ কমানোর জন্য (ধরা যাক, 220 V থেকে 12 V পর্যন্ত), এই AC সংকেতটি সার্কিটে দেওয়া হয় যেখানে একটি ডায়োড রেজিস্ট্যান্স (R) সহ সিরিজে সংযুক্ত থাকে। একটি অর্ধ চক্রের জন্য ডায়োডটি ফরওয়ার্ড বায়াস এবং অন্য অর্ধ সাইকেলে বিপরীত বায়াসে থাকবে। ফরোয়ার্ড বায়াসে ডায়োড ভোল্টেজ কম (knee ভোল্টেজের সমান), তাহলে Kirchhoff-এর নিয়ম অনুযায়ী মোট ভোল্টেজ রেজিস্ট্যান্স R-এ প্রদর্শিত হবে। বিপরীত বায়াসে কোন কারেন্ট (বা খুব কম কারেন্ট) প্রবাহিত হবে না, তাই রেজিস্ট্যান্স R জুড়ে ভোল্টেজ খুব কম এবং সমস্ত ভোল্টেজ ডায়োডে প্রদর্শিত হবে। চিত্র 6.10(a) হাফ ওয়েভ রেকটিফায়ারের সার্কিট দেখায়। ইনপুট এবং আউটপুট তরঙ্গরূপ চিত্র 6.10(b) তে প্রদর্শিত হয়েছে। R-এ প্রদর্শিত ভোল্টেজটি পরিবর্তনশীল DC ভোল্টেজ এবং পরবর্তীতে ভেরিয়েবল ডিসিকে ধ্রুবক DC-তে রূপান্তর করতে ফিল্টার সার্কিট দেওয়া হয়।

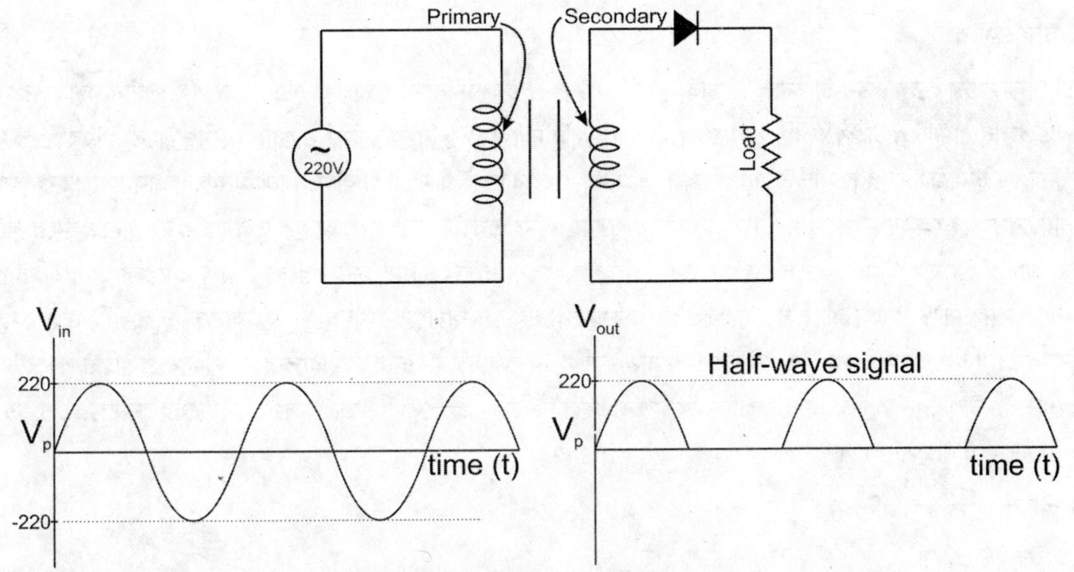

চিত্র **6.10** অর্ধ তরঙ্গ একমুখিকারক

ফুল ওয়েভ রেকটিফায়ার

একটি হাফ ওয়েভ রেকটিফায়ারে, এসি সিগন্যালকে ডিসি সিগন্যালে রূপান্তর করতে মাত্র হাফ সাইকেল ব্যবহার করা হয়। যদি আমরা একটি সেন্টার ট্যাপড স্টেপ ডাউন ট্রান্সফরমার এবং দুটি ডায়োড ব্যবহার করি তাহলে এসির একটি সম্পূর্ণ তরঙ্গ ব্যবহার করা যেতে পারে। ফুল ওয়েভ রেকটিফায়ারে, দুটি ডায়োড এবং একটি লোড রেজিস্ট্যান্স (R) সহ সার্কিটে এসি সংকেত দেওয়া হয়। প্রথম অর্ধচক্রে, প্রথম ডায়োডটি ফরোয়ার্ড বায়াস এবং দ্বিতীয় ডায়োডটি বিপরীত বায়াস-এ থাকে। পরবর্তী অর্ধচক্রে পরিস্থিতি উল্টে যাবে। উভয় অর্ধ চক্রের মধ্যে ভোল্টেজ প্রতিরোধ R জুড়ে প্রদর্শিত হবে। চিত্র 6.11 (a) ফুল ওয়েভ রেকটিফায়ারের সার্কিট দেখায়। ইনপুট এবং আউট তরঙ্গরূপ চিত্র 6.11(b) তে প্রদর্শিত হয়েছে। R-এ প্রদর্শিত ভোল্টেজটি পরিবর্তনশীল DC ভোল্টেজ এবং আরও ভেরিয়েবল ডিসিকে ধ্রুবক DC-তে রূপান্তর করতে ফিল্টার সার্কিটগুলিব্যবহার করা হয়।

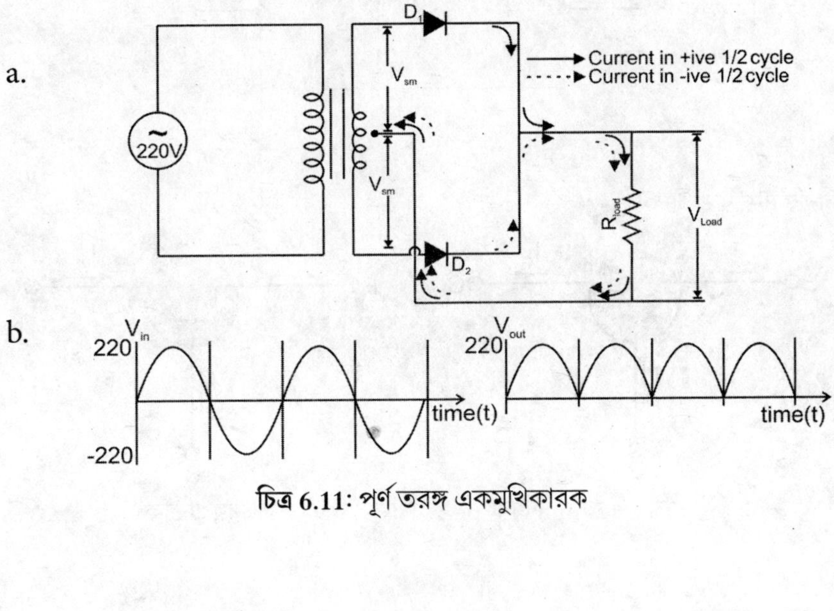

চিত্র 6.11: পূর্ণ তরঙ্গ একমুখিকারক

6.8 ট্রানজিস্টর

একটি ট্রানজিস্টর হলো তিন-টার্মিনাল ডিভাইস; এটি দুটি p-n জংশন নিয়ে গঠিত, যা দুটি p টাইপ উপাদান অঞ্চলের মধ্যে n টাইপ উপাদান বা দুটি n টাইপ অঞ্চলের মধ্যে p টাইপ উপাদান রেখে তৈরি করা হয়। ডায়োডের বিপরীতে n এবং p অঞ্চলের পুরুত্ব ভিন্ন। ট্রানজিস্টরের তিনটি টার্মিনাল বেস, ইমিটার এবং কালেক্টর নামে পরিচিত। নির্গমনকারী এবং সংগ্রাহক অঞ্চলের তুলনায় বেস অঞ্চলের ডোপিং কম। বেস অঞ্চলের পুরুত্বও নির্গতকারী এবং সংগ্রাহকের তুলনায় কম। ট্রানজিস্টরে দুটি p-n জংশন গঠিত হয় যথা ইমিটার-বেস জংশন এবং কালেক্টর-বেস জংশন। ট্রানজিস্টরের স্বাভাবিক কাজের জন্য ইমিটার-বেস জংশনকে ফরওয়ার্ড বায়াস এবং কালেক্টর-বেস জংশনকে রিভার্স বায়াসে রাখা হয়। আমরা জানি, একটি জংশনের জন্য রোধের অগ্রগতির বায়াস কম এবং বিপরীত বায়াস বেশি। বিকিরণকারী এবং সংগ্রাহকের মধ্য দিয়ে প্রবাহিত কারেন্ট একই এবং এটি ইমিটার বেস অঞ্চল এবং সংগ্রাহক বেস অঞ্চলে বিভিন্ন রোধ দেখায়, তাই সেখানে রোধের স্থানান্তর হয়; তাই এই ডিভাইসটিকে ট্রানজিস্টর বলা হয়।

6.9 বিভিন্ন প্রকার ট্রানজিস্টর

ট্রানজিস্টর দুই প্রকার

npn: বিকিরণকারী এবং সংগ্রাহক হল n টাইপ এবং ভিত্তি হল p টাইপ

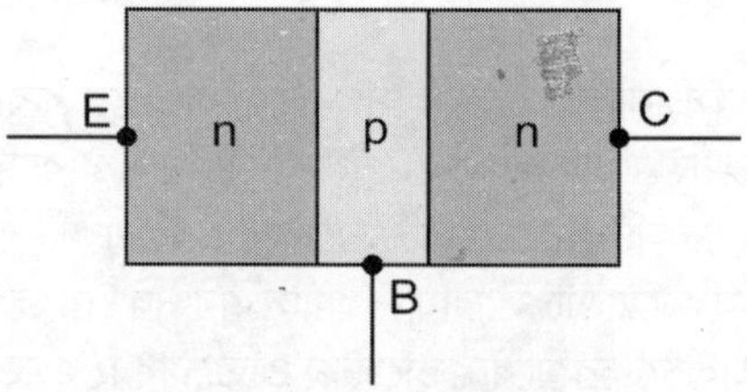

pnp: বিকিরণকারী এবং সংগ্রাহক হল p টাইপ এবং ভিত্তি হল n টাইপ

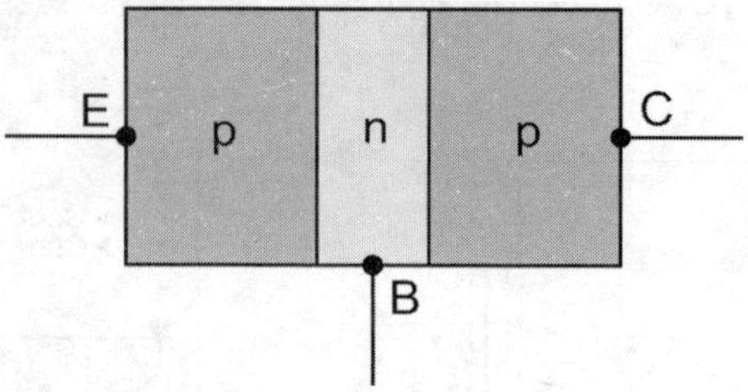

pnp এবং npn ট্রানজিস্টরের প্রতীক

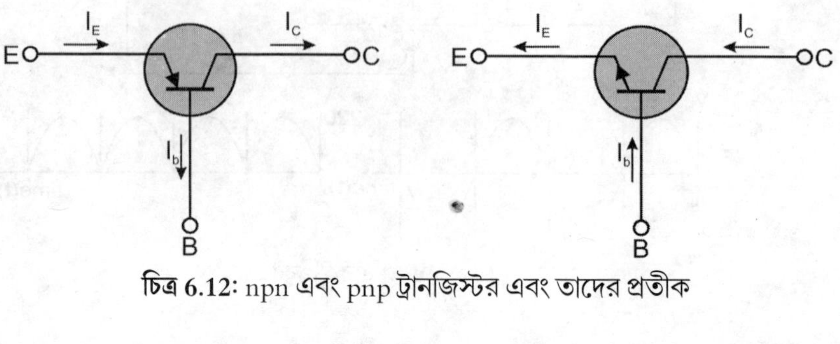

চিত্র 6.12: npn এবং pnp ট্রানজিস্টর এবং তাদের প্রতীক

ট্রানজিস্টর অপারেশন

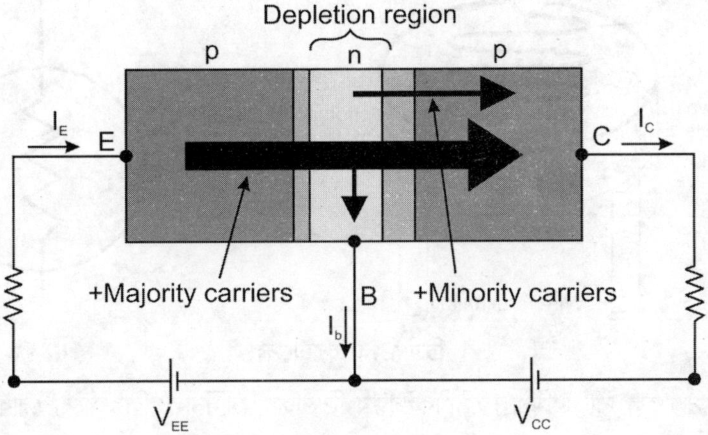

চিত্র 6.13: ট্রানজিস্টর এর অপারেশন

যেমনটি আগে আলোচনা করা হয়েছে, একটি ট্রানজিস্টর বায়াস করার জন্য ইমিটার-বেস জংশনকে ফরওয়ার্ড বায়াসে রাখা হয় এবং কালেক্টর বেস জংশনকে রিভার্স বায়াসে রাখা হয়। জংশন বৈশিষ্ট্য থেকে, যখন একটি জংশন ফরওয়ার্ড বায়াসে থাকে তখন ডায়োড জুড়ে ভোল্টেজ 0.7 ভোল্টের হয় (যদি Si ব্যবহার করা হয়) এবং কারেন্ট হয় মিলি-অ্যাম্পিয়ারে এবং বিপরীত বায়াসে মধ্যে কারেন্ট থাকে মাইক্রো অ্যাম্পিয়ারে এবং জংশনে ভোল্টেজ প্রয়োগকৃত ভোল্টেজের সমান। ট্রানজিস্টরে, বিকিরণকারী কারেন্ট ইমিটার থেকে বেসে প্রবাহিত হয় এবং বেস জংশনটি খুব পাতলা হওয়ায় বেস থেকে খুব ছোট বেস কারেন্ট প্রবাহিত হয় এবং ইমিটার কারেন্টের সর্বাধিক অংশ কালেক্টরের মাধ্যমে প্রবাহিত হয়। সংগ্রাহক - বেস জংশন জুড়ে বড় কারেন্ট প্রবাহিত হয়, যার বেশি ভোল্টেজ (V_{CC}) রয়েছে, তাই ট্রানজিস্টরগুলিতে বিবর্ধন ঘটে।

$$I_e = I_c + I_b$$

$$I_e \sim I_c$$

6.10 ট্রানজিস্টরের প্রয়োগ

ভোল্টেজ পরিবর্ধক

প্রবাহ পরিবর্ধক

একটি সুইচ হিসাবে

বিভিন্ন ধরনের লজিক গেট সার্কিট ডিজাইন করার জন্য

কর্মক্ষম পরিবর্ধক মৌলিক বিল্ডিং ব্লক হিসাবে

6.11 ফটোসেল

আলোকপরিবাহী পদার্থ হল সেমিকন্ডাক্টর যাদের পরিবাহিতা ফোটনের উপস্থিতিতে বৃদ্ধি পায়। ভ্যালেন্স ব্যান্ডের ইলেকট্রন ফোটন শোষণ করে এবং পরিবাহী ব্যান্ডে লাফ দেয়। ফলস্বরূপ ফোটন বা আলোর উপস্থিতিতে পরিবাহী ব্যান্ডে ইলেকট্রনের সংখ্যা বৃদ্ধি পায়। GaAs ফটোকন্ডাক্টিভ পদার্থের একটি উদাহরণ।

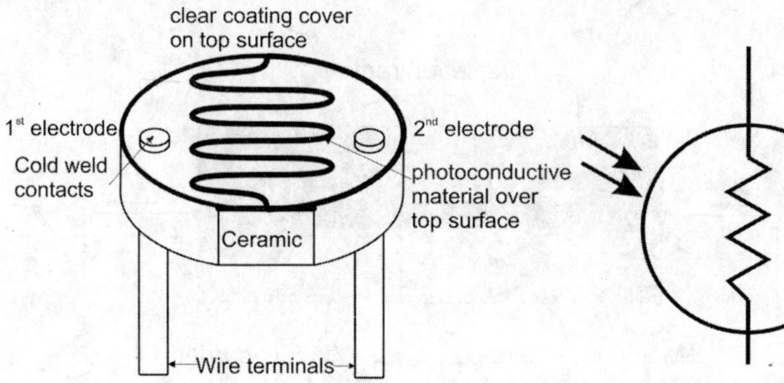

চিত্র 6.14: ফটোসেল

একটি ফটোকন্ডাক্টিভ সেল হল দুটি টার্মিনাল সেমিকন্ডাক্টর ডিভাইস; টার্মিনালগুলির মধ্যে রোধ আলোর তীব্রতার সাথে পরিবর্তিত হয়। চিত্র 6.14 একটি ফটোসেল নির্মাণ দেখায়। ফটোসেলে ব্যবহৃত ফটোকন্ডাক্টিভ উপাদান হল CdS এবং CdSe। ফটোসেলের অন্যান্য জংশন ডিভাইস যেমন ফটোডিওডের মতো জংশন থাকে না। ফটোকন্ডাক্টিভ উপাদানের একটি পাতলা স্তর একটি সিরামিক সাবস্ট্রেটে জমা হয়। বর্তনীতে ফটোকন্ডাক্টিভ সেল সংযোগ করতে পাতলা স্তরের প্রান্তে দুটি ধাতব টার্মিনাল সংযুক্ত থাকে। উপাদানের একটি পাতলা স্তরের রোধ, সাধারণত 100 K ohm এবং আলোতে আলোকিত হলে 100 ohm এ কমে যায়। এটি নিম্নরূপ অ্যাপ্লিকেশনের সংখ্যার জন্য ব্যবহার করা যেতে পারে:

- স্বয়ংক্রিয় হেডলাইট ডিমার
- রাতের আলো নিয়ন্ত্রণ
- রাস্তার আলো নিয়ন্ত্রণ

6.12 সৌর কোষ

একটি সৌর কোষও একটি জংশন ডিভাইস, যা আলোক শক্তিকে বৈদ্যুতিক শক্তিতে রূপান্তর করতে ব্যবহৃত হয়। সৌর কোষের পরিকল্পিত চিত্র 6.15 এ দেওয়া হয়েছে। সৌর কোষের n অঞ্চলটি সাধারণ p-n জংশন ডায়োডের বিপরীতে p অঞ্চলের তুলনায় পাতলা। এই সংযোগস্থলটি এমনভাবে আলোতে রাখা হয় যাতে n অঞ্চলটি আলোর সংস্পর্শে আসে। ভ্যালেন্স ব্যান্ড ইলেক্ট্রন ফোটন শোষণ করে এবং পরিবাহী ব্যান্ডে চলে যায়। এই কারণে n অঞ্চলে প্রচুর পরিমাণে মুক্ত ইলেকট্রন এবং গর্ত পাওয়া যায়। যেহেতু n স্তরটি খুব পাতলা, তাই অবক্ষয় স্তর বৈদ্যুতিক ক্ষেত্র গর্ত এবং ইলেকট্রনকে পৃথক করে এবং ইলেকট্রনকে n অঞ্চলে থাকতে বাধ্য করে এবং p অঞ্চলে গর্তগুলিকে ছড়িয়ে দিতে বাধ্য করে। p এ একটি ইতিবাচক বিভব তৈরি হয় এবং n টার্মিনালে ঋণাত্মক বিভব তৈরি হয় এবং যখন p এবং n টার্মিনালের মধ্যে একটি বাহ্যিক রোধ যোগ করা হয় তখন বিদ্যুৎ প্রবাহিত হবে। লোড ছাড়াই টার্মিনাল জুড়ে বিকশিত ভোল্টেজকে ওপেন সার্কিট ভোল্টেজ (VOC) বলা হয় 0.5 V এবং সর্বাধিক লোড কারেন্ট যা শর্ট সার্কিট কারেন্ট (ISC) নামেও পরিচিত, কয়েক mA এর ক্রম অনুসারে, যার তীব্রতা বৃদ্ধি পায়। আলোর বৃদ্ধি এবং সৌর কোষে ফোটনের শোষণ বৃদ্ধি পায়। সৌর কোষের অভ্যন্তরে কারেন্টের দিক n থেকে p, তাই V-I বৈশিষ্ট্য !V চতুর্ভুজে আঁকা।

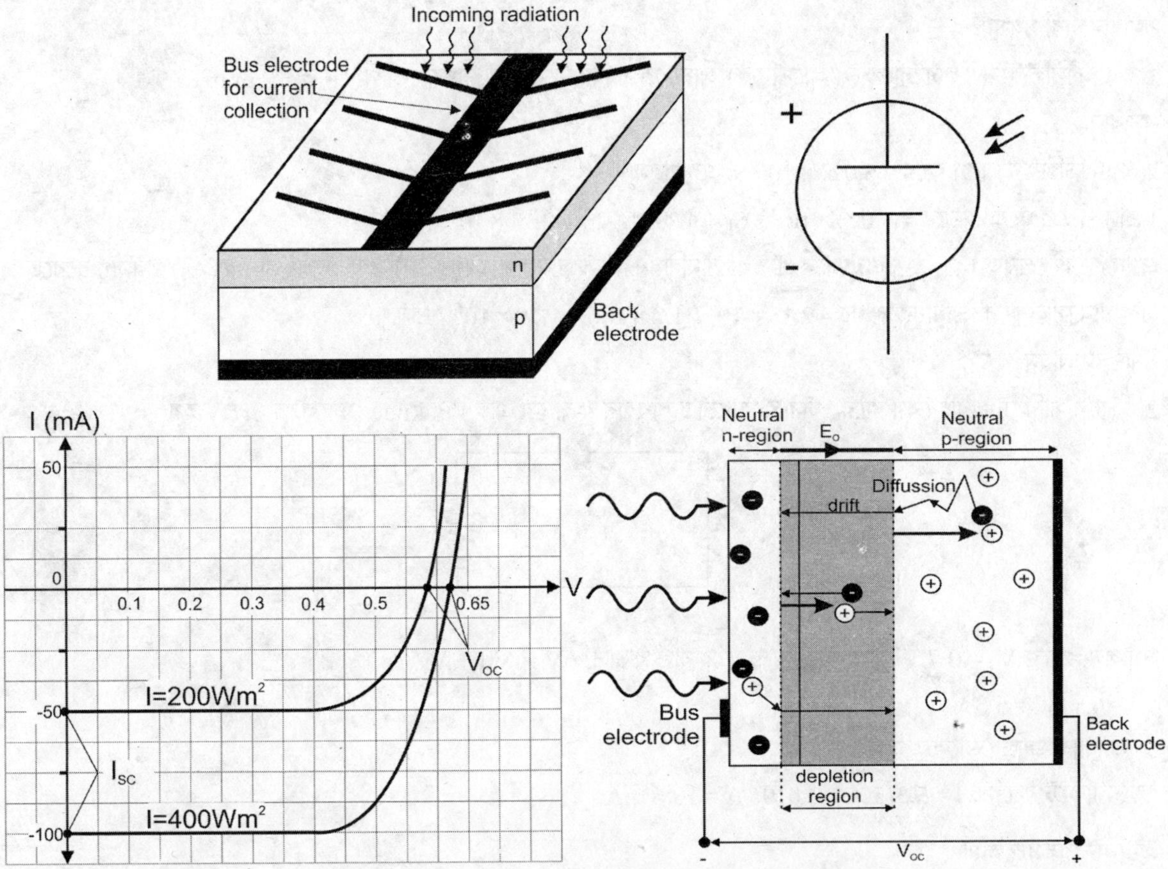

চিত্র 6.15: সৌর কোষ: নির্মাণ, প্রতীক এবং VI বৈশিষ্ট্য

সৌর কোষের প্রয়োগ

সৌর কোষ জুড়ে বিকশিত ভোল্টেজ এবং সর্বাধিক লোড কারেন্ট যা সৌর কোষ থেকে টানা যায় তা কোনও ডিভাইস চালানোর জন্য যথেষ্ট নয়, তাই সৌর কোষগুলির সিরিজ এবং সমান্তরাল সমন্বয়গুলি ব্যবহারিক উদ্দেশ্যে ব্যবহৃত হয় এবং সৌর প্যানেল হিসাবে পরিচিত। সৌর প্যানেলের প্রকৌশল অ্যাপ্লিকেশনের সংখ্যা রয়েছে:

- বিদ্যুৎ উৎপাদন
- জল পরিশোধন প্ল্যান্ট
- সোলার চার্জার

অনুসন্ধিৎসুতা এবং কৌতূহল তৈরি কর

- ডায়োড কি সবসময় ফরোয়ার্ড বায়াস পরিচালনা করে?
- শুধুমাত্র অন্তর্নিহিত সেমিকন্ডাক্টরগুলিতে III এবং V গ্রুপ উপাদানগুলি যোগ করার কারণ।
- pn জংশন ডায়োডের প্রয়োগ যখন বিপরীত বায়াসে ব্যবহার করা হয়।
- শিল্পে pn জংশন তৈরির পদ্ধতি।
- বিপরীত স্যাচুরেশন কারেন্ট কি তাপমাত্রার সাথে পরিবর্তিত হয়?

সমাধান করা সমস্যা

1. 1 গ্রাম সিলিকনে পেন্টাভ্যালেন্ট (আর্সেনিক) আয়নের সংখ্যা নির্ণয় কর, যখন ডোপিং ঘনত্ব 1.2 ppm।

সমাধান:

28 গ্রাম সিলিকন ধারণ করে = 6.023×10^{23} Si এর পরমাণু

1 গ্রাম Si এর মধ্যে রয়েছে = 6.023×10^{23} / Si এর 28 পরমাণু = 2.15×10^{22} পরমাণু

এখন ডোপিং ঘনত্ব 1.2 ppm এর মানে প্রতি 1.2 মিলিয়ন সিলিকনের পরমাণুর জন্য একটি আর্সেনিক (As) পরমাণু রয়েছে

এক গ্রাম সিলিকনে পরমাণুর সংখ্যা = 2.15×10^{22}/ 1.2×106 = 1.79×10^{16} পরমাণু/

ধনাত্মক আয়ন

2. নিচের সার্কিটে প্রবাহ বের করো, যদি Si ডায়োড ব্যবহার করা হয় এবং এর knee ভোল্টেজ 0.7 V হয়

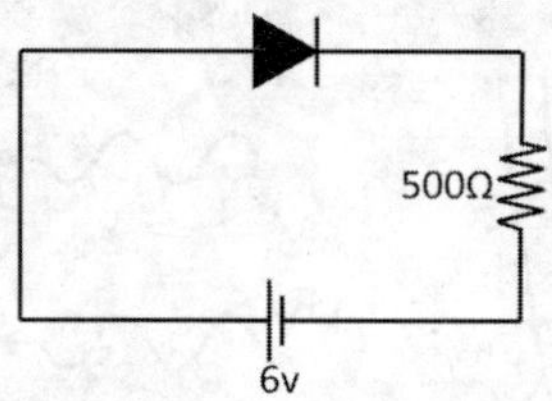

সমাধান: প্রদত্ত $V_d = 0.7$ V যেহেতু ডায়োড ফরোয়ার্ড বায়াস, 6V = Vd + Vr

Vr = 6 − 0.7 = 5.3 V

রেজিস্ট্যান্স জুড়ে ভোল্টেজ হল 5.3 V

তাই সার্কিটে কারেন্ট I = 5.3/500 = 0.0106 A = 10.6 mA

ইউনিট সারসংক্ষেপ

- অর্ধপরিবাহী পদার্থে ভ্যালেন্স ব্যান্ড এবং কন্ডাকশন ব্যান্ডের মধ্যে ছোট শক্তির ব্যবধান থাকে।
- অভ্যন্তরীণ অর্ধপরিবাহীতে ঘরের তাপমাত্রায় পরিবাহিতা বাড়ানোর জন্য ট্রাইভ্যালেন্ট এবং পেন্টাভ্যালেন্ট অপদ্রব্য যোগ করা হয়।
- ডায়োড অর্ধেক এবং সম্পূর্ণ তরঙ্গ একমুখীকারকের জন্য ব্যবহার করা যেতে পারে।
- ডায়োড এবং ট্রানজিস্টর হল ইলেকট্রনিক সার্কিটের মৌলিক বিল্ডিং ব্লক।
- সোলার সেল হল সৌর প্যানেলের মৌলিক বিল্ডিং ব্লক যা আলোক শক্তিকে বৈদ্যুতিক শক্তিতে রূপান্তর করে।

অনুশীলন

বহু নির্বাচনী প্রশ্ন

1. Ge সেমিকন্ডাক্টরের ব্যান্ড গ্যাপ হল

   a. 0.5eV b. 0.7eV

   c. 2.1eV d. 1.2eV

2. p টাইপ সেমিকন্ডাক্টরগুলিতে নিম্নলিখিত ধরণের চার্জ থাকে না

   a. অচল পজিটিভ আয়ন
   b. অচল নেতিবাচক আয়ন
   c. মোবাইল গর্ত
   d. মোবাইল ইলেকট্রন

3. সঠিক বিবৃতি নির্বাচন কর

   a. বিপরীত বায়াসে ব্যবহৃত ডায়োড জুড়ে কোন কারেন্ট প্রবাহিত হয় না।
   b. বিপরীত বায়াসে এবং ফরোয়ার্ড বায়াসে ডায়োড জুড়ে একই কারেন্ট প্রবাহিত হয়।
   c. সংখ্যালঘু চার্জ বাহকের কারণে বিপরীত বায়াসে ব্যবহৃত ডায়োড জুড়ে ক্ষুদ্র প্রবাহ প্রবাহিত হয়।
   d. সংখ্যাগরিষ্ঠ চার্জ ক্যারিয়ারের কারণে বিপরীত বায়াসে ব্যবহৃত ডায়োড জুড়ে ক্ষুদ্র প্রবাহ প্রবাহিত হয়

4. সৌর কোষের V-I বৈশিষ্ট্যগুলি আঁকা হয়

   a. I চতুর্ভুজ
   b. II চতুর্ভুজ
   c. III চতুর্ভুজ
   d. IV চতুর্ভুজ

5. Ge ডায়োড ব্যবহার করা হলে নিম্নলিখিত সার্কিটে R জুড়ে ভোল্টেজ খোঁজ (VD = 0.3V)

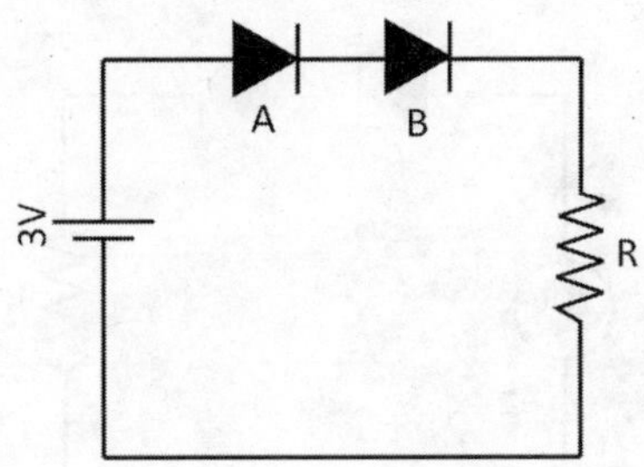

   a. 3V
   b. 2.7V
   c. 0V
   d. 2.4V

একাধিক পছন্দের প্রশ্নের উত্তর
6.1 (b), 6.2 (a), 6.3 (c), 6.4 (d), 6.5 (d)

সংক্ষিপ্ত এবং দীর্ঘ উত্তর প্রকার প্রশ্ন

ক্যাটাগরি-I

1. যেকোনো পাঁচটি অর্ধপরিবাহী পদার্থের নাম লেখ।
2. ট্রাইভালেন্ট এবং পেন্টাভ্যালেন্ট অমেধ্যগুলির দুটি উদাহরণ দিন।
3. কঠিন পদার্থের ব্যান্ড তত্ত্বের ভিত্তিতে পরিবাহী, অর্ধপরিবাহী এবং অন্তরকগুলির মধ্যে পার্থক্য কর।
4. যে কোনো চারটি বিন্দুতে বাহ্যিক এবং অভ্যন্তরীণ সেমিকন্ডাক্টরের মধ্যে পার্থক্য কর।
5. যে কোন চারটি বিন্দুতে p এবং n টাইপের বহির্মুখী অর্ধপরিবাহীগুলির মধ্যে পার্থক্য কর।

6. চিত্র সহ p-n সংযোগ বিশদভাবে ব্যাখ্যা কর। অবক্ষয় স্তর বর্ণনা কর।
7. p-n জংশন ডায়োডের কাজ ব্যাখ্যা কর এবং এর বর্তমান ভোল্টেজ (I-V) বৈশিষ্ট্যগুলি আঁক।
8. knee ভোল্টেজ শব্দটি সংজ্ঞায়িত কর। Si এবং Ge ডায়োডের জন্য knee ভোল্টেজের মান লিখ।
9. ডায়োডের V-I বৈশিষ্ট্যের উপর ভিত্তি করে অ্যাপ্লিকেশনের তালিকা কর।
10. হাফ ওয়েভ রেকটিফায়ারের জন্য সার্কিট ডায়াগ্রাম আঁক এবং ইনপুট এবং আউটপুট ওয়েভ ফর্ম দিয়ে এর কাজ ব্যাখ্যা কর।
11. ফুল ওয়েভ রেকটিফায়ার এর জন্য সার্কিট ডায়াগ্রাম আঁক এবং ইনপুট এবং আউটপুট ওয়েভ ফর্ম দিয়ে এর কাজ ব্যাখ্যা কর।
12. উপযুক্ত চিত্র সহ ট্রানজিস্টরের নির্মাণ ও কাজ ব্যাখ্যা কর।
13. প্রতীক সহ ট্রানজিস্টরের প্রকারভেদ ব্যাখ্যা কর।
14. ফটোকন্ডাক্টিভ সেলের কাজের নীতি ব্যাখ্যা কর।
15. সৌর কোষের কাজের নীতি ডায়াগ্রামের সাহায্যে ব্যাখ্যা কর
16. দৈনন্দিন জীবনে সৌর কোষের দুটি প্রয়োগ দাও।

ক্যাটাগরি-II

1. নিম্নলিখিত সার্কিটে A এবং B বিন্দুতে আউটপুট তরঙ্গের ফর্মগুলি আঁক, (সার্কিটে ব্যবহৃত ডায়োড হল সিলিকন ডায়োড– (Vd = 0.7 V)

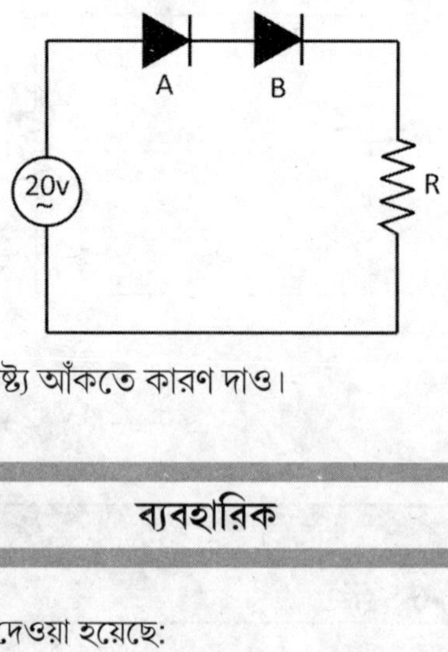

2. IV চতুর্ভুজে সৌর কোষের V-I বৈশিষ্ট্য আঁকতে কারণ দাও।

ব্যবহারিক

এই ইউনিটের সাথে সম্পর্কিত দুটি পরীক্ষা দেওয়া হয়েছে:

P6.1 একটি সেমিকন্ডাক্টর ডায়োড (Ge, Si) এর V-I বৈশিষ্ট্য এবং এর knee ভোল্টেজ নির্ধারণ

P6.2 একটি ফটো-ইলেকট্রিক সেল ব্যবহার করে বিকিরণের বিপরীত বর্গাকার সূত্র যাচাই

ব্যবহারিক: V-I ডায়োডের বৈশিষ্ট্য

ব্যবহারিক বিবৃতি

একটি সেমিকন্ডাক্টর ডায়োড (Ge, Si) এর V-I বৈশিষ্ট্যগুলি আঁকতে এবং এর knee ভোল্টেজ নির্ধারণ করতে।

ব্যবহারিক তাৎপর্য

p-n জংশন ডায়োড রেকটিফায়ার, ক্লিপিং, ক্ল্যাম্পিং এবং ভোল্টেজ মাল্টিপ্লায়ার সার্কিটে ব্যবহৃত হয়। লজিক সার্কিট ডিজাইন করতেও ডায়োড ব্যবহার করা হয়। ডায়োডের V- I বৈশিষ্ট্যগুলি এর কাজ এবং প্রয়োগ নির্ধারণ করে। এই ল্যাবের অভিজ্ঞতায়,

শিক্ষার্থীরা ফরোয়ার্ড বায়াস এবং রিভার্স বায়াস বৈশিষ্ট্য নির্ধারণ করবে এবং knee ভোল্টেজও নির্ধারণ করবে।

প্রাসঙ্গিক তত্ত্ব

পূর্বে দেওয়া হয়েছে

ব্যবহারিক ফলাফল (PRO)

ব্যবহারিক ফলাফল এই কোর্সের পাঠ্যক্রম থেকে উদ্ভূত হয়:

PRO1: Si/Ge ডায়োডের V-I বৈশিষ্ট্য নির্ধারণ কর।

PRO2: Si/Ge ডায়োডের knee ভোল্টেজ খোঁজ কর।

ব্যবহারিক সেটআপ (ড্রয়িং/স্কেচ/সার্কিট ডায়াগ্রাম/ওয়ার্ক সিচুয়েশন)

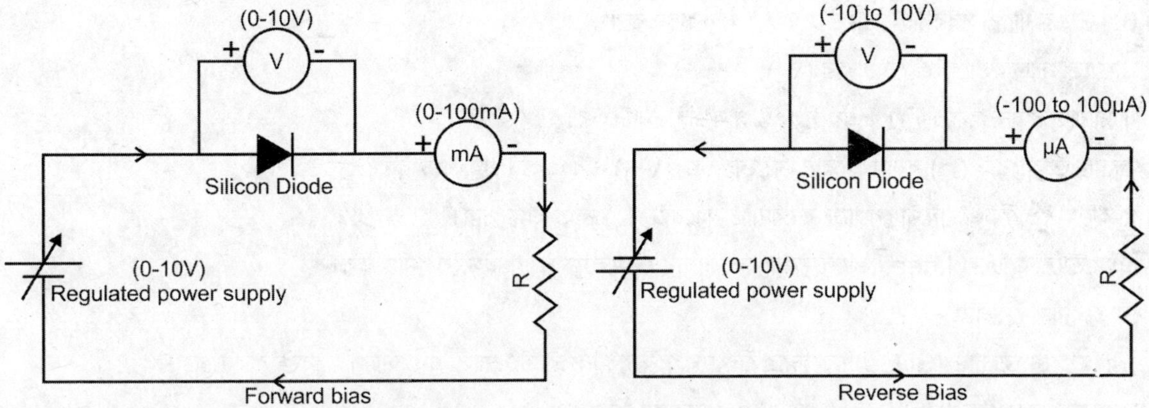

চিত্র **P6.1:** সেমিকন্ডাক্টর ডায়োড (Ge, Si) এর V-I বৈশিষ্ট্য এবং এর knee ভোল্টেজ নির্ধারণ

প্রয়োজনীয় সম্পদ

ক্রম সংখ্যা	অত্যাবশ্যক স্পেসিফিকেশন সহ প্রস্তাবিত সংস্থানগুলির জন্য প্রয়োজনীয় মেশিন/সরঞ্জাম/যন্ত্র	পরিমাণ	প্রকৃত সম্পদ ব্যবহৃত মেশিন/সরঞ্জাম/যন্ত্র বিস্তৃত বৈশিষ্ট্য সহ (ছাত্র দ্বারা পূরণ করা হবে)		মন্তব্য (যদি থাকে)
			তৈরি করা হয়েছে	বিস্তারিত	
1	DC পাওয়ার সাপ্লাই (0-10 V)	01			
2	ভোল্টমিটার (0-10 V)	01			
3	অ্যামিটার (0-100 m A)/(0±100 mA)	02			
4	প্রতিরোধক (100 ohm, 1 kohm)	02			
5	তারের সংযোগ				

সতর্কতা

1. সংযোগ টাইট হতে হবে।
2. যন্ত্রটি সাবধানে পরিচালনা কর।
3. ডায়োডের মধ্য দিয়ে প্রবাহিত কারেন্ট ডায়োডের স্পেসিফিকেশন অনুযায়ী সর্বোচ্চ কারেন্টের বেশি হওয়া উচিত নয়।
4. সার্কিট ডায়াগ্রামে দেখানো হিসাবে ভোল্টমিটার এবং অ্যামিটার সংযোগ কর।

প্রস্তাবিত পদ্ধতি

ফরোয়ার্ড বায়াস বৈশিষ্ট্য

1. p-n জংশন ডায়োডকে (Si/Ge) ফরোয়ার্ড বায়াসে সংযুক্ত কর যেমন চিত্রে দেখানো হয়েছে (P4.1)।
2. 0.1V এর ধাপে সরবরাহ ভোল্টেজ (V_s) পরিবর্তন কর।
3. ডায়োড জুড়ে ভোল্টেজ নোট কর (V_d)
4. ফরোয়ার্ড বায়াস কারেন্ট (I_n) এর সংশ্লিষ্ট মানগুলি নোট কর।
5. ফরোয়ার্ড কারেন্ট (I_D) বনাম ফরোয়ার্ড ভোল্টেজ (V_D) এর একটি গ্রাফ প্লট কর।
6. x-অক্ষে ভোল্টেজ দেখো যেখানে ফরোয়ার্ড কারেন্ট (I_D) দ্রুত বৃদ্ধি পায়।
7. এই ভোল্টেজটিকে knee ভোল্টেজ বা ডায়োডের ভোল্টেজ কাটা হিসাবে নোট কর।

বিপরীত বায়াস বৈশিষ্ট্য

8. p-n জংশন ডায়োড (Si/Ge) কে চিত্রে দেখানো হিসাবে বিপরীত বায়াস-এর সাথে সংযুক্ত কর (চিত্র P4.2)।
9. সরবরাহ ভোল্টেজ (Vs) 0.5 V এর ধাপে পরিবর্তন কর।

10 ডায়োড জুড়ে ভোল্টেজ নোট কর (V_R)

11 বিপরীত কারেন্ট (I_s) এর সংশ্লিষ্ট মানগুলি লক্ষ্য কর।

12. বিপরীত কারেন্ট (I_s) এবং V_R-এর একটি গ্রাফ প্লট কর।

পর্যবেক্ষণ এবং গণনা

ভোল্টমিটারের LC = ...

অ্যামিটারের LC = ...

সারণি 1

ক্রম সংখ্যা	সম্মুখ বিভব (V_D) (volts)	সম্মুখ প্রবাহ (I_D) (mA)
1		
2		
3		
4		

সারণি 2

ক্রম সংখ্যা	বিপরীত ভোল্টেজ (V_R) (volts)	বিপরীত প্রবাহ (I_S) (μA)
1		
2		
3		
4		

ফলাফল এবং/অথবা ব্যাখ্যা

(ছাত্র দ্বারা পূরণ করা হবে)

1. ....
2. ....

উপসংহার এবং/অথবা বৈধতা

(ছাত্র দ্বারা পূরণ করা হবে)

1. ....
2. ....

ব্যবহারিক সম্পর্কিত প্রশ্ন

(উত্তরের জন্য পৃথক শীট ব্যবহার কর)

দ্রষ্টব্য: রেফারেন্সের জন্য নীচে কয়েকটি নমুনা প্রশ্ন দেওয়া হয়েছে। পূর্ব-নির্ধারিত কোর্সের ফলাফলের অর্জন নিশ্চিত করার জন্য শিক্ষকদের এই ধরনের আরও প্রশ্ন ডিজাইন করতে হবে।

1. ব্যবহৃত Si এবং Ge ডায়োডের জন্য knee ভোল্টেজের আদর্শ মান দাও।
2. মাল্টিমিটার ব্যবহার করে ডায়োডের p এবং n টার্মিনালগুলি সনাক্ত করার ধাপগুলি বল।
3. একটি বিপরীত বায়াস মোডে মাইক্রো অ্যামিটার ব্যবহার করার কারণ কি?
4. এই ল্যাব পরীক্ষায় ব্যবহৃত ডায়োডের স্পেসিফিকেশন বর্ণনা কর।

প্রস্তাবিত শেখার সংস্থান

- http://www.olabs.edu.in/?sub=1&brch=6&sim=233&cnt=4

প্রস্তাবিত মূল্যায়ন স্কিম

(শিক্ষক দ্বারা পূরণ করা হবে)

প্রদত্ত কর্মক্ষমতা সূচকগুলি প্রক্রিয়া এবং প্রোডাক্ট সম্পর্কিত মূল্যায়নের জন্য এটি নির্দেশিকা হিসাবে কাজ করা উচিত

কর্মসম্পাদক		গুরুত্ব	মার্কস প্রদান করা হয়েছে
প্রক্রিয়া সম্পর্কিত: ... মার্কস* (....%)			
1	বৈদ্যুতিক সংযোগ তৈরি করা		

2	ফরোয়ার্ড এবং রিভার্স বায়াস কারেন্ট এবং ভোল্টেজের পরিমাপ		
3	গ্রাফ প্লটিং এবং knee ভোল্টেজ খুঁজে বের করা		
4	যন্ত্র হ্যান্ডলিং		
প্রোডাক্ট সম্পর্কিত: .... মার্কস* (.....%)			
5	ফলাফল এবং উপসংহার		
6	সময়মত রিপোর্ট জমা দেওয়া		
7	ব্যবহারিক সম্পর্কিত প্রশ্নের উত্তর		
	মোট	100%	

*প্রোডাক্ট এবং প্রক্রিয়া মূল্যায়নের জন্য মার্কস এবং শতাংশের গুরুত্ব শিক্ষক দ্বারা নির্ধারিত হবে।

ছাত্রের নাম: .... মার্কস প্রদান করা হয়েছে			তারিখ সহ শিক্ষক এর স্বাক্ষর
প্রক্রিয়া সম্পর্কিত:	প্রোডাক্ট সম্পর্কিত	প্রক্রিয়া সম্পর্কিত:	প্রোডাক্ট সম্পর্কিত

ব্যবহারিক: বিকিরণের বিপরীত বর্গ সূত্র

ব্যবহারিক বিবৃতি

একটি ফটো-ইলেকট্রিক সেল ব্যবহার করে বিকিরণের বিপরীত বর্গ আইন যাচাই কর

ব্যবহারিক তাৎপর্য

একটি ফটোকন্ডাক্টিভ সেল দুটি টার্মিনাল সেমিকন্ডাক্টর ডিভাইস, টার্মিনালগুলির মধ্যে রোধ আলোর তীব্রতার সাথে পরিবর্তিত হয়। এটি স্বয়ংক্রিয় হেডলাইট ডিমার, নাইট লাইট কন্ট্রোল এবং স্ট্রিট লাইট কন্ট্রোলের মতো বহু সংখ্যক অ্যাপ্লিকেশনের জন্য ব্যবহৃত হয়। এই পরীক্ষাটি শিক্ষার্থীদের আলোর উৎস এবং ফটো-ইলেকট্রিক/ ফটোকন্ডাক্টিভ সেলের মধ্যে দূরত্ব সহ তীব্রতার বৈচিত্র্য খুঁজে পেতে সাহায্য করবে।

প্রাসঙ্গিক তত্ত্ব

ফটোকন্ডাক্টিভ সেল পূর্বে আলোচিত হয়েছে।

একটি উৎস থেকে 'P' বিন্দুতে পর্যবেক্ষকের কাছে 'O' বিন্দুতে আলোর উত্সের তীব্রতা (I) পর্যবেক্ষক এবং উত্সের মধ্যে দূরত্বের বর্গক্ষেত্রের ব্যস্তানুপাতিক। ফটোকন্ডাক্টিভ সেলের ক্ষেত্রে, কক্ষের উপর পড়া আলোর তীব্রতা ফটোকক্ষের মধ্য দিয়ে আলোক প্রবাহের মাত্রা নির্ধারণ করে। তাই ফোটোকারেন্টের মাত্রাও উৎস এবং ফটোসেলের মধ্যে দূরত্বের বর্গক্ষেত্রের ব্যস্তানুপাতিক।

$$I \alpha 1/d^2$$

ব্যবহারিক ফলাফল (PRO)

ব্যবহারিক ফলাফল এই কোর্সের পাঠ্যক্রম থেকে উদ্ভূত হয়:

PRO1: দূরত্বের সাথে আলোক বিকিরণের তীব্রতার মধ্যে সম্পর্ক

ব্যবহারিক সেটআপ (ড্রয়িং/স্কেচ/সার্কিট ডায়াগ্রাম/ওয়ার্ক সিচুয়েশন)

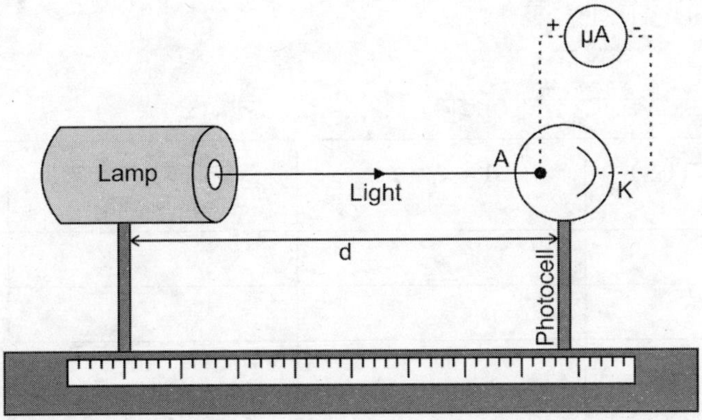

চিত্র **P6.2:** ফটো-ইলেকট্রিক সেল ব্যবহার করে বিকিরণের বিপরীত বর্গ আইন যাচাই

প্রয়োজনীয় সম্পদ

ক্রম সংখ্যা	অত্যাবশ্যক স্পেসিফিকেশন সহ প্রস্তাবিত সংস্থানগুলির জন্য প্রয়োজনীয় মেশিন/সরঞ্জাম/যন্ত্র	পরিমাণ	প্রকৃত সম্পদ ব্যবহৃত মেশিন/সরঞ্জাম/যন্ত্র বিস্তৃত বৈশিষ্ট্য সহ (ছাত্র দ্বারা পূরণ করা হবে)		মন্তব্য (যদি থাকে)
			তৈরি করা হয়েছে	বিস্তারিত	
1	DC পাওয়ার সাপ্লাই (0-10V)	01			
2	ফটোসেল	01			
3	অ্যামিটার 0-100 μA	01			
4	সংযোগকারী তার, মিটার স্কেল				

সতর্কতা

1. সংযোগ টাইট হতে হবে।
2. যন্ত্রটি সাবধানে পরিচালনা কর।
3. ফটোসেলে বিপথগামী আলো এড়ানো উচিত।
4. ফটোসেল এবং বাতি লাইন এবং উল্লম্ব হওয়া উচিত।

প্রস্তাবিত পদ্ধতি

1. P4.2 চিত্রে দেখানো হিসাবে সার্কিটটি সংযুক্ত কর।
2. d =12 cm দূরত্বে বাতি এবং ফটো সেল রাখ।
3. বাতি চালু কর।
4. অ্যামিটারে কারেন্ট নোট কর।
5. বাতি/কোষকে ফিক্স পয়েন্টে রাখ, বাতি এবং কক্ষের মধ্যে দূরত্ব কমাও এবং কারেন্টের পরিবর্তন নোট কর।
6. ধাপ 5টি পাঁচবার পুনরাবৃত্তি কর।

7. প্রবাহ (I) বনাম $1/d^2$ এর একটি গ্রাফ প্লট কর।

পর্যবেক্ষণ এবং গণনা

অ্যামিটারের LC = ... ফটোসেলের অবস্থান = ... সেমি (x_1)

ক্রম সংখ্যা	বাতির অবস্থান (x_2)	$d = x_1 - x_2$	বর্তনীতে I (মাইক্রো অ্যাম্পিয়ার)	$1/d^2$
1				
2				
3				
4				
5				

Plot Graph between I v/s $1/d^2$

ফলাফল এবং/অথবা ব্যাখ্যা

(ছাত্র দ্বারা পূরণ করা হবে)

1. ....

2. ....

উপসংহার এবং/অথবা বৈধতা

(ছাত্র দ্বারা পূরণ করা হবে)

1. ....

2. ....

ব্যবহারিক সম্পর্কিত প্রশ্ন

(উত্তরের জন্য পৃথক শীট ব্যবহার কর)

দ্রষ্টব্য: রেফারেন্সের জন্য নীচে কয়েকটি নমুনা প্রশ্ন দেওয়া হয়েছে। পূর্ব-নির্ধারিত কোর্সের ফলাফলের অর্জন নিশ্চিত করার জন্য শিক্ষকদের এই ধরনের আরও প্রশ্ন ডিজাইন করতে হবে।

1. বর্তমান পরীক্ষায় নিরেট কোণের ধারণাটি ব্যাখ্যা কর।

2. বর্তমান পরীক্ষায় ত্রুটির উৎস উল্লেখ কর ।

3. এই ল্যাবের অভিজ্ঞতায় ব্যবহৃত ফটোসেলের বৈশিষ্ট্যগুলি বর্ণনা কর।

4. যখন ফটোসেলে আলো ছিল না তখন সার্কিটে কারেন্ট কত ছিল?

প্রস্তাবিত শেখার সংস্থান

- *https://vlab.amrita.edu/index.php?sub=1&brch=195&sim=840&cnt=1*

প্রস্তাবিত মূল্যায়ন স্কিম

(শিক্ষক দ্বারা পূরণ করা হবে)

প্রদত্ত কর্মক্ষমতা সূচকগুলি প্রক্রিয়া এবং প্রোডাক্ট সম্পর্কিত মূল্যায়নের জন্য এটি নির্দেশিকা হিসাবে কাজ করা উচিত

কর্মসম্পাদক		গুরুত্ব	মার্কস প্রদান করা হয়েছে
প্রক্রিয়া সম্পর্কিত: ... মার্কস* (.......%)			
1	বৈদ্যুতিক সংযোগ তৈরি করা		
2	পরীক্ষার সেট আপ		
3	প্লটিং গ্রাফ		
4	যন্ত্র হ্যান্ডলিং		
প্রোডাক্ট সম্পর্কিত: ...... মার্কস* (.......%)			
5	ফলাফল এবং উপসংহার		
6	সময়মত রিপোর্ট জমা দেওয়া		
7	ব্যবহারিক সম্পর্কিত প্রশ্নের উত্তর		
	মোট	100%	

প্রোডাক্ট এবং প্রক্রিয়া মূল্যায়নের জন্য মার্কস এবং শতাংশের গুরুত্ব শিক্ষক দ্বারা নির্ধারিত হবে।

ছাত্রের নাম: .... মার্কস প্রদান করা হয়েছে			তারিখ সহ শিক্ষক এর স্বাক্ষর
প্রক্রিয়া সম্পর্কিত:	প্রোডাক্ট সম্পর্কিত	প্রক্রিয়া সম্পর্কিত:	প্রোডাক্ট সম্পর্কিত

আরো জ্ঞাতব্য

এই ইউনিটের সাথে প্রাসঙ্গিক নিম্নলিখিত বিষয়গুলি শিক্ষার্থীদের বিদ্যমান জ্ঞানকে শক্তিশালী করার জন্য পরামর্শ দেওয়া হয়েছে যা ফলিত পদার্থবিদ্যা কোর্সে আগ্রহ যোগ করে।

- প্রত্যক্ষ এবং পরোক্ষ ব্যান্ডগ্যাপ সেমিকন্ডাক্টর
- যৌগিক অর্ধপরিবাহী
- ফিল্টার সার্কিট
- ক্ল্যাম্পার এবং ক্লিপার সার্কিট

আইসিটি ব্যবহার

সেমিকন্ডাক্টরগুলিতে সিমুলেশনের জন্য শিক্ষার্থী নিম্নলিখিত URLটি দেখতে পারে

- http://www.olabs.edu.in/?sub=1&brch=6&sim=233&cnt=4

উদ্ভাবনী ব্যবহারিক/প্রকল্প/ক্রিয়াকলাপ ডিজাইন

- ডায়োড ব্যবহার করে কম ফ্রিকোয়েন্সি এবং কম ভোল্টেজের উত্স সহ একটি হাফ ওয়েভ রেকটিফায়ার ডিজাইন কর এবং গ্যালভানোমিটার বা LEDতে ডিসপ্লে আউট কর।

- ডায়োড ব্যবহার করে লজিক গেট ডিজাইন কর।
- একটি সোলার সেলের ওপেন সার্কিট ভোল্টেজ এবং শর্ট সার্কিট কারেন্ট খোঁজ।
- অনুসন্ধিৎসুতা এবং কৌতূহল বিষয়
- ডায়োড কি সবসময় ফরোয়ার্ড বায়াস পরিচালনা করে?
- শুধুমাত্র অন্তর্নিহিত সেমিকন্ডাক্টরগুলিতে III এবং V গ্রুপ উপাদানগুলি যোগ করার কারণ।
- পিএন জংশন ডায়োডের প্রয়োগ যখন বিপরীত বায়াস ব্যবহার করা হয়।
- শিল্পে p-n জংশন তৈরির পদ্ধতি।
- বিপরীত স্যাচুরেশন কারেন্ট কি তাপমাত্রার সাথে পরিবর্তিত হয়?

তথ্যসূত্র এবং প্রস্তাবিত রিডিং

- H C Verma, "Concepts of physics" 2nd ed., vol. 1, Bharti Bhawan, 1992.
- Richard Feynman *et al* "The Feynman lectures on Physics", 6th ed. vol1, Addison-Wesley, 1963.
- R K Gaur and S L Gupta "Engineering Physics", 8th ed., Dhanpat Rai, 2011.
- Resnick Halliday and Krane, "Physics" 5th ed. vol1, Wiley, 2014.
- Robert L Boylestad and L Nashelsky," Electronic Devices and circuit Theory", 10 edition, Prentice Hall, 2009.

7 আধুনিক পদার্থবিদ্যা

ইউনিট বিশেষ

এই ইউনিটটি নিম্নলিখিত প্রধান দিকগুলিতে কেন্দ্রীভূত:

- লেজার
- লেজার এবং সাধারণ আলোর মধ্যে পার্থক্য
- পদার্থের সাথে বিকিরণের মিথস্ক্রিয়া
- লেজার তৈরির জন্য প্রয়োজনীয় শর্ত
- লেজারের উপাদান
- রুবি, He-Ne এবং ডায়োড লেজার
- অপটিক্যাল ফাইবার এবং এর প্রকার
- ন্যানো কণা এবং ন্যানোম্যাটেরিয়াল
- ন্যানো প্রযুক্তি ভূমিকা
- লেজারের প্রয়োগ, অপটিক্যাল ফাইবার এবং ন্যানো প্রযুক্তি।

প্রতিদিনের লেজার, অপটিক্যাল ফাইবার এবং ন্যানো প্রযুক্তির প্রয়োগ নিয়ে আগ্রহ তৈরির জন্য আলোচনা করা এবং বিষয়গুলি বোঝার জন্য কার্যকলাপের পরামর্শ দেওয়া হয়েছে। অ্যাপ্লিকেশন ভিত্তিক সমাধান করা সমস্যা, বহু-পছন্দের প্রশ্ন এবং ব্লুমের শ্রেণীবিন্যাসের নিম্ন এবং উচ্চতর ক্রম জ্ঞানীয় স্তরের প্রশ্নগুলি ইউনিটে দেওয়া হয়েছে যাতে কেউ অনুশীলনের জন্য সেগুলির মধ্য দিয়ে যেতে পারে, যা শেখার শক্তি বৃদ্ধিতে সহায়তা করবে। ভিডিও লিঙ্কের QR কোড বিভিন্ন বিষয়ের জন্য প্রদান করা হয়েছে যা প্রাসঙ্গিক সহায়ক জ্ঞানের জন্য স্ক্যান করা যেতে পারে।

ধারণা এবং নীতিগুলির অনুকরণের জন্য QR কোডগুলিও ইউনিটে সরবরাহ করা হয়েছে, যাতে শিক্ষার্থীরা উপলব্ধ সিমুলেশন মডেল অনুকরণ করার জন্য হাতে-কলমে অনুশীলন করতে পারে। বিষয় গভীরভাবে বোঝার জন্য শিক্ষার্থীরা সিমুলেশন মডেলের বিভিন্ন পরামিতি পরিবর্তিত করতে পারে। মাইক্রো প্রজেক্ট অ্যাক্টিভিটি সুপারিশ করা হয়েছে যা কোর্সের ফলাফল অর্জনে সাহায্য করবে। "আরো জ্ঞাতব্য" বিভাগটি সুবিবেচনামূলকভাবে ডিজাইন করা হয়েছে যাতে এই অংশে দেওয়া সম্পূরক তথ্য বইটির ব্যবহারকারীদের জন্য উপকারী হয়। বিভিন্ন দিক, অনুসন্ধিৎসুতা এবং কৌতূহল বিষয়ক শিল্প অ্যাপ্লিকেশন এবং বাস্তব জীবনের অ্যাপ্লিকেশনগুলিও ভবিষ্যতে শিক্ষার জন্য শিক্ষার্থীকে অনুপ্রাণিত করার জন্য ইউনিটে অন্তর্ভুক্ত করা হয়েছে।

যৌক্তিকতা

লেজার, অপটিক্যাল ফাইবার এবং ন্যানো প্রযুক্তি হল গত শতাব্দীতে পদার্থবিদ্যার সাম্প্রতিক অগ্রগতি। লেজার, অপটিক্যাল ফাইবার এবং ন্যানো প্রযুক্তির প্রয়োগ প্রকৌশলের প্রতিটি শাখায় পাওয়া যায়। যেকোনো শাখার ডিপ্লোমা ইঞ্জিনিয়ার হিসেবে লেজার, অপটিক্যাল ফাইবার এবং ন্যানোটেকনোলজির প্রাসঙ্গিক প্রয়োগ সম্পর্কে জ্ঞান থাকা প্রয়োজন। এই ইউনিটটি শিক্ষার্থীদের লেজার, ফাইবার অপটিক্স এবং ন্যানো প্রযুক্তির মৌলিক ধারণাগুলি বুঝতে সাহায্য করবে।

পূর্ব-প্রয়োজনীয়তা

- গণিত- বীজগণিত, ত্রিকোণমিতি
- পদার্থবিদ্যা - এনার্জি ব্যান্ড গ্যাপ, এনার্জি লেভেল, অ্যাটমিক এনার্জি লেভেল, রে অপটিক্স, টোটাল ইন্টারনাল রিফ্লেকশন, পি-এন জংশন
- অন্যান্য - কম্পিউটারের মৌলিক প্রযুক্তি এবং মোবাইল প্রয়োগ

ইউনিট আউটকাম

এই ইউনিটের ফলাফলের তালিকা নিম্নরূপ:

U7-O1: আলোক বিকিরণের স্বতঃস্ফূর্ত এবং উদ্দীপিত নির্গমনের মধ্যে পার্থক্য

U7-O2: রুবি, He-Ne এবং ডায়োড লেজারের নির্মাণ ও কাজ ব্যাখ্যা

U7-O3: প্রদত্ত ফাইবারের সংখ্যাসূচক অ্যাপারচার

U7-O4: বিভিন্ন ধরনের অপটিক্যাল ফাইবারে আলোর বিস্তার ব্যাখ্যা

U7-O5: ন্যানো টেকনোলজি ব্যাখ্যা এবং ন্যানোস্কেলে পদার্থের বৈশিষ্ট্যের পরিবর্তন দেখা

U7-O6: লেজার, ফাইবার অপটিক্স এবং ন্যানোটেকনোলজির ইঞ্জিনিয়ারিং অ্যাপ্লিকেশনগুলিকে বোঝা।

ইউনিট-7 আউটকাম	কোর্সের ফলাফলের সাথে প্রত্যাশিত ম্যাপিং (1- দুর্বল পারস্পরিক সম্পর্ক; 2- মাঝারি পারস্পরিক সম্পর্ক; 3- শক্তিশালী সম্পর্ক)					
	CO-1	CO-2	CO-3	CO-4	CO-5	CO-6
U7-O1	1	-	1	1	-	3
U7-O2	1	-	1	1	-	3
U7-O3	-	1	-	-	-	3
U7-O4	-	1	-	-	-	3
U7-O5	1	-	-	-	1	3
U7-O6	1	1	1	1	1	3

7.1 লেজার

আকর্ষণীয় ঘটনা

- লেজারের ধারণাটি 20 শতকের প্রথম দিকে আইনস্টাইন দিয়েছিলেন কিন্তু প্রথম লেজারটি 1960 সালে ময়মন দ্বারা প্রদর্শিত হয়েছিল।

লেজার হল "বিকিরণের উদ্দীপিত নির্গমন দ্বারা আলোক পরিবর্ধন" এর সংক্ষিপ্ত রূপ এবং এটি অন্যান্য আলোর উত্স যেমন বৈদ্যুতিক বাল্ব, সিএফএল, টিউব লাইট এবং কিছু অনন্য বৈশিষ্ট্যযুক্ত বাতি যা এটিকে আলাদা এবং বিশেষ আলোর উত্স করে তোলে। এখন আমরা দৈনন্দিন জীবনের বেশিরভাগ জায়গায় লেজার আলোর উত্স খুঁজে পেয়েছি। আমাদের প্রিন্টিং ডিভাইস, বারকোড মেশিন, কাটিং টুল, গার্মেন্টস শিল্প, হাসপাতাল, গবেষণা ল্যাব ইত্যাদিতে লেজার রয়েছে। আমরা বিভিন্ন রঙের এবং বিভিন্ন পাওয়ার লেভেলের লেজার খুঁজে পাই।

বিজ্ঞান এবং প্রকৌশল অ্যাপ্লিকেশনের জন্য, উচ্চ একরঙা এবং উচ্চ তীব্রতা সহ আলোর উত্সের প্রয়োজন ছিল, লেজারের আলো এই জাতীয় সমস্ত প্রয়োজনীয়তা পূরণ করে। লেজারের আলো সাধারণ আলোর উৎস থেকে আলাদা। লেজার আলোর উৎসের কিছু বৈশিষ্ট্য হল:

উচ্চ একরঙাতা (লেজারে শুধুমাত্র একটি রঙের আলো বা একক তরঙ্গদৈর্ঘ্য থাকে)

সাদা আলো 4000 A^0 থেকে 7000 A^0 পর্যন্ত আলো নিয়ে গঠিত, তাই এটি একরঙা নয়, সোডিয়াম আলো দুটি তরঙ্গ দৈর্ঘ্য 5890 A^0 এবং 5896 A^0 ($\Delta \lambda = 6 A^0$) এর আলো নিয়ে গঠিত, এটিকে মনোক্রোম্যাটিক এবং লেজার হিসাবে বিবেচনা করা হয়। অত্যন্ত একরঙা যা $\Delta \lambda = 0.01A^0$ বা তার কম।

- উচ্চ সাময়িক সংগতি। (বিমের সাথে যুক্ত সমস্ত তরঙ্গ পর্যায়ক্রমে থাকে)
- দিকনির্দেশক (লেজার আলো শুধুমাত্র এক দিকে চলে)
- কম বিচ্যুতি (লেজার আলোর বিচ্যুতি বা রশ্মির বিস্তার খুবই কম)
- উচ্চ শক্তি (লেজার আলোর তীব্রতা বেশি হওয়ায় উচ্চ শক্তি রয়েছে)

ইউনিট 2 এ আমরা আলোর সাথে সম্পর্কিত ঘটনা ব্যাখ্যা করার জন্য আলোর রশ্মি মডেল ব্যবহার করেছি। বর্তমান বিষয়ে আমরা আলোর কণা প্রকৃতি বা আলোক বিকিরণের ফোটন ছবি ব্যবহার করি। আলোর দ্বৈত প্রকৃতি রয়েছে। আলোক বিকিরণ দ্বারা প্রদর্শিত কিছু ঘটনা শুধুমাত্র আলোক বিকিরণের তরঙ্গ প্রকৃতি যেমন হস্তক্ষেপ এবং বিচ্ছুরণ ব্যবহার করে ব্যাখ্যা করা যেতে পারে, যেখানে ফটো বৈদ্যুতিক প্রভাবের মতো বেশ কয়েকটি ঘটনা কণা প্রকৃতির দ্বারা ব্যাখ্যা করা যেতে পারে। আলোক বিকিরণের কণা ছবিতে শক্তির কোয়ান্টা দ্বারা গঠিত যা শক্তির সাথে ফোটন নামে পরিচিত ($E= h\nu$), যেখানে h (6.67×10^{-34} J) হল প্লাঙ্ক ধ্রুবক এবং ν হল আলোক বিকিরণের ফ্রিকোয়েন্সি।

7.1.1 শক্তি স্তর

ইউনিট 6-এ বলা হয়েছে যে কঠিন পদার্থে উপস্থিত ইলেকট্রনের জন্য শক্তি ব্যান্ড এবং একটি বিচ্ছিন্ন পরমাণুতে ইলেকট্রনের জন্য তীক্ষ্ণ শক্তির স্তর রয়েছে। একটি পরমাণুর ইলেকট্রন এই স্তরগুলির মধ্যে ফোটনের আকারে শক্তি শোষণ এবং মুক্তির মাধ্যমে বা যখন একটি শক্তিশালী ইলেকট্রন পরমাণুর সাথে সংঘর্ষ হয় তখন এই স্তরগুলির মধ্যে স্থানান্তরিত হয়। পরমাণুর বোর তত্ত্ব অনুসারে একটি পরমাণুতে ইলেকট্রনের জন্য উপলব্ধ শক্তির মাত্রা বিচ্ছিন্ন। উদাহরণস্বরূপ, হাইড্রোজেন পরমাণুর শক্তি স্তর চিত্র 7.1 এ দেওয়া হয়েছে।

বিভিন্ন উপাদানের পরমাণুর শক্তির মাত্রা চিত্র 7.1 থেকে বেশ ভিন্ন হবে কারণ প্রতিটি ধরনের পরমাণুর মধ্যে ইলেকট্রনের সংখ্যার পরিবর্তন রয়েছে। তীক্ষ্ণ শক্তি স্তরের পরিবর্তে কঠিন পদার্থে শক্তি ব্যান্ড পাওয়া যায়।

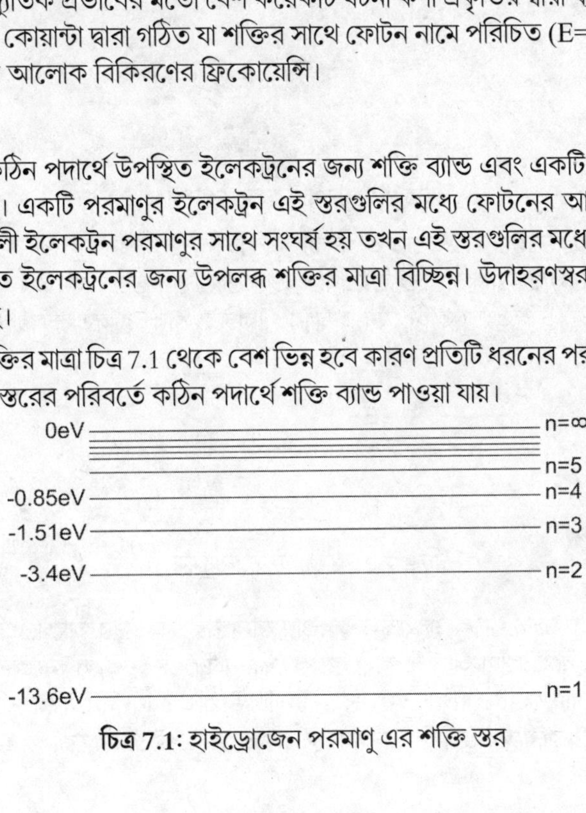

চিত্র 7.1: হাইড্রোজেন পরমাণু এর শক্তি স্তর

7.1.2 আয়নকরণ এবং উত্তেজনা বিভব

একটি ইলেক্ট্রনের জন্য পরমাণুতে পাওয়া সর্বনিম্ন শক্তির অবস্থাকে স্থল অবস্থা বলা হয়। স্থল স্তরের উপরে সমস্ত শক্তির অবস্থা উত্তেজিত শক্তি হিসাবে পরিচিত। একটি ইলেক্ট্রনকে স্থল অবস্থা থেকে উত্তেজিত অবস্থায় উত্তেজিত করার জন্য যে শক্তির প্রয়োজন হয় তাকে উত্তেজনা শক্তি বলে। যদি হাইড্রোজেন পরমাণুর একটি ইলেকট্রনকে স্থল থেকে প্রথম উত্তেজিত অবস্থায় উত্তেজিত করতে হয় তাহলে, - 3.4 - (-13.6eV) = 10.2 eV শক্তির প্রয়োজন হয়, তাই 10.2 eV হল প্রথম উত্তেজনা শক্তি যা প্রথম উত্তেজিত স্তরে (n = 1) উত্তেজিত হওয়ার জন্য প্রয়োজন। ইলেক্ট্রনকে n = ¥ এ উত্তেজিত করতে বা পরমাণু থেকে ইলেকট্রনকে ছিটকে দিতে যে শক্তির প্রয়োজন হয় তা আয়নকরণ শক্তি নামে পরিচিত, হাইড্রোজেন পরমাণুর ক্ষেত্রে আয়নকরণ শক্তি 13.6eV।

যদি একটি ইলেক্ট্রন 1 V বিভব পার্থক্য দ্বারা ত্বরিত হয় তবে এটি 1 eV শক্তি অর্জন করে। স্থল অবস্থা থেকে উত্তেজিত অবস্থায় ইলেক্ট্রনের উত্তেজনার জন্য প্রয়োজনীয় শক্তি ইলেকট্রনের সাথে সংঘর্ষের মাধ্যমে করা যেতে পারে। অতএব, ইলেকট্রনকে শক্তি দেওয়ার জন্য প্রয়োজনীয় বিভব যাতে এটি পরমাণুতে উপলব্ধ ইলেকট্রনকে উত্তেজিত করতে পারে তাকে উত্তেজনা বিভব বলে। পরমাণুর আয়নকরণ তৈরি করতে ইলেকট্রনকে শক্তি দেওয়ার জন্য যে বিভব প্রয়োজন তাকে আয়নকরণ বিভব বলে। হাইড্রোজেন পরমাণুর আয়নকরণের জন্য প্রয়োজনীয় আয়নকরণ বিভব 13.6 V এবং স্থল অবস্থা থেকে প্রথম উত্তেজিত অবস্থায় ইলেক্ট্রনকে উত্তেজিত করার জন্য প্রয়োজনীয় উত্তেজনা বিভব হল 10.2 V।

7.1.3 স্বতঃস্ফূর্ত এবং উদ্দীপিত নির্গমন

পূর্ববর্তী বিভাগে, এটি ব্যাখ্যা করা হয়েছে যে শক্তিশালী ইলেকট্রন ইলেকট্রনকে স্থল অবস্থা থেকে উত্তেজিত অবস্থায় উত্তেজিত করে। এই বিভাগে আমরা আলোক পদার্থের সাথে মিথস্ক্রিয়া করলে যে ঘটনা ঘটে তা দেখবো । উত্তেজিত অবস্থা এবং স্থল অবস্থার মধ্যে শক্তির পার্থক্যের সমান শক্তিযুক্ত ফোটনও ভূমি থেকে উত্তেজিত অবস্থায় ইলেক্ট্রনকে উত্তেজিত করতে পারে। এই ঘটনাটি অপটিক্যাল শোষণ হিসাবে পরিচিত।

$$E = h\nu = E_2 - E_1 \quad ...(7.1)$$

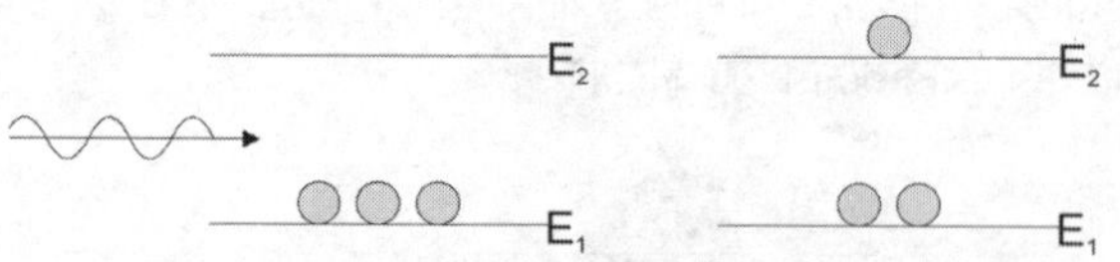

চিত্র 7.2: অপটিক্যাল শোষণ

উচ্চ শক্তির স্তরে উত্তেজিত ইলেক্ট্রনের, উত্তেজিত অবস্থায় একটি নির্দিষ্ট জীবনকাল থাকে এবং 10^{-7} সেকেন্ডের ক্রম হয়। উত্তেজিত অবস্থা থেকে পরমাণুগুলি উত্তেজিত শক্তি স্তর থেকে স্থল স্তরে স্থানান্তরিত হয় এবং এই প্রক্রিয়ায়, এটি শক্তি E_2-E_1 এর ফোটন প্রকাশ করে, এই ঘটনাটি স্বতঃস্ফূর্ত নির্গমন হিসাবে পরিচিত। পরপর স্বতঃস্ফূর্ত নির্গমন থেকে নির্গত ফোটনের মধ্যে কোন পর্যায় সম্পর্ক নেই।

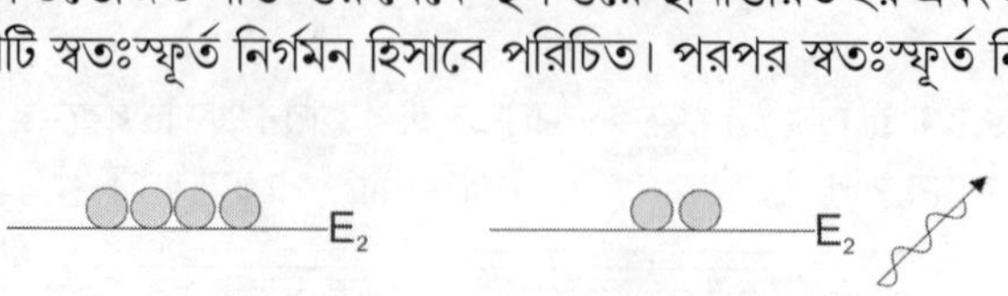

চিত্র 7.3: স্বতঃস্ফূর্ত নির্গমন

যদি একটি ইলেকট্রন উত্তেজিত অবস্থায় থাকে এবং স্থল অবস্থায় স্থানান্তরিত হওয়ার আগে, এটি শক্তি E_2 - E_1 এর ফোটনের সাথে মিথস্ক্রিয়া করে, বরং এটি স্থল অবস্থায় আসতে বাধ্য হয় বা ফোটন উত্তেজিত ইলেক্ট্রনকে স্থল অবস্থায় স্থানান্তরিত করে। এই প্রক্রিয়ায় সব ক্ষেত্রে অভিন্ন দুটি ফোটন নির্গত হয় এবং ঘটনাটি উদ্দীপিত নির্গমন নামে পরিচিত। উভয় ফোটনের একই শক্তি, একই দিক এবং একই পর্যায় রয়েছে। উদ্দীপিত নির্গমন সুসংগত ফোটন তৈরি করে।

দ্রষ্টব্য: উদ্দীপিত এবং স্বতঃস্ফূর্ত নির্গমনের ঘটনাগুলি ইলেক্ট্রন স্থানান্তর দ্বারা ব্যাখ্যা করা হয়েছে। এটি পরমাণুর উত্তেজনা দ্বারাও ব্যাখ্যা করা হয়।

উদ্দীপিত নির্গমনের ঘটনা একটি লেজার উত্পাদনের জন্য প্রশস্ত করা আবশ্যক।

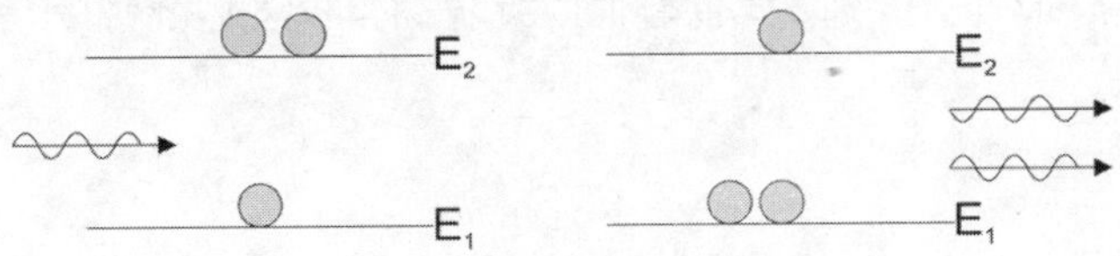

চিত্র 7.4: উদ্দীপিত নির্গমন

7.1.4 পপুলেশন ইনভার্সন

পূর্ববর্তী বিভাগগুলিতে ব্যাখ্যা করা হয়েছে যে লেজার অত্যন্ত একরঙা এবং লেজার তৈরির জন্য আরও বেশি উদ্দীপিত নির্গমন হওয়া উচিত। ইলেকট্রনগুলো বেশি সময় উত্তেজিত অবস্থায় থাকলে উদ্দীপিত নির্গমনের সম্ভাবনা বেশি। উত্তেজিত শক্তির স্তরগুলির একটি প্রস্থ রয়েছে যা নিচের চিত্রটিতে দেখানো হয়েছে।

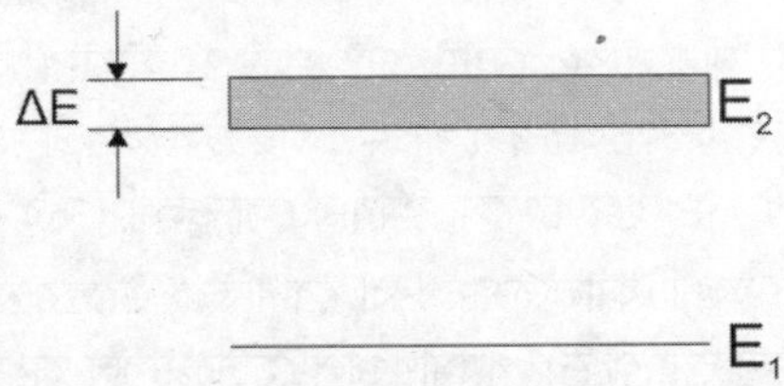

চিত্র 7.5: উত্তেজিত শক্তি স্তরের প্রস্থ

সমীকরণ (7.1) থেকে, $\boldsymbol{E_2 - E_1} = \eta \Delta \nu$

E_2 থেকে E_1 তে স্থানান্তরের কারণে যে আলোর বিকিরণ বেরিয়ে আসছে তার বর্ণালী প্রস্থ থাকবে অর্থাৎ এটি ফ্রিকোয়েন্সির পরিসীমা নিয়ে গঠিত। তাই এটি একরঙাকে প্রভাবিত করবে। দ্বিতীয়ত, শক্তি স্তরের প্রস্থের কারণে ইলেকট্রন উত্তেজিত অবস্থায় থাকার সময়ও কম। আরও উদ্দীপিত নির্গমনের জন্য আমাদের উত্তেজিত অবস্থায় প্রচুর সংখ্যক পরমাণুর প্রয়োজন। উত্তেজিত শক্তির স্তর যার জন্য প্রস্থ খুব কম তা মেটাস্টেবল অবস্থা হিসাবে পরিচিত। মেটাস্টেবল অবস্থায় পরমাণুর জীবনকাল 10-3 সেকেন্ড। অত:পর পরমাণু যখন উত্তেজিত হয় তখন তারা সেখানে আরও বেশি সময় থাকে এবং এর মধ্যে সঠিক প্রক্রিয়ার মাধ্যমে বিপুল সংখ্যক পরমাণু এই অবস্থায় উত্তেজিত হতে পারে। যেমন উত্তেজিত অবস্থায় পরমাণুর সংখ্যা স্থল অবস্থায় পরমাণুর সংখ্যার চেয়ে বেশি। এই অবস্থা পপুলেশন ইনভার্সন (স্বাভাবিক অবস্থার বিপরীত) নামে পরিচিত। যে কোনো উপাদানের শক্তির স্তরে মেটাস্টেবল অবস্থার উপস্থিতি সেই উপাদানটিকে লেজার তৈরির উপযোগী করে তোলে।

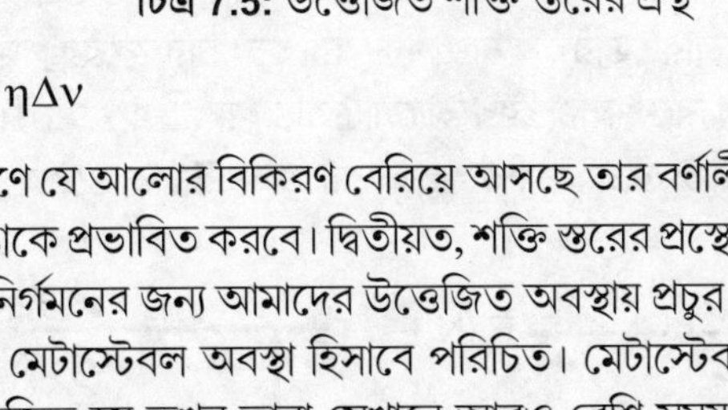

চিত্র 7.6: স্বাভাবিক এবং বিপরীত অবস্থার মধ্যে উত্তেজিত পরমাণুর সংখ্যা

ধর N_2 হল E_2 স্তরে পরমাণুর সংখ্যা এবং N_1 হল স্থল অবস্থায় পরমাণু, সাধারণভাবে $N_1 >> N_2$

কিন্তু পুপুলেশন ইনভার্শন-এ $N_2 >> N_1$, এবং এই কারণে প্রচুর পরিমাণে পরমাণু একই সাথে স্থল অবস্থা থেকে উত্তেজিত হতে পারে এবং একটি সুসংগত তীব্র আলোক রশ্মি তৈরি হতে পারে।

7.1.5 পাম্পিং পদ্ধতি

পাম্পিং পদ্ধতি পাম্পিং স্কিম নামেও পরিচিত। যেমনটি আমরা দেখেছি যে লেজার তৈরি করতে আমাদের উদ্দীপিত নির্গমন হওয়া উচিত এবং উদ্দীপিত নির্গমনের জন্য আমাদের পপুলেশন ইনভার্শন হওয়া উচিত এবং যে পদ্ধতির সাহায্যে আমরা পপুলেশন ইনভার্শন তৈরি করি তা পাম্পিং পদ্ধতি হিসাবে পরিচিত। লেজারে দুই ধরনের পাম্পিং পদ্ধতি বা পাম্পিং মেকানিজম ব্যবহার করা হয়।

a. তিন স্তর

b. চার স্তর।

তিন স্তরের পাম্পিং প্রক্রিয়ায় পরমাণুগুলি অপটিক্যাল শোষণ বা বৈদ্যুতিক উত্তেজনার মাধ্যমে মেটাস্টেবল অবস্থার উপরে উচ্চ শক্তি স্তরে উত্তেজিত হয়। আলোক বিকিরণ বাহ্যিক উৎস প্রদান করে অপটিক্যাল শোষণ করা হয়। বাহ্যিক উত্স থেকে ফোটনগুলি স্থল স্তরের পরমাণুগুলিকে প্রস্থান স্তরে উত্তেজিত করে। যেখানে বৈদ্যুতিক উত্তেজনায়, শক্তিশালী ইলেকট্রনগুলি স্থল অবস্থার পরমাণুর সাথে সংঘর্ষ করে এবং তাদের উত্তেজিত স্তরে উত্তেজিত করে।

উচ্চ শক্তির স্তর থেকে পরমাণুগুলি মেটাস্টেবল অবস্থায় স্থানান্তরিত হয়, যেখানে বিপরীতমুখীতা তৈরি হয়। মেটাস্টেবল অবস্থা থেকে বিপুল সংখ্যক পরমাণু স্থল স্তরে স্থানান্তরিত হয় এবং এই রূপান্তরটি লেজার তৈরির জন্য প্রশস্ত করা হয়। তিন স্তরের পদ্ধতিতে লেজারের আলো মেটাস্টেবল স্টেট এবং গ্রাউন্ড স্টেটের মধ্যে পরিবর্তনের কারণে হয় (চিত্র 7.7 a)। যেহেতু সমস্ত পরমাণু স্বাভাবিক অবস্থায় স্থল অবস্থায় থাকে, তাই স্থল অবস্থা খালি করা খুব কঠিন। একবার পপুলেশন ইনভার্সন তৈরি হয়ে গেলে এবং তীব্র রশ্মি বের হয়ে গেলে, আবার লেভেল সিস্টেমে ইনভার্সন তৈরি করতে সময় লাগে।

চার স্তরের পাম্পিং প্রক্রিয়ায় পরমাণুগুলি অপটিক্যাল শোষণ বা বৈদ্যুতিক উত্তেজনার মাধ্যমে মেটাস্টেবল অবস্থার উপরে উচ্চ শক্তি স্তরে উত্তেজিত হয়। উচ্চ শক্তির স্তর থেকে পরমাণুগুলি মেটাস্টেবল অবস্থায় স্থানান্তরিত হয়, যেখানে জনসংখ্যার বিপরীতমুখীতা তৈরি হয়। মেটাস্টেবল অবস্থা থেকে প্রচুর সংখ্যক পরমাণু স্থল স্তরের উপরে একটি অস্থির উত্তেজিত স্তরে স্থানান্তরিত হয় এবং এই রূপান্তরটি লেজার তৈরির জন্য প্রশস্ত করা হয়। চার স্তরের পদ্ধতিতে মেটাস্টেবল অবস্থা এবং অস্থির উত্তেজিত অবস্থার মধ্যে পরিবর্তনের কারণে লেজারের আলো তৈরি হয় (চিত্র 7.7 b)। উপরে উত্তেজিত অবস্থা হিসাবে, স্থল স্তরটি অস্থির তাই খালি থাকে এবং তিনটি স্তরের পাম্পিং পদ্ধতির তুলনায় চার স্তরের পদ্ধতিতে সহজেই পপুলেশন ইনভার্শন তৈরি করা যায়।

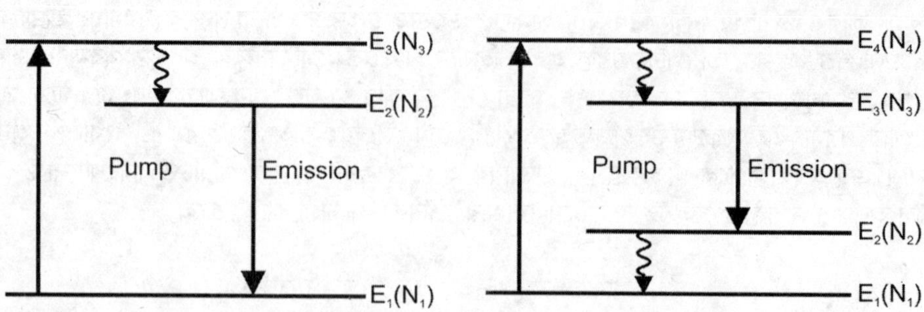

চিত্র 7.7: তিন এবং চার স্তরের পাম্পিং স্কিম

7.2 অপটিক্যাল ফাইবার

এখন অবধি, পূর্ববর্তী বিভাগগুলি থেকে এটি প্রতিষ্ঠিত হয়েছে যে লেজার তৈরি করতে, আমাদের আরও উদ্দীপিত নির্গমন এবং পপুলেশন ইনভার্শন -এর জন্য উপাদানগুলিতে মেটাস্টেবল অবস্থা থাকতে হবে। শুধু বাকি আছে পরিবর্ধন। কাঙ্ক্ষিত তরঙ্গ দৈর্ঘ্যের আলোক বিকিরণকে প্রশস্ত করতে হবে, যা পরমাণুগুলিকে মেটাস্টেবল অবস্থা থেকে (পপুলেশন ইনভার্শন -এর কারণে) স্থল অবস্থায় (তিন স্তরে) বা নিম্ন উত্তেজিত অবস্থায় (চার স্তরে) নিয়ে আসে। লেজারে, আলোক বিকিরণকে প্রশস্ত করার জন্য ব্যবহৃত প্রক্রিয়াটি অপটিক্যাল ফিডব্যাক হিসাবে পরিচিত। যে পদার্থের মেটাস্টেবল অবস্থা আছে বা যে

পদার্থের পরমাণুর পরিবর্তন লেজার তৈরি করে তাকে সক্রিয় মাধ্যম বলে। সক্রিয় মাধ্যমটিকে একটি অপটিক্যাল গহ্বরে রাখা হয় যা অপটিক্যাল রেজোনেটর নামে পরিচিত। অপটিক্যাল রেজোনেটর হল একটি নলাকার আকৃতির কাচের ঘর যার উভয় প্রান্তে সমতল আয়না থাকে। একটি আয়না 100% প্রতিফলিত এবং অন্যটি 50% প্রতিফলিত। অপটিক্যাল পদ্ধতির ক্ষেত্রে পাম্পিং উত্সটি অপটিক্যাল রেজোনেটরের বাইরে রাখা হয়।

পদার্থ থেকে নির্গত ফোটন প্রতিটি দিকে নির্গত হয়। সমতল দর্পণে লম্ব দিকনির্দেশ সহ ফটোগুলি দীর্ঘ সময়ের জন্য অপটিক্যাল গহ্বরে থাকে, যেহেতু তারা প্রতিবার একই দিকে প্রতিফলিত হয়। অপটিক্যাল গহ্বরের দৈর্ঘ্য কয়েক সেন্টিমিটার। আলোর গতি 3×10^{10} cm/s। তাই এই ফোটনগুলির এক সেকেন্ডে দুটি আয়নার মধ্যে হাজার হাজার রাউন্ডট্রিপ থাকবে। প্রতিটি রাউন্ড ট্রিপে ভ্রমণের সময় এই ধরনের ফোটন উদ্দীপিত মাধ্যমে অতিরিক্ত ফোটন তৈরি করবে।

নিঃসরণ. আলোক গহ্বরে ফোটনের ভ্রমণের সময় পরিবর্ধনের প্রক্রিয়াটি অর্জিত হয়, যেমন চিত্র.7.8-এ দেখানো হয়েছে। আলো ফোটনের প্রতিটি ভ্রমণের সাথে রশ্মির তীব্রতা বৃদ্ধি পায়, যতক্ষণ না এটি একটি ভারসাম্য স্তরে পৌঁছায়। 100% প্রতিফলনশীল আয়না প্রায় পুরো ঘটনা আলোকে প্রতিফলিত করে, যখন 50% প্রতিফলনশীলতার আয়না (আউটপুট মিরর) কিছু আলো প্রতিফলিত করে এবং লেজার রশ্মি হিসাবে একটি অংশ প্রেরণ করে।

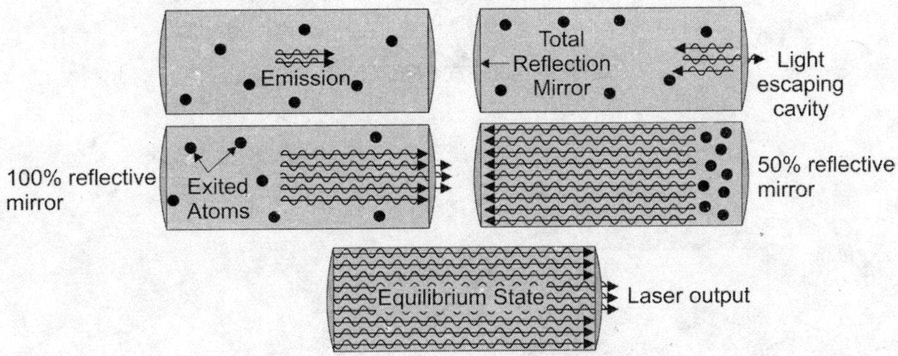

চিত্র 7.8: অপটিক্যাল রেজোনেটর

7.2.1 লেজারের প্রকারভেদ

লেজারের আলোর উত্স তৈরি করতে নিম্নলিখিতগুলি মূলত প্রয়োজন এবং এরা লেজারের উপাদান হিসাবে পরিচিত:

Lasers

a. **সক্রিয় মাধ্যম:** কঠিন এবং গ্যাস

b. **পাম্পিং পদ্ধতি:** তিন স্তর এবং চার স্তর

c. **অপটিক্যাল রেজোনেটর:** সক্রিয় মাধ্যম অনুযায়ী

লেজারে ব্যবহৃত উপাদানগুলির উপর ভিত্তি করে লেজারের প্রকারভেদ করা যেতে পারে। যেকোন লেজারের কাজটি ব্যবহৃত সক্রিয় মাধ্যম, পাম্পিং পদ্ধতি প্রয়োগ, শক্তি স্তরের চিত্র, অপটিক্যাল রেজোনেটরের নকশা এবং আউটকামিং বিকিরণের তরঙ্গদৈর্ঘ্যের উপর ভিত্তি করে ব্যাখ্যা করা যেতে পারে।

রুবি লেজার

গুণমান	বর্ণনা
সক্রিয় মাধ্যম	কঠিন: রুবি রড (AlO) 0.5% ক্রোমিয়াম পরমাণু সহ ডোপড, Cr^{3+}
পাম্পিং পদ্ধতি	উপাদান) সলিড স্টেট লেজার

পাম্পিং স্কিম ব্যবহার করা	জেনন ফ্ল্যাশ ল্যাম্প 80 ওয়াট
অপটিক্যাল রেজোনেটর	তিন স্তর
তরঙ্গদৈর্ঘ্য	6943 A^0

গঠন

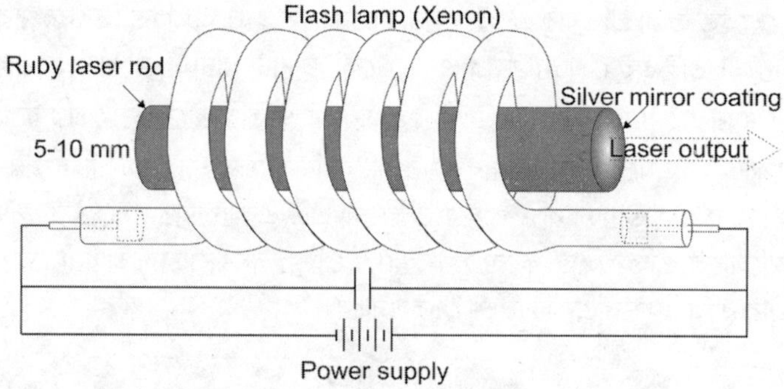

চিত্র 7.9: a রুবি লেজারের নির্মাণ

শক্তি স্তরের চিত্র

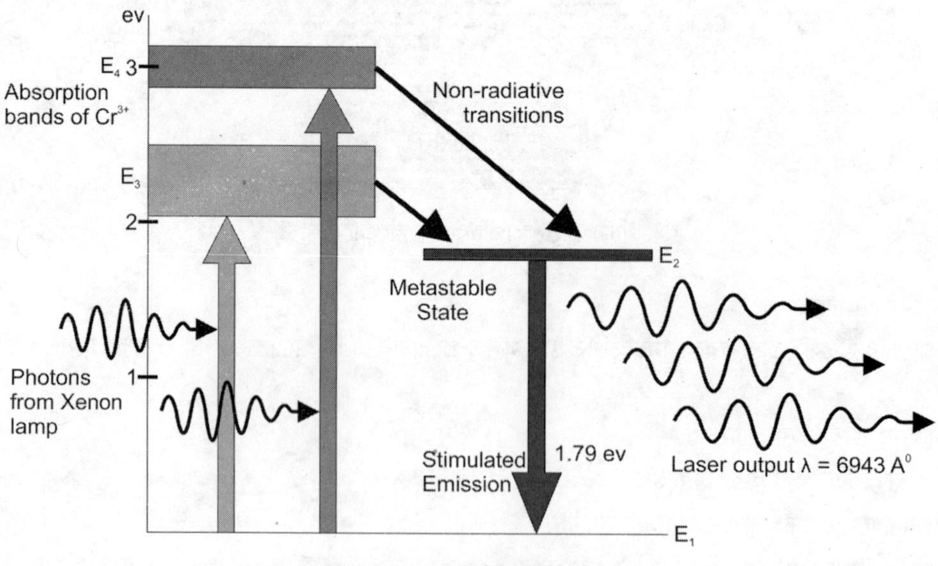

চিত্র 7.9: b শক্তি স্তরের চিত্র

জেনন বাতি আলোকসজ্জা তরঙ্গ দৈর্ঘ্য 5500 A^0 এবং 4000 A^0 ফোটন দেয় যা ভূমি থেকে E_3 এবং E_4 তে Cr পরমাণুকে উত্তেজিত করে। এই অবস্থা থেকে পরমাণু E_2 (মেটাস্টেবল) অবস্থায় স্থানান্তরিত হয়। E_2 এবং E_1-এ পপুলেশন ইনভার্শন প্রতিষ্ঠিত হয়েছে। E_2 থেকে স্বতঃস্ফূর্ত নির্গমন 6943 A^0 ফোটন দেয়। এই ফোটনটি রুবি রড জুড়ে ভ্রমণ করে, আয়না থেকে প্রতিফলিত হয় এবং ফোটনটি আয়নাতে লম্বভাবে ভ্রমণ করে। E_2 স্তরে বসে থাকা একটি পরমাণুকে উদ্দীপিত করে এবং 6943A^0 এর দুটি ফোটন দেয়। পরিবর্ধনের এই প্রক্রিয়াটি পুনরাবৃত্তি হয় এবং এর ফলে তরঙ্গদৈর্ঘ্য 6943 A^0 এর বিবর্ধিত বীম হয়। রুবি লেজারের কার্যকারিতা খুবই কম এবং আউটপুট হল পালস লেজার; ক্রমাগত লেজার নয়।

7.3 He- Ne লেজার

গুণমান	বর্ণনা
সক্রিয় মাধ্যম	গ্যাস: He: Ne (10:1) গ্যাস লেজার
পাম্পিং পদ্ধতি	বৈদ্যুতিক উচ্চ ফ্রিকোয়েন্সি সংকেত
পাম্পিং স্কিম ব্যবহার করা হয়	চার স্তর
অপটিক্যাল রেজোনেটর	কোয়ার্টজ টিউব
তরঙ্গদৈর্ঘ্য	$6328A^0$

কার্যনীতি

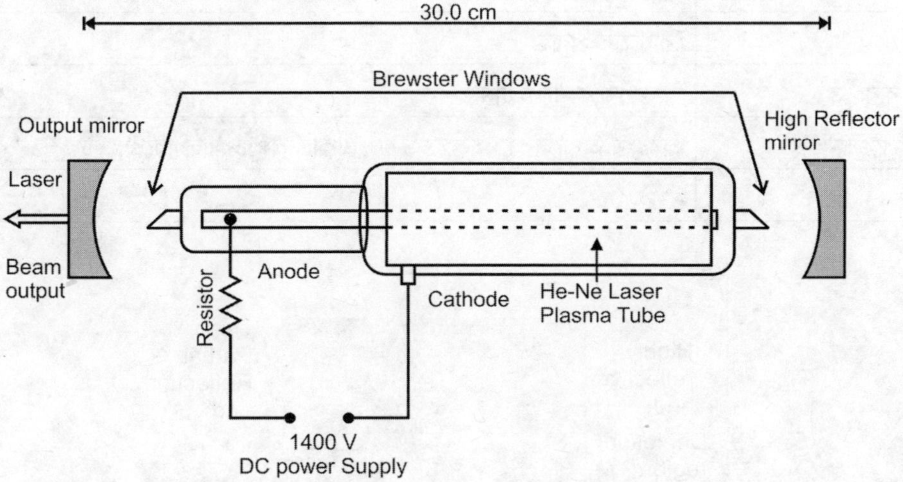

চিত্র 7.10: a He-Ne লেজারের নির্মাণ

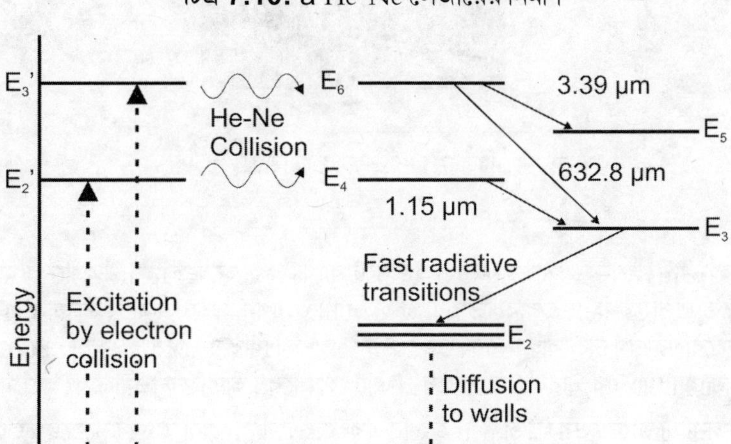

চিত্র 7.10: b শক্তি স্তরের চিত্র

ইলেকট্রনিক ডিসচার্জ পদ্ধতিতে, হিলিয়াম পরমাণুগুলি ইলেকট্রনের সাথে সংঘর্ষের মাধ্যমে E_2' এবং E_3' স্তরে (মেটাস্টেবল অবস্থা) উত্তেজিত হয়। He এর এই উত্তেজিত পরমাণুগুলি স্থিতিস্থাপকভাবে Ne স্থল পরমাণুর সাথে সংঘর্ষ করে এবং তারপর সরাসরি E_4 এবং E_6 স্তরে উত্তেজিত হয়। E_6 এবং E_4 স্তরের Ne পরমাণুগুলি ফোটনের নির্গমনের সাথে E_3 তে রূপান্তর করে এবং এই ফোটনগুলি গ্যাসের মিশ্রণে ভ্রমণ করে। টিউবের অক্ষের সমান্তরাল ভ্রমণকারী ফোটনগুলি টিউবের শেষে সংযুক্ত দর্পন দ্বারা প্রতিফলিত হয় এবং উত্তেজিত নিয়ন পরমাণুর সিমুলেটেড নির্গমন শুরু করে। এই প্রক্রিয়া চলতে থাকে এবং টিউবে সুসংগত বিকিরণ তৈরি হয়। রশ্মি যথেষ্ট তীব্র হয়ে গেলে এর একটি অংশ লেজারের আকারে বেরিয়ে আসে।

7.4 অর্ধপরিবাহী লেজার

গুণমান	বর্ণনা
সক্রিয় মাধ্যম	সলিড :p-n জংশন ডায়োড (অর্ধপরিবাহী উপাদান- GaAs)
পাম্পিং পদ্ধতি	বৈদ্যুতিক প্রবাহ
পাম্পিং স্কিম ব্যবহৃত	ব্যান্ড থেকে ব্যান্ড ট্রানজিশন
অপটিক্যাল রেজোনেটর	অবক্ষয় অঞ্চলের শেষ ক্লিভড হয়, একটি অপটিক্যাল রেজোনেটর গঠন করে
তরঙ্গদৈর্ঘ্য	$6328A^0$

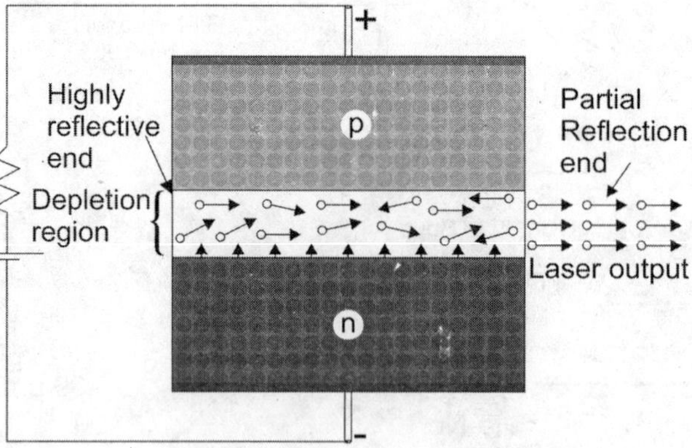

চিত্র 7.11: ডায়োড লেজার

কার্যনীতি

লেজার ডায়োড হল p-n জংশন ডায়োড যেমন 6 ইউনিটে ব্যাখ্যা করা হয়েছে।p-n জংশনের মধ্যে একটি যা বৈদ্যুতিক শক্তিকে আলোক শক্তিতে রূপান্তর করতে ব্যবহৃত হয় তা হল LED। যখন লাইট এমিটিং ডায়োড (LED) ফরোয়ার্ড বায়াসে থাকে তখন p-n জংশনে বেশিরভাগ চার্জ বাহক একত্রিত হয় এবং আলো বিকিরণ দেয়। আমরা LED থেকে যে আলো পাই তা সুসঙ্গত নয়। ডায়োড লেজার LED এর পরিবর্তিত সংস্করণ। এটি লেজারের অত্যন্ত সাশ্রয়ী এবং ক্ষুদ্র সংস্করণ।

ডায়োড লেজারটি অন্যান্য ডায়োডের মতো p-n জংশন এবং জংশনে অবক্ষয় অঞ্চল রয়েছে। জংশন অঞ্চলের প্রান্তগুলি যা অবক্ষয় অঞ্চলের প্রান্তগুলি এমনভাবে ছেঁড়া হয় যে তারা দর্পন হিসাবে কাজ করে এবং চিত্র 7.11-এ দেখানো হিসাবে মাইক্রো মিটার আকারের ছোট অপটিক্যাল গহ্বর তৈরি হয়। হ্রাস অঞ্চলের প্রতিসরাঙ্কও p এবং n অঞ্চলের তুলনায় ছোট। এটি জংশন অঞ্চলে ফোটনের অপটিক্যাল ট্র্যাপিংয়ে সহায়তা করে। লেজার ডায়োডের জন্য ব্যবহৃত উপাদানটিতে এলইডি

ব্যবহৃত উপাদানের তুলনায় উচ্চ ডোপিং রয়েছে। ডায়োড লেজারে ব্যবহৃত যথাক্রমে n এবং p সেমিকন্ডাক্টরে পরিবাহী ব্যান্ডে এবং ভ্যালেন্স ব্যান্ডে ছিদ্রে প্রচুর ইলেকট্রন রয়েছে। যখন লেজার ডায়োড ফরোয়ার্ড বায়াসড হয়, তখন ইলেকট্রন এবং ছিদ্র একত্রিত হয়ে ফোটন দেয়, যেগুলো জংশনের অপটিক্যাল গহ্বরে আটকা পড়ে এবং প্রতিফলিত হয়। এটি জংশনে পরিবাহী ব্যান্ড ইলেকট্রনগুলির উদ্দীপিত নির্গমন শুরু করে, যা অতিরিক্ত নির্দেশমূলক ফোটন দেয়। ডায়োড লেজার থেকে একটি পরিবর্ধিত লেজার রশ্মি বের না হওয়া পর্যন্ত প্রক্রিয়া চলতে থাকে। লেজার ডায়োডের তরঙ্গ দৈর্ঘ্য ডায়োডে ব্যবহৃত উপাদানের শক্তি ব্যান্ড গ্যাপ থেকে গণনা করা হয়। He- Ne লেজারের তুলনায় ডায়োড লেজারের একরঙাতা, সুসংগততা এবং শক্তি কম, তবে ছোট আকারের কারণে এর বহুমুখী ব্যবহার রয়েছে।

7.5 লেজারের বৈশিষ্ট্য

- **অত্যন্ত দিকনির্দেশক:** লেজারের উৎস শুধুমাত্র এক দিকে আলোক বিকিরণ নির্গত করে। এটি অত্যন্ত দিকনির্দেশক। সাধারণ উৎস সব দিকে আলো বিকিরণ নির্গত করে।
- লেজারের আলো অত্যন্ত একরঙা, লেজারের আলোর বিস্তার 0.01 A0 এর ক্রম অনুসারে, যেখানে সাধারণ হালকা সাদা আলোর উত্স 3000 A0 (চিত্র 7.12 a) এর ছড়িয়ে পড়েছে।
- **সুসঙ্গত:** লেজারের আলো অত্যন্ত সুসঙ্গত। লেজার রশ্মি রচনা করা সমস্ত তরঙ্গ একই পর্যায়ে রয়েছে (চিত্র 7.12 b)।
- **বিচ্যুতি:** প্রচলিত আলোর উত্সের তুলনায় লেজার রশ্মির বিচ্যুতি বা কৌণিক বিস্তার খুবই ছোট। লেজার রশ্মি প্রায় একই বিম আকারের সাথে বড় দূরত্ব ভ্রমণ করে।
- **উচ্চ তীব্রতা:** লেজার রশ্মিতে শক্তি খুব ছোট অঞ্চলে ঘনীভূত হয়। কীচেন লেজার বা পরীক্ষাগারে ব্যবহৃত লেজার, মিলিওয়াট ক্ষমতার, কিন্তু সরাসরি এক্সপোজারে আমাদের চোখের ক্ষতি করে। চিত্র 7.12

চিত্র 7.12: সাধারণ এবং লেজারের আলো

7.6 লেজারের প্রকৌশল এবং চিকিৎসা প্রয়োগ

- **বার কোড রিডার:** বারকোড প্রযুক্তি ব্যবহার করে ডেটা পড়ার জন্য, এটি প্রথমে একটি লেজার দিয়ে স্ক্যান করতে হবে এবং তারপর বিশ্লেষণ করতে হবে। স্ক্যানার, প্রায়ই লেজার হিসাবে পরিচিত, বারকোড পড়তে ব্যবহৃত হয়। তারা রৈখিক বারকোড প্রযুক্তি দ্বারা প্রতিফলিত আলো পরিমাপ করে এবং সাদা এবং কালো লাইনের মধ্যে পার্থক্য বলতে পারে।
- **সিডি/ডিভিডি প্লেয়ার:** সিডি/ডিভিডি প্লেয়ার, ক্ষুদ্র লেজার রশ্মি (একটি সেমিকন্ডাক্টর ডায়োড লেজার) এবং একটি ছোট ফটো সেল নিয়ে গঠিত। একটি সিডি/ডিভিডি প্লেয়ার ডিজিটাল বা বাইনারি ডেটা এনকোড করতে তার পৃষ্ঠের কাছে "বাম্পস" এবং "পিটস" আকারে একটি সিডি/ডিভিডিতে সঞ্চিত ডিজিটাল তথ্য পড়ে। একটি বাম্পের উপর পড়ে যাওয়া লেজারটি প্রতিফলিত হয় কিন্তু "পিট" এর উপর আঘাত করা আলো প্রতিফলিত হয় না, তাই ডিজিটাল সংকেতটি ফটোসেলে অনুরূপ প্রতিফলনের সাথে এনকোড করা হয়।
- **কম্পিউটার প্রিন্টার:** লেজার প্রিন্টারে, নেতিবাচক চার্জযুক্ত ড্রামে চিত্র বা পাঠ্যের প্যাটার্ন স্থানান্তর করতে লেজার রশ্মি ব্যবহার করা হয়। যে জায়গাগুলোতে লেজার পাস করা হয় না সেগুলো ইতিবাচকভাবে চার্জ করা হয় এবং নেতিবাচক চার্জযুক্ত টোনারকে আকর্ষণ করে কাগজে প্রতিরূপ তৈরি করতে।

- **লেজার শো:** লেজার শোতে উচ্চ ক্ষমতার বিভিন্ন রঙের লেজার রশ্মি ব্যবহার করা হয়।
- **হলগ্রাফি:** হলোগ্রাম হল বস্তুর একটি 3D চিত্র যা ব্যবহার করা লেজারের সুসংগত বৈশিষ্ট্য ব্যবহার করে। এখন ডিজিটাল হলগ্রাফি ব্যবহার করে দূরবর্তী স্থানে মানুষের থ্রিডি ছবি তৈরি করা যায়।
- **অবস্থান এবং গতি নিয়ন্ত্রণ:** লেজার আলো প্রতিফলন সুনির্দিষ্ট গতি নিয়ন্ত্রণের জন্য ব্যবহার করা হয়
- **ফাইবার অপটিক যোগাযোগ:** যেহেতু অপটিক্যাল ফাইবার ট্রান্সমিশনের জন্য হালকা সংকেত ব্যবহার করে, ডায়োড লেজারগুলি ডিজিটাল সিগন্যালকে অপটিক্যাল সিগন্যালে রূপান্তর করতে ব্যবহৃত হয়।
- **উপাদান প্রক্রিয়াকরণ:** লেজার রশ্মির আকার খুবই ছোট এবং উচ্চ শক্তি থাকায় লেজারের সাহায্যে সুনির্দিষ্ট ধাতু কাটা সম্ভব। লেজারগুলি ধাতব পৃষ্ঠের প্যাটার্ন তৈরি করতেও ব্যবহৃত হয়।
- **চিকিৎসা**

  a) ইনফ্রারেড লেজারগুলি ত্বকের খুব পাতলা স্তর (0.1 mm) অপসারণ করতে ব্যবহৃত হয়। তারা সাধারণভাবে রঙ্গক অনুপস্থিতিতে ত্বক এবং শরীরের টিস্যু অপসারণের ক্ষমতা প্রদানের জন্য ত্বকে জলের উপস্থিতির সুবিধা নেয়।

  b) লেজারের চুল অপসারণ প্রসাধনী পদ্ধতির মধ্যে সবচেয়ে সাধারণ প্রয়োগগুলির মধ্যে একটি। লেজার রশ্মি চুলের ফলিকলে পড়ে। ফলিকলে রঙ্গক আলো শোষণ করে। এই শোষণ চুলকে ধ্বংস করে।

  c) রেটিনা অপারেশনের জন্য, দৃশ্যমান লেজার ব্যবহার করা হয়। দৃশ্যমান আলো কর্নিয়াতে স্বচ্ছ এবং স্ফটিক লেন্স চোখের লেন্স দিয়ে রেটিনায় ফোকাস করা যেতে পারে। সবচেয়ে জনপ্রিয় দৃশ্যমান লেজার হল সবুজ আর্গন লেজার।

  d) লেজার ব্যবহার করে রক্ত কম সার্জারি করা যেতে পারে।

  e) লেজার ক্যান্সার ডায়াগনিসিসে দরকারী।

7.7 ফাইবার অপটিক্স

গত শতাব্দীতে, বিজ্ঞানী এবং প্রকৌশলীরা যোগাযোগ ব্যবস্থার ডিজাইন এবং উন্নতি করার চেষ্টা করেছেন, যাতে কোনও ঝামেলা বা গোলমাল ছাড়াই দীর্ঘ দূরত্বে বার্তা পাঠানো যায়। নির্দেশিত মাধ্যম বা আনগাইডেড মাধ্যমে ট্রান্সমিটার থেকে রিসিভারে বার্তা পাঠানো যেতে পারে। মোবাইল এবং ডিটিএইচ টিভি সিগন্যাল আমরা পাই

অনির্দেশিত মাধ্যমে। ল্যান্ডলাইন ফোনের সংকেত আমরা নির্দেশিত মাধ্যম থেকে পাই। তামার তার প্রধানত নির্দেশিত মাধ্যমে অডিও সংকেত স্থানান্তর করার জন্য ব্যবহৃত হত কিন্তু সংক্রমণের জন্য কুপার তার ব্যবহারে নিম্নলিখিত ত্রুটিগুলি রয়েছে:

• তামা হল ধাতব, এটি শব্দ ধরবে এবং রিসিভারের শেষে একই প্রাপ্ত হবে।

তামায় বৈদ্যুতিক সংকেতের বেগ প্রায় 5000 m/s.

• তামার তারের ক্যাপাসিট্যান্সও সংকেত প্রেরণকে প্রভাবিত করে।

লেজারের উদ্ভাবনের সাথে, একটি পাওয়ার আলোর উত্স পাওয়া যায় এবং যোগাযোগের উদ্দেশ্যে ব্যবহার করা যেতে পারে। অডিও সংকেতগুলিকে হালকা সংকেতে রূপান্তরিত করা যায় এবং দীর্ঘ দূরত্বে প্রেরণ করা যায়। বৈদ্যুতিক সংকেতের জন্য তামার তারের মতো আলোক সংকেতের জন্য গাইডিং মিডিয়ার প্রয়োজন রয়েছে। সিলিকা বা গ্লাস দিয়ে তৈরি অপটিক্যাল ফাইবার এই উদ্দেশ্যে কাজ করে। অপটিক্যাল ফাইবার যোগাযোগ ব্যবস্থায় বিপ্লব এনেছে এবং অন্যান্য প্রকৌশল অ্যাপ্লিকেশনের সংখ্যা রয়েছে। অপটিক্যাল ফাইবারে ব্যবহৃত বিজ্ঞান ও প্রযুক্তির সাথে সম্পর্কিত পদার্থবিজ্ঞানের শাখাটি ফাইবার অপটিক্স নামে পরিচিত। মানুষের চুলের পুরুত্ব প্রায় 100-200 মাইক্রোমিটার। অপটিক্যাল ফাইবারের পুরুত্ব সাধারণত মানুষের চুলের পুরুত্বের সমান।

7.8 অপটিক্যাল ফাইবারের পরিচিতি

অপটিক্যাল ফাইবার হল ফাইবার বা তারের ধরনের নলাকার কাঠামো যা কাচ বা সিলিকা দিয়ে তৈরি। এটি চশমার ফাইবার নামেও পরিচিত। কাচ যেহেতু স্বচ্ছ উপাদান এবং আলোর তরঙ্গ এটির মধ্য দিয়ে যেতে দেয় এবং অন্তরক হিসাবে কাজ করে, একইভাবে অপটিক্যাল ফাইবারগুলি আলোর সংকেতগুলিকে এর মধ্য দিয়ে যেতে দেয় এবং অন্তরক হিসাবে এটি শব্দ হিসাবে কোনও ইলেক্ট্রোম্যাগনেটিক তরঙ্গ ধরতে পারে না।

অপটিক্যাল ফাইবার-এর গঠন

- কঠিন নলাকার কাচের রডকে কোর বলা হয়, যার মাধ্যমে আলো বা অপটিক্যাল সংকেত আকারে আলো ছড়ায়। কোরের ব্যাস 5 মাইক্রোমিটার থেকে 100 মাইক্রোমিটার।
- ক্ল্যাডিং নামক নিম্ন প্রতিসরণ সূচকের কাচের তৈরি আরেকটি সমাক্ষীয় নলাকার কাঠামো দ্বারা বেষ্টিত। ক্ল্যাডিংয়ের ব্যাস সাধারণত 125 মাইক্রোমিটার হয়।
- প্রতিরক্ষামূলক আবরণ: এই কোর-ক্ল্যাডিং বিন্যাসে যান্ত্রিক শক্তি প্রদানের জন্য, বাফার আবরণ এবং জ্যাকেট বলা হয়। বাফার জ্যাকেটের ব্যাস প্রায় 250 মাইক্রোমিটার।.

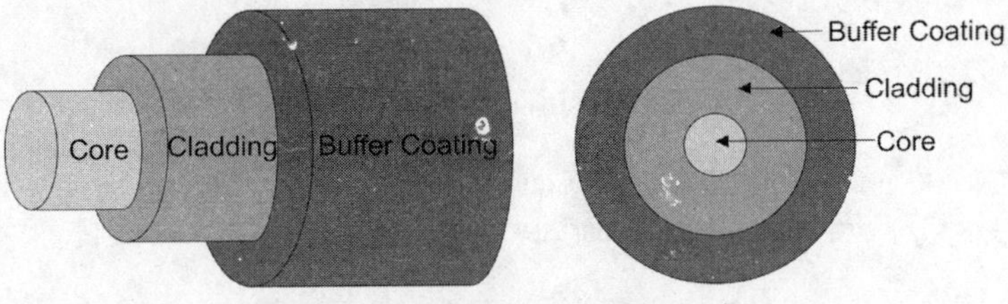

চিত্র 7.13: অপটিক্যাল ফাইবার নির্মাণ

7.9 আলোক সম্প্রচার, গ্রহণযোগ্যতা কোণ এবং সংখ্যাসূচক অ্যাপারচার

আলোক তরঙ্গ মোট অভ্যন্তরীণ প্রতিফলন (TIR) ঘটনার সাথে অপটিক্যাল ফাইবারে প্রচার করে। TIR এবং আলোর প্রচার ইউনিট 2 এ বিশদভাবে ব্যাখ্যা করা হয়েছে। চিত্র 7.14 অপটিক্যাল ফাইবারে আলোর প্রচারের উপস্থাপনা দেয়।

মিডিয়াম 1-কোর ইন্টারফেসে স্নেলের আইন প্রয়োগ করে পাই,

চিত্র থেকে, $n_0 \sin\alpha = n_1 \sin\theta$ ...(7.2)

$$\theta = \frac{\pi}{2} - \theta_C$$

θ -এর মান বসিয়ে পাই

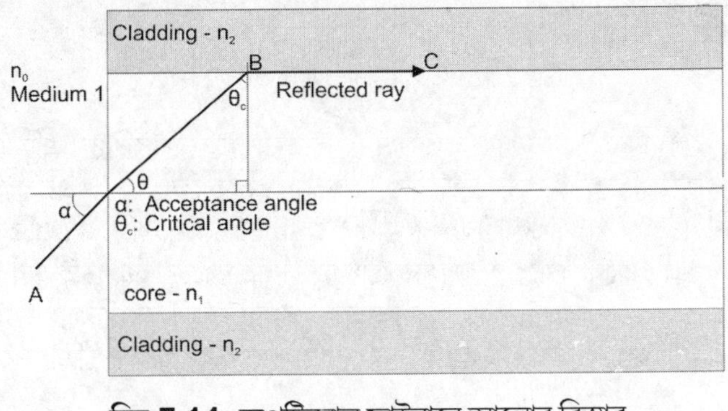

চিত্র 7.14: অপটিক্যাল ফাইবারে আলোর বিস্তার

$$\sin\alpha = \frac{n_1}{n}\cos\theta_C$$

$$\cos\theta_C = \sqrt{1-\sin^2\theta_C}$$

$$\sin\theta_C = \frac{n_2}{n_1}$$

$$\cos\theta_C = \sqrt{1-\frac{n_2^2}{n_1^2}}$$

$$\sin\alpha = \frac{\sqrt{n_1^2-n_2^2}}{n_0} \quad ...(7.2)$$

যেহেতু $n_0 = 1$ প্রাথমিক মাধ্যম 1 এর জন্য যেখান থেকে আলো চালু হয়েছে। কোণ α অপটিক্যাল ফাইবারের আলো গ্রহণ করার ক্ষমতা নির্দেশ করে।

বায়ুতে একটি অপটিক্যাল ফাইবারের জন্য, ধরি, কোর রিফ্র্যাক্টিভ ইনডেক্স n_1 ও ক্ল্যাডিং রিফ্র্যাক্টিভ ইনডেক্স n_2 এবং α গ্রহণযোগ্যতা কোণ। তখন

$$NA = \sin\alpha = \sqrt{n_1^2-n_2^2} \quad ...(7.4)$$

α এখানে সর্বাধিক গ্রহণযোগ্য কোণ; যদি আপতন কোণটি α-এর চেয়ে কম হয়, তবে শুধুমাত্র আলোক তরঙ্গ ফাইবারের মধ্য দিয়ে ভ্রমণ করবে। যদি কোণটি α-এর বেশি হয়, তবে আলোক তরঙ্গে TIR থাকবে না এবং তাই ফাইবারের মাধ্যমে প্রচার করা যাবে না।

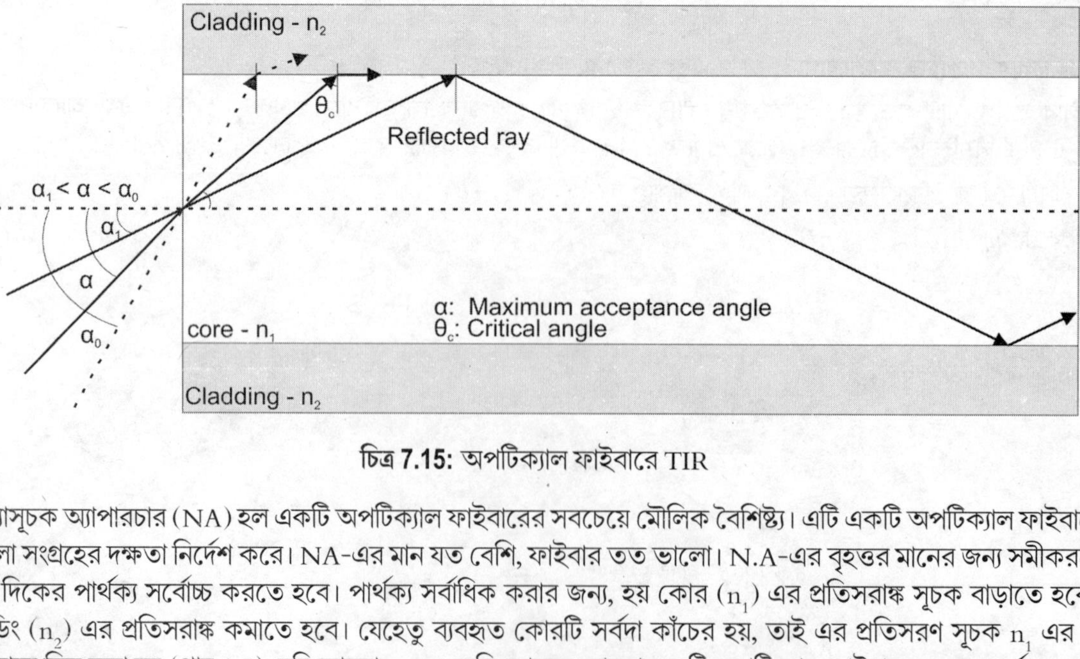

চিত্র 7.15: অপটিক্যাল ফাইবারে TIR

সংখ্যাসূচক অ্যাপারচার (NA) হল একটি অপটিক্যাল ফাইবারের সবচেয়ে মৌলিক বৈশিষ্ট্য। এটি একটি অপটিক্যাল ফাইবারের আলো সংগ্রহের দক্ষতা নির্দেশ করে। NA-এর মান যত বেশি, ফাইবার তত ভালো। N.A-এর বৃহত্তর মানের জন্য সমীকরণের ডান দিকের পার্থক্য সর্বোচ্চ করতে হবে। পার্থক্য সর্বাধিক করার জন্য, হয় কোর (n_1) এর প্রতিসরাঙ্ক সূচক বাড়াতে হবে বা ক্ল্যাডিং (n_2) এর প্রতিসরাঙ্ক কমাতে হবে। যেহেতু ব্যবহৃত কোরটি সর্বদা কাঁচের হয়, তাই এর প্রতিসরণ সূচক n_1 এর মান এইভাবে স্থির করা হয় (প্রায় 1.5); যদি আমরা $n_2 = 1$ করি, তাহলে আমরা একটি অপটিক্যাল ফাইবারের জন্য সর্বোচ্চ সম্ভাব্য N.A. পাব। কিন্তু তারপরে আমরা মূলত ক্ল্যাডিং অপসারণের কথা বলছি কারণ, যদি ক্ল্যাডিং থাকে তবে n_2 এর মান সর্বদা 1 এর চেয়ে বেশি হবে।

7.10 ফাইবারের প্রকার

অপটিক্যাল ফাইবার দুটি বিষয়ের উপর ভিত্তি করে বিস্তৃতভাবে শ্রেণীবদ্ধ করা যেতে পারে এবং সেগুলো হল

- প্রতিসরণকারী সূচক প্রোফাইল
- মোডের সংখ্যা

প্রতিসরণকারী সূচক প্রোফাইল: প্রতিসরণমূলক সূচক প্রোফাইলের উপর ভিত্তি করে ফাইবার দুটি বিভাগে বিভক্ত করা যেতে পারে:

A. স্টেপ ইনডেক্স ফাইবার।

যেমন, কোর এবং ক্ল্যাডিংয়ের প্রতিসরণ সূচক যথাক্রমে n_1 এবং n_2 এবং $n_1 > n_2$ এর সমান। কোরের প্রতিসরণ সূচকটি এর ব্যাস জুড়ে অভিন্ন। কোর ক্ল্যাডিং ইন্টারফেসে প্রতিসরাঙ্কের আকস্মিক পরিবর্তন হয় এবং ক্ল্যাডিং-এও ধ্রুবক প্রতিসরাঙ্ক n_2 থাকে।

যদি কোর ব্যাসার্ধ r_1 হয় এবং ক্ল্যাডিং ব্যাসার্ধ হয় r_2 এবং আমরা যদি প্রতিসরাঙ্ক সূচক বনাম কোর অক্ষ থেকে দূরত্ব প্লট করি তবে এই প্রতিসরণ সূচক প্রোফাইলটি ধাপের মতো দেখায় এবং এই ধরনের ফাইবারগুলি স্টেপ ইনডেক্স ফাইবার হিসাবে পরিচিত।

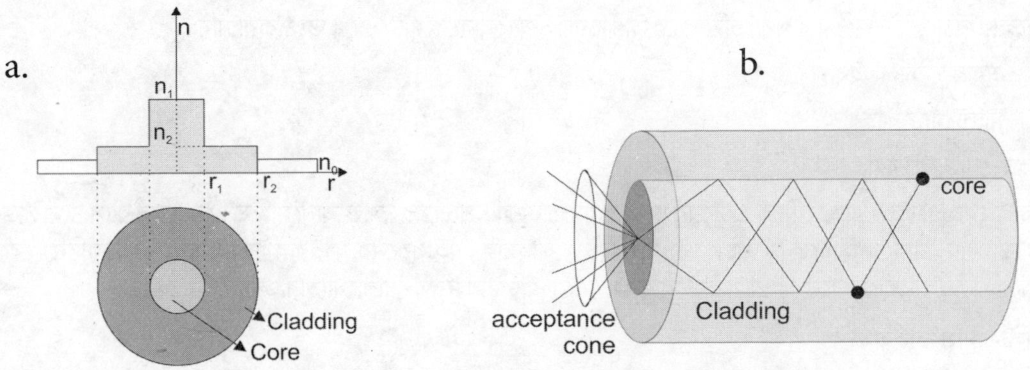

চিত্র 7.16: প্রতিসরাঙ্ক সূচক প্রোফাইল এবং হালকা প্রচারের ধাপ সূচক ফাইবার

স্টেপ ইনডেক্স ফাইবারে, আলোক রশ্মি TIR এর মাধ্যমে সরলরেখায় প্রচার করে। ঘটনার বিভিন্ন কোণে ধাপে সূচক ফাইবারে একই সময়ে প্রবেশ করা আলোক রশ্মি ফাইবারে ভিন্ন ভিন্ন পথে ভ্রমণ করে এবং বিভিন্ন সময়ে বেরিয়ে আসে এবং এই ঘটনাটিকে পালস বিচ্ছুরণ বলা হয়। যে রশ্মি আপতনের বেশি কোণে প্রবেশ করে তারা কম আপতন কোণে প্রবেশকারী রশ্মির তুলনায় বেশি দূরত্ব অতিক্রম করে।

A. গ্রেডেড ইনডেক্স ফাইবার

কোরের প্রতিসরণ সূচক অভিন্ন নয়। কোর ব্যাসার্ধের একটি ফাংশন হিসাবে কোর কেন্দ্র থেকে কোর n_1 - এর প্রতিসরণকারী সূচক ধীরে ধীরে হ্রাস পায়। কোর ক্ল্যাডিং ইন্টারফেসে, প্রতিসরণকারী সূচকটি প্রতিসরাঙ্কের আকস্মিক হ্রাস দেখায় এবং কোর ক্ল্যাডিং ইন্টারফেসের পরে n_2 স্থির বা অভিন্ন থাকবে।

যখন একটি আলোক রশ্মি গ্রেডেড ইনডেক্স ফাইবারে প্রবেশ করে, তখন কোর অক্ষ থেকে কোর ক্ল্যাডিং ইন্টারফেস পর্যন্ত প্রতিসরাঙ্ক সূচকে ধীরে ধীরে তারতম্যের কারণে আলোক রশ্মি সোজা পথের পরিবর্তে বাঁকা পথে চলে। যে রশ্মি ফাইবারে প্রবেশ করে সেই রশ্মিগুলি সেই অঞ্চলে বেশি দূরত্ব অতিক্রম করে যেখানে প্রতিসরণ সূচক কম, তাই আপতনের কম কোণে প্রবেশকারী রশ্মির তুলনায় বেশি বেগ এবং কম সময়। আপতনের ভিন্ন কোণ বিশিষ্ট দুটি রশ্মির ভ্রমণের পথ ভিন্ন তবে উভয় রশ্মির ফাইবার থেকে বের হতে সময় লাগে একই। গ্রেডেড ইনডেক্স ফাইবারে বিচ্ছুরণ কম।

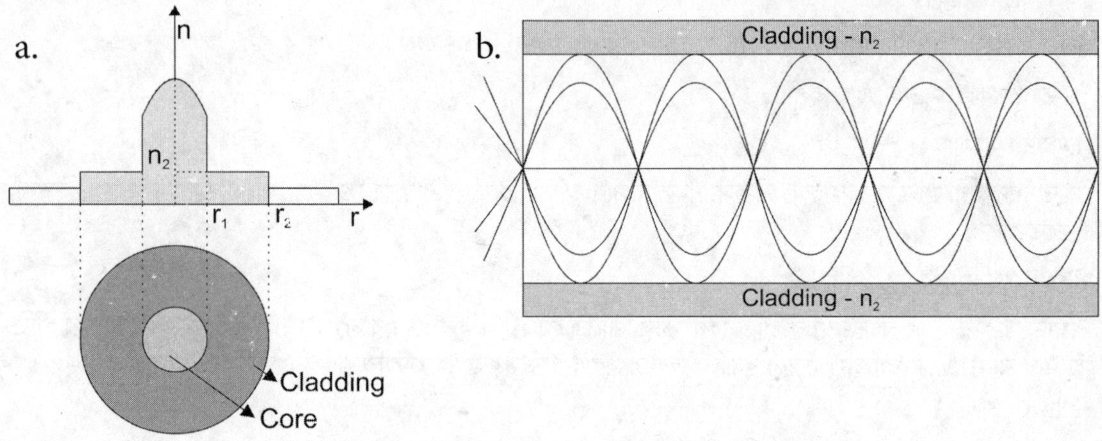

চিত্র 7.17: প্রতিসরাঙ্ক সূচক প্রোফাইল এবং হালকা প্রচার গ্রেড সূচক ফাইবার

মোডের সংখ্যা

আলোর প্রচারের পদ্ধতির উপর ভিত্তি করে অপটিক্যাল ফাইবারকে দুটি ভাগে ভাগ করা যায়:

- একক মোড ফাইবার
- মাল্টিমোড ফাইবার

একক মোড ফাইবার

একক মোড ফাইবারে আলোকে প্রচারের জন্য শুধুমাত্র একটি প্রচারের মোড অনুমোদিত। কোরের ব্যাস 5 মাইক্রোমিটার এবং ক্ল্যাডিং ব্যাস প্রায় 50 মাইক্রোমিটার। এটা ধাপ সূচক ফাইবার. এই ধরনের ফাইবার তৈরি করা খুবই কঠিন। যেহেতু শুধুমাত্র একক মোড আছে সেখানে কোন পালস বিচ্ছুরণ নেই। এটি দীর্ঘ দূরত্ব যোগাযোগের জন্য উপযুক্ত।

মাল্টি-মোড ফাইবার

মাল্টিমোড ফাইবারে আলোক প্রচারের জন্য মোডের সংখ্যা অনুমোদিত। কোরের ব্যাস 50 মাইক্রোমিটার এবং ক্ল্যাডিং ব্যাস প্রায় 100 মাইক্রোমিটার। মাল্টি-মোড ফাইবার একটি ধাপ সূচক ফাইবার বা গ্রেডেড সূচক হতে পারে। এই ফাইবারে অনুমোদিত সংখ্যক মোড রয়েছে অর্থাৎ ফাইবারে পালস বিচ্ছুরণ রয়েছে (যা গ্রেডেড ইনডেক্স ফাইবারের ক্ষেত্রে কম করা যেতে পারে)। একক মোড ফাইবারের তুলনায় মাল্টিমোড ফাইবার তৈরি করা কম কঠিন।

7.11 টেলিকমিউনিকেশন, চিকিৎসা এবং সেন্সরে প্রয়োগ

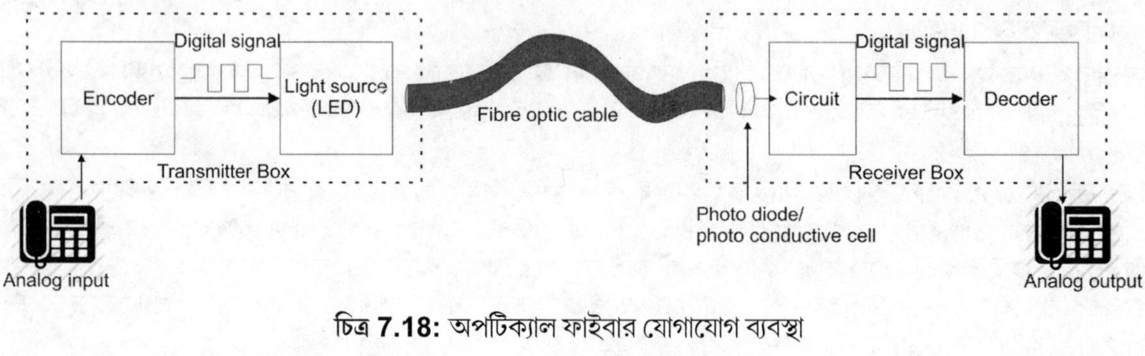

চিত্র 7.18: অপটিক্যাল ফাইবার যোগাযোগ ব্যবস্থা

চিত্র 7.18, অপটিক্যাল ফাইবার কমিউনিকেশন সিস্টেমের স্কিম্যাটিক দেখায়।অন্যান্য যোগাযোগ ব্যবস্থার তুলনায় এর নিম্নলিখিত সুবিধা রয়েছে

- আরো তথ্য বহন ক্ষমতা
- ছোট আকার এবং ওজন
- ফাইবারের জন্য কাঁচামালের প্রাপ্যতা
- দ্রুত সংকেত প্রচার
- বাইরের আলো ফাইবারে প্রবেশ করতে পারে না কারণ এটি ভালভাবে সুরক্ষিত
- কোনো বাহ্যিক ইলেক্ট্রোম্যাগনেটিক সিগন্যাল পিকআপ নেই কারণ ফাইবার অধাতু
- ক্ষয় তামার তারের চেয়ে কম

মেডিকেল প্রয়োগ

- **এন্ডোস্কোপ:** মাল্টিফাইবার দিয়ে তৈরি এন্ডোস্কোপ ব্যবহার করে অভ্যন্তরীণ অঙ্গ এবং টিস্যুগুলিকে শারীরিক ছিদ্রের মাধ্যমে দেখা যায়। এন্ডোস্কোপগুলি ডাক্তাররা বমি বমি ভাব এবং গ্যাস্ট্রোইনটেস্টাইনাল ব্যথা সহ উপসর্গগুলি অন্বেষণ করতে, বায়োপসি ব্যবহার করে রোগ নির্ণয় নিশ্চিত করতে এবং চিকিৎসা দিতে ব্যবহার করেন।
- অপটিক্যাল কোহেরেন্স টমোগ্রাফি (ওসিটি), বায়োমেডিকাল সেন্সরের একটি রূপ, একটি মেডিকেল ইমেজিং টেকনিক যা ইমেজিং সেন্সর ব্যবহার করে মাইক্রোন-স্কেল, ত্রি-মাত্রিক ছবি সংগ্রহ করে- অপটিক্যাল স্ক্যাটারিং মাধ্যমের যেমন জৈবিক টিস্যু থেকে।

সেন্সর

ফাইবার অপটিক সেন্সরগুলি বিভিন্ন ভৌত ঘটনা যেমন স্ট্রেন এবং তাপমাত্রা পরিমাপের জন্য ট্রান্সডুসার হিসাবে ব্যবহৃত হয়। ফাইবার সেন্সর হল বিশেষভাবে ডিজাইন করা সেন্সর যাতে ঘটনার ফ্রিকোয়েন্সি পরিবর্তন হয় এবং চাপ ও তাপমাত্রা প্রয়োগের সময় প্রতিফলিত তরঙ্গ হয়। এই সেন্সরগুলি চরম পরিস্থিতিতে কাজ করে যেখানে স্বাভাবিক সেন্সর ব্যবহার করা যায় না। ফাইবার ভিত্তিক উচ্চ ভোল্টেজ এবং উচ্চ কারেন্ট সেন্সরগুলি চরম কঠোর পরিস্থিতিতে ব্যবহার করা যেতে পারে। ফাইবার নিরোধক হওয়ায় ইলেক্ট্রোম্যাগনেটিক হস্তক্ষেপের প্রতিরোধ ক্ষমতা রয়েছে।

7.12 ন্যানোসায়েন্স এবং ন্যানোটেকনোলজি: ভূমিকা

ইউনিট 4-এ, ধাতু বা পরিবাহী বৈদ্যুতিক বৈশিষ্ট্য সম্বলিত উপকরণগুলি প্রবর্তন করা হয়েছে, ইউনিট 5-এ চৌম্বকীয় পদার্থগুলি সংক্ষিপ্ত করা হয়েছে এবং ইউনিট 6-এ অর্ধপরিবাহী পদার্থ এবং অর্ধপরিবাহী পদার্থ দিয়ে তৈরি ডিভাইসগুলি ব্যাখ্যা করা হয়েছে। এখন পর্যন্ত পদার্থবিদ্যার পূর্ববর্তী এবং বর্তমান কোর্সের সময়, আকারে বড় বা বাল্ক উপকরণের সাথে সম্পর্কিত ঘটনা আলোচনা করা হয়েছে। যে নির্দিষ্ট বৈশিষ্ট্যগুলির দ্বারা একটি কঠিন অবস্থার উপাদান চিহ্নিত করা হয় তা আকারের উপর নির্ভর করে না, উদাহরণস্বরূপ নির্দিষ্ট রোধ।

আড়াআড়ি অংশের 1 mm^2 এলাকা এবং দৈর্ঘ্য 1 মিটার বা 1 সেমি বা 1 মিমি বা এমনকি I মাইক্রোমিটারের তামার তারের প্রতিরোধ ক্ষমতা একই। 1 ন্যানোমিটার দৈর্ঘ্যের তার নিলে কি তারের প্রতিরোধ ক্ষমতা একই হবে?

উপরের প্রশ্নের উত্তর জ্ঞানের একটি নতুন সংস্থা বা বিজ্ঞান ও প্রযুক্তির একটি নতুন ক্ষেত্র তৈরি করেছে যা ন্যানো বিজ্ঞান এবং ন্যানো প্রযুক্তি নামে পরিচিত। ন্যানো প্রযুক্তি হল প্রকৌশলের প্রতিটি ক্ষেত্রে সাম্প্রতিক অগ্রগতি। ন্যানোটেকনোলজি একটি আন্তঃবিভাগীয় এবং একটি সাধারণ-উদ্দেশ্য প্রযুক্তি। বর্তমানে ন্যানোটেকনোলজি হল 21 শতকের সবচেয়ে দ্রুত বর্ধনশীল প্রযুক্তি এবং প্রকৌশলের প্রায় প্রতিটি ক্ষেত্রেই এর প্রয়োগ রয়েছে।

ইতিহাস

ন্যানো প্রযুক্তির ধারণাটি প্রথম প্রবর্তন করেছিলেন বিখ্যাত পদার্থবিদ এবং নোবেল বিজয়ী রিচার্ড ফাইনম্যান। তার উদ্ধৃতি অনুসারে "আমি যতদূর দেখতে পাচ্ছি পদার্থবিজ্ঞানের নীতিটি পরমাণু দ্বারা পরমাণুকে চালিত করার সম্ভাবনার বিরুদ্ধে কথা বলে না। নীতিগতভাবে এটি করা যেতে পারে কিন্তু বাস্তবে এটি করা হয়নি" এবং "নীচে প্রচুর জায়গা রয়েছে"। এরিক ড্রেক্সলার তার বই "সৃষ্টির ইঞ্জিন" এ ন্যানোটেকনোলজি শব্দটি চালু করেছেন। ড্রেক্সলার ম্যাক্রোস্কোপিক মেশিনের অংশ এবং জৈবিক কোষের উপাদানগুলির মধ্যে সরাসরি তুলনা করেন।

মজার ঘটনা

- পিনের মাথায় পুরো এনসাইক্লোপিডিয়া ব্রিটানিকা লেখা যেতে পারে
- সমস্ত বিশ্বের বই প্যামফলেটে মাপসই করা যেতে পারে

ন্যানোসায়েন্স হল পারমাণবিক (0.5 nm), আণবিক (1-5 nm) এবং ম্যাক্রোমলিকুলার (5-100 nm) স্কেলে উপাদানগুলির ঘটনা এবং হেরফেরগুলির অধ্যয়ন এবং ন্যানো প্রযুক্তিকে কাঠামোর নকশা, বৈশিষ্ট্য, উত্পাদন এবং প্রয়োগ হিসাবে সংজ্ঞায়িত করা যেতে পারে, ন্যানোমিটার (10-9) স্কেলে আকৃতি এবং আকার নিয়ন্ত্রণ করে ডিভাইস এবং সিস্টেম।

7.13 ন্যানো কণা এবং ন্যানোম্যাটেরিয়াল

ন্যানো শব্দটি গ্রীক শব্দ "বামন" থেকে নেওয়া হয়েছে এবং এর অর্থ হল 10^{-9}, বা এক বিলিয়নতম। বর্তমান প্রেক্ষাপটে ন্যানো বলতে 10^{-9} মিটার, বা 1 ন্যানোমিটার (nm) এবং এছাড়াও

1 nm = 1/1,00,00,00,000 মিটার বা এক মিটারের এক বিলিয়নতম 1 মিলিমিটার = (1/1000) মিটার

1 মাইক্রোমিটার = (1/1000) মিলিমিটার 1 ন্যানোমিটার = (1/1000) মাইরোমিটার

ন্যানোমেটেরিয়াল হল ন্যানো স্কেলে (10^{-9} মিটার) বা ন্যানো স্কেলে অন্তত একটি মাত্রা বিশিষ্ট পদার্থ। চিত্র 7.19 বাল্ক উপাদানের সাথে ন্যানোসাইজড উপাদানের তুলনা দেয়। ফুলেরিন একটি ন্যানো-উপাদান এবং এটি পৃথিবী এবং ফুটবলের সাথে তুলনা করা হয়।.

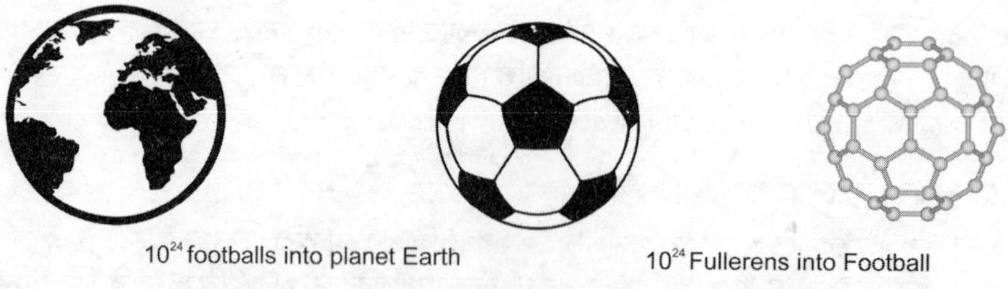

চিত্র 7.19: বাল্ক উপাদানের সাথে ন্যানোমেটেরিয়ালের তুলনা

সুতরাং উপাদানটি এত ছোট হওয়ার দরকার নেই যে এটি দেখা যায় না, এটি একটি বড় পৃষ্ঠ বা একটি দীর্ঘ তার হতে পারে যার পুরুত্ব ন্যানোমিটারের স্কেলে।এক মাত্রায় ন্যানো স্কেল উপাদানগুলি স্তর, যেমন একটি পাতলা ছায়াছবি বা সারফেস কোটিং।দুটি মাত্রায় ন্যানো স্কেল সামগ্রীর মধ্যে রয়েছে ন্যানো তার এবং ন্যানো টিউব।

তিনটি মাত্রায় ন্যানো স্কেল উপাদানগুলি হল কণা যেমন প্রিপিপিটেটস, কলয়েড এবং কোয়ান্টাম ডট (অর্ধপরিবাহী পদার্থের ছোট কণা এবং এই জাতীয় কণা ন্যানো কণা নামে পরিচিত।

ছোট জিনিসের সুবিধা

- দ্রুত
- লাইটার
- সস্তা
- ছোট আকারে নেওয়া

- আরো শক্তি দক্ষ
- ছোট স্কেলে বিভিন্ন বৈশিষ্ট্য

7.14 ন্যানোস্কেলে বৈশিষ্ট্য

ন্যানো আকারের উপাদান দ্বারা প্রদর্শিত বৈশিষ্ট্যগুলি বাল্ক আকারে উপাদান দ্বারা দেখানো বৈশিষ্ট্য থেকে আলাদা। নিম্নলিখিত বৈশিষ্ট্যগুলি রয়েছে, যা ন্যানো মিটার পরিসরে আকার হ্রাসের কারণে পরিবর্তিত হয়।

- গলনাঙ্ক
- আকার সহ একটি উপাদানের গলনাঙ্ক হ্রাস
- জালি ধ্রুবক
- ন্যানো পার্টিকেলের জালি ধ্রুবক আকার এবং আকৃতির উপর নির্ভর করে।
- যান্ত্রিক বৈশিষ্ট্য
- উচ্চ দৃঢ়তা এবং উচ্চ শক্তি
- ন্যানোটিউবে ত্রুটির ঘনত্ব কম
- বিকৃতি

বৈদ্যুতিক সরঞ্জাম

- ধাতু নিরোধক হয়ে যায়
- CNT অর্ধপরিবাহী এবং ধাতব ধর্ম দেখায়
- অপটিক্যাল বৈশিষ্ট্য
- সোনার ন্যানো পার্টিকেল সবুজ
- অর্ধপরিবাহী ন্যানো পার্টিকেল শোষণ (টিউনেবল)
- নিষ্ক্রিয় থেকে আরও রাসায়নিকভাবে সক্রিয়
- ধাতব থেকে অধাতু
- ফেরো ম্যাগনেটিক থেকে প্যারাম্যাগনেটিক
- ন্যানো ম্যাটেরিয়ালের বৈশিষ্ট্য বৃহত্তর স্কেলের থেকে অনেক আলাদা।

দুটি প্রধান কারণ ন্যানো উপাদানগুলির বৈশিষ্ট্যগুলিকে অন্যান্য উপকরণ থেকে উল্লেখযোগ্যভাবে পৃথক করে।

- আপেক্ষিক পৃষ্ঠ এলাকা বৃদ্ধি। নিচের চিত্রে দেখানো হয়েছে যে যখন আমরা ছোট মাত্রায় কণা গ্রহণ করি তখন পৃষ্ঠ থেকে আয়তনের বৃদ্ধি পায় (চিত্র 7.20)।
- কোয়ান্টাম বন্দিত্ব প্রভাব। ন্যানোমেটেরিয়ালের ইলেকট্রনগুলি ন্যানোমিটার আকারের একটি অঞ্চলে চলাচলে সীমাবদ্ধ এবং এটি কোয়ান্টাম সীমাবদ্ধতা হিসাবে পরিচিত।

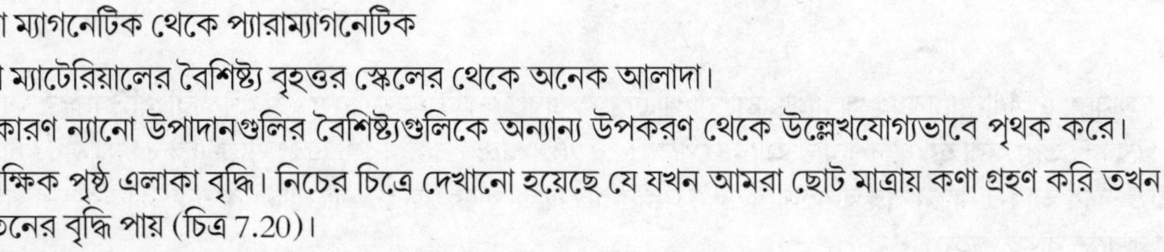

চিত্র 7.20: পৃষ্ঠ থেকে ভলিউম অনুপাত

এই কারণগুলি চার্জ বা বৈশিষ্ট্য যেমন প্রতিক্রিয়াশীলতা, শক্তি এবং বৈদ্যুতিক বৈশিষ্ট্য বৃদ্ধি করতে পারে।

7.15 ন্যানো প্রযুক্তি

ন্যানোটেকনোলজিকে সংশ্লেষণ, চরিত্রায়ন (আকার এবং বৈশিষ্ট্য নির্ধারণ) এবং ন্যানোস্কেলে অন্তত একটি মাত্রা থাকা উপাদানের প্রয়োগ হিসাবে সংজ্ঞায়িত করা যেতে পারে।

ন্যানোম্যাটেরিয়ালের সংশ্লেষণ: ন্যানোম্যাটেরিয়ালের সংশ্লেষণের জন্য দুটি পদ্ধতি রয়েছে।

টপ ডাউন: উচ্চ শক্তি প্রক্রিয়ার মাধ্যমে উৎস উপাদানের বস্তুর ভাঙ্গনের মাধ্যমে বাল্ক স্কেল উপকরণ থেকে শুরু করে ন্যানোস্কেল মাত্রার দিকে যাওয়া। উদাহরণ: বল মিলিং, যান্ত্রিক অ্যাট্রিশন।

নিচের দিকে: রাসায়নিক পদ্ধতি এবং অন্যান্য সংশ্লেষণ প্রক্রিয়ার মাধ্যমে পারমাণবিক স্কেল উপকরণ থেকে শুরু করে ন্যানোস্কেল মাত্রার দিকে যাওয়া। উদাহরণ: রাসায়নিক বৃষ্টিপাত, রাসায়নিক বাষ্প জমা।

ন্যানোম্যাটেরিয়ালের বৈশিষ্ট্য

ন্যানোম্যাটেরিয়াল তৈরি করার পর, পরবর্তী প্রক্রিয়া হল তৈরি করা উপাদানের মাত্রা পরিমাপ করা এবং বৈশিষ্ট্যগুলির পরিবর্তন পরিমাপ করা যা ন্যানোম্যাটেরিয়ালের বৈশিষ্ট্য হিসাবে পরিচিত।

উদাহরণ: STM, SEM, AFM হল ন্যানোমেটেরিয়াল বৈশিষ্ট্যের জন্য ব্যবহৃত যন্ত্র।

7.16 ন্যানোটেকনোলজি ভিত্তিক ডিভাইস এবং প্রয়োগ

ন্যানোটেকনোলজি ভিত্তিক ডিভাইসগুলি ন্যানোমেটেরিয়ালগুলিকে উপাদান হিসাবে ব্যবহার করে বা ডিভাইসগুলির আকার ন্যানোমিটার পরিসরে থাকে। এই ধরনের ডিভাইসের বিশাল প্রকৌশল এবং চিকিৎসা অ্যাপ্লিকেশন রয়েছে।

ন্যানোম্যাটেরিয়াল সেন্সর ব্যবহার করে ডিভাইস

ন্যানো প্রযুক্তির উপর ভিত্তি করে সেন্সরগুলি রাসায়নিক বাষ্পের সনাক্ত করতে পারে। ন্যানোটেকনোলজি-ভিত্তিক সেন্সরগুলিতে, কার্বন ন্যানোটিউব, জিঙ্ক অক্সাইড ন্যানোয়ারের মতো বিভিন্ন ধরণের সনাক্তকারী উপাদান ব্যবহার করা যেতে পারে। ন্যানোটিউব, ন্যানোয়ার এবং ন্যানো পার্টিকেলগুলি এতই ছোট যে সেন্সিং উপাদানের বৈদ্যুতিক বৈশিষ্ট্যগুলিকে প্রভাবিত করার জন্য শুধুমাত্র কয়েকটি গ্যাসের অণু প্রয়োজন।

সৌর কোষ

সিলভার ন্যানোয়ার, টাইটানিয়াম ডাই অক্সাইড ন্যানো পার্টিকেল এবং একটি ইনফ্রারেড-শোষণকারী পলিমারকে একত্রিত করে একটি সৌর কোষ তৈরি করা হয় যা দৃশ্যমান আলো থেকে প্রায় 70% স্বচ্ছ। কম খরচে এবং উচ্চ-দক্ষতা নমনীয় সৌর কোষগুলি জিঙ্ক অক্সাইড দিয়ে আবৃত ন্যানোয়ার ব্যবহার করে তৈরি করা যেতে পারে।কার্বন ন্যানোটিউব এবং বাকিবলের সংমিশ্রণ সৌর কোষ তৈরি করতে ব্যবহৃত হয়।

ব্যাটারি

ব্যাটারির উপলব্ধ শক্তি বাড়ানো এবং চার্জ করার সময় কমানো হল ভাল ব্যাটারির জন্য দুটি প্রয়োজনীয়তা। ন্যানো পার্টিকেলগুলি এই সুবিধাগুলি প্রদান করার জন্য একটি ইলেক্ট্রোডের পৃষ্ঠে লেপা হয়। এটি ইলেক্ট্রোডের পৃষ্ঠের ক্ষেত্রফলকে বাড়িয়ে দেয়, ইলেক্ট্রোড এবং ব্যাটারির রাসায়নিকগুলির মধ্যে আরও কারেন্ট যেতে দেয়।

জ্বালানি কোষ

মিথানলের মতো জ্বালানি থেকে হাইড্রোজেন আয়ন তৈরি করে এমন অনুঘটকের খরচ কমাতে এবং অক্সিজেনের মতো অন্যান্য গ্যাস থেকে হাইড্রোজেন আয়নকে আলাদা করে এমন ঝিল্লির কার্যকারিতা বাড়াতে জ্বালানি কোষে ন্যানো প্রযুক্তি ব্যবহার করা হচ্ছে।

7.17 ন্যানোমিটার আকারের ডিভাইস

সেট (SET)

একক ইলেক্ট্রন ট্রানজিস্টর (SET) হল একটি নতুন ধরনের স্যুইচিং ডিভাইস যা কারেন্ট প্রসারিত করতে নিয়ন্ত্রিত ইলেক্ট্রন টানেলিং ব্যবহার করে। SET এর মাত্রা ন্যানোমিটার পরিসরে

কোয়ান্টাম ওয়েল এবং কোয়ান্টাম ডট লেজার

কোয়ান্টাম ওয়েল এবং কোয়ান্টাম ডট লেজার হল সেমিকন্ডাক্টর লেজার যা আলো নির্গত অঞ্চলে কোয়ান্টাম ডট এবং কোয়ান্টাম ওয়েল সক্রিয় লেজার মাধ্যম ব্যবহার করে।

সমাধান করা সমস্যা

1. **নিচের চিত্রে E_2 থেকে E_1 এ ইলেকট্রনের স্থানান্তরের মাধ্যমে নির্গত ফোটনের তরঙ্গদৈর্ঘ্য বের কর**

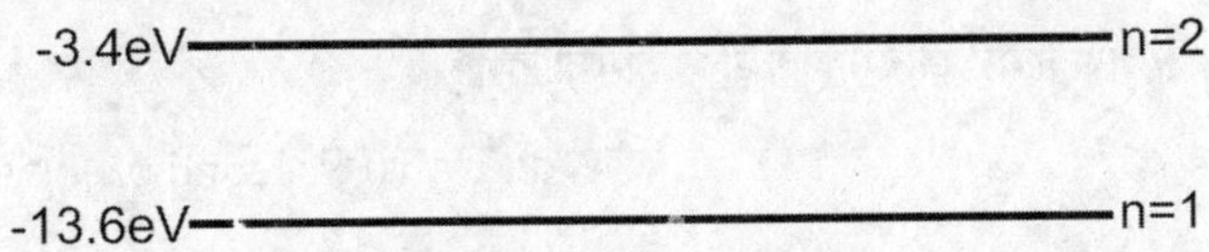

সমাধান:

ফোটনের শক্তি (E) = $E_2 - E_1$ = -3.4 eV - (-13.6eV) = 10.2 eV = $10.2 \times 1.6 \times 10^{-19}$ J

$E = h\nu = hc/l$

$\lambda = hc/E = (6.67 \times 10^{-34} \times 3 \times 10^{8})/\ (10.2 \times 1.6 \times 10^{-19}) = 1.226 \times 10^{-7}\text{m} = 1226 \times 10^{-10}\ \text{m} = 1226\ \text{A}^0$

2. $n_2 = 1.65$ এবং $n_1 = 1.6$ হলে ফাইবারের সংখ্যাসূচক অ্যাপারচার বের কর। ফাইবার জলে রাখা হলে আপতনের সর্বোচ্চ কোণ কত হবে?

সমাধান:

দেওয়া আছে $n_1 = 1.62$ এবং $n_2 = 1.60$

$NA = \sqrt{\left((1.62)^2 - (1.60)^2\right)} = 0.253$

NA in water = NA in Air/1.33=0.19

জলে সর্বোচ্চ আপতন কোণ, $\alpha = \sin^{-1}(0.19) = 10.88^0$

ইউনিট সারসংক্ষেপ

- লেজার একরঙা এবং আলোর সুসঙ্গত উৎস।
- লেজার নির্মাণের জন্য সক্রিয় মাধ্যম, পাম্পিং পদ্ধতি এবং অপটিক্যাল রেজোনেটর প্রয়োজন।
- অপটিক্যাল ফাইবার হল কাচের ফাইবার।
- আলো টিআইআর ঘটনা দ্বারা অপটিক্যাল ফাইবারে প্রচার করে।
- ন্যানোমেটেরিয়াল হল ন্যানোমিটার পরিসরে অন্তত একটি মাত্রা বিশিষ্ট পদার্থ।
- পদার্থের ভৌত ও রাসায়নিক বৈশিষ্ট্য ন্যানোস্কেলে পরিবর্তিত হয়।
- লেজার, অপটিক্যাল ফাইবার এবং ন্যানোটেকনোলজির বিজ্ঞান এবং প্রকৌশলের প্রতিটি ক্ষেত্রে অ্যাপ্লিকেশন রয়েছে।

অনুশীলন

বহু নির্বাচনী প্রশ্ন

1. রুবি লেজারের তরঙ্গ দৈর্ঘ্য হল
   a. $6328A^0$ b. $6439A^0$
   c. $6329A^0$ d. $6943A^0$
2. He Ne লেজার একটি ... স্তরের লেজার সিস্টেম
   a. চার b. তিন
   c. দুই d. পাঁচ
3. মেটাস্টেবল অবস্থায় ইলেকট্রনের জীবনকাল ক্রম অনুসারে
   a. 10^{-5}seconds. b. 10^{-6}seconds.
   c. 10^{-3}seconds. d. 10^{-8}seconds.
4. ডায়োড লেজারে ব্যবহৃত উপাদানের ব্যান্ড গ্যাপ 3.2 eV হলে, আগত বিকিরণের তরঙ্গদৈর্ঘ্য হয়
   a. $3807\ A^0$ b. $3784\ A^0$
   c. $3874\ A^0$ d. $38\ 47A^0$
5. জলে অপটিক্যাল ফাইবার ব্যবহার করা হলে এর NA
   a. সর্বদা হ্রাস পায় b. সর্বদা বৃদ্ধি পায়
   c. একই থাকে d. কখনো বাড়ে আবার কখনো কমে
6. 1 ন্যানোমিটার সমান
   a. 1/1000 micrometer b. $10\ A^0$
   c. 10^{-9} meter d. উপরের সবগুলি

একাধকি পছন্দরে প্রশ্নরে উত্তর
7.1 (d), 7.2 (a), 7.3 (c), 7.4 (c), 7.5 (a), 7.6 (d)

সংক্ষিপ্ত এবং দীর্ঘ উত্তর প্রকার প্রশ্ন

ক্যাটাগরি-I

1. উদাহরণ ব্যবহার করে যেকোনো পাঁচটি বিন্দুতে সাধারণ আলো এবং লেজারের মধ্যে পার্থক্য কর।
2. উদাহরণ সহ আয়নকরণ এবং উত্তেজনা বিভবের ধারণা ব্যাখ্যা কর।
3. শক্তি স্তর চিত্রের সাহায্যে স্বতঃস্ফূর্ত এবং উদ্দীপিত নির্গমনের মধ্যে পার্থক্য কর।
4. যেকোনো তিনটি পয়েন্টে তিন স্তর এবং চার স্তরের পাম্পিং স্কিমগুলির মধ্যে পার্থক্য কর।

5. লেজার উৎপাদনের জন্য পপুলেশন ইনভার্শন এবং এর প্রয়োজনীয়তা ব্যাখ্যা কর।
6. ডায়াগ্রাম সহ অপটিক্যাল রেজোনেটরের নির্মাণ ও কাজ ব্যাখ্যা কর।
7. নির্মাণ, কাজের নীতি এবং শক্তি স্তরের চিত্র সহ নিম্নলিখিত লেজারগুলির কাজ ব্যাখ্যা কর।

   ক রুবি লেজার

   খ. He_Ne লেজার

   গ. ডায়োড লেজার
8. প্রকৌশলে লেজারের পাঁচটি প্রয়োগ লিখ।
9. শর্তাবলী গ্রহণযোগ্যতা কোণ এবং সংখ্যাসূচক অ্যাপারচার সংজ্ঞায়িত কর।
10. যথাক্রমে কোর এবং ক্ল্যাডিংয়ের সংখ্যাসূচক অ্যাপারচার এবং প্রতিসরাঙ্ক সূচকগুলির মধ্যে সম্পর্ক তৈরি কর।
11. অপটিক্যাল ফাইবারে আলোর বিস্তারের জন্য ডায়াগ্রাম আঁক।
12. ধাপ সূচক এবং গ্রেডেড সূচক ফাইবারগুলির মধ্যে পার্থক্য কর।
13. নিচে অপটিক্যাল ফাইবারের দুটি করে প্রয়োগ উল্লেখ কর:

   ক টেলিযোগাযোগ

   খ. চিকিৎসা

   গ. সেন্সর
14. যোগাযোগের জন্য তামার তারের জায়গায় অপটিক্যাল ফাইবার ব্যবহার করার কারণ বল।
15. পরিষ্কার ডায়াগ্রাম সহ অপটিক্যাল ফাইবারের নির্মাণ ব্যাখ্যা কর।
16. ন্যানোটেকনোলজি এবং ন্যানোসায়েন্স শব্দটি বর্ণনা কর।
17. ন্যানো পার্টিকেল শব্দটি সংজ্ঞায়িত কর।
18. বাল্ক উপকরণ থেকে ন্যানোমেটেরিয়ালের বৈশিষ্ট্যের পার্থক্য ব্যাখ্যা কর।
19. উদাহরণ সহ ন্যানোটেকনোলজি ভিত্তিক পাঁচটি প্রয়োগ লিখ।

ব্যবহারিক

দুটি পরীক্ষাআছে যা এই ইউনিটের সাথে সম্পর্কিত:

- একটি ডিফ্র্যাকশন গ্রেটিং ব্যবহার করে He-Ne/ ডায়োড লেজারের তরঙ্গ দৈর্ঘ্য পরিমাপ করা
- একটি অপটিক্যাল ফাইবারের সংখ্যাসূচক অ্যাপারচার (NA) পরিমাপ করা

ব্যবহারিক: He Ne লেজারের তরঙ্গ দৈর্ঘ্য

ব্যবহারিক বিবৃতি

একটি বিবর্তন গ্রেটিং ব্যবহার করে একটি He-Ne/ ডায়োড লেজারের তরঙ্গদৈর্ঘ্য পরিমাপ করতে।

ব্যবহারিক তাৎপর্য

দৃশ্যমান আলোর বর্ণালী তরঙ্গদৈর্ঘ্য $4000A^0 - 7000A^0$ পর্যন্ত। হালকা রঙের তরঙ্গদৈর্ঘ্য পরিমাপের জন্য ডিফ্র্যাকশন ঘটনা ব্যবহার করা হয়। লেজার আলোর সুসঙ্গত উৎস। এই পরীক্ষাটি ডিফ্র্যাকশন গ্রেটিং ব্যবহার করে আলোর তরঙ্গ দৈর্ঘ্য পরিমাপ করতে সাহায্য করবে।

প্রাসঙ্গিক তত্ত্ব

ডিফ্র্যাকশন গ্রেটিং একটি অপটিক্যাল ডিভাইস, যেখানে স্বচ্ছ উপাদানের উপর সমান্তরাল স্লিটগুলির N সংখ্যা তৈরি হয়। এটি আলোর তরঙ্গদৈর্ঘ্যের ক্রম প্রস্থের N সমান্তরাল স্লিটের একটি বিন্যাস। আলো যখন এই স্লিটের মধ্য দিয়ে যায়, তখন বিচ্ছুরণ ঘটনা ঘটে। সর্বাধিক বিবর্তন θ কোণে পরিলক্ষিত হয় এবং এটি লেখা যায়,

গ্রাটিং সমীকরণ: (ম্যাক্সিমার জন্য) $(a + b)\sin\theta = n\lambda$

যেখানে, $(a + b)$ = ঝাঁঝরির উপাদান, θ = বিচ্ছুরণের কোণ n = বিচ্ছুরণের প্যাটার্নের ক্রম এবং λ = আলোর তরঙ্গদৈর্ঘ্য ঝাঁঝরির উপর পড়ছে।

সুতরাং $\lambda = \dfrac{(a+b)\sin\theta}{n}$

ব্যবহারিক ফলাফল (PRO)

ব্যবহারিক ফলাফল এই কোর্সের পাঠ্যক্রম থেকে উদ্ভূত হয়:

PrO1: He-Ne/ ডায়োড লেজারের তরঙ্গ দৈর্ঘ্য খুঁজে বের করতে ডিফ্র্যাকশন ঘটনা এবং গ্রেটিং ব্যবহার কর।

ব্যবহারিক সেটআপ (ড্রয়িং/স্কেচ/সার্কিট ডায়াগ্রাম/ওয়ার্ক সিচুয়েশন)

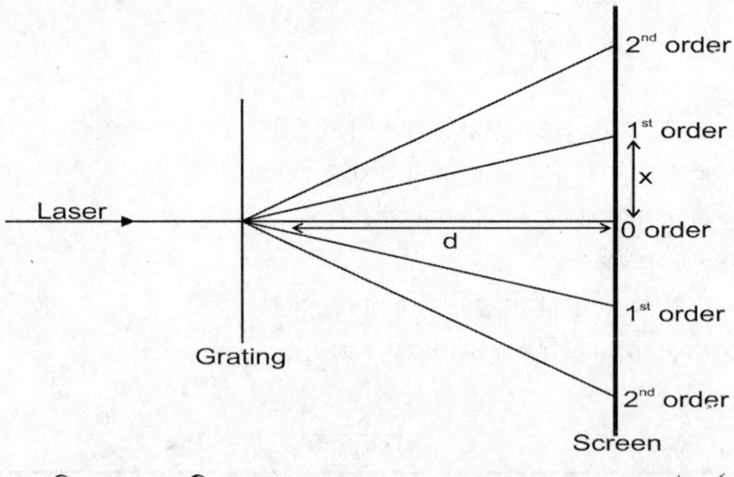

চিত্র P7.1: ডিফ্র্যাকশন গ্রেটিং ব্যবহার করে He-Ne/ ডায়োড লেজারের তরঙ্গ দৈর্ঘ্য পরিমাপ

প্রয়োজনীয় সম্পদ

ক্রম সংখ্যা	অত্যাবশ্যক স্পেসিফিকেশন সহ প্রস্তাবিত সংস্থানগুলির জন্য প্রয়োজনীয় মেশিন/সরঞ্জাম/ যন্ত্র	পরিমাণ	প্রকৃত সম্পদ ব্যবহৃত মেশিন/সরঞ্জাম/ যন্ত্র বিস্তৃত বৈশিষ্ট্য সহ (ছাত্র দ্বারা পূরণ করা হবে)		মন্তব্য (যদি থাকে)
			তৈরি করা হয়েছে	বিস্তারিত	
1	বিভিন্ন গ্রেটিং এলিমেন্টের ডিফ্র্যাকশন গ্রেটিং (100, 300 এবং 600 লাইন/মিমি), গ্রেটিং স্ট্যান্ড,	01			

2	মিটার স্কেল	01			
3	হিলিয়াম নিয়ন / ডায়োড লেজার	01			

সতর্কতা

1. খালি চোখে সরাসরি লেজার দেখবে না।
2. যন্ত্রটি সাবধানে পরিচালনা কর।
3. দুটি অর্ডারের মধ্যে দূরত্ব সাবধানে লও।

প্রস্তাবিত পদ্ধতি

1. লেজারটিকে এমনভাবে সেট কর যাতে এটি সাদা কাগজের স্ক্রিনে 1 - 1.5 মিটার দূরে রাখা হয়।
2. কাগজে পর্যবেক্ষণকৃত স্থানটির অবস্থান চিহ্নিত কর।
3. লেজার বিমের সামনে 100 লাইন/মিমি ডিফ্র্যাকশন গ্রেটিং রাখ।
4. পর্দা এবং ঝাঁঝরি মধ্যে দূরত্ব পরিমাপ কর।
5. পর্দায় গঠিত শূন্য ক্রম ম্যাক্সিমা এবং ধারাবাহিক ম্যাক্সিমার মধ্যে দূরত্ব পরিমাপ কর।
6. স্লাইডে 300 লাইন/মিমি এবং 600 লাইন/মিমি অন্য দুটি ডিফ্র্যাকশন গ্রেটিং-এর জন্য ধাপ 3 থেকে 5 পুনরাবৃত্তি কর।
7. লেজারের বিচ্ছুরণ কোণ এবং তরঙ্গদৈর্ঘ্য গণনা কর।

পর্যবেক্ষণ এবং গণনা

ক্রমিক নং.	ডিফ্র্যাকশন অর্ডার ম্যাক্সিমা (n)	শূন্য ক্রম ম্যাক্সিমা থেকে দূরত্ব (x)	বিবর্তন কোণ = x/D
1	প্রথম ক্রম (n = 1)		
2	দ্বিতীয় ক্রম (n = 2)		
3	তৃতীয় ক্রম (n = 3)		
4	চতুর্থ ক্রম (n = 4)		

1. গ্রেটিং এলিমেন্ট = 100 lines/mm, স্ক্রীন এবং গ্রেটিং এর মধ্যে দূরত্ব (D) = …

ক্রমিক নং.	ডিফ্র্যাকশন অর্ডার ম্যাক্সিমা (n)	শূন্য ক্রম ম্যাক্সিমা থেকে দূরত্ব (x)	বিবর্তন কোণ = x/D
1	প্রথম ক্রম (n = 1)		
2	দ্বিতীয় ক্রম (n = 2)		

1. গ্রেটিং এলিমেন্ট = 600 lines/mm, স্ক্রীন এবং গ্রেটিং এর মধ্যে দূরত্ব (D) = …

   গড় =

ফলাফল এবং/অথবা ব্যাখ্যা

(ছাত্র দ্বারা পূরণ করা হবে)

1. ....
2. ....

উপসংহার এবং/অথবা বৈধতা

(ছাত্র দ্বারা পূরণ করা হবে)

1. ....
2. ....

ব্যবহারিক সম্পর্কিত প্রশ্ন

(উত্তরের জন্য পৃথক শীট ব্যবহার কর)

দ্রষ্টব্য: রেফারেন্সের জন্য নীচে কয়েকটি নমুনা প্রশ্ন দেওয়া হয়েছে। পূর্ব-নির্ধারিত কোর্সের ফলাফলের অর্জন নিশ্চিত করার জন্য শিক্ষকদের এই ধরনের আরও প্রশ্ন ডিজাইন করতে হবে।

1. ঝাঁঝরি উপাদান কমে গেলে অল্প সংখ্যক অর্ডার পর্যবেক্ষণ করার কারণ কি ?

2. অন্য কোন আলোর উৎস ব্যবহার করে এই পরীক্ষাটি করা যেতে পারে?

3. বর্তমান পরীক্ষায় ত্রুটির উৎস কি?

প্রস্তাবিত শেখার সংস্থান

- https://vlab.amrita.edu/index.php/index.php?sub=1&brch=189&sim=334&cnt=4

প্রস্তাবিত মূল্যায়ন স্কিম

(শিক্ষক দ্বারা পূরণ করা হবে)

প্রদত্ত কর্মক্ষমতা সূচকগুলি প্রক্রিয়া এবং প্রোডাক্ট সম্পর্কিত মূল্যায়নের জন্য এটি নির্দেশিকা হিসাবে কাজ করা উচিত

কর্মসম্পাদক		গুরুত্ব	মার্কস প্রদান করা হয়েছে
প্রক্রিয়া সম্পর্কিত: … মার্কস* (…….%)			
1	পরীক্ষা সেট আপ		
2	কোণ পরিমাপ		
3	নিরাপত্তা পরিমাপক		
4	যন্ত্র হ্যান্ডলিং		

প্রোডাক্ট সম্পর্কিত: ..... মার্কস* (.......%)			
5	ফলাফল এবং উপসংহার		
6	সময়মত রিপোর্ট জমা দেওয়া		
	মোট	100%	

প্রোডাক্ট এবং প্রক্রিয়া মূল্যায়নের জন্য মার্কস এবং শতাংশের গুরুত্ব শিক্ষক দ্বারা নির্ধারিত হবে।

ছাত্রের নাম: .... মার্কস প্রদান করা হয়েছে			**তারিখ সহ শিক্ষক এর স্বাক্ষর**
প্রক্রিয়া সম্পর্কিত:	প্রোডাক্ট সম্পর্কিত	প্রক্রিয়া সম্পর্কিত:	প্রোডাক্ট সম্পর্কিত

ব্যবহারিক: অপটিক্যাল ফাইবারের সংখ্যাসূচক অ্যাপারচার

ব্যবহারিক বিবৃতি

একটি অপটিক্যাল ফাইবারের সংখ্যাসূচক অ্যাপারচার (NA) পরিমাপ করা

ব্যবহারিক তাৎপর্য

অপটিক্যাল ফাইবারের সংখ্যাসূচক অ্যাপারচার হল অপটিক্যাল ফাইবারের আলো সংগ্রহ করার ক্ষমতা। যদি সংখ্যাসূচক অ্যাপারচারের চেয়ে বেশি আলোক রশ্মি ফাইবারের মধ্য দিয়ে ভ্রমণ করতে পারে তবে এই পরীক্ষাটি শিক্ষার্থীদের প্রদত্ত অপটিক্যাল ফাইবারের সংখ্যাসূচক অ্যাপারচার পরিমাপ করতে সাহায্য করবে।

প্রাসঙ্গিক তত্ত্ব

এই অধ্যায়ে পূর্বে দেওয়া আছে

ব্যবহারিক ফলাফল (PRO)

ব্যবহারিক ফলাফল এই কোর্সের পাঠ্যক্রম থেকে উদ্ভূত হয়:

PRO1: প্রদত্ত ফাইবারের সংখ্যাসূচক অ্যাপারচার বের কর

ব্যবহারিক সেটআপ (ড্রয়িং/স্কেচ/সার্কিট ডায়াগ্রাম/ওয়ার্ক সিচুয়েশন)

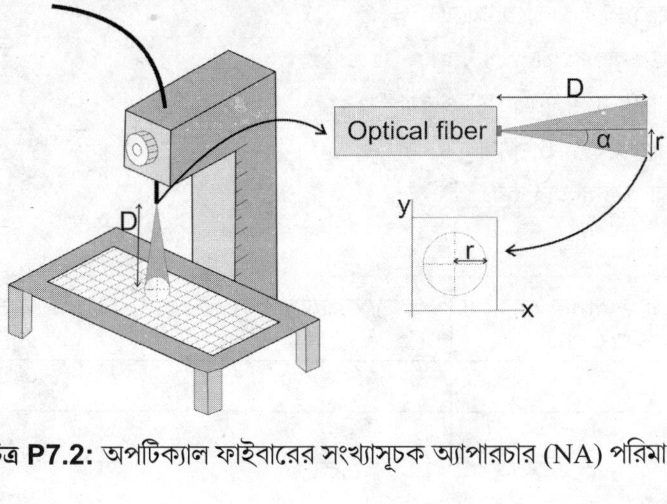

চিত্র P7.2: অপটিক্যাল ফাইবারের সংখ্যাসূচক অ্যাপারচার (NA) পরিমাপ

সংখ্যাসূচক অ্যাপারচার,

$$NA = \sin\alpha = \frac{r}{\sqrt{r^2 + D^2}}$$

r হল বৃত্তের ব্যাসার্ধ এবং D হল গ্রাফ পেপার এবং অপটিক্যাল ফাইবারের মধ্যে দূরত্ব।

প্রয়োজনীয় সম্পদ

ক্রম সংখ্যা	অত্যাবশ্যক স্পেসিফিকেশন সহ প্রস্তাবিত সংস্থানগুলির জন্য প্রয়োজনীয় মেশিন/সরঞ্জাম/যন্ত্র	পরিমাণ	প্রকৃত সম্পদ ব্যবহৃত মেশিন/সরঞ্জাম/যন্ত্র বিস্তৃত বৈশিষ্ট্য সহ (ছাত্র দ্বারা পূরণ করা হবে)		মন্তব্য (যদি থাকে)
			তৈরি করা হয়েছে	বিস্তারিত	
1	অপটিক্যাল ফাইবার (দৈর্ঘ্য এক মিটার)	01			
2	উচ্চতা বৈচিত্র্যের জন্য কাঠের স্ট্যান্ড	01			
3	হিলিয়াম নিয়ন / ডায়োড লেজার	01			
4	গ্রাফ পেপার	01			

সতর্কতা

1. খালি চোখে সরাসরি লেজার দেখবে না।
2. যন্ত্রটি সাবধানে পরিচালনা কর।
3. পরিমাপের সময় ফাইবার স্থিতিশীল হওয়া উচিত।

প্রস্তাবিত পদ্ধতি

1. চিত্র P7.2-এ দেখানো কাঠের স্ট্যান্ডে অপটিক্যাল ফাইবারের এক প্রান্ত মাউন্ট কর।
2. He-Ne/Diode লেজারকে ফাইবারের অন্য প্রান্তে খুব বন্ধ উৎস হিসেবে রাখ।
3. নির্গত আলো চিত্রে দেখানো শঙ্কু আকারে আসে।
4. গ্রাফ পেপারে গঠিত বৃত্তের ব্যাসার্ধ পরিমাপ কর।
5. ফাইবার এবং গ্রাফ পেপারের মধ্যে দূরত্ব (D) পরিমাপ কর।
6. D এর পরিবর্তন করে ধাপ 4 এবং 5 পুনরাবৃত্তি কর।
7. গণনার জন্য চিত্রে দেওয়া সূত্র ব্যবহার কর।

পর্যবেক্ষণ এবং গণনা

ক্রমিক নং	ফাইবার এবং গ্রাফ পেপার এর মধ্যে দূরত্ব - D (cm)	বৃত্তের ব্যাসার্ধ - r (cm)	সংখ্যাসূচক অ্যাপারচার
1			
2			

3			
4			
5			

গড় NA =

ফলাফল এবং/অথবা ব্যাখ্যা

(ছাত্র দ্বারা পূরণ করা হবে)

1. ....

2. ....

উপসংহার এবং/অথবা বৈধতা

(ছাত্র দ্বারা পূরণ করা হবে)

1. ....

2. ....

ব্যবহারিক সম্পর্কিত প্রশ্ন

(উত্তরের জন্য পৃথক শীট ব্যবহার কর)

দ্রষ্টব্য: রেফারেন্সের জন্য নীচে কয়েকটি নমুনা প্রশ্ন দেওয়া হয়েছে। পূর্ব-নির্ধারিত কোর্সের ফলাফলের অর্জন নিশ্চিত করার জন্য শিক্ষকদের এই ধরনের আরও প্রশ্ন ডিজাইন করতে হবে।

1. স্ক্রীন এবং অপটিক্যাল ফাইবারের মধ্যে দূরত্ব ভেদে কি গ্রহণযোগ্যতা কোণ পরিবর্তিত হয়?

2. অন্য কোন আলোর উৎস ব্যবহার করে এই পরীক্ষাটি করা যেতে পারে?

3. বর্তমান পরীক্ষায় ত্রুটির উৎস কি?

প্রস্তাবিত শেখার সংস্থান

- https://vlab.amrita.edu/index.php/index.php?sub=1&brch=189&sim=334&cnt=4

প্রস্তাবিত মূল্যায়ন স্কিম

(শিক্ষক দ্বারা পূরণ করা হবে)

প্রদত্ত কর্মক্ষমতা সূচকগুলি প্রক্রিয়া এবং প্রোডাক্ট সম্পর্কিত মূল্যায়নের জন্য এটি নির্দেশিকা হিসাবে কাজ করা উচিত

	কর্মসম্পাদক	গুরুত্ব	মার্কস প্রদান করা হয়েছে
প্রক্রিয়া সম্পর্কিত: ... মার্কস* (.......%)			
1	পরীক্ষা সেট আপ		
2	R এবং D এর পরিমাপ		
3	নিরাপত্তা পরিমাপক		
4	যন্ত্র হ্যান্ডলিং		

প্রোডাক্ট সম্পর্কিত: ..... মার্কস* (.......%)			
5	ফলাফল এবং উপসংহার		
6	সময়মত রিপোর্ট জমা দেওয়া		
7	ব্যবহারিক সম্পর্কিত প্রশ্নের উত্তর		
	মোট	100%	

প্রোডাক্ট এবং প্রক্রিয়া মূল্যায়নের জন্য মার্কস এবং শতাংশের গুরুত্ব শিক্ষক দ্বারা নির্ধারিত হবে।

ছাত্রের নাম: .... **মার্কস প্রদান করা হয়েছে**			**তারিখ সহ শিক্ষক এর স্বাক্ষর**
প্রক্রিয়া সম্পর্কিত:	প্রোডাক্ট সম্পর্কিত	মোট	

আরো জ্ঞাতব্য

এই ইউনিটের সাথে প্রাসঙ্গিক নিম্নলিখিত বিষয়গুলি শিক্ষার্থীদের বিদ্যমান জ্ঞানকে শক্তিশালী করার জন্য পরামর্শ দেওয়া হয়েছে যা ফলিত পদার্থবিদ্যা কোর্সে আরো বেশি আগ্রহ যোগ করবে

- লেজার এবং ন্যানোটেকনোলজির উন্নয়নের সময়রেখা
- ফাইবারে মোড গঠনের ধারণা

ন্যানোম্যাটেরিয়ালের জন্য সংশ্লেষণ এবং চরিত্রায়ন কৌশল

আইসিটি ব্যবহার

ছাত্র লেজারে সিমুলেশনের জন্য নিম্নলিখিত url দেখতে পারে

- https://phet.colorado.edu/en/simulation/legacy/lasers

উদ্ভাবনী ব্যবহারিক/প্রকল্প/ক্রিয়াকলাপ ডিজাইন কর

- বাজারে উপলব্ধ কীচেন ডায়োড লেজার এবং সবুজ লেজারের তরঙ্গদৈর্ঘ্য বের কর (শিক্ষকের নির্দেশনায়)।
- জল বা গ্লাসে TIR প্রদর্শনের জন্য একটি মডেল প্রস্তুত কর।
- বিভিন্ন মাত্রার বস্তুর (বর্গক্ষেত্র, গোলক, কিউব আকৃতি) পৃষ্ঠ থেকে আয়তনের অনুপাত বের কর।

অনুসন্ধিৎসুতা এবং কৌতূহল বিষয়

- অ্যালুমিনিয়াম কি অন্তরক হিসাবে কাজ করতে পারে?
- সোনার ন্যানো কণার রং সবুজ না লাল?
- কিভাবে সাদা আলোর LED তৈরি করা হয়?
- জলে ব্যবহার করলে ফাইবারের সংখ্যাগত ছিদ্র পরিবর্তন হয় কিনা?

তথ্যসূত্র এবং প্রস্তাবিত রিডিং

1. H C Verma, "Concepts of physics" 2st ed., vol. 1, Bharti Bhawan, 1992.
2. Richard Feynman *et al* "The Feynman lectures on Physics", 6th ed. vol1, Addison-Wesley, 1963.
3. R K Gaur and S L Gupta "Engineering Physics", 8th ed., Dhanpat Rai, 2011.
4. Resnick Halliday and Krane, "Physics" 5th ed. vol1,Wiley, 2014.

ভৌত ধ্রুবকদের সারণী

সারণি I: ভৌত ধ্রুবকের সারণী

ভৌত ধ্রুবক	**প্রতীক**	**ভৌত ধ্রুবকের মান**
মহাকর্ষীয় ধ্রুবক	G	$6.67 \times 10^{-11}\ Nm^2 kg^{-2}$
ভ্যাকুয়ামে আলোর বেগ	c	$3 \times 10^8\ ms^{-1}$
ইলেকট্রনের চার্জ	e	$1.6 \times 10^{-19}\ C$
প্রোটনের ভর	m_p	$1.67 \times 10^{-27}\ kg$
ইলেকট্রনের ভর	m_e	$9.10 \times 10^{-31}\ kg$
শুন্য মাধ্যমে ভেদ্যতা	ε_0	$8.85 \times 10^{-12}\ Fm^{-1}$
ভ্যাকুয়ামে কুলম্ব নীতি ধ্রুবক (ইলেক্ট্রোস্ট্যাটিক ধ্রুবক)	$1/4\pi\varepsilon_0$	$9 \times 10^9\ Nm^2C^{-2}$
অ্যাভোগাড্রো ধ্রুবক সংখ্যা	N_A	6.023×10^{23}
পৃথিবীর ব্যাসার্ধ	R	$6.38 \times 10^6\ m$

পরিশিষ্ট

পরিশিষ্ট-A: মূল্যায়ন ব্লুমের স্তরের সাথে সংযুক্ত

ব্লুমের শ্রেণীবিন্যাস - প্রশ্নগুলির বিকাশের জন্য এটিকে নিম্নলিখিত দুটি বিভাগে সংযুক্ত করা হয়েছে:
বিভাগ I প্রশ্ন বিভাগ II প্রশ্ন
- উচ্চ ক্রম চিন্তা দক্ষতা

বিভাগ I প্রশ্ন	বিভাগ II প্রশ্ন – উচ্চ ক্রম চিন্তা দক্ষতা
ব্লুমের স্তর 1: মনে রাখা ব্লুমের লেভেল 2: বোঝা ব্লুমের স্তর 3: প্রয়োগ	ব্লুমের স্তর 4: বিশ্লেষণ ব্লুমের স্তর 5: মূল্যায়ন ব্লুমের স্তর 6: সৃষ্টি

পরিশিষ্ট-B: ব্যবহারিক সূচি

ক্রম নং	পৃষ্ঠা নং	পরীক্ষার নাম	তারিখ			মার্কস	স্বাক্ষর
			প্রকৃত	পুনরাবৃত্তি	রেকর্ড		
1		ক্যান্টিলিভারের সময়কাল নির্ধারণ এবং যাচাই করা					
2		অতিস্বনক ইন্টারফেরোমিটার ব্যবহার করে বিভিন্ন তরলে অতিস্বনক এর বেগ নির্ধারণ করা					
3		সমতল দর্পন /ইন্টারফেস থেকে প্রতিফলনের নীতি যাচাই করা					
4		একটি কাচের স্ল্যাব ব্যবহার করে প্রতিসরণ নীতি (স্নেলের নীতি) যাচাই করা					
5		একটি উত্তল লেন্সের ফোকাল দৈর্ঘ্য এবং বিবর্ধক শক্তি নির্ধারণ করা					

ক্রম নং	পৃষ্ঠা নং	পরীক্ষার নাম	তারিখ			মার্কস	স্বাক্ষর
			প্রকৃত	পুনরাবৃত্তি	রেকর্ড		
6		প্রবাহ এবং বিভব পার্থক্যের মধ্যে গ্রাফ প্লট করে ওহমের সূত্র যাচাই করা					
7		সিরিজ এবং সমান্তরাল সংমিশ্রণে প্রতিরোধের নীতি যাচাই করা					
8		বৈদ্যুতিক ভাইব্রেটর ব্যবহার করে এসি মেইনসের ফ্রিকোয়েন্সি খুঁজে বের করা					
9		বৈদ্যুতিক সার্কিট ব্যবহার করে Kirchhoff এর নীতি যাচাই করা					
10		বিভিন্ন কারণের উপর একটি সমান্তরাল প্লেট ক্যাপাসিটরের ক্যাপাসিট্যান্সের নির্ভরতা অধ্যয়ন করা এবং বায়ু মাধ্যমে ভেদ্যতা নির্ধারণ করা					
11		অর্ধ বিচ্যুতি পদ্ধতি দ্বারা একটি গ্যালভানোমিটারের প্রতিরোধের সন্ধান করা					
12		একটি গ্যালভানোমিটারকে অ্যামিটারে রূপান্তর করা					
13		একটি গ্যালভানোমিটারকে ভোল্টমিটারে রূপান্তর করতে					
14		একটি সেমিকন্ডাক্টর ডায়োড (Ge, Si) এর V-I বৈশিষ্ট্য আঁকতে এবং এর knee ভোল্টেজ নির্ধারণ করতে					
15		একটি ফটো-ইলেকট্রিক সেল ব্যবহার করে বিকিরণের বিপরীত বর্গ নীতি যাচাই করা					

ক্রম নং	পৃষ্ঠা নং	পরীক্ষার নাম	তারিখ			মার্কস	স্বাক্ষর
			প্রকৃত	পুনরাবৃত্তি	রেকর্ড		
16		একটি বিবর্তন গ্রেটিং ব্যবহার করে একটি He-Ne/ডায়োড লেজারের তরঙ্গদৈর্ঘ্য পরিমাপ করা					
17		একটি অপটিক্যাল ফাইবারের সংখ্যাসূচক অ্যাপারচার (NA) পরিমাপ করা।					
18		একটি অপটিক্যাল প্রজেকশন সিস্টেমের অধ্যয়ন (OHP/LCD) - প্রকল্প প্রতিবেদন।					

সংযোজন

সংযোজন- I পরীক্ষাগারে কাজ করার সময় কিছু সাধারণ এবং নির্দিষ্ট নির্দেশাবলী

সাধারণ নির্দেশনা

সাইকোমোটর ডোমেইন এবং কগনিটিভ ডোমেইন লার্নিং সত্ত্বেও, অ্যাফেক্টিভ ডোমেনে শেখার যথেষ্ট সুযোগ রয়েছে, তাই ল্যাবরেটরিতে কাজ করার সময় নিম্নলিখিত নির্দেশনাগুলি অনুসরণ করতে হবে

1. পরীক্ষাগারে, শান্তভাবে এবং সতর্কতার সাথে কাজ কর।
2. মনে রাখবে যে কোনও পরীক্ষা করার মূল উদ্দেশ্য হল বিশ্বস্ত পরিমাপ করা।
3. সবসময় সঙ্গীর সাথে কাজের সমস্ত ধাপ সমানভাবে ভাগ কর।
4. ট্যাবুলার আকারে তথ্য উপস্থাপনা, গ্রাফ এবং গণনা সঠিকভাবে এবং আন্তরিকভাবে করা উচিত।
5. পরীক্ষামূলক ডেটা রেকর্ডিং এবং প্রতিনিধিত্ব করার সময় সর্বদা সৎ থাক।
6. এটা মনে রাখা খুবই গুরুত্বপূর্ণ যে তত্ত্ব অনুসারে গ্রাফের আরও ভাল ফিট পেতে কখনই রিডিং আপ করবে না । কোনো রিডিং ভুল হলে, ত্রুটির উৎস খুঁজে বের করতে বারবার পরিমাপ পুনরাবৃত্তি করতে হবে।
7. গ্রাফ আঁকার সময় পরীক্ষা থেকে প্রাপ্ত সমস্ত ডেটা সঠিকভাবে প্লট করতে হবে।
8. এটা সত্য যে ল্যাবরেটরির উদ্দেশ্য হল শেখা এবং জ্ঞানের যাচাই করা। পদার্থবিদ্যার সমস্ত গুরুত্বপূর্ণ ক্ষেত্রে বিভিন্ন ঘটনাকে চিত্রিত করার উদ্দেশ্যে পরীক্ষাগুলি সঠিকভাবে ডিজাইন করা হয়েছে।
9. শুধুমাত্র নিজের আগ্রহের সাথে পরীক্ষা করার মাধ্যমে সমস্ত সূক্ষ্ম পয়েন্টগুলির সাথে পরিচিত হওয়া এবং পরিমাপের যন্ত্রগুলির সাথে পরিচিত করা সম্ভব।
10. যে তাত্ত্বিক জ্ঞান সংগ্রহ করেছো তা যাচাই করার জন্য সর্বদা শেখার মনোভাব দরকার; এজন্যে আগ্রহের সাথে পরীক্ষাটি সম্পাদন কর।
11. পরীক্ষাগারে সময়মতো পৌঁছানোর জন্য এবং সর্বদা পরীক্ষা সম্পর্কে স্পষ্ট জ্ঞান সহ যথাযথ প্রস্তুতির সাথে বিশেষভাবে উপস্থিত হও ।

সুনির্দিষ্ট নির্দেশনা

1. পরীক্ষার ডেটা সংগ্রহের জন্য পরীক্ষাগারে কাজ করার সময়, নোটবুকে সমস্ত পরিমাপ করা ডেটা সুন্দরভাবে নোট করা গুরুত্বপূর্ণ।
2. নোটবুকে প্রবেশ করা রেকর্ডকৃত ডেটা পরীক্ষাগার থেকে বের হওয়ার আগে প্রশিক্ষক দ্বারা নিশ্চিত করতে হবে।
3. একই পরীক্ষা করা সমস্ত শিক্ষার্থীকে রেকর্ড করা ডেটার পৃথক অনুলিপি বজায় রাখতে হবে। পরীক্ষা-নিরীক্ষা করার সময় পরীক্ষাগারে নিয়মিত নোটবুক আনতে হবে।
4. প্রতিটি পরীক্ষার শেষে সঠিকভাবে গ্রাফ আঁকতে হবে।

এর জন্য জানতে হবে কিভাবে গ্রাফ পেপার ব্যবহারে অপ্টিমাইজ করতে হয়। মনে রাখবে যে সমস্ত পুনরাবৃত্ত ডেটা একটি একক গ্রাফ শীটে সংযোজন করা উচিত।

5. সংশ্লিষ্ট এককগুলি দেখানো অক্ষগুলির সাথে গ্রাফগুলিকে সঠিকভাবে লেবেল করতে হবে।

6. ল্যাবরেটরিতে কর্মঘণ্টা চলাকালীন প্রদত্ত সময়কালটি সম্পূর্ণরূপে ব্যবহার করতে হবে এবং কাজের সময় শেষ হওয়ার আগে পরীক্ষাগার ত্যাগ করবে না। যদি তাড়াতাড়ি শেষ হয় , তাহলে গণনা এবং গ্রাফ অঙ্কন সম্পূর্ণ করতে অবশিষ্ট সময় ব্যয় করতে পারো এবং এর জন্য পরীক্ষাগারে ক্যালকুলেটর, পেন্সিল এবং স্কেল নিয়ে আসা দরকার ।

আরও শিক্ষার জন্য রেফারেন্স

কিছু বইয়ের তালিকা নীচে দেওয়া হল যেগুলি আগ্রহী ছাত্রদের দ্বারা বিষয়ের আরও শেখার জন্য (তত্ত্ব এবং ব্যবহারিক উভয়ই) ব্যবহার করা যেতে পারে:

1. Text Book of Physics for Class XI & XII (Part-I, Part-II); N.C.E.R.T., Delhi
2. Applied Physics, Vol. I and Vol. II, TTTI Publications, Tata McGraw Hill, Delhi
3. Concepts in Physics by HC Verma, Vol. I & II, Bharti Bhawan Ltd. New Delhi
4. Engineering Physics by PV Naik, Pearson Education Pvt. Ltd, New Delhi.
5. Modern approach to Applied Physics-I and II, AS Vasudeva, Modern Publishers.
6. A Textbook of Optics, N Subramanyam, Brij Lal, MN Avahanulu, S Chand and Company Ltd.
7. Introduction to Fiber Optics, Ajoy Ghatak and K Thyagarajan, Cambridge University Press India Pvt. Ltd, New Delhi.
8. Nanoscience and Nanotechnology, KK Choudhary, Narosa Publishing House, Pvt. Ltd. New Delhi.
9. Nanotechnology: Importance and Applications, M.H. Fulekar, IK International Publishing House Pvt. Ltd, New Delhi.
10. e-books/e-tools/ learning physics software/websites etc.

অনলাইন সম্পদ:

1. https://www.vlab.co.in
2. http://www.olabs.edu.in
3. https://phet.colorado.edu
4. https://www.physicsclassroom.com
5. https://www.robolab.in

দ্রষ্টব্য: উপরের অনলাইন শিক্ষার সংস্থানগুলি তাদের ব্যবহারের জন্য ক্রিয়েটিভ কমন্স লাইসেন্স প্রদানের জন্য স্বীকৃত

CO এবং PO প্রাপ্তির সারণী

এই কোর্সের জন্য কোর্সের ফলাফল (COs) কোর্সটি শেষ হওয়ার পরে প্রোগ্রামের ফলাফলের (POs) সাথে ম্যাপ করা যেতে পারে এবং ব্যবধান বিশ্লেষণ করে PO প্রাপ্তির জন্য একটি সম্পর্ক তৈরি করা যেতে পারে। PO প্রাপ্তির ক্ষেত্রে ব্যবধানের সঠিক বিশ্লেষণের পর সেই শূন্যতা কাটিয়ে ওঠার জন্য প্রয়োজনীয় ব্যবস্থা নেওয়া যেতে পারে।

নিচের সারণীতে ভরা ডেটা ফাঁক বিশ্লেষণের জন্য ব্যবহার করা যেতে পারে।

CO এবং PO প্রাপ্তির জন্য টেবিল

কোর্সের ফলাফল	প্রোগ্রাম ফলাফল অর্জন (1- দুর্বল পারস্পরিক সম্পর্ক; 2- মাঝারি পারস্পরিক সম্পর্ক; 3- শক্তিশালী সম্পর্ক)						
	PO-1	PO-2	PO-3	PO-4	PO-5	PO-6	PO-7
CO-1							
CO-2							
CO-3							
CO-4							
CO-5							
CO-6							

সূচক

লেজারের প্রকারভেদ

শব্দ এবং আলোক তরঙ্গ

শব্দ শোষণের সহগ

শক্তি স্তর

স্বরকম্প গঠন

সরল দোলগতি

সময়কাল এবং কম্পাঙ্ক

সরল এবং যৌগিক মাইক্রোস্কোপ

সমান্তরাল প্লেট ক্যাপাসিটর

সেমিকন্ডাক্টর, কন্ডাক্টর

সৌর কোষ

স্বতঃস্ফূর্ত এবং উদ্দীপিত নির্গমন

সেন্সরে প্রয়োগ

হুইটস্টোন ব্রিজ এবং এর প্রয়োগ

He-Ne লেজার